Dreisbach / Knobl
Der Bäckermeister oder wie man
ein Unternehmen führt

Der Bäckermeister oder wie man ein Unternehmen führt

Ein Erfolgsbeispiel

von Bodo Dreisbach
und Brigitte Knobl

PUBLICIS

Bibliografische Information Der Deutschen Bibliothek
Die Deutsche Bibliothek verzeichnet diese Publikation in der Deutschen Nationalbibliografie; detaillierte bibliografische Daten sind im Internet über http://dnb.ddb.de abrufbar.

http://www.publicis-erlangen.de/books

Lektorat: Dr. Gerhard Seitfudem, Publicis Corporate Publishing, Erlangen

ISBN 3-89578-245-9

Verlag: Publicis Corporate Publishing, Erlangen

Printed in Germany

Wegweiser zum Erfolg

Es gibt eine Menge Bücher über Management, eine Menge Bücher über richtige Methoden und Techniken. Aber es gibt kaum handfeste Literatur, die den Weg weist, wie man sein Geschäft auf Dauer zum Erfolg führen kann. Bodo Dreisbach und Brigitte Knobl haben ein Stück harter Arbeit geleistet, sie haben einen langen Arbeitsprozess so verdichtet, dass er für jeden Leser nachvollziehbar, verständlich und sogar gut lesbar ist.

„Der Bäckermeister" ist ein Beispiel, ein Symbol für jeden Unternehmer, egal ob er eine kleine Firma leitet, ein mittelständisches oder ein großes Unternehmen. Genauso ließe sich der Bäckermeister ersetzen durch jede Führungskraft mit Geschäftsverantwortung aus beliebigen Unternehmen – vom Handwerksbetrieb bis zum Hightech-Konzern, vom Supermarkt bis zum öffentlichen Dienst.

Wer dieses Buch gelesen hat, kann sich auf die Reise zur Verbesserung oder Reorganisation seines gesamten Führungssystems machen, er kann sich aber auch beliebige Elemente herausgreifen, etwa den Prozess zum Erstellen einer Vision, das Benchmarking oder die Prozessanalyse mit der Zuordnung, wer wofür verantwortlich ist.

Bodo Dreisbach ist einfühlsam in seiner Funktion als Berater, glaubwürdig und sehr menschlich. Er stellt nicht sein Wissen in den Vordergrund, sondern den Prozess. Und so glaube ich, dass dieses Buch unbedingt auch von Beratern gelesen werden sollte: Es zeigt ihnen, wie man sensibel mit Klienten umgeht, wie sorgfältig die richtigen Arbeitsmethoden für die jeweilige Aufgabe auszuwählen sind, und es beschreibt die Geduld, die nötig ist, um rundum zu einem guten Ergebnis zu kommen. Und an vielen Stellen wird deutlich: Der Berater ist nur dann erfolgreich, wenn er seine Klienten zum Erfolg führt.

Unsere Wirtschaft und unsere Unternehmen brauchen Prozesse wie den, der bei der Bäckerei Hegmann-Büttner in Bad Tölz stattgefunden hat. Unternehmerischer Erfolg ist nur zu erzielen über die richtigen Leistungen und Produkte, hervorragende Dienstleistung, perfekte Prozesse, betriebswirtschafliches Verständnis, gute Ideen und optimales Führen von Mitarbeitern.

Ich wünsche diesem Buch und allen seinen Lesern viel Erfolg!

Petra Beck
Der Beck GmbH
Erlangen-Tennenlohe

Inhalt

Zuerst ein Wort des Dankes . . . 9

Der Bäckermeister – Spiel, Beispiel und Realität . . . 11
Die Hauptkomponenten eines Führungssystems . . . 13

Der Geschäftsauftrag . . . 20

Ein Erlebnis der besonderen Art oder so leicht kann Führen sein . . . 28

Netzfund – die Koautorin steigt ein . . . 30

Leitbild I – die Mitarbeiter bestimmen ihre Werteordnung . . . 33

Leitbild II – die redaktionelle Nachbearbeitung . . . 51

Die Situationsanalyse – Bestimmung des Standortes . . . 58
Das Vorbereitungsgespräch . . . 64
Die Geschäftsergebnisse . . . 68
Kunden-, Mitarbeiterzufriedenheit und Image . . . 76
Die Prozesse . . . 85
Der Aufbruch . . . 92

Die Mitarbeiterbefragung – entspricht unser Arbeitsplatz der „Traumbäckerei"? . 94
Die Vorbereitung . . . 97
Die Mitarbeiterbefragung . . . 110
Die Chefbefragung . . . 115
Die Auswertung der Fragebögen . . . 115
Das Briefing der Führungskräfte . . . 116
Die Präsentationssitzung . . . 119
Das Feedback zur Kollegenbeurteilung . . . 130
Der Abend der offenen Tür . . . 131

Die Marktanalyse – auf den Spuren des Erfolgs . . . 132
Der Hypothesen-Workshop . . . 135
Auswahl der richtigen Beratung (Vorgehensweise, Firma, Marktstudie) . . . 138
Vorbereitung der Kundenbefragung . . . 140
Durchführung der Kundenbefragung . . . 141

Auswertung der Kundenbefragung 141
Präsentation der Ergebnisse 143
Erfolgsmeldungen 150

Strategische Planung – der Krieg im Markt 152
Das Vorbereitungsgespräch 157
Der Strategie-Workshop 158
Zieldefinitionen 160
Lösungen und Wege 165
Die Balanced Scorecard 169
Die Wunschrunde zum Verhalten 170
Nachbereitungen 172
Alles Käse oder was? 173

Benchmarking – wie groß ist die Lücke zum Besten? 174
Vorbereitung des Benchmarking-Prozesses 178
Der Benchmarking-Besuch 183
Auswertung der Ergebnisse und Nachbereitung 189
Der „Kini vom Blomberg" oder Benchmarking gibt es überall 191

Die Vision – der Anfang und das Ende 193
Die Entwicklung einer Vision für ein Geschäftsunternehmen 195
Leos Sonderwunsch 200
Visionen und ihre Folgen – auf die Ernüchterung folgt hoffentlich die Offenbarung 205

Das Geschäftsprozessmodell – der hohe Rang der Ordnung 208
Bestimmen der Kernprozesse 209
Das Puzzle vom Prozessmodell – ein Kinderspiel 215
Rollendefinition – wie man eine Backnacht inszeniert und für eine Idealbesetzung sorgt 217
„Inszenierung" einer exemplarischen Backnacht 220
Erstellung eines Netzplans 223
Eintragung der Verantwortlichkeiten in das Prozessmodell 225
Beispielhafte Formulierung einer Rolle 226
Künstler in ihrem Element 230

Zielvereinbarungen – über Ziele führen 231
Die Bedeutung der Zielformulierung 233
Die Voraussetzungen für die Zielvereinbarung 234
Der Zielvereinbarungsprozess 235
Das Zielvereinbarungsgespräch 237
Die SMART-Regeln 239
Das Mehr-Ebenen-Gespräch 239
Exemplarische Zielvereinbarungen in der Bäckerei Hegmann-Büttner 241

Ziele suchen, finden, vereinbaren und erreichen 247
Die Zielvereinbarung als mathematische Rechenformel 248
Die verborgene Pointe der Zielvereinbarung 248

Prozessoptimierung – der kontinuierliche Verbesserungsprozess und sein offenes Ende 250
Methode 1: Prozessbeschreibung mit Prozessanalyse 254
Methode 2: Harmonisierung 255
Methode 3: Prozessschritt- bzw. Schnittstellenanalyse 256
Methode 4: Analyse der Kundenanforderungen 260
Methode 5: Layoutoptimierung 264
Methode 6: Problemlösung 266
Methode 7: Rüstzeitoptimierung 268
Prozessoptimierung in der Bäckerei Hegmann-Büttner 270
Erfolgsmeldungen vom Isarwinkel bis zur Neuen Welt 275

Konsequenz und Förderung – Perpetuum mobile in der Mitarbeiterführung 277
Management Summary 280
Konsequente Förderung von Mitarbeitern 285
Die unendliche Spirale 295

Literatur 296
Stichwortverzeichnis 297

Zuerst ein Wort des Dankes

Gleich zu Beginn möchte ich die Gelegenheit nutzen und mich bei allen bedanken, die uns dieses Werk ermöglicht oder uns beim Erstellen geholfen haben. An erster Stelle kommen Maria und Hans Büttner sowie Sandra und Leo Büttner, die „Meister" der Bäckerei, in der alle Workshops spielen. Sie haben meine Beratung ertragen und die Inhalte umgesetzt. Diese Familie erlaubt es uns, dass wir sie namentlich nennen, zitieren und beschreiben. Für dieses persönliche und intensive Mitwirken bedanke ich mich ganz herzlich.

Meine Kolleginnen und Kollegen von Siemens Management Consulting (SMC) gaben den Anstoß für dieses Werk. Sie forderten mich auf, mein ganzes Wissen in ein Buch zu packen, damit sie auch dann noch auf mich zurückgreifen können, wenn ich nicht mehr aktiv in der Firma arbeite. Dr. Horst Kaiser, der damalige Leiter der SMC, griff den Vorschlag auf und beauftragte mich mit dem Projekt „Buchschreiben". Thomas Zimmermann (heutiger Chef der SMC) übernahm den Auftrag und förderte das Projekt. Albrecht Wild, Partner und kaufmännischer Leiter der SMC, betreute und unterstützte unsere Arbeit und setzte uns das wichtige Ziel: Das Buch darf nicht mehr als 250 Seiten haben. Die Leser haben nicht viel Zeit. Jetzt sind aus ca. 2500 Seiten Rohtext doch rund 300 Seiten geworden. Das Ziel ist also doch verfehlt, aber dafür ist nun alles eingeflossen, was unbedingt zum Thema gehört. Der ganzen SMC gilt mein aufrichtiger Dank.

Mein Dank geht auch an Brigitte Knobl, meine Koautorin. Es war für mich ein Erlebnis, mit einer Literatur- und Sprachwissenschaftlerin zusammen zu arbeiten. Ihre Welt ist so ganz anders als meine. Gerade dieser Gegensatz hat uns beflügelt. Ganz wichtig waren auch ihre Begeisterungsfähigkeit, Heiterkeit, Disziplin, ihr Fleiß und ihre Neugier, neben dem Talent, mich mit meinem bayerischen Akzent im Originalton Süd wiederzugeben. Diese Zusammenarbeit war so interessant und befruchtend, dass ich sie gerne fortsetzen möchte.

Frau Renate Rehberg hat die Tonband-Mitschnitte aller Workshops und Interviews abgeschrieben. Dazu musste sie die bayerische Sprache perfekt verstehen und sie in eine Art Hochdeutsch übersetzen. Mit dieser seltenen Fähigkeit hat sie ganz wesentlich zum Gelingen beigetragen. Vielen Dank. Die Idee meines Cousins Wolfgang Nebelung, die Inhalte in Form von Reportagen wiederzugeben, führte zu dem lockeren Stil, der Ihnen das Lesen angenehm macht. Dr. Martin Mayr, Professor für technische Mechanik an der FH Augsburg, hat selbst einige gute Lehrbücher geschrieben. Deshalb war es so wertvoll, dass er alle Kapitel als Erster las, Ungereimtheiten entdeckte und uns wertvolle Tipps zur Verbesserung gab. Viel Mut zum Weiterschreiben gab mir Gregor Dorfmeister, der Autor des Bestsellers „Die Brücke", der schon nach Durchsicht der ersten Kapitel sehr interessiert an den Inhalten des Buches war.

Erkenntnisse über das Führen habe ich natürlich von guten Vorgesetzten übernommen. Besonders erwähnen möchte ich dabei Dietrich Höh, Dr. Erich Hautz, Masaaki Imai und Dr. Klaus Kleinfeld. Vieles von dem, was in diesem Buch steht, wurde von ihnen praktiziert. Ganz besonderen Einfluss hatte die Lehr- und Beratungstätigkeit von Dr. Gerhard Zapke-Schauer, dem Präsidenten der EuRatio Akademie. Von ihm habe ich vieles übernommen und mit ihm habe ich viele Inhalte leidenschaftlich diskutiert. Er hat als Philosoph natürlich ein anderes und tieferes Bild von den Menschen als ich. Er versuchte mir klar zu machen, dass der Mensch nicht wie eine Maschine oder ein Getriebe funktioniert, sondern viel komplexer ist.

Sicher habe ich viele vergessen. Da halte ich mich an die extreme Form der bayerischen Anerkennungs-Maxime: „Nix g'sagt is eh scho zvui globt."

Bad Tölz, im Oktober 2004 — Bodo Dreisbach

Der Bäckermeister – Spiel, Beispiel und Realität

In den vielen Jahren als Unternehmensberater habe ich erfahren, dass Klienten immer dann persönliche Angriffe befürchten und glauben, sich verteidigen zu müssen, wenn ich mit ihnen das Führungssystem und die Prozesse ihres Geschäfts analysieren wollte. Deshalb musste immer wieder das Bäckerspiel herhalten, damit wir an einem neutralen Geschäft alle Elemente eines Führungssystems und die Methoden zu ihrer Entwicklung exemplarisch ausprobieren konnten. An diesem Beispiel haben alle ohne Ängste begeistert mitgearbeitet und gemerkt, dass die angewandten Methoden einfach sind und rasch zum Ziel führen. Nach dieser Erfahrung konnten die beteiligten Führungskräfte wesentlich lockerer an die Analyse und Gestaltung ihres eigenen Geschäftes gehen. Eine der Führungskräfte war immer bereit, den Bäckermeister zu spielen und dieser Spitzname ist ihr oft geblieben.

In meinem beruflichen Leben habe ich schon fast alles gemacht, vom Entwicklungsingenieur bis zum Betriebsleiter. Seit zehn Jahren arbeite ich als Unternehmensberater. Auch in dieser Funktion habe ich die unterschiedlichsten Jobs ausgeübt, war als Projektleiter, Partner, Geschäftsführer und in den verschiedensten Arten von Beratungen tätig. Seit Januar 1999 ist alles anders. Da überfiel mich der dritte Hörsturz und ich habe mir gesagt: Jetzt ist Schluss. Kein Stress mehr, keine Beratung mehr, Schluss mit dem Raubbau an meiner Gesundheit! Meinem Chef schlug ich folgende Vereinbarung vor: „Alle anderen können ruhig jeden Tag von 9:00 bis 23:00 Uhr arbeiten, ich nicht. Ich gehe nach acht Stunden heim und in Projekten arbeite ich auch nicht mehr. Die 40-Stunden-Altersteilzeit ist genau das richtige für mich." „So weit, so gut", erwiderte er. „Aber was willst du dann arbeiten?" Die Antwort fiel mir nicht schwer. Die jungen Kollegen kamen dauernd mit ihren Problemen zu mir und wollten wissen, wie man die anstehenden Aufgaben professionell richtig löst. Genau das mache ich jetzt hauptamtlich. Ich berate meine jungen Kollegen. Wenn einer nicht weiter weiß, ruft er mich an und fragt: „Wann hast du Zeit?" Dann sprechen wir das Problem einfach durch. Von meinen Kollegen kam schließlich die Anregung, ein Buch zu schreiben, damit meine Erfahrungen auch nach meinem Ausscheiden verfügbar bleiben.

In der Schule und auch während des Studiums habe ich mich oft geärgert, dass Sach- und Fachbücher so zäh zu lesen sind. Aber inzwischen habe ich gelernt, dass man auch spannende Sachbücher schreiben kann, die auf lockere Art Inhalte gut und kompetent vermitteln. Deshalb habe ich beschlossen, mein Buch in Form von Reportagen zu schreiben. Und wie in meiner Berufspraxis ist auch in diesem Buch der Bäckermeister

Der Bäckermeister

Wie verdient er heute sein Geld?

Wie verdient er morgen sein Geld? Was muss er dafür tun?

Welche Ziele sollte die Bäckerei haben?

- Kundenzufriedenheit
- Finanzergebnis
- Mitarbeiterzufriedenheit
- Image, Ansehen in der Gesellschaft

Welche Prozesse halten die Bäckerei am Laufen?

- Wertschöpfungs-Prozesse
- Führungs-Prozesse
- Verwaltungs-Prozesse

Woran erkennen wir, dass die Prozesse gut sind?

- Output, Menge, Qualität
- Zeit, Kosten, Fehler

Prozessziele brauchen "SMART"e Formulierungen

Welchen materiellen und immateriellen Nutzen bietet das Geschäft?

- den Kunden
- dem Bäcker
- den Mitarbeitern

Bild 1 Im Planspiel „Der Bäckermeister" lernen wir Methoden kennen, ohne direkt betroffen zu sein

die zentrale Figur für die vermittelten Lehrmodelle. Nichts lag also näher, als dem Buch den Titel „Der Bäckermeister" zu geben.

Um dieses Buch nicht inhaltlich zu überfrachten, planen wir die Abläufe der Workshops mit den verwendeten Methoden und dem theoretischen Hintergrundwissen in einem weiteren Buch zusammenzustellen. So entsteht also doch noch ein Fachbuch, das aber hoffentlich leicht genießbar und bekömmlich ist.

Alles muss seine Richtigkeit haben, im simulierten wie im realen Leben. Deshalb geht es im Folgenden um einen echten Bäckermeister und seine Mannschaft. Die beschriebenen Workshops fanden wirklich so statt, die Dialoge sind in Originaltexten wiedergegeben.

Als ich darüber nachdachte, wie ich dieses Buch schreiben sollte, kam mir sofort die Bäckerei in den Sinn. Sie ist in meinem methodischen Vorgehen zu einem zentralen Instrument geworden, zu einem symbolischen Gleichnis, mit dem ich meine Klienten überlisten kann, unnütze Barrieren aus dem Weg zu räumen (Bild 1). Sie sollte mir auch in diesem Buch dazu dienen, alle wesentlichen Elemente eines Führungssystems darzulegen. In meinen Workshops und Seminaren merkt niemand, wenn ich die Arbeitsrealität einer Bäckerei nicht perfekt simuliere. Ein Zahntechniker oder Spediteur hat keine Chance, mir unstimmige Details nachzuweisen, die der faktischen Realität eines Bäckereibetriebes widersprechen. Sobald aber ein Bäcker mein Buch in die Hand nimmt, merkt er sofort den kleinsten Schwindel. Also brauchte ich für mein Buchprojekt die

Fachkompetenz eines Bäckermeisters. Durch meinen Beruf bin ich es gewohnt, Problemen direkt auf den Grund zu gehen. Je komplexer sie sind, desto klarer müssen die Lösungswege definiert werden. In diesem Grundsatz fand ich auch die Lösung für mein eigenes Problem. Der direkteste Weg, die Fachkompetenz eines Bäckers in mein Buch einfließen zu lassen, bestand darin, mit der gesamten Belegschaft einer Bäckerei in einer gut geplanten Abfolge ausgewählter Workshops bzw. Arbeitseinheiten alle wesentlichen Ansätze ihres Geschäftes zu betrachten und zielgerichtet zu untersuchen, was zur Verbesserung nötig ist. In den meisten Fällen sind übrigens 80% der Strukturen und Abläufe in Ordnung, bei 20% findet man Ansatzpunkte, die einen Verbesserungsbedarf anzeigen.

Mit diesem Buch möchte ich eine Art Lehrplan zur Verfügung stellen, der alle wichtigen Komponenten eines Führungssystems enthält und deren Wirkungsmechanismen erklärt. Beratern soll es als Hilfsmittel dienen, die jeweiligen Lehrmodelle in professionellen Seminaren weiterzuvermitteln, während es interessierten Führungskräften und Unternehmern eine erste Orientierung für die Analyse des eigenen Geschäftes bieten kann.

Ich wünsche Ihnen nun viel Vergnügen bei dieser Lektüre und dass Sie möglichst viel daraus profitieren können.

Die Hauptkomponenten eines Führungssystems

An einem Abend im September 1999 ging ich zu unserem ersten Workshop in die Bäckerei Hegmann-Büttner. Dort saßen wir – die jetzigen Besitzer, Hans und Maria Büttner, sowie ihr Sohn Leo mit seiner Frau Sandra und ich, der Unternehmensberater – im Büro. Und genau wie Ihnen jetzt habe ich den „Klienten" erklärt, wozu ich ein Buch schreiben will und warum wir dazu Workshops durchführen.

In dieser ersten Sitzung besprachen wir den „Fahrplan" für das gesamte Projekt. Ein Führungssystem lässt sich in verschiedene Hauptkomponenten gliedern, die ich zur besseren Übersicht kurz skizziere (Bild 2).

1. **Der Geschäftsauftrag**

   Berater stellen sich – wie der Physikprofessor in der Feuerzangenbowle – üblicherweise dumm: „Ich weiß gar nicht, was ihr so treibt. Womit verdient ihr überhaupt euer Geld?" Mit dieser scheinheiligen und angeblich unschuldigen Frage lockt ein Berater den Geschäftsauftrag aus seinen Klienten heraus. Denn der so genannte Geschäftsauftrag benennt im Grunde nur, was der Unternehmer geschäftlich macht. Ob er nun Zahnprothesen herstellt, Brot backt oder Theater spielt, ist völlig unerheblich. Wichtig ist nur die sorgfältige Beschreibung seiner unternehmerischen Tätigkeit.

2. **Das Leitbild**

   Die Bedeutung des Leitbildes ist eng mit der so genannten Werteordnung verbunden. Dabei geht es um die Frage, wie sich die Mitarbeiter den idealen Arbeitsplatz vorstellen. Ideale sind in der Werteordnung auf der letzten und höchsten Stufe platziert.

Bild 2 Führen endet nie; der Prozess muss immer wieder durchlaufen werden

Bevor man sich mit ihnen auseinandersetzen kann, müssen elementare Bedürfnisse nach einer bestimmten Rangfolge befriedigt werden. Was ist für Menschen wichtig?

Die Basis ist zunächst einmal das Überleben und die Sicherung der Fortpflanzung. Dazu braucht man genug zu essen, eine Wohnung, Kleidung, Gesundheit und Sicherheit (Bild 3).

Wenn diese Bedürfnisse gedeckt sind, stellt sich die Sehnsucht nach Freiheit ein. Jeder sehnt sich danach, sich in gewissen Grenzen frei bewegen zu können. Deswegen war in der DDR für alle das Wichtigste die Freiheit. Die Grundbedürfnisse waren schließlich mit Wohnung, Kleidung, Nahrung, usw. hinreichend gedeckt.

Als nächstes kommt die soziale Eingliederung. Das Bedürfnis nach Kontakt, Freundschaft und Liebe wird über die kollegialen, freundschaftlichen und familiären Beziehungen befriedigt. Danach folgt das Bedürfnis nach Anerkennung, während in der letzten und höchsten Stufe die Selbstverwirklichung angestrebt wird.

Diese Stufen können nicht in beliebiger Reihenfolge erfüllt werden. Solange die jeweils darunter liegende Stufe nicht erfüllt ist, ist die übergeordnete Stufe bedeutungslos. Einen Hungernden aufzufordern, sich selbst zu verwirklichen, ist absurd. Er will nur eines: Essen. Von dieser Stufe arbeitet sich jeder nach seinen Wünschen, Werten und individuellen Fähigkeiten hoch.

Wenn man die Mitarbeiter nach ihren Wünschen am Arbeitsplatz fragt, formulieren sie zielsicher ihre Idealvorstellungen. Sie beschreiben detailliert, wie sie zusammen arbeiten und miteinander umgehen möchten und worüber sie informiert werden wollen. Diese Ergebnisse bilden das so genannte „Leitbild“, d.h. die Spielregeln, nach denen die Beteiligten ihr Geschäft betreiben wollen.

3. **Die Situationsanalyse**

   Wenn das Leitbild gefunden und definiert ist, wird es komplizierter. Jetzt braucht man eine Geschäftsanalyse, d.h. eine Aussage über den aktuellen (Zu-)Stand des Geschäftes. Es gibt verschiedene Methoden, wie man diese Untersuchung durchführen kann. Die für die Bäckerei Hegmann geeignetste Methode werden wir später vorstellen.

4. **Die strategische Planung**

   Die strategische Planung ist zwar relativ schwierig, aber höchst effizient. Sie konzentriert sich auf folgende Fragestellungen und Überlegungen:

   Aus welchen Kunden setzt sich unser Markt zusammen? In welchem Markt ist das Geschäft überhaupt angesiedelt? Wer sind die Wettbewerber in dem Markt? Wie treten sie dort auf? Wo wollen wir in diesem Markt in absehbarer Zeit, sagen wir einmal in fünf Jahren, hin und in welchen Etappen können wir unser Ziel erreichen? Was müssen wir machen, damit wir es erreichen? Was werden die Wettbewerber voraussichtlich tun, wenn sie unser Vorhaben erkennen? Weiß ich schon, was sie vorhaben? Wie reagieren sie, wenn ich einen bestimmten Schritt tue?

   Es kommt also im Wesentlichen darauf an, die nächsten Züge wie in einem Schachspiel vorauszudenken. Und genau wie beim Schachspiel kann man sich offensiv oder defensiv verhalten, man kann angreifen oder sich verteidigen. Wichtig ist nur, dass man weiß, was man macht, und sich nicht beliebig mal so und mal anders verhält. Für die meisten Geschäftsführer ist diese Aufgabe äußerst schwierig. Schätzungsweise 85% von ihnen wenden die strategische Planung gar nicht oder falsch an. Häufig

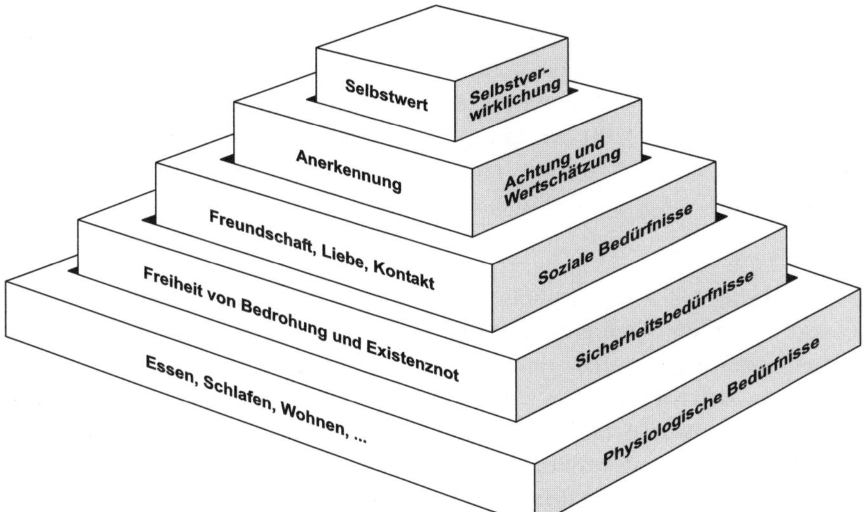

Bild 3 Ein Bedürfnis ist um so dominanter, je weiter „unten“ es in der Hierarchie steht

wollen sie neben ihrer Tagesarbeit keinen Zusatzaufwand. Ohne strategische Planung kann man allerdings auch keine Geschäftsziele bestimmen, weil man dazu die Basis bzw. das eigene Umfeld kennen muss. Dagegen kann man mit Hilfe einer vernünftigen Planung genau überlegen, welchen Anteil man von dem Markt haben möchte, in dem man sich bewegt. Mit diesem Marktanteil macht man einen entsprechenden Umsatz; Marktanteil und Umsatz stehen in direktem Zusammenhang. Zur Errechnung der Verdienstmöglichkeiten müssen die Abläufe, d.h. Materialeinkauf und Personalkosten, erfasst werden. Denn der Gewinn ergibt sich aus dem Umsatz minus den Kosten. Erst dann ist man in der Lage, Geschäftsziele festzulegen, d.h. den Marktanteil, den Umsatz, das Ergebnis bzw. den Gewinn strategisch zu planen. Wichtig ist hierbei auch die Betrachtung nicht monetärer Ergebnisse eines Geschäfts, wie Kundenzufriedenheit, Mitarbeiterzufriedenheit und Image, die noch vor der Feststellung des Gewinns ermittelt werden. Sie sind die Vorbedingungen für finanzielle Erfolge.

Folgende Punkte müssen bei der strategischen Planung stets berücksichtigt werden:

- *Kundenzufriedenheit*
  Wenn die Kunden nicht zufrieden sind, wird schlicht und ergreifend kein Umsatz gemacht, zumindest nicht auf lange Sicht.
- *Mitarbeiterzufriedenheit*
  Um die Abläufe kostengünstig zu gestalten, müssen die Mitarbeiter das Geschäft mittragen. Kundenzufriedenheit und Mitarbeiterzufriedenheit sind Grundvoraussetzungen, die sich gegenseitig bedingen.
- *Image*
  Welche Bedeutung das Image für ein Unternehmen hat, kann auf eine einfache Formel gebracht werden. Wenn der Ruf schlecht ist, ist auch das Geschäft schlecht. Das wird z.B. im Kernkraftgeschäft deutlich. Siemens baut weltweit die sichersten und besten Kernkraftwerke, aber die Gesellschaft in Deutschland will sie nicht. Die Folge ist: Wir bauen keine. So simpel ist das. Auch ein Beispiel aus der Gastronomie verdeutlicht es: Ein Wirt kann kaum erfolgreich sein, wenn sein Restaurant unter der Führung ehemaliger Pächter oder Besitzer bei den Kunden ein schlechtes Image hatte. Der Ruf ist zwar nicht bei jedem Geschäft von gleicher Bedeutung, aber das Image muss in jedem Fall gepflegt werden. Das Image ist eine der tragenden Säulen für die Erfolgsaussichten.

5. Balanced Scorecards

Ein wesentlicher Teil der strategischen Planung sind die Geschäftsziele. Sie werden festgelegt und in die Scorecards eingetragen. Unter „Balanced Scorecards" versteht man Steuergrößen bzw. Messwerte, an denen sich die – positive oder negative – Entwicklung des Geschäfts ablesen lässt. Messwerte müssen frühzeitige Rückschlüsse ermöglichen. Die Anzahl von Bestellungen und festen Großaufträgen sind dazu beispielsweise geeignet. Steuergrößen zeigen an, ob das Geschäft gut oder schlecht läuft. Diese Signale sind in verschiedenen Segmenten darstellbar, und zwar in gewinnorientierten, kundenorientierten, ablauforientierten und mitarbeiterorientierten. Mit diesen Werten erhalten wir Anzeigen wie bei einem Cockpit im Auto. Wir können alle Kursabweichungen ablesen und sehen, was gut und was schlecht läuft. Entscheidend ist hierbei die Überlegung, an welchen Steuergrößen sich frühzeitig erkennen lässt, wo sich das Geschäft hinentwickelt. Die Bilanz am Jahresende reicht nicht, weil Korrekturen frühzeitig erfolgen müssen.

6. Die Vision

Geschäftsauftrag, Leitbild, Geschäftsanalyse und strategische Planung sind vier Zielpakete, die man mit Logik er- und bearbeitet. Damit sie umsetzbar sind, muss man bereits im Vorfeld die notwendigen Bedingungen schaffen, die Abläufe steuern und die Zielvorgaben definieren. Wenn man den Umsatz steigern will, müssen Voraussetzungen geschaffen werden, dass mehr Kunden mehr kaufen. Verändern kann man eigentlich nur die Abläufe, d.h. die Prozesse. Der Erfolg dieser Veränderungen lässt sich an den Ergebnissen direkt messen.

Nun besteht der Mensch aber nicht nur aus Logik, sondern auch aus Gefühl. Wenn die Ziele in Zahlen formuliert werden, kann sich niemand begeistern. Zahlen sind nüchtern und können uns emotional kaum bewegen. Um anspruchsvolle Ziele zu erreichen, müssen alle Beteiligten begeistert sein. Will ein relativ schlechter Fußballverein ein Spiel gewinnen, muss der Trainer die Spieler zuallererst begeistern. Dann ist die Wahrscheinlichkeit, dass sie gewinnen, wesentlich größer, als wenn sie nur mit der Einstellung in das Spiel gehen: „Schaun mer mal". Auf dieser Basis kann niemand gewinnen.

Begeisterung lässt sich mit einer Vision wecken, d.h. mit einem Bild, das allen einleuchtet. Oder wie die Amerikaner sagen: Was man träumen kann, das kann man erreichen. Die Vision, die von den jeweiligen Zielen abgeleitet wird, ist die Schubkraft für den Geschäftserfolg. Sie beschreibt, welchen Zustand man sich für das Geschäft in 5 oder 10 Jahren wünscht. Diese Beschreibung erfolgt jedoch nicht in Zahlen, sondern am besten in Geschichten. Dazu versetzen wir uns beispielsweise in unsere Kunden und reden aus ihrer Perspektive über unser Geschäft. Wir geben einen Satz vor und schon sind wir mitten in der Szenerie:

„Alle Bäcker können mir gestohlen bleiben – wenn ich Brezen will, gehe ich nur zum Büttner, weil ..."

Durch die Darstellung aus der Sicht des Kunden entwickeln wir ein Gefühl für die Bedeutung des Ziels. Dieses Spiel spielen wir überall, wo Menschen direkt oder indirekt am Geschäftsprozess beteiligt sind. Ein Bäcker hat gerade seine Gesellenprüfung abgelegt und sagt:

„Jede Bäckerei hat mir ein Angebot gemacht, aber ich will nur beim Büttner arbeiten, weil ..."

So beschreiben wir unsere Zielvorstellungen aus Sicht der Kunden, der Mitarbeiter und natürlich auch der Besitzer des Geschäftes. Denkbar ist auch, einen Stadtrat einzubeziehen mit der Frage: „Was hältst jetzt du von den Bäckereien deiner Stadt?" Er könnte antworten: „Da gibt es schwarze und weiße Schafe und von den weißen Schafen gefällt mir dieses ganz besonders, weil es ein Schmuckstück für unsere Stadt ist. Schließlich besuchen uns Fremde und Kurgäste, die Steuern und Arbeitsplätze bringen. Da brauchen wir dringend eine Bäckerei, die schmackhaftes Brot und leckeren Kuchen bieten kann. Die Liebe geht schließlich durch den Magen."

Die Vision nimmt Gestalt an, wenn aus der Sicht jeder beteiligten Gruppe eine Geschichte erzählt wird, die richtig begeistert. Das motiviert und sorgt dafür, dass alle Mitarbeiter (damit sind in diesem Buch immer auch die Mitarbeiterinnen gemeint) gerne mitmachen.

7. **Prozessmodell, Kernprozesse identifizieren**

Den besten Überblick über ein Geschäft gewinnt man, wenn es in einem Modell abgebildet ist. Das Modell zeigt die wichtigsten Ergebnisse des Geschäfts in der Balanced Scorecard und alle Abläufe und Prozesse, die diese Ergebnisse hervorbringen. Eine solche Darstellung bezeichnen wir gerne als Prozessmodell. Die Struktur des Modells erleichtert das Definieren von Verantwortungsbereichen und ist so eine gute Vorarbeit für den nächsten Schritt.

8. **Verantwortlichkeiten**

Nach dem Entwickeln von Steuergrößen für die Balanced Scorecard stellt sich die Frage nach den Verantwortlichkeiten im Geschäft. Die Ziele, die im Geschäft erreicht werden sollen, werden in vielen kleinen Verantwortungsbereichen erarbeitet: Hans sorgt dafür, dass gebacken wird. Maria sorgt dafür, dass verkauft wird und, und, und ...

Wenn die Geschäftsziele formuliert sind, werden Teilverantwortungen festgelegt: Maria muss eine bestimmte Menge verkaufen, sonst wird der Umsatz nicht erreicht. Wenn die Vereinbarung über die Verkaufsmenge aber erst einmal getroffen ist, wird sie garantiert einen Weg finden, um sie erfolgreich umzusetzen.

9. **Zielvereinbarung**

In einem größeren Geschäft müssen alle in die gleiche Richtung arbeiten. Dazu muss jeder einzelne die Geschäftsziele kennen und sich über den eigenen Beitrag im Klaren sein. Dieser Beitrag muss quantifiziert, also in Zahlen ausgedrückt werden. Diese Zielvereinbarung ist als Führungsinstrument außerordentlich wirksam. Zur Zielvereinbarung gehören die Schritte Definition von Teilzielen, Umsetzungsstrategie, Zieltauglichkeitsprüfung und die eigentliche Vereinbarung der Ziele.

Zielvereinbarungen müssen überprüft werden. Das ist Aufgabe des Geschäftsführers. Er muss kontinuierlich prüfen, ob jeder an seinem Ziel arbeitet und ob er es auch erreicht. Man darf dabei nicht so vorgehen, wie manche Eltern im Umgang mit ihren Kindern, deren Zeugnisse sie nur am Schuljahresende prüfen und dann mit Bedauern feststellen, dass der Notendurchschnitt dürftig ist. Ein Kind muss man immer wieder fragen, wie es in der Schule war und welche Hausaufgaben es zu machen hat. Dann kann das Zeugnis keine bösen Überraschungen mehr bieten, weil der Notenstand bereits vorher bekannt ist. Auf ähnliche Art und Weise müssen die Zielvereinbarungen der Mitarbeiter überprüft werden, um die Kursrichtung zu sichern. Wöchentliche Überprüfungen scheinen ein sinnvolles Maß.

10. Arbeiten, Abläufe verbessern

Die schönste Theorie kann die Arbeit nicht ersetzen. Die geplanten Abläufe müssen auch in die Tat umgesetzt werden. Die Arbeit ist und bleibt der Kern eines jeden Geschäftes. Alles andere ist letztendlich nur der Rahmen.

11. Erfolgsnachweis

Anhand des „Monitoring" lässt sich verfolgen, ob die Arbeit auch zum geplanten Ziel führt. Damit zeigt jeder, dass die Richtung stimmt.

12. Anerkennung und Förderung

Wenn es gelungen ist, die oben genannten Bedingungen zu schaffen und die notwendigen Prozesse einzuleiten, muss man sich überlegen, wie man die Mitarbeiter zufrieden hält. Hier gibt es verschiedenste Möglichkeiten. Natürlich wollen alle eine gerechte Entlohnung, also marktübliches Entgelt. Wichtig sind aber auch ganz andere Aspekte. Die meisten Mitarbeiter wollen z.B. von ihrem Chef richtig informiert werden. Sie wollen Ziele vereinbaren und wünschen sich, dass der Vorgesetzte ihre Arbeit persönlich begutachtet und je nach Situation eine objektiv positive oder negative Rückmeldung gibt. Jeder sehnt sich nach Anerkennung. Echte Anerkennung ist außerordentlich motivierend. Schließlich stellt sich die Frage, ob der eine oder andere Mitarbeiter auch mehr leisten könnte, wenn man ihn entsprechend fördern würde.

Damit sind im Wesentlichen alle Elemente aufgeführt, aus denen ein Führungssystem besteht. Was sich in der Theorie grafisch auf einem einzigen Blatt skizzieren lässt, braucht in der Praxis viel Zeit und Geduld. Das werden Sie im Folgenden erleben, wenn Sie die handelnden Figuren dieses Buches – die Besitzer und Beschäftigten der Bäckerei Hegmann-Büttner – in den Workshops begleiten, in denen wir nun alle beschriebenen Inhalte gemeinsam erarbeiten und dokumentieren werden.

Der Geschäftsauftrag

Fragen Sie einmal einen Unternehmer nach der Entwicklung von Umsatz und Ergebnis. Sofern er eine organisierte Sekretärin zur Seite hat, wird er Ihnen blitzschnell detaillierte Zahlen auf den Tisch legen, die Ihnen zeigen, wie das Geschäft läuft. Fragen Sie ihn dagegen nach seinem Geschäftsauftrag, wird er in vielen Fällen die Antwort schuldig bleiben. Das hat einen einfachen Grund. Die meisten Unternehmer kennen schlicht und ergreifend den Geschäftsauftrag des eigenen Betriebes nicht. Sie wissen auch nicht, was ihnen dadurch entgeht. Denn ein sauber formulierter Geschäftsauftrag ist die Basis für den gesamten betriebswirtschaftlichen Aufbau, ist das Fundament für das Führen aller Menschen, die sich in diesem Betrieb bewegen.

Auch Hans und Maria, Leo und Sandra bilden keine Ausnahme von dieser Regel. Sie haben sich nie Gedanken über den Geschäftsauftrag ihrer Bäckerei gemacht. Seit drei Generationen ernährt sie die Familie und schafft Arbeitsplätze in Tölz, auch ohne Geschäftsauftrag. Schließlich gab und gibt es auch so immer genug zu tun, um die Bäckerei Tag für Tag und Nacht für Nacht am Laufen zu halten. Sie hätten nichts dagegen einzuwenden, wenn sich dem Tag mehr als 24 Stunden abringen ließen. Aber gegen physikalische Gesetze lässt sich nun mal nichts unternehmen. Für Hans und Leo beginnt die tägliche Arbeit nachts um 02:00 Uhr. Maria steht früh morgens im Laden und räumt mit den Verkäuferinnen die Backwaren in die Regale. Sandra hat mit Maximilian, dem dreijährigen Sohn, sowieso immer alle Hände voll zu tun, und das rund um die Uhr. Trotzdem hilft sie im Geschäft, wann und wo immer es geht. Sie organisiert das Büro, ordnet die Geschäftsunterlagen und entwirft Werbeaktionen für die Bäckerei. Wenn sich jemand den „Luxus" leisten kann, abseits vom täglichen harten Arbeitsprozess über das Geschäft nachzudenken, dann ist es Sandra. Sie hat den nötigen Abstand, wird nicht von der alltäglichen Arbeitsroutine gefangengenommen. Sandra betrachtet die Bäckerei gerne aus der Sicht einer Kundin. Das hilft ihr, Stärken und Schwächen des Geschäftes unvoreingenommen und objektiv zu erkennen. Davon abgesehen, schlendert sie auch gerne durch die Backstube, greift sich eine ofenfrische Brezen, eine Rosinenschnecke oder ein Kuchenstück. Sie ist ja mit einem Bäckermeister verheiratet und sie ist schlank.

Bäcker kämpfen in ihrem Arbeitsleben stärker als andere Berufsgruppen gegen die Müdigkeit. Das ist auch kein Wunder, denn schließlich machen sie die Nacht zum Tag und sind damit zwei schlafbezogenen Problemen ausgesetzt: der Schwierigkeit, am Tag zu schlafen und der, sich nachts wach zu halten. Als Berater muss man sich vergegenwärtigen, dass die Begegnungen, Gesprächsrunden, Seminare und Workshops in der knappen Freizeit der Klienten stattfinden, d.h. in der Regel am Abend. Dann sind nicht nur die Klienten müde, sondern auch die Berater selber. Aber so ist es nun mal: Das

Beratungsprojekt darf das Geschäft des Klienten so wenig wie möglich stören, denn für den Klienten muss der Broterwerb weitergehen. Es gibt eine Faustregel, die besagt: „Achte darauf, *wie* müde der Klient ist.“ Müde ist er sowieso, aber eben mehr oder weniger. Wenn er *zu* müde ist, sind das Beratungsgespräch, der Workshop, der Vortrag für die Katz'. Dann ist es gescheiter, an der richtigen Stelle Schluss zu machen. Erfahrene Berater berücksichtigen grundsätzlich die zeitliche und psychische Mehrbelastung ihrer Klienten und den damit verbundenen zusätzlichen Stress.

Wir sitzen im Brotzeitstüberl hinter dem Laden. Ich packe meinen Koffer aus und lege meine Arbeitsutensilien zurecht. Für die Erarbeitung des Geschäftsauftrags mit den Klienten brauche ich nur Filzstifte und Klebezettelchen. Die Pinnwand steht bereits im Eck und Packpapier ist reichlich vorhanden. Im Raum breitet sich unterschwellig Spannung aus. Das gehört in gewisser Weise zum Spiel. Es ist dieselbe Verunsicherung, die immer auftritt, wenn Menschen nicht wissen, was auf sie zukommt. Es überrascht mich allerdings, dass sie sich auch in dieser Runde einstellt. Damit habe ich nicht gerechnet, denn schließlich kennen wir uns alle seit langer Zeit. Aber auch Berater lernen nie aus. Mit Hans gehe ich seit Jahren zum Wandern. In unserer Wandergruppe laufe ich am liebsten mit ihm, weil er Humor hat und wir herzhaft miteinander lachen können. Maria und ich arbeiten schon lange im Pfarrgemeinderat und in der Kirchenverwaltung zusammen. Und Leo kenne ich seit seiner Ministrantenzeit, als ich den Pfarrer noch bei den Ausflügen auf die Moaralm begleitete. Auch Sandra ist mir inzwischen über die familiären Kontakte privat vertraut.

Ich begrüße die Teilnehmer und schalte damit die Spannung herunter. Es ist ein simples, aber ungemein wirksames Mittel, obwohl es sich wie ein banaler Allgemeinplatz anhört: Mit der Begrüßung entlädt sich sofort ein Teil der Spannung im Raum. Dann stelle ich die Frage, um die sich der gesamte Workshop dreht. Auch sie klingt banal, aber sie hat es in sich:

„Wofür bekommt ihr Geld von Euren Kunden?“

Ich erkläre die Spielregeln. Jeder bekommt Klebezettel und einen Stift. Die Antworten dürfen maximal 3 Wörter lang sein und, bevor sie aufgeschrieben und an die Pinnwand geheftet werden, soll jeder sie laut aussprechen. Damit wollen wir vermeiden, dass alle dieselben Ideen aufschreiben. Die Methode hat aber auch noch einen anderen Zweck. Die Teilnehmer agieren nicht alleine, sondern im Zusammenspiel mit allen anderen. Sie müssen aufeinander hören, damit sie effizient zusammenarbeiten. Es ist eine Kreativitätstechnik, die bald ihre Wirkung entfalten wird. Man nennt sie Brainwriting. Die Teilnehmer regen sich gegenseitig an, indem sie ihre Ideen spontan äußern. Vom Sofaeck ernte ich einen vorwurfsvollen Blick von der Katze, die sich ebenfalls in den Workshop eingeschlichen hat. Es ist, als ob man den Deckel von einem Bienenkorb genommen hätte. Stimmen schwirren durcheinander, Filzstifte quietschen, Papier knistert und der Dielenboden knarrt.

Bodo: Und nicht vergessen: Wer seine Idee ausspricht, schreibt sie auch auf. Merke: Berater sind faul, die schreiben nicht, die reden bloß.

Maria: Sollen wir alles aufschreiben, was wir backen?

Bodo: Ihr könnt auch Sammelbegriffe nehmen.

Maria: Weißbrot, Schwarzbrot, Kleingebäck.

Bodo: Ja, aber was tut ihr dabei? Herstellen, verkaufen und vielleicht auch liefern. Fangt einfach an, dann wird es ziemlich schnell klar.

Hans: Das ganze Brotsortiment, Weizenkleingebäck und Kleinbäckerei.

Sandra: Verkauf von Handelswaren.

Maria: Gebäck.

Leo: Feinbäckerei und Schnitten.

Bodo: Jetzt habt ihr also die Produkte aufgelistet, aber noch nicht die verschiedenen Abläufe.

Leo: Wir stellen Produkte her, handeln aber auch mit ihnen.

Bodo: Aber ihr müsst sie noch verkaufen, und zwar im Laden oder durch Lieferung bzw. Weiterverkauf.

Maria: Dann schreibe ich also den Ladenverkauf auf.

Bodo: Und du, Hans, was machst du?

Hans: Herstellen.

Bodo: Genau, herstellen ist mehr als backen.

Sandra: Wir haben auch einen Marktstand, wo wir verkaufen.

Bodo: Damit haben wir also: Herstellen, Ladenverkauf, Liefern und Marktverkauf.

Hans: Da fehlt aber noch etwas: Handelswaren. Wenn wir sie herstellen würden, wären es ja keine Handelswaren.

Bodo: Welche speziellen Handelswaren sind das?

Maria: Süßwaren und Brotaufstrich.

Leo: Außerdem spezielle Geschenkartikel, z.B. Leonhardi-Tassen.

Hans: Wir machen ja auch Sonderanfertigungen, z.B. die Sternzeichen und die Cocktail-Semmeln.

Sandra: Schnitzer!

Maria: Das ist das „Bio“. Da müssen wir noch einmal unterteilen in Handelswaren und Eigenherstellung.

Bodo: Da kommt ja eine ganz schöne Palette zusammen.

Das alles ist eine grobe Zumutung für die Katze. Um diese Tageszeit ist sie normalerweise uneingeschränkte Herrscherin über Haus und Bäckerei. Es ist die einzige Zeit, zu der sich ihre menschlichen Mitbewohner einigermaßen ruhig und katzenverträglich verhalten. Es sind die wenigen Stunden zwischen harter Nachtarbeit und geschäftigem Tagesbetrieb, wenn endlich mal Ruhe herrscht. Es reicht. Sie springt mit hohem Satz über die Sofalehne, streift beim Sprung durch die Tür mein Hosenbein und würdigt mich keines Blickes mehr.

An der Pinnwand wächst ein Wald aus Zetteln. Mit dem Sammeln von spontanen Einfällen suchen wir die relevanten Informationen über das Geschäft. Brainwriting ermöglicht das schnelle Durchlaufen einer unstrukturierten Stoffsammlung. Die umfangreichen Informationen werden zu Clustern geordnet und in ihrer Tiefenstruktur beleuchtet, bis ein strukturiertes Bild sichtbar wird, das einen klaren Überblick über das Geschäft bietet. Dazu muss ich nur den spontanen Ideenstrom gezielt in eine bestimmte Richtung lenken.

„Jetzt müssen wir mal sortieren."

Bodo: Was sind Ober- und Unterbegriffe und wie kann man sie in eine Reihenfolge bringen? Vielleicht nach Volumen. Womit macht ihr das größte Volumen bzw. den größten Umsatz?

Sandra: Ladenverkauf.

Bodo: Und bei den Produkten?

Hans: Brot herstellen.

Bodo: Herstellen und Ladenverkauf sind also Hauptteile.

Maria: Und dann kommt das Liefern.

Sandra: Und der Marktverkauf.

Bodo: Was ist das größte Volumen bei den Produkten? Wir reden nicht vom Ergebnis, sondern vom Volumen, vom Umsatz, um in der Fachsprache zu bleiben.

Hans: Weizenkleingebäck, Semmeln, Brezen und alles was damit zu tun hat.

Maria: Dann das Brot.

Bodo: Wo rangieren die Biobackwaren? Zählen sie zum Weizenkleingebäck oder zum Brotsortiment?

Hans: Beides.

Bodo: Was kommt als nächstes vom Umsatz her?

Maria: Feingebäck.

Bodo: Und danach?

			Laden 71,6%	Marktstand 4,4%	Lieferung 24%		
Backwaren:	normal	Vollkorn Schnitzer			Backshops	Wiederverkäufer	Endverbraucher
Weizenkleingebäck	34%						
Brot	22%	13%					
Feingebäck	23%						
Sonderanfertigungen	3%						
Handelswaren	4%						
Biohandelsware		1%					
Sonstige Waren – Süßwaren – Brotaufstrich – Süßigkeiten – Geschenkartikel – Snacks – Kaffee – Backrohstoffe – Teig							

"Das Sortiment"

Bild 4 Mit diesen Produkten und Leistungen verdienen wir unser Geld

Maria: Handelswaren. Da fällt alles darunter. Von den Süßwaren über Geschenkartikel bis zum Kaffee.

Hans: Zum Schluss die Sonderanfertigungen, z.B. die Sternzeichen.

Bodo: Jetzt haben wir also alles gesammelt und können es in einer Tabelle übersichtlich darstellen (Bild 4). Aus den gesammelten Informationen gilt es nun einen Satz zu formulieren, der uns eine Antwort auf die Eingangsfrage liefert: Wofür geben euch eure Kunden Geld?

Ich greife in meine Schatzkiste und erzähle die Geschichte von der Gründung eines Geschäfts, um bildlich zu untermauern, was wir uns als nächstes erarbeiten müssen.

Ein Klient sollte eine Personalberatung gründen. Also spielte ich mit ihm und seinen Leuten das Bäckerspiel. Als es um das Formulieren ging, sagten die Mitarbeiter der Firma, die PA POE hieß:

- PA POE berät und unterstützt den Bereichsvorstand, die Kunden in den Geschäftsgebieten, Fachabteilungen und Bereichen und die Personalreferenten und Berater.
- PA POE erbringt Dienstleistungen für die Kunden, damit Mitarbeiter und Führungskräfte in ihrer Arbeit optimale Ergebnisse erreichen.

Das beschreibt, was die Personalberatung im Wesentlichen macht. Auch ihr erbringt eine ganz bestimmte Leistung für Eure Kunden.

„Was haben die Kunden davon?"

Leo: Wir wollen jeden Tag das Beste für unsere Kundschaft herstellen.

Maria: Wir befriedigen die Grundbedürfnisse. Essen und Trinken sind ja Grundbedürfnisse. Zum Trinken können wir nichts beitragen, aber zum Essen.

Hans: Wir produzieren täglich Frische, die dem Kunden schmecken soll.

Bodo: Gut, sagen wir also: „Wir produzieren täglich Frische." Es gibt aber sicher auch Kunden, die nicht nur auf den Geschmack Wert legen. Ich denke z.B. an die Biobackwaren.

Maria: Gesund muss es sein.

Bodo: Richtig. Wie kommt der Kunde nun an das Produkt heran?

Maria: Wir bieten es ihm an.

Leo: Mit Freundlichkeit, Aufmerksamkeit.

Bodo: Wir könnten es also so formulieren: Wir produzieren täglich frische Backwaren – nicht zu verwechseln mit „denen in Orange", mit Bhagwan (ein Kalauer pro Workshop muss sein) –, die dem Kunden schmecken und ihn gesund ernähren. Wir verkaufen sie ihm im Laden und am Marktstand, oder beliefern Backshops, Wiederverkäufer und Endverbraucher. Jetzt haben wir allerdings die ganze Handelsware noch nicht berücksichtigt.

Maria: Die Handelsware bekommen wir geliefert und bieten sie dem Endverbraucher im Laden an.

Sandra: Handelswaren unterstützen auch manche Produkte, wie z.B. die Biohandelswaren.

Maria: Sie ergänzen das normale Sortiment mit Produkten, die wir selbst nicht herstellen können.

Bodo: Schaut euch das Ergebnis an der Tafel an. Ist es das? Beschreibt es den Inhalt Eures Geschäfts?

Maria: Ja, der Rahmen stimmt.

Hans: Haben wir wirklich schon alles benannt?

Sandra: Der Kunde will auch eine gute Optik.

Hans: Eben. Das kann gesund sein und noch so gut schmecken. Wenn es nicht gut ausschaut, kauft es keiner.

Sandra: Dann formulieren wir es so: Wir produzieren täglich frische, gut aussehende Backwaren.

Bodo: Im Groben haben wir damit also Euren Geschäftsauftrag erfasst (Bild 5). Das ist noch nicht die Endfassung. Ihr könnt jeden Begriff noch verbessern. Jetzt geht es erst mal um die Rohfassung. Über die richtige Formulierung grübeln manche wochenlang nach.

Das Ergebnis kann sich sehen lassen. Unbemerkt hat sich auch die Katze wieder ins Brotzeitstüberl geschlichen und den Schokoladenplatz auf dem Sofa eingenommen. Manchmal rangiert die Neugierde eben doch vor dem Ruhebedürfnis. Im Raum herrscht eine gelöste Stimmung. Alle sind zufrieden und locker. Die Ängste sind abgebaut, jeder hat wichtige und gute Beiträge aus seiner Erfahrung und subjektiven Sicht geleistet. Die Büttners haben sich schon über alles unterhalten, aber noch nie über das Geschäft im eigentlichen Sinn. Der Blick auf die Menschen im allernächsten Umfeld hat sich geweitet. Jeder ist überrascht, welche Ideen und Gedanken der andere zu den verschiedenen geschäftlichen Aspekten in sich trägt. Ehrlich gesagt, hätte man sich das gegenseitig gar nicht zugetraut. Im Workshop sind sich alle näher gekommen, indem der Blick auf den anderen auf Weitwinkel gestellt wurde. In dieser Perspektive sieht alles ganz anders aus. Sie gibt den Blick frei auf das Panorama der Bäckerei Hegmann-Büttner, den gesamten Prozess und die darin eingebundenen Menschen. Sie haben gemerkt, dass ihr Geschäft viel bunter und interessanter ist, als sie immer gedacht haben. Sie haben eine klare Struktur, ein bewussteres Verständnis über ihr Geschäft als System erhalten.

Der Geschäftsauftrag der Bäckerei Hegmann-Büttner

Wir produzieren täglich frische und ansprechende Backwaren, die dem Kunden schmecken und ihn gesund ernähren.

Wir verkaufen unsere Waren im Laden und am Marktstand oder beliefern Backshops, Wiederverkäufer und Endverbraucher.

Im Laden bieten wir auch Handelswaren an, die zu unserem Geschäft passen und unser Sortiment ergänzen.

Bild 5 Die Bäckerei Hegmann-Büttner hat einen Geschäftsauftrag formuliert

Das jetzige Bild könnte natürlich verändert werden, wenn es notwendig wäre. Die Geschäftsführer können, dürfen und müssen sich die Zeit nehmen, um das Bild in seiner Stimmigkeit zu überprüfen und nach betriebswirtschaftlich sinnvollen Gesichtspunkten zu gestalten. Das Fundament ist mit dem präzise formulierten Geschäftsauftrag scharf umrissen. Der Sockel ist gegossen. Jetzt können die Details darauf aufgesetzt werden. Ich spüre das positive Klima. Meine Klienten haben die Aufgabe gelöst und dadurch Sicherheit und Selbstvertrauen gewonnen. Sie haben eine neue Ebene des wechselseitigen Verständnisses und der gegenseitigen Wertschätzung entdeckt. Sie haben erfahren, wie spannend es ist, den anderen zu fragen, hinzuhören und ihn unvoreingenommen ernst zu nehmen. Meine Moderation ist nicht nur ein Mittel, die Beteiligten nah an den Stoff heranzuführen. Sie schafft gleichzeitig den nötigen Abstand, mit dem sich die Dinge schärfer fokussieren lassen. Der Berater verfügt über die größere Distanz, weil er nicht zum Unternehmen gehört und deshalb nicht direkt betroffen ist. Nicht nur die breitere Erfahrung, auch diese Distanz machen den Berater wichtig. Das Geschäft als solches ist nicht sein Herzblut und die Probleme einzelner ebenso wenig. Sein Herzblut hängt am Erfolg. Der beste Berater ist somit derjenige mit der größten Wissenskompetenz und dem größten Abstand zu Geschäft und Personen.

Ich frage jeden einzelnen, was der Workshop gebracht hat. Maria ist beeindruckt, wie spannend es ist, ihr Geschäft als Ganzes, als System zu betrachten. Keiner in Familie und Geschäft hat sich bisher die Strukturzusammenhänge so klar verdeutlicht. Sie hat erkannt, welches Potenzial in dieser Betrachtungsweise ruht, das herausgearbeitet und genutzt werden kann. Hans ist neugierig geworden. Er ist der Skeptiker in der Runde. Im Grunde ist das alles ja ein Schmarrn. Seit fast 50 Jahren steht er Nacht für Nacht in der Bäckerei und backt schmackhaftes Brot zur gesunden Ernährung der Tölzer Bevölkerung. In der Bäckerei muss Hand in Hand gearbeitet werden, und wenn alle tüchtig und fleißig sind, dann passt es schon. Aber trotzdem, die Neugier ist geweckt und – es wundert ihn zwar – es macht sogar richtig Spaß, wenn die eigene umfangreiche Erfahrung gefragt ist. Vom Handwerklichen kennt keiner das Geschäft so gut wie Hans. Es tut gut, wenn das mal gewürdigt und anerkannt wird. Sandra hat großes Interesse an der Thematik entwickelt. Natürlich möchte auch sie sich für die Bäckerei einsetzen. Sie hat begriffen, dass man in einem Geschäft auch mitwirken kann, ohne in die Tagesroutine integriert zu sein. Und Leo macht seiner Aufgabe als Juniorchef alle Ehre. Er betrachtet den Workshop als echten Einstieg in das Projekt, sieht den gewaltigen Nutzen für das Geschäft, das er bald übernehmen will. Er erkennt am deutlichsten den Profit, den er aus dem Beratungsprojekt ziehen kann. Wie er nicht nur als Bäckermeister in der Backstube, sondern auch als Unternehmer das Geschäft in den Griff bekommen kann.

Und ich selber? Was nehme ich heute aus dem Workshop mit? Als Moderator habe ich viel über den Betrieb einer Bäckerei gelernt. Der Workshop dient als Einstieg in die Besonderheiten des Geschäfts. Das wird für mein weiteres Vorgehen eine gute Grundlage bilden. Ich habe aber nicht nur wichtige Informationen über das Geschäft erhalten, sondern auch psychoanalytische Einblicke in die Verhaltensmuster und die persönlichen Einstellungen der Mitspieler gewonnen. Das ist für die weitere Zusammenarbeit und Planung von zentraler Bedeutung. Denn jetzt existiert eine Vorstellung davon, was die einzelnen akzeptieren, was sie ablehnen, wie sie gefühlsmäßig reagieren und wie ich sie bewegen kann. Auch ich kann mit dem heutigen Ergebnis zufrieden sein. Ich habe meine Fingerübung abgelegt, indem ich mich mit der Personengruppe in ihrem beruflichen Kontext vertraut gemacht habe. Wir alle haben uns sozusagen warmgespielt. Meine Klienten haben in dem Frage-Antwort-Spiel Sicherheit und Selbstvertrauen gewonnen. Es wurden keine heiklen Punkte berührt, keine Fehler angeprangert, wovor sich jeder unbewusst gefürchtet hat. Im Gegenteil. Sie alle konnten beweisen, dass sie diejenigen sind, die am meisten von dem Geschäft verstehen. Sie konnten ihre Kompetenz beweisen und erleben die Befriedigung, die daraus ersteht.

Mit diesem Selbstvertrauen können wir getrost in die nächste Runde steigen. Übrigens: Hätten Sie gedacht, dass betriebswirtschaftliche Mängel häufig im Führungsstil begründet liegen? Sie glauben das nicht? Dann werden Sie in diesem Buch noch Ihr blaues Wunder erleben.

Ich packe meine Siebensachen in den Koffer. Ordnung ist das halbe Leben. Die Katze macht einen Satz vom Sofakissen und fegt die Blumenvase vom Tisch. Ungerührt streckt sie den Buckel in die Höhe, während sie ihre Pfoten durch den Flickerlteppich in den Dielenboden krallt. Das gilt vielleicht für Menschen, was dieser Berater, dieser Oberschlaue, von sich gibt. Katzen haben nur ein Ziel: Jedes einzelne ihrer sieben Leben in vollen Zügen zu genießen – ohne Hektik, ohne Stress, ohne Lärm und möglichst ohne Störung.

Ein Erlebnis der besonderen Art oder so leicht kann Führen sein

Neulich traf ich einen alten Schulfreund. Nachdem er mir, wie es bei uns so üblich ist, gewaltig auf die Schulter gedroschen hatte, berichtete er voller Begeisterung über seine Fortschritte bei den Mitarbeitern. Mein Freund ist Ministerialrat am Wirtschaftsministerium. Seine Sekretärin hält ihn neuerdings für den besten aller denkbaren Chefs und seine Referenten finden alle Möglichkeiten der Selbstverwirklichung in ihrem Beruf. Sie gehen für ihren Boss durchs Feuer. Was ist passiert?

Einmal im Jahr, meist an Christi Himmelfahrt, besucht mich mein Freund und wir machen gemeinsam einen Ausflug. Beim letzten Mal überraschte ich ihn an diesem speziellen Tag mit dem ersten Fahrrad-Telefon. Für solche Scherze ist er sehr empfänglich. Für unsere kleine Tour richtete ich das Mountainbike-Tandem her. Ich lenkte vorn, er saß hinten und musste kräftig strampeln. Damit es ihm nicht zu langweilig wurde, steckte ich mein Handy in die Rückentasche des Trikots. Am Tag zuvor hatte ich eine Reihe von Bekannten gebrieft, dass sie diese Nummer am nächsten Vormittag zwischen 11 und 13 Uhr anrufen sollten. Also bimmelte während der Fahrt pausenlos das Telefon und Werner konnte auch ohne Freisprecheinrichtung mit den Bekannten plaudern. Er war begeistert. Nebenbei – wenn das Handy gerade mal schwieg – erzählte ich ihm von meiner Arbeit und dass nach meiner Erfahrung das Führen von Mitarbeitern eigentlich ganz einfach ist, die meisten Vorgesetzten es dennoch nicht beherrschen oder aber gravierende Fehler machen. Dabei gilt es, nur einige Dinge zu beachten.

Jeder Mitarbeiter muss genau wissen, was der Chef von ihm erwartet. Dann kann er sich auch ausrechnen, wie der auf verschiedene Arbeitsergebnisse reagiert. Solche Berechenbarkeit ist entscheidend. Sie wird erreicht, indem man jedem einen genau definierten Verantwortungsbereich zuteilt, der am besten in einer Rollenbeschreibung festgelegt wird. Zusätzlich dimensionieren vereinbarte, quantitative, also mit Messgrößen beschriebene Ziele die erwarteten Ergebnisse. So ist sich jeder immer bewusst, ob er in den Augen seines Chefs gut ist oder nicht. Auf welchem Weg die Mitarbeiter ihre Ziele erreichen, darf ihnen auf keinen Fall vorgeschrieben werden. Das würde jedes Erfolgserlebnis im Keim ersticken. Es ist entwürdigend, wenn der Vorgesetzte bei jeder Arbeit sagt, wie man sie ausführen soll. Jeder ist also aufgefordert, eigene Lösungswege zu ersinnen, wie er seine Ziele am erfolgreichsten und mit dem geringsten Aufwand erreicht. Die beste Vorgehensweise sollte den Kollegen und dem Boss vorgestellt werden, die dann gemeinsam prüfen, ob dieser Weg der effektivste ist und wirklich zum Ziel führt. Die Zustimmung des Gremiums ist bereits die erste Anerkennung und damit auch das erste Erfolgserlebnis. Dann kommt, wie immer, der mühsame Teil. Nun muss jeder –

analog zur beschlossenen Vorgehensweise – seine Zwischenziele und Ziele erarbeiten. Auf diesem schwierigen Weg benötigt jeder immer wieder neue Motivation. Das ist Aufgabe des Chefs. In der Arbeitswelt ist der direkte Vorgesetzte eine sehr wichtige Bezugsperson, deren Anerkennung als einer der stärksten Motivatoren gilt. Wenn Mitarbeiter den Weg zu ihren Zielen dokumentieren, kann der Chef prüfen, ob die Ziele rechtzeitig erreicht werden, und verdiente Anerkennung regelmäßig aussprechen. Werden solche Erfolgsnachweise in einem bestimmten Turnus – z.B. wöchentlich oder bei sehr umfangreichen Verantwortungsfeldern monatlich – eingefordert, ergeben sich zwanglos Gelegenheiten zur Stellungnahme (Feedback) oder zur Anerkennung. Die muss dann allerdings auch geleistet werden. Die Haltung „Nicht geschimpft ist genug gelobt!" mag im strengen Schwabenland noch üblich sein. Mit einem guten und erfolgreichen Führungsstil hat sie nicht das Geringste zu tun.

Wenn sich Mitarbeiter Mühe geben, Fortschritte machen, ihre Ziele erreichen oder gar übertreffen, muss der Chef selbstverständlich handeln. Fähige Mitarbeiter müssen durch Erweiterung des Verantwortungsbereiches, Definition höherer Ziele und über Qualifikations- und Fortbildungsangebote gefördert werden. Mehr Verantwortung und mehr Leistung führen logischerweise auch zu höherer Entlohnung. Die ist aber nicht der wesentliche Motivator. Wesentlicher für die Selbstverwirklichung der Mitarbeiter, für ihre Zufriedenheit und Begeisterung sind klare Verantwortung, messbare und hochgesteckte Ziele, freie Wahl der Vorgehensweise, Präsentation der gewählten Wege vor Kollegen und Vorgesetzten, regelmäßiger Erfolgsnachweis mit Feedback und Anerkennung sowie angemessene Förderung.

Während direktes Coaching von Führungskräften über ein bis zwei Jahre oft nur mäßige Verbesserung im Führungsverhalten bewirkt, hat mein Freund beim Radfahren aufgepasst. Er hat sich die wenigen, wichtigen Elemente des erfolgreichen Führens gemerkt. Er hat die Hintergründe und Zusammenhänge begriffen. Und vor allem: Er hat alle diese Anregungen sofort umgesetzt und bei seinen Mitarbeitern angewandt. Deshalb lobt ihn seine Sekretärin als den besten Chef und erledigen seine Referenten ihre Aufgaben begeistert und selbstständig. Werner berichtet enthusiastisch, dass er nun mit viel weniger Führungsarbeit wesentlich mehr erreicht. Die Stimmung ist fast immer gut und alle haben viel Spaß – Spaß bei der Arbeit, obwohl das nach Ansicht vieler Arbeitnehmer doch gar nicht möglich ist.

Fatal ist nur, dass Führungskräfte in einem Unternehmen diese einfachen Elemente bloß nutzen können, wenn sie ihr Geschäft auch betriebswirtschaftlich beherrschen. Das setzt voraus, dass der Geschäftsauftrag definiert und die Situation des Unternehmens bekannt ist, dass strategische Planung beherrscht und regelmäßig durchgeführt wird und die Geschäftsziele folgerichtig abgeleitet werden. Am besten strukturiert man die Ziele in einer Balanced Scorecard und kommuniziert die Geschäftsziele mittels einer Vision. Wenn man dann auch noch weiß, welche Prozesse zu den Geschäftserfolgen führen, können Verantwortungsbereiche zugeschnitten und die Möglichkeiten gezielter Personalführung eingesetzt werden. Aber die Erklärung und Beschreibung dieser betriebswirtschaftlichen Komponenten würde den Rahmen meiner Geschichte sprengen. Deswegen verlagern wir sie dorthin, wo sie in diesem Buch hingehören: in die jeweiligen Workshops in der Bäckerei Hegmann-Büttner.

Netzfund – die Koautorin steigt ein

Es mailt, faxt und klingelt, ohne Punkt und Komma. Auf meinem Schreibtisch häufen sich lose Notizblätter und der Monitor ist mit Klebezetteln übersät. Völlig zwecklos, auch nur eine einzige Sache in Angriff zu nehmen. Es geht jetzt nicht ums Ab- oder Bearbeiten – es gilt, Ordnung zu wahren und das Chaos abzuwehren.

Ich bin die Kommunikationsschnittstelle in der heißen Phase vor Beginn eines internationalen Kongresses für Schlafmedizin, denn ich organisiere und koordiniere das Ereignis. Die Aufgaben im Team sind klar zugewiesen, jeder arbeitet in seinem Bereich im Zeitplan. Dennoch schwappt in der heißen Phase – unvermeidlich, unaufhaltsam und wie einem inneren Naturgesetz gehorchend – eine riesige Welle über die sauber geplanten Organisationseinheiten, jedes Mal und immer wieder. Die Welle baut sich weit draußen auf. Je näher das Ereignis rückt, desto gewaltiger wird sie. Und sie bricht sich schließlich an mir, denn jeder Hinz und Kunz kennt meine Telefonnummer, meine Faxnummer und meine E-Mail-Adresse. Die Druckerei kann einen Font nicht lesen, ein Gastredner hat die Terminfrist für die Abgabe wissenschaftlicher Beiträge überschritten, der Verlag kann deswegen die rechtzeitige Herausgabe des Supplements einer Fachzeitschrift nicht mehr garantieren, eine Referentin möchte für die ausgebuchte Abendveranstaltung zwei Tickets für Mann und Kind, ein Firmenvertreter will unbedingt noch einen Stand für die Industrieausstellung, die längst bis auf den letzten Quadratzentimeter vermietet ist.

Im Portugiesischen gibt es eine Redewendung für die Beschreibung des Zustands nach einer durchzechten Nacht: estou na ressaca, ich steh in der Brandung. Wer einen Kater hat und sich das Bild lebhaft vor Augen führt, wird sofort vom Schwindel erfasst und verliert das Gleichgewicht. Probieren Sie's mal aus. Aber ich habe Sie gewarnt. Ich weiß nicht mehr, wo mir der Kopf steht, doch das darf niemand merken. Jeder Beteiligte hat einen Anspruch auf Auskunft, auf die erforderliche Information, auf die Erörterung seines Problems. Und selbstverständlich auf freundliche Behandlung. Natürlich könnte ich nach Beamtenmanier rechthaberisch lamentieren: „Haben Sie das Programmheft nicht gelesen? Dort sind doch alle Terminfristen fett gedruckt angegeben. Ihr Beitrag fliegt raus. – Ihr Mann und Ihr Kind müssen sich abends anderweitig vergnügen, es gibt keine Eintrittskarten mehr. – Warum, zum Teufel, melden Sie Ihren Standbedarf erst jetzt an? – Wenn Sie den Font nicht haben, dann kaufen Sie ihn, Sie führen doch eine Druckerei." Dann würde ich aber am Ziel vorbeiarbeiten. Und das Ziel ist, den Kongress erfolgreich zu gestalten und dafür zu sorgen, dass alle Spaß daran haben. Ich tauche unter der Welle hindurch. Es ist die einzige Rettung, damit sie mich nicht überrollt. Wenn ich nur einen Moment die Nerven verliere, peitscht sie mich in den Sand. Dann verirre ich mich in den menschlichen Niederungen des Anschuldigens, Beschuldigens,

Entschuldigens. Das lähmt den Fortschritt und fördert den Stillstand. Also nehme ich den Telefonhörer in die Hand und bringe den Informationsfluss in Gang. Wer muss was wissen, um dieses und jenes zu tun, damit die Engpässe wieder aufgelöst werden?

Über mangelnde Auslastung kann ich nicht klagen. Oder doch...??? In was bin ich denn ausgelastet? In der Anforderung an meine organisatorischen, ordnenden, analytischen und koordinierenden Fähigkeiten. Meine Arbeit erfordert viel psychologisches Feingefühl, zugegeben. Aber im Wesentlichen arbeite ich am äußerlichen und formalen Gelingen eines komplexen Ereignisses. Die Inhalte berühren mich nicht wirklich. Was mich berührt und immer berührt hat, ist alles, was mit Sprache und Kommunikation zu tun hat. Das ist auch der Grund, warum ich romanische Sprachen und Literaturen studiert habe. Noch dazu drei an der Zahl. Aus Sicht einer passionierten Leserin, die das Leben in Büchern für wahrhafter hält als die so genannte Wirklichkeit, macht dies viel Sinn, aus berufspraktischer Sicht ist es barer Unfug.

Ich warte auf einen Rückruf vom Verlag. Vielleicht lässt sich der Redaktionsschluss noch um drei Tage strecken. Vielleicht können wir dann alle wissenschaftlichen Beiträge drucken, vielleicht auch nicht. Es ist kaum zu fassen, aber das Telefon schweigt an diesem Tag das erste Mal seit 5 Minuten. Diese Lücke lässt mir Raum und Zeit, über meine eigenen Lücken nachzudenken, über meine Sehnsucht nach einer kreativen Herausforderung.

Trotz aller Anstrengung legt Kongressstress immer wieder eine Fähigkeit in mir frei: schnelles Denken in schnelles Handeln umzusetzen, obwohl oder gerade weil alle physischen, psychischen und mentalen Kapazitäten bis zum Zerreißen beansprucht sind. Die Stadt mit den weltweit meisten Verlagen hinter New York ist München. Ich rufe eine Suchmaschine im Internet auf und tippe in die Suchzeile: „Verlag+München+Lektorat". Und erhalte diese Anzeige: *„Zum nächsten Zeitpunkt suchen wir eine/n freie/n Mitarbeiter/in zur sprachlichen Überarbeitung der Rohfassung eines Buches über Führungssysteme. Siemens Management Consulting".*

Ich greife zum Telefonhörer und wähle die angegebene Rufnummer. Am anderen Ende der Leitung meldet sich eine sonore Stimme, im bayerischen Dialekt. Wieso ich mich für die Aufgabe befähigt fühle? Ganz einfach. Weil ich was von Sprache und richtigen Tönen verstehe. Mit welchen Arbeiten ich mich ausweisen kann? Schwer zu sagen, besser gesagt, schwer zu zitieren: hier verstreut Übersetzungen, dort Texte lektoriert, Online-Beiträge im Internet und etliche Rezensionen wären zu nennen.

Bodo Dreisbach schildert mir in groben Zügen, was er vorhat. Er will ein Buch über Führungssysteme schreiben, in das seine komplexen Erfahrungen als Berater einfließen sollen. Er erklärt mir den Trick mit dem Bäckerspiel. Ich bin begeistert. Das Buchprojekt ist in jeder Hinsicht spannend. Der Mann dreht den Spieß einfach um. Jahrelang simuliert er die Realität einer Bäckerei und nun will er die Simulation durch Realität wieder ersetzen. Alle Workshops werden mitgeschnitten. Sein Führungssystem wird mit dem Seziermesser blank gelegt. Aber Berater sind faul. Sie ahnen, worauf ich hinaus will? Volltreffer, Bodo Dreisbach bringt seine Kompetenz, seine Kenntnisse und das Konzept für das Buch ein. Er weiß, was in dem Buch stehen muss. Schreiben – zumindest streckenweise – soll's ein anderer. Rauskommen soll ein erzählendes Lehrbuch.

Alle Handlungspersonen sind Bayern und parlieren folglich in waschechtem Bayrisch in den Mitschnitten – Oberbayrisch, um genau zu sein. Das macht aber nichts, versichert Dreisbach, denn es gibt ja noch die für Preußen ins Hochdeutsch übertragenen Textversionen der Frau Röhrich. Das macht sowieso nichts, lieber Herr Dreisbach. Meine Mutter ist Oberpfälzerin. Ich sage, *ist* Oberpfälzerin, obwohl sie vor zwei Jahren gestorben ist. Sie war die Chefin einer 8-köpfigen Familie, eine echte Führungsnatur. Aber das ist eine andere Geschichte und gehört in ein anderes Buch.

Wir vereinbaren eine Textprobe. Ich muss mir das Material anschauen und abschätzen, ob mir der Stoff liegt. Am Abend setze ich mich zu Hause an den Computer. Ich überfliege die Einleitung, mir gefällt die Thematik und mir gefällt die Leichtigkeit, mit der sie vom Autor präsentiert wird. Außerdem ist dieser Mann frech und ironisch. Das gibt den Texten eine besondere Würze. Und trotzdem, es ist ein riesiges Projekt. Ich habe einen Fulltime-Job im Klinikum in Marburg. Die räumliche Distanz zwischen der hessischen Universitätsstadt und der bayerischen Metropole ist im multimedialen Zeitalter kein Hindernis. Aber der Tag gibt nicht mehr als 24 Stunden her. Und einen vernünftigen Teil davon muss man schlafen. Kann ich den Auftrag annehmen? Immerhin, ich bin keine Beraterin und folgerichtig nicht faul. Ich habe das Leben immer von seiner literarischen Seite betrachtet. Sonst hätte ich Betriebswirtschaft studiert. Vielleicht auch Jura. Aber was hätte beides mit dem wirklichen Leben zu tun? Da unten in München scheint einer zu wirken, der die Schnittstelle von der anderen Seite her kennt. Er will das Leben der Geschäftswelt in die Literatur ziehen. Ich steige ins Boot.

Leitbild I – die Mitarbeiter bestimmen ihre Werteordnung

Im Menschenrechtskatalog der amerikanischen Verfassung steht es schwarz auf weiß. Artikel 8 schützt den Bürger vor überhöhter, außergewöhnlicher, besonders grausamer und unangemessener Bestrafung. Wenn er auch im Freistaat Bayern gelten würde, könnte ich mich jetzt im Streit mit dem Tölzer Stadtsheriff auf diesen Verfassungszusatz berufen. Warum soll ich ein Bußgeld zahlen, wenn ich in der verkehrsberuhigten Marktstraße meinen Wagen parke, um das Material auszupacken, das ich für den Workshop brauche? Wann begreift er endlich, dass ich vor der Bäckerei be- und entlade wie ganz gewöhnliche Lieferanten? Gut, es handelt sich nicht um Körbe mit Semmeln oder Bienenstich, sondern um meine Pinnwände, meinen Moderationskoffer und meine Papierrollen. Aber ändert das was in der Sache?

Auch sonst ist heute nicht mein Tag. Mein Magen schmerzt und ich habe versäumt, ein Mittel gegen Bauchweh bei meiner Tochter in der Apotheke zu holen. Sie empfängt mich gerne als Kunden und genießt den Rollentausch, wenn sie den Profi-Berater am Ladentisch selbst einmal fachgerecht beraten kann. Vielleicht sind die Magenschmerzen aber auch nur Lampenfieber, das sich im Beraterleben so häufig einstellt, vor allem wenn man es mit neuen Teilnehmern zu tun hat. Latent macht sich vor jedem Workshop eine gewisse Anspannung breit. Was könnte anders laufen, als ich gedacht habe? Habe ich die richtige Methodik gewählt, ist es die richtige Struktur, kommt meine Sprache an, komme ich an?

Ausgerechnet heute habe ich ein besonders umfangreiches Programm. Ein Leitbild ist im Grunde nichts anderes als ein Gesetzeskatalog, der die Werteordnung bestimmter Personen widerspiegelt. Die Mitarbeiter der Bäckerei Hegmann-Büttner werden heute Abend die Werte definieren, die für sie und das Geschäft gleichermaßen wichtig sind. Dazu muss ich zuerst ermitteln, ob sie ein marktwirtschaftliches Verständnis für das Geschäftssystem mitbringen. Nur wer die unternehmerischen Zusammenhänge und die Grundregeln des Geschäfts versteht, kann vernünftige Verhaltensregeln aufstellen. Die Werteordnung muss dabei den Mitarbeitern ebenso entsprechen wie dem Geschäft. Selbstverständlich müssen die Mitarbeiter sich und ihre Werte im Leitbild wiederfinden. Wenn es aber den geschäftlichen Erfolg des Unternehmens außer Acht lässt, steht es auf schwachen Füßen, denn vom Erfolg lebt nicht nur der Chef, sondern davon leben alle, die in dem Geschäft ihr Geld verdienen. Der heutige Workshop umfasst im Grunde zwei große Themenkomplexe: die Diskussion über das Geschäft und die Erarbeitung des Rohtextes für das Leitbild.

Es hilft alles nichts, ich muss die Zähne zusammenbeißen und den Strahlemann mimen, umgänglich sein und Witze reißen. Als Berater kann ich nicht in schlechter Stimmung vor die Klienten treten. Es würde sofort auf alle überspringen und die Arbeitsatmosphäre verderben. Ich betrete den Flur, der leicht abschüssig zur Backstube hinunterführt. Die Backstube ist hell erleuchtet und der Duft nach frischem Brot beruhigt meinen Magen, während die Hitze, die mir entgegenwallt, meinen steifen Nacken lockert. Es ist kurz vor 18 Uhr und ich habe bereits einen Arbeitstag im Büro hinter mir.

Leo hat alle Mitarbeiter aus Backstube und Verkauf eingeladen. In unserer Vorbesprechung haben wir die Tagesordnung und alle Planungspunkte ausführlich besprochen. Als Juniorchef muss Leo bereits vorab über die Inhalte informiert sein, aber auch die praktischen Vorbereitungen treffen. Die Backstube ist der ideale Ort für den Workshop, denn hier haben die Mitarbeiter sozusagen ein Heimspiel. Sie sind in ihrer vertrauten Umgebung, in der die täglichen Arbeitsprozesse stattfinden.

Der Raum ist für die Gruppenarbeit hergerichtet. Knet- und Teigmaschinen sind an die Wand gerückt, Brotwägen und Stellregale in den Flur geschoben. Ein Biertisch und zwei Bänke stehen vor dem Etagenofen. Wir werden heute Abend ins Schwitzen geraten, im übertragenen und im wörtlichen Sinn. Auch Leinwand und Overhead-Projektor stehen schon bereit. Einer der Bäcker nimmt mir die Pinnwände ab und postiert sie im einzig freien Eck vor der computerunterstützten Teigwaage.

Wir drängeln uns auf engstem Raum. Zehn der zwölf Mitarbeiter sind erschienen. Außerdem Leo und Sandra als Juniorchefs. Hans und Maria wurden nicht geladen, denn die Führungskräfte werden bei der Erarbeitung des Leitbildes bewusst ausgeschlossen, damit die Mitarbeiter ohne jede Hemmung ihre Gedanken äußern und ihre Ideen entwickeln. Da Sandra noch keine aktive Rolle im Geschäft übernommen hat und eher den Titel einer Juniorchefin trägt als deren Funktion auszuüben, wird sie den Prozess nicht stören. Leo hat die Nachfolge im Geschäft noch nicht angetreten und nimmt daher eine Art Zwitterstellung zwischen Kollege und zukünftigem Chef ein. Die Leute haben ausgeprägtes Vertrauen zu ihm, so dass seine Anwesenheit ebenfalls nicht irritiert.

Ich richte den Overhead-Projektor aus, schalte das Tonbandgerät ein und erkläre, was wir heute erreichen wollen. Wir wollen die ideale Bäckerei, die Traumbäckerei ersinnen und die Bedingungen beschreiben, die zu ihrer weitest gehenden Umsetzung in die Realität notwendig sind. Nach dem Motto, das Walt Disney weltberühmt und steinreich gemacht hat: *Was du träumen kannst, kannst du auch erreichen.* Zur besseren Orientierung lege ich die Folie mit der Tagesordnung auf (Bild 6).

Bevor wir mit der Arbeit beginnen, leite ich die Vorstellungsrunde ein, um die Teilnehmer aufzulockern. Dabei kommt jeder schon mal dran und merkt, dass er nicht nur eine Zuhörer-Rolle hat.

Bodo: Gut, dann würde mich als erstes interessieren, wer ist wer? Und euch interessiert sicher, wer ich bin. Ein paar kennen mich ja schon als Kunden, der am Samstag in der Früh 10 gemischte Semmeln kauft. Egal welche, Hauptsache gemischt, denn die von euch sind alle gut.

Tagesordnung

Zeit	Aktion	verantwortlich
18:00	Begrüßung, Ziele des Workshops, "Abendordnung"	Leo
18:15	Vorstellungsrunde	alle, Hr. Dreisbach
18.30	Der Geschäftsauftrag. Erklären Sie mir bitte das Geschäft	Brainwriting
19:00	Wer sind die "Mitspieler" in der Bäckerei?	Brainstorming
19:15	Was muss unsere Traumbäckerei alles haben?	Brainwriting in Gruppen
19:45	Präsentationen: Merkmale der Traumbäckerei	Gruppe je Arbeitsfeld
20:00	**Brotzeit**	
20:30	Welcher Satz beschreibt das Merkmal am besten?	Gruppe je Arbeitsfeld
21:00	Präsentationen: Leitbildsatz	Gruppe je Arbeitsfeld
21:30	**Ende**	

Bild 6 Wie wir gemeinsam die „Traumbäckerei" gestalten

Was habe ich in meinem Leben bisher gemacht? Das Wichtigste zuerst: Ich bin verheiratet und habe mit meiner Frau Ingrid zwei Kinder in die Welt gesetzt. Nach der Schule war ich zwei Jahre bei der Bundeswehr. Bei Siemens habe ich direkt nach dem Studium angefangen und später eine Firma für Montagesysteme geleitet. Anschließend habe ich meinen Beruf gewechselt und bin Unternehmensberater geworden. Das mache ich seit 1990. Ich habe große Projekte geleitet, in denen wir ganze Werke umstrukturiert haben, z.B. in Kanada, Südkorea, aber auch in Deutschland. Dabei habe ich eine japanische Form der Unternehmensberatung kennen gelernt, das so genannte „KAIZEN" (sprich: kai-ssenn). Das Wort ist japanisch und heißt eigentlich nur: „Veränderung zum Besseren". Nicht auf einen Ruck, sondern langsam. Im Laufe der Jahre bin ich in der Unternehmensberatung bei Siemens Partner geworden, das ist eine Art Geschäftsführer. 1996 hat mir dann die Unternehmensberatung des „Kaizen-Instituts" einen Job als Geschäftsführer angeboten. Also habe ich mich für ein Jahr bei Siemens freistellen lassen. Anschließend bin ich wieder zurückgegangen, weil ich Differenzen mit dem Besitzer des Kaizen-Instituts hatte. Heute arbeite ich nicht mehr als Berater, sondern bilde bei uns die Unternehmensberater aus. Und dieses Projekt ist eigentlich mein letztes. Soviel zu meiner Person. Machen wir also weiter. Wer ist wer? Wer sitzt ganz hinten links?

Christian: Ich bin Geselle und arbeite in der Bäckerei.

Henning: Auch vor kurzem Geselle geworden und hauptsächlich in der Konditorei tätig.

Andreas: Ich arbeite meistens hinten in der Bäckerei.

Sandra: Ich bin die Frau vom Leo und arbeite nicht in der Bäckerei.

Sonja: Ich lerne als Verkäuferin und gehöre zum Ladenverkauf.

Elke: Gelernt habe ich Konditorin, aber hier bin ich als Verkäuferin tätig. Ich bin verheiratet und habe zwei Kinder.

Marlene: Ab und zu helfe ich im Laden aus. Verheiratet bin ich auch.

Maria: Ich bin gelernte Verkäuferin.

Annemarie: Ich auch. Aber ich habe nicht in der Bäckerei, sondern im Lebensmittelhandel gelernt. Ich bin auch verheiratet. Und in der Bäckerei bin ich jetzt seit fast 12 Jahren.

Bodo: Gehört schon fast zum Mobiliar.

Stefan: Ich bin Konditorgeselle und Bäckermeister und erst seit Mai im Betrieb.

Jens: Und ich bin auch hinten in der Backstube.

Leo: Juniorchef. Außerdem Konditorgeselle, Bäckermeister und Betriebswirt des Handwerks. Verheiratet und hauptsächlich in der Bäckerei tätig.

Ich habe es hier mit handfesten Leuten zu tun. In anderen Workshops kommt es gelegentlich vor, dass bei der Vorstellung sogar die persönliche Liebesgeschichte einfließt. Dann muss ich eingreifen und die selbstverliebten Teilnehmer stoppen. Hier fallen die Vorstellungen besonders karg aus. Kein Wunder, schließlich kennen sich alle untereinander.

Auf welcher Wertebasis soll das Geschäft nun aber stehen, damit die Mitarbeiter in ihrer Bäckerei besonders gerne und gut arbeiten? Dazu müssen wir zuallererst den Ablauf eines typischen Arbeitstages erfassen. Hier stütze ich mich auf eine bewährte Methode: Ich lasse den Ablauf haargenau so beschreiben, wie er am nächsten Tag real praktiziert würde.

Bodo: Was geschieht als erstes, wenn ihr mit der Arbeit anfangt? Machen wir einen Sprung auf morgen früh.

Alle: Da sind wir nicht da.

Reingefallen. Morgen ist Donnerstag, der freie Tag in der Bäckerei. Die Leute passen auf und sie haben Humor. Sie lassen keine Fehler durchgehen. Das gefällt mir.

Ich korrigiere mich und frage nach dem Ablauf, wie er sich am Freitag gestalten wird. Indirekt arbeite ich bereits jetzt auf die Erstellung des Leitbildes hin. Indem sie mir das Geschäft darstellen, machen sie sich ihre gewohnten Handlungen selbst noch einmal bewusst. Sie betrachten mit Distanz, wie das Geschäft funktioniert, von dem sie leben. Das Frage-Antwort-Spiel ist eine geeignete Moderationstechnik, um die Handlungsmechanismen und die Wertevorstellungen an die Oberfläche zu holen. Das ist das Schöne beim Beraterberuf. Ich kann immer sagen: Ich kenne euer Geschäft nicht, erzählt's mir. Es ist ein bewusst eingesetztes Stilmittel in dieser Art von Beratung. Von meinem Vorbild Zapke-Schauer habe ich gelernt, dass die stärkste vertrauensbildende Maßnahme in der Offenbarung eigener Verletzlichkeit und persönlicher Schwächen liegt. An dieser Stelle zeige ich absichtlich, dass ich nicht der Größte bin, dass ich nicht alles weiß und dass ich die Hilfe der Teilnehmer brauche. Selbst wenn ich genau überblicke, wie ein Laden läuft, würde ich immer sagen: Ihr seid die Fachleute, ich habe keine Ahnung, ihr müsst es mir erklären. Und die armen Kerle, die meinen, sie müssten als Berater beweisen, sie wüssten alles, bringen sich nur selbst in Schwierigkeiten.

Ich halte die wichtigsten Punkte in Stichworten auf dem Flipchart fest. Damit haben wir alle den Strang der einzelnen Schritte und Tätigkeiten vor Augen, den ich nun Frage um Frage weiterknüpfe. Leo rechnet am Vortag bereits die benötigte Menge Sauerteig aus. Am Freitag sind es 11 Kilo. Außerdem schreibt er am Vorabend auch die Back- und die

Teigliste. Morgens um 2 Uhr beginnt die eigentliche Arbeit. Die Sauerteige werden zubereitet, der Ofen wird eingeschaltet und dann beginnt die Zubereitung der Semmel- und Brotteige. Zuvor werden bereits zahlreiche Vorbereitungen getroffen. Die Wägen werden verstellt, die Handtücher aufgeräumt, das Fettbackgerät wird eingeschaltet. Manche Arbeiten laufen parallel, wie z.B. das Bestücken des Ofens, die Herstellung der Semmelteige, das Ausbacken und das Aufarbeiten. Aufarbeiten? Was muss ich mir darunter vorstellen? Jens erklärt, was damit gemeint ist. Man wiegt die Semmelteige nach der Teigruhe und stellt das Gebäck vorab in Rohform her. Danach lässt man es gehen, bis es schließlich herausgebacken werden kann. Die beschriebenen Vorgänge wiederholen sich während der gesamten Backnacht: es werden Teige hergestellt, aufgearbeitet und herausgebacken. Dazwischen werden immer wieder Backwaren im Rohzustand hergestellt, die für den Gebrauch am folgenden Tag eingefrostet werden. Was passiert, wenn die Backwaren fertig sind? Sie kommen in den Laden. Hier protestieren die Verkäuferinnen lautstark: Von wegen in den Laden, die Hallodris stellen sie in den Gang und die Frauen müssen die Ware selbst weitertransportieren. Die Verkäuferinnen haben alle Hände voll zu tun, wenn sie morgens um sechs Uhr ihren Dienst antreten. Sie müssen die Lieferungen herrichten und einzählen und die Regale im Laden einräumen. Um 6:45 Uhr beginnt der Verkauf. Das ist die Schnittstelle, an der ich die Bedeutung des Geldstroms aufgreife.

Bodo: Dann kommt immer wieder ein Moment, der besonders schön ist.

Verkäuferin: Butterbrezen bestreichen?

Bodo: Wann kommt das Geld herein?

Verkäuferin: Wenn der erste Kunde bezahlt.

Bodo: Also erst beim Verkaufen. Vorher wird zwar eine Menge Arbeit geleistet, werden Material und Zutaten investiert, aber das Geld kommt erst, wenn der Kunde in den Laden kommt. Das ist überhaupt ein interessanter Punkt. Wo kommt das Geld her?

Bäcker: Über den Kundenkontakt.

Bodo: Über den Kundenkontakt geht das Geld in die Kasse und von der Kasse wohin?

Bäcker: Zum Finanzamt.

Bodo: Ja, ein großer Teil, aber nicht alles.

Verkäuferin: Ein Teil geht zur Bank, ein Teil geht zurück zu den Mitarbeitern, ein Teil geht zum Chef. Das Mehl muss schließlich auch gezahlt werden.

Bodo: Also Materialkosten.

Verkäuferin: Maschinen, Strom.

Bäcker: Betriebskosten, Materialkosten.

Bodo: Wohin fließen also die Einnahmen?

Verkäuferinnen/Bäcker: In Materialkosten, Betriebskosten, Personalkosten, Selbstkosten, Löhne, Investitionskosten, Rücklagen, Steuern, Versicherungen.

Das Geschäftsverständnis der Leute bestätigt meine These, dass Arbeitnehmer im Alltagsleben viel über Marktwirtschaft lernen. Das wird nicht nur von Politikern, sondern auch von Führungskräften allgemein unterschätzt. Tatsächlich denken sie oft marktwirtschaftlicher als die Führungskräfte selber. Eigentlich ist ja jeder im Privatleben schon ein kleiner Unternehmer. Er vergibt Aufträge an Handwerker, er achtet auf kostengünstigen Einkauf und ein gutes Preis-Leistungs-Verhältnis, er muss seinen Haushalt und sein Budget in Ordnung halten. Viele Hausfrauen, die das Familienbudget verwalten, gehen damit sorgfältiger um als so mancher Geschäftsführer. Sie haben ein scharfes Bewusstsein dafür, dass ein Betrag nur einmal ausgegeben werden kann. Wenn das Geld weg ist, ist es weg. Und wie schwer man mit Schulden lebt, wissen sie auch. Dagegen wendet sich die Führungskraft im Großkonzern einfach an die Zentralabteilung „Finanzen" und holt sich neues Geld.

Wir befinden uns bereits mitten in der Diskussion über das Geschäftssystem. Wie tief reicht das Wissen der Mitarbeiter aber wirklich? Haben sie eine realistische und umfassende Vorstellung, wie ein Geschäft läuft? Ich wähle die Moderationstechnik, mit der ich die Diskussion am besten in Schwung bringen kann. Ich packe den Inhalt in einen so genannten Case, einen Beispielfall. Dabei ist das Rollenspiel das entscheidende Hilfsmittel. Unter Garantie hat sich jeder schon mal mit dem Gedanken beschäftigt, sich selbstständig zu machen. Genau betrachtet, spiele ich mit Leo und seinen Leuten nun kurioserweise das Bäckerspiel im Bäckerspiel.

Bodo: War da nicht noch ein Meister?

Stefan: Ja, hier.

Bodo: Angenommen, du möchtest dich selbstständig machen, was brauchst du da alles?

Bäcker: Erst einmal den geeigneten Standort. Dann brauche ich Betriebsräume, Betriebsausstattung und Maschinen. Die Investitionskosten für Maschinen und Ausstattung sind enorm hoch.

Verkäuferin: Und das Personal.

Bodo: Das muss ich aber nicht kaufen, sondern einstellen und laufend bezahlen. Das ist ja nicht wie beim Fußball, wo ich beim Spielertransfer 5 Mio. zahlen muss.

Verkäuferin: Dann das Material, das wird auch noch ein großer Brocken sein.

Bodo: Was kostet das alles?

Bäcker: Im kleinen Rahmen würde ich sagen 200 bis 250 T€, wenn man bei null anfängt. Bei gemieteten Räumen, minimaler Ausstattung der Backstube und des Ladens und dem entsprechenden Material.

Bodo: So klein wollen wir es aber gar nicht machen. Es sollte schon ungefähr so groß sein wie hier. Was braucht man denn da als Kapital? Stellen wir uns vor, Büttners wollen verkaufen. Wieviel müssten wir dafür zahlen? Also Verkauf der Backstube + Laden + Geschäft.

Bäcker: 1 bis 1,5 Mio.

Bodo: Was meinst du, Leo? Passt das in etwa?

Leo: Ja, 0,8 bis 1 Mio. auf jeden Fall. Kommt darauf an, ob man die Kundschaft als Wert mitrechnet.

Bodo: Sagen wir also 1 Mio. Wieviel könnte Leo pro Jahr bekommen, wenn er die 1 Mio. in Aktienfonds anlegen würde?

Sandra: Fürs Nichtstun reicht es nicht.

Bodo: Wieviel Prozent kann ich bei günstiger Geldanlage bekommen, wenn ich 1 Mio. anlege?

Bäcker: 10 bis 14%.

Bodo: Stimmt, in Aktienfonds sind auf Dauer 10 bis 15% drin. 10% von 1 Million sind 100 T€ im Jahr. Man könnte das Geld auch anlegen und trotzdem noch irgendwo als Bäcker oder Geschäftsführer arbeiten.

Verkäuferin: Aber bei 1 Mio. kaufe ich mir keine Arbeit. Wenn ich so ein Geschäft anfange, habe ich vielleicht die Hälfte.

Bodo: Und den Rest nehme ich von der Bank. Wer neu anfängt, braucht Sicherheiten. Der Grundstock beträgt meistens 1/3, und 2/3 kann man dann von der Bank leihen. Aber da muss man leider Zinsen und Tilgung zahlen.

Verkäuferin: Und das nicht zu wenig.

Bodo: Das läuft über eine Hypothek, in der Höhe von 7%. Die muss ich erst einmal verdienen und dann der Bank geben. Das ist der Betrag, den das Eigenkapital mindestens abwerfen sollte. Aber es muss sich ja auch rentieren. Bei einer Firma wie Siemens wollen die Aktionäre natürlich, dass sich ihre Anlage rechnet. Wenn sich das Eigenkapital nicht mindestens zu 10% rentiert, ist es aus deren Sicht kein Geschäft. Und dieses Geld muss ja von den Kunden kommen.
Haben wir bei den Kosten irgendetwas vergessen?

Bäcker: Die Abschreibungen.

Bodo: Richtig, die Investitionen werden ja dann unterschiedlich lange abgeschrieben. Ein Ofen wahrscheinlich ein bisschen länger, eine andere Maschine ein bisschen kürzer. Wie sind die Abschreibungszeiten? 5 bis 10 Jahre?

Bäcker: Ja, manchmal 15 Jahre.

Bodo: Das sind also die Kosten. Nun wird hier ab 2:00 Uhr früh bis abends um 18:00 heftig gearbeitet. Was soll durch diese Arbeit erreicht werden?

Bäcker: Kostendeckung und Gewinn.

Bodo: Was ist notwendig, um Gewinn zu machen?

Verkäuferin: Zufriedene Kunden.

Bodo: Es gibt ja in der Marktstraße vier Bäckereien, davon drei produzierende. Wie zufrieden sollten die Kunden sein?

Bäcker: So zufrieden, dass sie immer hierher kommen und nicht woanders hingehen.

Verkäuferin: Bei uns sollte es ihnen besser schmecken.

Bodo: Aha, die Zufriedenheit liegt am Geschmack. Woran noch?

Verkäuferin: Aussehen, Preis.

Bäcker: An der Art und Weise, wie bedient wird.

Bodo: Mit der Arbeit wollen wir Kundenzufriedenheit erreichen und schauen, dass Geld in die Kasse kommt. Das sind ganz wichtige Punkte. Aber zur Bäckerei gehören nicht nur die Kunden, sondern auch die Mitarbeiter. Hat es auch eine Auswirkung auf die Kundenzufriedenheit, wie ihr euch fühlt?

Bäcker/Verkäuferin: Selbstverständlich, ja.

Bodo: Also soll die Arbeit Spaß machen?

Verkäuferin: Man braucht ein gutes Klima, muss sich gut verstehen.

Bodo: Neben zufriedenen Kunden brauchen wir also auch zufriedene Mitarbeiter.
Nehmen wir mal an, draußen in der ehemaligen Kaserne werden verschiedene Behörden angesiedelt und neue Wohnungen gebaut. Wir möchten dort eine Bäckerei eröffnen. Brauchen wir eine Zustimmung, eine Genehmigung?

Bäcker: Ja, selbstverständlich.

Bodo: Wer bauen will, braucht erst einmal eine Genehmigung von der Stadt, wahrscheinlich auch vom Gewerbeamt und vom Landkreis.

Bäcker: Und von den Anwohnern.

Bodo: Wann bekomme ich diese Genehmigung leichter und wann wird es schwieriger?

Verkäuferin: Wenn schon geplant ist, dass sich da Geschäfte ansiedeln, es also in das Konzept der Stadt passt. In einem reinen Wohngebiet wird es wahrscheinlich nicht genehmigt.

Bodo: Spielt die Person eine Rolle? Wenn einer von Norddeutschland kommt und möchte eine Bäckerei aufmachen ...

Bäcker: Ganz schlecht.

Bodo: Warum?

Bäcker: Wegen dem Dialekt.

Bodo: Gibt es noch andere Gründe, warum das ein bisschen schwieriger sein könnte? Kann es sein, dass ein guter Ruf auch eine Rolle spielt?

Bäcker: Selbstverständlich.

Bodo: Ist der Ruf auch für die Mitarbeiter wichtig?

Alle: Ja, logisch.

Verkäuferin: Also, wenn es jetzt so ein „Zuagroaster" wäre. Wenn er nicht ortsbekannt ist und gleich wieder Pleite macht, das ist ja dann auch für mich schlecht, wenn ich dort gerade angefangen habe.

Bodo: Also spielt es für die Mitarbeiter eine Rolle. Wenn die Kunden zufrieden sind, ist das eigentlich ein Zeichen, dass ihr gut gearbeitet habt.

Leos Mitarbeiter sind wirklich fähige Leute, die die Grundregeln des Geschäfts exzellent beherrschen. Sie wissen haargenau, welche Elemente in welcher Weise zusammenspielen. Und sie haben die Kostenstrukturen im Kopf und verstehen viel von Kundenpsychologie. Manch einer Führungskraft würde ich es am liebsten mit dem Nürnberger Trichter einpauken: Unterschätze deine Leute nicht, sie haben viel mehr drauf, als du meinst. Sie haben das System besser verstanden als so mancher Vertreter deines Leitungskreises.

Bevor wir in die Gruppenarbeit gehen, erfrage ich mit Hilfe des Brainstormings, wer zu den „Mitspielern" der Bäckerei zählt. Damit ist jeder gemeint, der einen Nutzen von ihr hat. So wird das Szenario, in dem die Bäckerei ihre Rolle spielt, im Gesamtkontext noch einmal sichtbar gemacht, denn ihr Radius begrenzt sich nicht nur auf Kunden und Mitarbeiter. Wie nicht anders zu erwarten, tragen Leos Leute die Fakten blitzschnell zusammen: die Stadt wegen der Steuern und Abgaben, die Bevölkerung bzw. Kunden wegen des guten Nahrungsangebotes, die Zulieferfirmen wegen der Verkaufsmöglichkeiten, die Mitarbeiter wegen der Arbeitsplätze und des gesicherten Einkommens und schließlich der Chef wegen der Existenzgrundlage. Wer spielt sonst noch eine Rolle? Die Behörden, deren Genehmigungen man braucht. Und die Wettbewerber, die die Kunden weglocken wollen. Sie alle müssen im Geschäft berücksichtigt werden. Damit alle den erwarteten Nutzen aus der Bäckerei ziehen können, müssen die entsprechenden Voraussetzungen geschaffen werden.

Damit sind wir gewappnet, an die eigentliche Aufgabe des Abends zu schreiten. Nach welchen Kriterien muss das Leitbild gestaltet sein, damit es die Traumbäckerei widerspiegelt? Der Fragenkomplex, den die einzelnen Gruppen nun bearbeiten werden, stützt sich auf das EFQM-Modell der European Foundation for Quality Management. Alle Komponenten eines Geschäftssystems finden sich darin wieder, und zwar in ihrer jeweiligen Anteilig- und Gewichtigkeit. Wenn eines der Elemente in einem Geschäft unausgewogen ist, kommt es grundsätzlich zu Schwierigkeiten. Das Modell zeigt, aus welchen Komponenten ein Geschäft besteht und wie sie zusammenwirken. Diese Komponenten werden zwei Kategorien zugeordnet, den „Befähigern" (Enablers) und den „Ergebnissen" (Results).

Zu den Befähigern zählen in unterschiedlichen prozentualen Anteilen die Führung, die Mitarbeiterorientierung, die Politik und Strategie, die Ressourcen sowie die Prozesse. Sie zeigen an, *wie* die Ergebnisse erreicht werden. Ergebnisse sind Mitarbeiterzufriedenheit, Kundenzufriedenheit, Gesellschaft/Image und die Geschäftsergebnisse. Alle für ein Geschäft relevanten Fakten und Fragen können mit dem Modell im Überblick dargestellt werden. Es gibt die Relevanz und Bedeutung der einzelnen Komponenten vor und liefert damit entscheidende Anhaltspunkte, was vorrangig behandelt werden muss und was nachrangig behandelt werden darf.

Auch finanzielle und andere Messgrößen (z.B. Effizienz und Effektivität) für die Leistungen der Organisation können als Indikatoren für den Zustand des Unternehmens eingesetzt werden. Es handelt sich um ein in sich schlüssiges System, das alle Aspekte perfekt berücksichtigt: die Geschäftsergebnisse, die Kundenzufriedenheit, die Beurteilung von Produkten und Dienstleistungen sowie von Kundenbeziehungen aus Sicht der Kunden; die Mitarbeiterzufriedenheit, die Beurteilung der Organisation aus Sicht der Mitarbeiter; die gesellschaftliche Verantwortung und das Image, die Beurteilung der Organisation aus Sicht der Gesellschaft. Schließlich kann es auch die Wege aufzeigen, wie Verbesserungen im Geschäft erreicht werden können.

Es ist – wie gesagt – ein perfektes System, aber durch seine Komplexität für den Normalgebrauch paradoxerweise *zu* perfekt. Es ist zu unübersichtlich und zu schwer zu durchschauen. In einem Workshop ist es nicht zu gebrauchen. Deswegen habe ich in Anlehnung an das Modell einen Fragenkatalog entwickelt, der benutzerfreundlich ist und im Alltagsgeschäft problemlos angewandt werden kann (Bild 7). Für meine Zwecke habe ich die Seite der Ergebnisse stärker betont als die Seite der Befähiger. Die Einzelfragen sind für die Bearbeitung durch vier Gruppen zusammengestellt und kreisen alle um die zentrale Frage: „Was muss unsere Traumbäckerei alles haben?"

Für die eigentliche Erfassung der Werteordnung wende ich die Gruppenarbeitstechnik an. Ich achte darauf, dass sich gemischte Gruppen bilden, in denen Verkauf und Backstube gleichmäßig vertreten sind. Jede der vier Gruppen bearbeitet zwei exakte Fragestellungen und erhält gleichzeitig eine eindeutige Arbeitsbeschreibung. Dafür arbeite ich mit so genannten Templates, die den Ergebnisraum bereits vorgeben. Mit der Aufgabenstellung bzw. Arbeitsbeschreibung zeige ich den Teilnehmern bereits, wie das Endergebnis gestaltet sein soll, und erleichtere damit den Prozess der Entwicklung. Sie müssen das Template nur noch mit Inhalten bzw. Fakten füllen und brauchen keine Gedanken

Gruppe 1: Muss die Traumbäckerei
- **Kunden** haben? Wie sollen die Kunden sein? Was müssen wir tun, damit die Kunden so sind?
- **Mitarbeiter** haben? Wie sollen sich die Mitarbeiter fühlen? Wer beeinflusst das "Wohlfühlen" der Mitarbeiter?

Gruppe 2: Muss die Traumbäckerei
- **Zusammenarbeit** haben? Wer mit wem? Wie sieht Zusammenarbeit aus?
- **Umsatz und Gewinn** machen? Wozu? Wer beeinflusst das?

Gruppe 3: Muss die Traumbäckerei
- **Neue Produkte** haben? Für wen? Wer muss die neuen Produkte schaffen?
- **Einen Chef/eine Chefin** haben? Was erwarten Sie von dem/der Traumchefin?

Gruppe 4: Muss die Traumbäckerei
- In der Stadt einen **guten Ruf** haben? Wie kann man ihn erhalten?
- Was hat der Besitzer, **was haben die** Mitarbeiter **davon**, wenn ihre Firma eine "Traumbäckerei" ist?

Sammeln Sie Ideen zu den Fragen und schreiben Sie jede Idee als Stichwort auf eine Karte! Stecken Sie die Karten an die Pinnwand! Wer fertig ist, kommt zur Brotzeit! Wer liest uns um 20:30 die Ideen vor?

Bild 7 Kriterien des Leitbilds: Was muss unsere Traumbäckerei alles haben?

mehr auf die Ausgestaltung verschwenden. Bevor sie mit der Arbeit beginnen, fordere ich sie auf, Sprecher zu bestimmen. Die Gruppe muss von Anfang an wissen, dass die Ergebnisse im Anschluss von einem Sprecher vorgetragen werden sollen. Dann passt der Sprecher wesentlich besser auf und übernimmt bereits eine Art Moderationsrolle. Wenn das versäumt wird, drücken sich am Ende alle vor der Aufgabe und behaupten, sie könnten nicht präsentieren, weil sie nicht so konzentriert bei der Sache waren. Selbst Menschen, die im Berufsalltag häufig vortragen müssen, haben dabei gewöhnlich Hemmungen, weil sie aktiv werden müssen. Die Ernennung eines Sprechers, der die Ergebnisse im Plenum vortragen soll, fördert zudem die Qualität. Wenn nur Papier abgegeben wird, kommt in der Regel Unfug heraus. Wenn die Ergebnisse dagegen vor den Kollegen präsentiert werden sollen, strengen sich alle enorm an, weil sich keiner blamieren will. Die hierbei angewandte Methode des Brainwriting erfordert nicht nur vom Gruppensprecher Aktivität, sondern von allen Beteiligten. Sie schreiben Wörter auf Kärtchen und heften sie an die Wand. Damit machen sie ihre Ideen und Gedanken öffentlich. Sie outen sich sozusagen. Ich darf ihnen nicht die geringste Chance geben, ihren Hemmungen nachzugeben. Deswegen mache ich es ihnen auch so leicht wie möglich.

Beim Brainwriting muss ich die Gruppe mit einer präzisen Arbeitsanweisung und einer exakten Zeitangabe straff führen. Das Ergebnis steht und fällt mit der Methode. Wenn der methodische Moderationsansatz falsch gewählt wird, erhält man entweder gar kein Ergebnis oder aber ein unbrauchbares.

Ich verteile an jede Gruppe einen Zettel, der die jeweiligen Kernfragen sowie die Arbeitsanweisung enthält. Bei der Ausgabe der Karten erinnere ich alle daran, dass maximal drei Stichwörter auf eine Karte geschrieben werden dürfen. Zur Unterstützung dieser

Regel gebe ich dicke Filzstifte aus, mit denen man eigentlich gar nicht mehr als vorgegeben schreiben kann. Auch so etwas gehört in die Trickkiste des Beraters.

Während die Männer und Frauen die Kärtchen beschriften und an die Pinnwand heften, kann ich mir eine kurze Verschnaufpause gönnen. Es wird eifrig gearbeitet und ich werde im Moment nicht gebraucht. Mein Magen rührt sich. Aber es ist nicht mehr das Bauchweh, sondern ein gesunder Hunger, der sich mit lautstarkem Knurren bemerkbar macht. In das Stimmengewirr mischen sich meine ungeordneten Gedanken. Leo und seine Mitarbeiter haben einen harten Arbeitstag hinter sich. Für die Bäcker hat der Tag um 2 Uhr in der Früh begonnen. Am frühen Mittag haben sie die Backstube verlassen, anschließend ein bisschen geschlafen und nun stehen sie wieder hier. Die Verkäuferinnen sind kaum zum Verschnaufen gekommen. Die Teilzeitkräfte haben nach dem Ladenverkauf am Vormittag die nie endende Hausarbeit verrichtet und die Vollzeitkräfte sind nach Ladenschluss direkt in den Workshop gekommen. Diese Belegschaft hat ein hartes Berufsleben. Leo hat neben der alltäglichen Belastung als Bäcker zudem die Aufgaben eines Juniorchefs zu bewältigen. In naher Zukunft wird er das Geschäft in eigener Verantwortung führen, ohne Hilfestellung durch die Eltern. Sein Leben hat sich in letzter Zeit stark verändert. Er ist Vater geworden und hat gelernt, was es bedeutet, Verantwortung für seinen Sohn Maximilian zu tragen. Die Verantwortungsräume in Leos Leben nehmen zu und breiten sich aus. Er wird und muss mit ihnen wachsen. Ein Geschäft zu führen heißt, sich der Risikobereitschaft zu verschreiben. Dabei darf der Sinn für die Verantwortung nie aus dem Blickfeld geraten. Denn Leo wird nicht nur für sich und seine Familie Verantwortung tragen, sondern auch für seine Mitarbeiter, die ihr sicheres Einkommen in der Bäckerei finden.

Die halbe Stunde, die ich für das Brainwriting angesetzt habe, vergeht wie im Flug und schon wird die Brotzeit angeliefert, die wir uns alle redlich verdient haben. Leo hat Pizza für alle bestellt. Im Raum breitet sich eine ausgelassene Stimmung aus. Ich genieße es zu sehen, wie sich alle über die Mahlzeit freuen, die ihnen der Chef spendiert. Sie wissen diese Einladung zu schätzen. Im Beraterleben ist man an Geschäftsessen gewöhnt und kann ihnen nichts mehr abgewinnen. Im Gegenteil, sie reflektieren das ungesunde Leben des Berufsstandes. Diese Leute erfassen noch den gesellschaftlichen und geselligen Wert, den ein gemeinsames Essen haben kann.

Nach der Brotzeit sind wir alle gestärkt, aber auch ein bisschen träge. Jetzt müssen die Ergebnisse an den Pinnwänden kommentiert werden. Für die Stichworte auf jeder Pinnwand werden anschließend Punkte vergeben, mit der eine Rangfolge nach Wichtigkeit verliehen wird. Jeder der 12 Teilnehmer kann 6 Punkte verteilen. Später werden nur die Karten mit der höchsten Bewertung berücksichtigt. Die Gruppe 1 beginnt mit der Präsentation.

Die Gruppensprecherin erklärt uns, dass die Bäckerei zufriedene Kunden braucht, die mit einer guten Beratung, aufmerksamer Freundlichkeit, Sauberkeit und Hilfsbereitschaft gewonnen werden. Für das Wohlfühlen der Mitarbeiter sind Betriebsklima, Betriebsausstattung, Räumlichkeiten, Lohn, Fortbildungsmöglichkeiten und das kollegiale Verhältnis entscheidende Faktoren.

Bild 8 Gruppe 2: Was muss unsere Traumbäckerei alles haben?

Nach der Zusammenfassung fordere ich alle auf, die Stichworte nach ihrer Gewichtigkeit zu bewerten. Anschließend drehen wir die Pinnwand um, auf deren Rückseite die Ergebnisse der Gruppe 2 festgehalten sind (Bild 8).

Der Gruppensprecher erläutert uns die Stichworte. Die Zusammenarbeit der Bäckerei mit Personen und Institutionen findet auf vielen Ebenen statt. Mit der Einhaltung vorgegebener Gesetze kooperiert die Bäckerei z.B. mit dem Staat. Indirekt erfolgt auch eine Zusammenarbeit mit der Konkurrenz, wenn beispielsweise Lücken in deren Warenangebot erkannt und aufgegriffen werden. Und natürlich muss die Lieferung der Rohstoffe reibungsfrei funktionieren. Die höchste Priorität sieht die Gruppe jedoch in Bezug auf die Mitarbeiter. Ob ein Betrieb gut funktioniert, hängt in erster Linie von der Zusammenarbeit der Mitarbeiter ab. Nur wenn Backstube und Laden Hand in Hand arbeiten, können die Anforderungen der Kunden Tag für Tag erfüllt werden. Dabei spielt nicht nur effiziente Arbeit eine Rolle, sondern auch der zwischenmenschliche Kontakt, der sich in gegenseitigem Respekt niederschlagen muss. Jeder muss mit jedem in einem angemessenen Ton umgehen: von Kollege zu Kollege, von Chef zu Mitarbeiter, von Facharbeiter zu Lehrling, von Mitarbeiter zu Kunde. Dies gilt natürlich auch für die umgekehrte Richtung.

Umsatz und Gewinn werden durch Gesetze und Auflagen seitens des Staates beeinflusst, gegebenenfalls auch von Subventionen. Eine wichtige Voraussetzung stellt die Möglichkeit zur Kapitalbeschaffung dar. Auch die Kaufkraft der Kunden ist von entscheidender

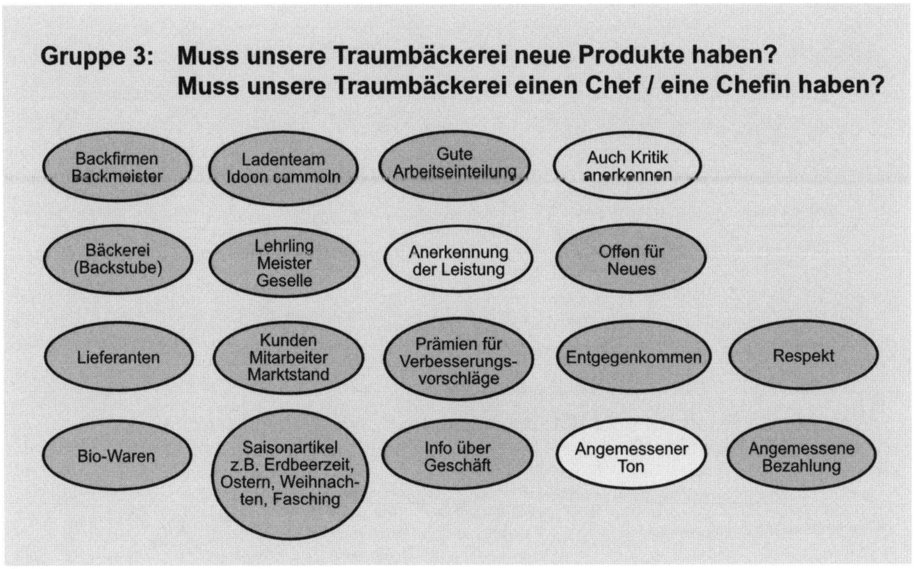

Bild 9 Gruppe 3: Was muss unsere Traumbäckerei alles haben?

Bedeutung. In einer Stadt wie Tölz, deren Bewohner im Durchschnitt gut verdienen, ist von einer hohen Kaufkraft auszugehen.

An dieser Stelle prüfe ich kurz ab, ob die Mitarbeiter die Begriffe „Umsatz", „Ergebnis" und „Gewinn" in ihrer betriebswirtschaftlichen Bedeutung richtig interpretieren können. Gerade „Ergebnis" und „Gewinn" werden häufig falsch gebraucht. Umgangssprachlich versteht man unter Ergebnis den Output. In der Betriebswirtschaft ist dagegen die Differenz zwischen Umsatz und Kosten gemeint, wobei der Gewinn als Ergebnis bezeichnet wird. Leos Leute sind auch in dieser Hinsicht gut informiert. Sie können die Begriffe unterscheiden und richtig anwenden. Damit können wir auf die Präsentation der Gruppe 3 übergehen (Bild 9).

Wir erfahren, dass neue Produkte bestimmten Trends folgen müssen, um sich erfolgreich auf dem Markt durchzusetzen. Dazu zählt unter anderem die gesamte „Biowelle". Der Sprecher bringt es kurz und bündig auf den Punkt: „Stellt euch vor, das ganze Volk wird plötzlich zu Körndlfressern und wir kriegen es nicht mit."

Die Erwartungen an den Chef werden klar und präzise beschrieben. Der Chef soll eine gute Arbeitsteilung vornehmen und gute Leistungen anerkennen. Er soll kritikfähig und offen für Neues sein. Eine angemessene Bezahlung wird vorausgesetzt. Entgegenkommen, angemessener Ton und Respekt sind wichtige Details im Umgang. Die Mitarbeiter betonen ihr Interesse an Informationen über die Geschäftslage und neue Planungen. Sie äußern auch den Wunsch, Verbesserungsvorschläge mit Prämien zu belohnen.

Mit Gruppe 4 schließen wir die Präsentationen ab (Bild 10).

Der Gruppensprecher betont, dass ein guter Ruf immer etwas mit Öffentlichkeit zu tun hat. Öffentliche Wirkung erzielt man einerseits mit Werbeaktionen, andererseits durch

Bild 10 Gruppe 4: Was muss unsere Traumbäckerei alles haben?

Mitwirkung in öffentlichen Gremien und Bekleidung öffentlicher Ämter, wie z.B. Marias Vertretung in der Kirchenverwaltung und im Pfarrgemeinderat. Der gute Ruf einer Traumbäckerei hängt aber auch von einem guten Waren- und Dienstleistungsangebot ab. In diesem Zusammenhang haben die Gruppenmitglieder den Vorschlag erarbeitet, einen Stehkaffeebereich zu schaffen, in dem Snacks angeboten und verzehrt werden können. Dabei könnte eine Verkäuferin z.B. nachmittags frische Brezen herausbacken. Ein guter Ruf ist das Spiegelbild eines gut funktionierenden Betriebes, der sich durch motivierte Mitarbeiter und zufriedene Kunden ausweist. Ein gewisses Mitspracherecht der Angestellten, das Betriebsklima, gesicherte Arbeitsplätze durch guten Umsatz und einen zukunftssicheren Betrieb tragen zu einer guten Motivation bei. Ein zufriedener Chef, zufriedene Mitarbeiter und zufriedene Kunden kennzeichnen letztendlich die Traumbäckerei. Zur Sicherung der Kundenzufriedenheit muss Kundenkritik ernst genommen werden, indem Fehler und Missstände umgehend beseitigt werden.

Damit haben wir die „Merkmale der Traumbäckerei“ in einer umfassenden Stoffsammlung umschrieben. Auf dieser Grundlage müssen nun griffige Sätze formuliert werden. Ich erkläre die neue Aufgabe. Die wichtigsten Ideen sollen in ein oder zwei Sätzen zusammengefasst werden, wobei – logischerweise – die am höchsten bewerteten Karten besondere Berücksichtigung finden. Die fertigen Sätze sollen anschließend auf die Flipcharts geschrieben und von den Sprechern verlesen werden. Als Hilfestellung lege ich eine Folie mit dem Leitbild von Siemens auf. Es soll als Beispiel dienen, wie das Endprodukt nach der Formulierungsarbeit aussehen kann. Ich wähle die Kurzfassung unseres

Bild 11 Siemens – unser Leitbild

Unternehmens, denn die Aufnahmefähigkeit der Teilnehmer ist bereits stark beansprucht. Das Siemens-Leitbild umfasst fünf Leitsätze, die anhand einer weltweiten Umfrage erarbeitet wurden. Dabei wurde ermittelt, welche Werte unseren Mitarbeitern besonders wichtig sind, was sie motiviert und wonach sie streben. Unabhängig von Region und kulturellem Umfeld zeichneten sich dabei international gemeinsame Werte ab, die in unserem Leitbild festgeschrieben wurden (Bild 11).

Nun sind Leo und seine Leute wieder gefragt. Ich habe mir alle Mühe gegeben, den Weg zu ebnen, auf dem ein Leitbild Stück für Stück erzeugt werden kann. Die Inhalte und das Endergebnis müssen die Mitarbeiter alleine erarbeiten. Ein Leitbild lässt sich nicht künstlich generieren, nicht hirnmassig erzeugen. Man kann es nicht bestellen oder kaufen. Natürlich gibt es auch unter Beratern Scharlatane, die Unternehmern und Führungskräften Schablonen verkaufen wollen, in die sie ein für den jeweiligen Betrieb angepasstes Leitbild montieren. Sie taugen nichts, denn ein Leitbild erfüllt nur seinen Sinn und Zweck, wenn es von den Mitarbeitern eigenständig erstellt wurde. Die innere Bereitschaft, sich an Spielregeln zu halten, ist schließlich nur dann gegeben, wenn man sich grundsätzlich mit ihnen einverstanden erklären kann.

Ich bin gespannt auf das Ergebnis, die einzelnen Leitsätze, die die Mitarbeiter für sich und die Bäckerei Hegmann-Büttner heute Abend in der Gruppenarbeit formuliert haben. Wir beginnen mit der Präsentation. Ohne Kommentar oder Erklärung werden nun die Leitsätze der einzelnen Gruppen verlesen (Bild 12).

Alle Achtung! Die Verkäuferinnen und Bäcker sehen die komplexen Zusammenhänge eines Geschäftssystems, haben klare Vorstellungen von ihren persönlichen Werten und sie formulieren ihre Ideen und Gedanken sprachlich klar und treffsicher. Aus ihren

Gruppe I
10. Nov. 99

Wenn der Kunde zufrieden ist, sind wir es auch!

Freundlichkeit, gute Beratung, korrektes Auftreten ist unser OBERSTES GEBOT.

Neue Ideen und angenehmes Betriebsklima sorgen für Spaß am Arbeitsplatz. Leistung = Lohn!

Sauberkeit und moderne Betriebsausstattung sorgen für Zufriedenheit und einen sicheren Arbeitsablauf!

Gruppe II
10. Nov. 99

Alle Mitarbeiter sollten

in einem angemessenen Ton respektvoll und entgegenkommend Hand in Hand zusammenarbeiten.

Mit einem freundlichen Betriebsklima erreichen wir einen zufriedenen Kunden, steigern den Gewinn und geben der Konkurrenz das Nachsehen.

Gruppe III
10. Nov. 99

Wir setzen unsere Kreativität ein, um unsere Ideen mit den Wünschen der Kunden zu vereinigen und den Kundenkreis zufriedenzustellen. In einem guten Betrieb herrscht Respekt, Entgegenkommen, angemessener Ton und leistungsgerechte Bezahlung.

Die Traumbäckerei geht auf Kundenwünsche und neue Ideen der Mitarbeiter stets offen ein.

Der Traumchef, der Kritik verteilt, muss auch Kritik annehmen können.

Gruppe IV
10. Nov. 99

Unsere freundlichen, ansprechend aussehenden Mitarbeiter bieten unsere bekannt gute Qualität an!

Wir fördern unseren Ruf durch Verkaufsaktionen, Produkterweiterungen und Spezialitäten.

Ausflüge motivieren die Mitarbeiter und sorgen für ein besseres Betriebsklima. Motivierte Mitarbeiter stellen den Chef und die Kunden zufrieden und sichern so den Arbeitsplatz!

Bild 12 Leitsätze der Gruppen

Wertvorstellungen haben sie heute einen Verhaltenskodex erarbeitet, der die künftige Zusammenarbeit prägen wird. Ihre ausgezeichneten Leistungen dämpfen meine Arroganz als Berater.

Leo meldet sich spontan zu Wort. Er greift an Ort und Stelle den Wunsch seiner Mitarbeiter auf, gute Ideen zu prämieren.

Leo: Geplant war es ja schon länger. Ich hatte vor einiger Zeit alle Mitarbeiter gebeten, Ideen für eine Werbeaktion vorzuschlagen. Da sind zwei sehr gute Ergebnisse herausgekommen. Die eine Idee kam von Stefan, die andere von Maria. Stefan hat mit dem Werbespot im Radio das Rennen gemacht. Wir hatten ja gesagt, dass derjenige mit der besten Idee 25 € bekommt. Die Prämie möchte ich dir heute gerne übergeben.

Stefan: Vielen Dank, Leo.

Leo: Maria hat zwar nur den zweiten Platz, aber wir wollen ihr auch die Hälfte der Prämie geben. Ich bedanke mich für eure Beteiligung und hoffe, dass wir auch künftig mit solchen Aktionen Erfolg haben werden.

Es gefällt mir, dass Leo diese Gelegenheit für die Verleihung der Prämie genutzt hat. Er beweist seinen guten Instinkt, indem er schon bei der ersten Gelegenheit seine Bereitschaft zeigt, die Werte des Leitbildes auch wirklich zu leben.

Die Ergebnisse dieses Abends werden sich in kürzester Zeit im Geschäft positiv niederschlagen. Das Verständnis für das Geschäftssystem war in den Mitarbeitern zwar bereits vorhanden, aber sie waren sich dessen bis heute nicht bewusst. Unbedachte Verschwendungen und Qualitätsmängel werden abnehmen. Heute haben sie unternehmerisches Selbstverständnis und ein höheres Selbstwertgefühl entwickelt. Mit der größeren Selbstsicherheit, die sie dabei gewonnen haben, werden sie sich trauen, Feedback zu geben, auch nach oben, und sie werden bewusster und selbstbewusster handeln. Auch in der Familie, im Freundeskreis werden sie ihre Berufsrolle anders präsentieren als vorher. Sie sehen die Zusammenhänge und können sie erklären. Ab sofort können sie ihre Arbeit anders beschreiben, nämlich komplett darstellen. Sie nehmen sich ernster und können daher ihre Rollen besser vertreten, nicht nur selbstbewusster, sondern auch mit mehr Inhalt. Das Erleben der Kollegen in der Gruppe in einem kreativen Zusammenwirken wird sich auch auf die Sozialkontakte positiv auswirken.

Im Raum breitet sich allmählich eine heitere Aufbruchsstimmung aus. Das leichte Misstrauen, das zu Beginn des Workshops spürbar war, ist verschwunden. Stattdessen herrschen jetzt gute Laune und lebhafte Ausgelassenheit. Die Angst vor dem Fremden und die Skepsis vor dem Unbekannten erzeugt in den Teilnehmern zu Beginn häufig eine distanzierte Haltung. Im ganzen Raum knistert dann die unausgesprochene Frage: „Was soll der Schmarrn?" Auch heute war das in aller Deutlichkeit zu spüren. Nun haben die Mitarbeiter erkannt, dass sie wesentlich stärker eingebunden und ganz allgemein ernster genommen werden.

Ich bedanke mich bei allen Teilnehmern für die gute Arbeit. Stefan und Maria laden die ganze Runde spontan auf einen Drink in die Disco ein. Sie wollen die Prämien zusammen mit den Kollegen auf den Kopf hauen und möchten, dass auch ich mitkomme. Ich lehne dankend ab. Die Bäcker und Verkäuferinnen haben morgen ihren freien Tag. Ich dagegen muss morgen früh wieder fit sein, wenn ich im Büro antrete. Und, ganz ehrlich: Disco-Besuche machen mir in meinem Alter auch nicht mehr so viel Spaß. Wenn ich Glück habe, ist Ingrid noch wach und wartet vielleicht sogar mit einem heißen Tee auf mich. Es ist tausendmal schöner, einen Abend im Gespräch mit ihr ausklingen zu lassen, anstatt meine strapazierten Ohren mit Disco-Musik zu misshandeln. Abgesehen davon, dass mein Musikgeschmack in eine etwas andere Richtung geht. Aber den verrate ich hier nicht.

Trotzdem freut mich die Einladung sehr. Leos Leute zeigen mir damit, dass sie mich akzeptieren, dass ich zu ihnen gehöre, dass sie mich nicht mehr als Fremdkörper betrachten. Wer glaubt mir bei der ersten Begegnung schon, dass ich ein ganz normaler Mensch bin, wenn ich mich als langjähriger Siemens-Mitarbeiter oute, noch dazu als Mitglied der oberen Führungsebene? Häufig stellen sich dann Berührungsängste ein, denen ich mühsam entgegen arbeiten muss. Der Laden und die Leute gefallen mir. Hier mache ich gerne weiter. Passt, mach'ma – um es auf bayerisch in aller Kürze zusammenzufassen.

Heute Abend haben wir sozusagen die Grundlagen vervollständigt. Der Geschäftsauftrag, der die betriebswirtschaftliche Grundlage des Geschäfts bildet, wird nun mit dem Leitbild um die ethische Grundlage des Geschäfts ergänzt.

Würden Sie es mir übel nehmen, wenn ich Ihnen jetzt die Gretchenfrage stelle:

„Nun sag, wie hast du's mit dem Leitbild?“

Sie haben keines? Dann lesen Sie am besten weiter, um zu erfahren, welchen Stellenwert das Leitbild im gesamten Entwicklungs- und Optimierungsprozess der Bäckerei Hegmann-Büttner einnimmt. Oder haben Sie vielleicht schon mal in Erwägung gezogen, mit Ihren Mitarbeitern ein Leitbild zu erstellen? Ich will Ihnen ja nicht mit dem Bäckerspiel auf die Nerven gehen. Aber warum probieren Sie es nicht mal mit dem Bäckerspiel? Probieren Sie es von mir aus mit einer beliebigen Methode. Hauptsache, Sie erarbeiten mit Ihren Mitarbeitern ein Leitbild für Ihr Unternehmen. Es ist Gold wert. Eigentlich ist nicht das Leitbild selbst das Wichtigste, sondern die Tatsache, dass sich die komplette Belegschaft mit den Fragen auseinandersetzt, ihre für sie gültigen und stimmigen Antworten findet und ihre Wertvorstellungen im Verhaltenskodex niederlegt.

Achten Sie dann beim Frage-Antwort-Spiel, bei der Gruppenarbeit, bei welcher Methode auch immer besonders darauf, dass alles um die zentralen Fragen kreist: Wie können wir aus unserem Betrieb den Traumbetrieb machen? Was müssen wir alle tun, damit wir in unserem Betrieb besonders gerne und gut arbeiten können? Das Ergebnis, das dabei zustande kommt, nimmt alle in die Pflicht, Mitarbeiter und Führungskräfte. Davor sollte sich niemand fürchten, denn letztendlich ziehen alle Beteiligten ihren persönlichen Gewinn und Nutzen daraus. Es ist für alle profitabel.

Übrigens sind die Methoden, die Berater heute verwenden, schon fast 2500 Jahre alt. Bereits Sokrates arbeitete mit ähnlichen Fragetechniken.

Nächste Woche werde ich mit Leo und Sandra den Rohtext sprachlich überarbeiten. Das Leitbild muss in seine endgültige Form gebracht werden, in der es veröffentlicht werden kann. Ich packe meinen Moderationskoffer und knöpfe meinen Mantel bis zum letzten Kragenknopf zu. Draußen lauert zwar nicht mehr der Stadtsheriff, dafür aber strenge Novemberkälte.

Leitbild II – die redaktionelle Nachbearbeitung

Keine Vorsicht, keine Scheu, keine Zurückhaltung: Das sind die wichtigsten Regeln für die sprachliche Überarbeitung des Leitbildes im Redaktionsteam. Jeder muss offen seine Meinung und seine Sichtweise einbringen, bis die endgültige Fassung alle Redaktionsmitglieder im kleinsten Detail überzeugt. Das ist das Heikle an der redaktionellen Nachbearbeitung: Man muss den Rohtext formen, feilen und polieren, ohne die Gedanken und Ideen der Mitarbeiter in ihrer Aussage zu verfälschen. Ein Leitbild macht nur Sinn, wenn es in der richtigen Form vorliegt, wenn es verständlich ist und die originären Aussagen enthält. Wir müssen einen Text formulieren, der die Werte der Mitarbeiter wirklichkeitsgetreu wiedergibt. Vor uns liegt ein hartes Stück Arbeit.

Sandra hat unsere Tassen bis zum Rand mit grünem Tee gefüllt, der uns wärmt und wach hält. Noch haben wir Ruhe vor dem kleinen Maximilian, der friedlich neben uns auf der Küchenbank seinen Nachmittagsschlaf hält.

Durch die Beteiligung an der textlichen Überarbeitung macht der Chef das Leitbild zu seinem eigenen. Er verinnerlicht dabei die Inhalte, die seine Mitarbeiter erarbeitet haben. Eigentlich hätten auch Hans und Maria im Redaktionsteam sitzen müssen. Aber Hans will sich mit dem neuen Zeug nicht mehr herumplagen und Maria hat keine rechte Lust, ohne ihn die Geschäftsführung zu vertreten. Seit eh und je versteht sie sich in allen wichtigen Fragen mit Hans als unzertrennliches Führungsteam. Schließlich ist das Leitbild ja auch ausgesprochen zukunftsorientiert. Da macht es doch Sinn, wenn sich die Juniorchefs dieser Aufgabe annehmen.

Ich komme nicht unvorbereitet in diese Sitzung. Gestern Abend habe ich mich nochmals in den Rohtext der Leitsätze vertieft und mir Beispiele anderer Leitbilder angeschaut, um mich in die Thematik einzuarbeiten. Die Arbeit am Text ist jedes Mal äußerst mühsam. Es hilft auch nicht, dass ich schon zahlreiche Workshops zum selben Thema durchgeführt habe. Die sprachliche Arbeit erfordert immer wieder höchste Konzentration. Die Formulierungen müssen klar, präzise und eindeutig ausfallen.

Ich bitte Sandra, die Sätze auf das Flipchart zu schreiben und auch alle Änderungsvorschläge auf diese Weise schriftlich zu protokollieren. Mit diesem bewusst eingesetzten Stilmittel vermeide ich einerseits, dass ich zu stark manipuliere. Zum anderen betont es aber auch, dass es sich nicht um ein Produkt des Moderators handelt, sondern um das ureigene Produkt der Belegschaft, das von den Juniorchefs nun in seine Endfassung gebracht wird. Meine Aufgabe besteht darin, den kreativen Akt der Formulierung so zu steuern, dass das Leitbild am Schluss mit der Zielrichtung übereinstimmt.

Die Sätze auf dem Flipchart haben auch den Vorteil, dass wir alle drei immer denselben Text gleichzeitig vor Augen haben. Ich hole die Ausdrucke mit den Fotografien der Pinnwände aus meinem Koffer und lege meine Notizen vom Vorabend dazu.

Bodo: Noch einmal: Wozu ist ein Leitbild überhaupt da?

Leo: Um den Mitarbeitern und vielleicht auch den Kunden die Ziele des Geschäfts oder der Bäckerei näher zu bringen.

Bodo: Nicht ganz. Geschäftsziele sind darin nicht erfasst, sondern Werte. Was ist allen wichtig? Das Leitbild zeigt den Rahmen, wie sich jeder verhalten soll. Nicht nur die Mitarbeiter, sondern auch die Chefs, also sämtliche am Geschäft beteiligten Personen. Wie wollen sie sich idealer Weise verhalten, damit das Ganze optimal läuft?

Der erste Satz gefällt mir eigentlich, wie er ist. Daran sollten wir überhaupt nicht herumbiegen. Der Satz ist in seiner Form knackig: „Wenn der Kunde zufrieden ist, sind wir es auch." Am zweiten müssen wir noch ein bisschen arbeiten: „Dazu bieten wir unsere bekannt gute Qualität." Das ist noch nicht auf dem Niveau des ersten Satzes.

Leo: Sollte es nicht besser heißen „dafür"?

Bodo: Wir können ruhig noch feilen, es muss nicht gleich die erste Idee sein. „Damit er zufrieden ist, bieten wir ihm unsere bekannt gute Qualität."

Leo: Frische und Qualität.

Bodo: Na ja, die Frische ist eigentlich selbstverständlich.

Leo: Service und Qualität.

Bodo: Frische und Service sind eigentlich Merkmale der Qualität. Was meinst du, Sandra?

Sandra: Ich finde, die Formulierung „dafür bieten wir ..." hört sich komisch an.

Bodo: Dann machen wir es anders. „Damit er zufrieden ist, bieten wir ihm unsere Waren in bekannt guter Qualität."

Sandra: Ja. Das gefällt mir besser.

Leo: Schreiben wir es einfach mal auf.

Bodo: Der nächste Satz ist eigentlich o.k.: „Freundlichkeit, gute Beratung, korrektes Auftreten sind unser oberstes Gebot." Das finde ich prima, eine supergute Ergänzung zu dem Ersten. Aber die Freundlichkeit haben wir ja eigentlich oben schon drin.

Sandra: „Freundlichkeit, gute Beratung und ansprechendes Auftreten" fände ich passender.

Bodo: Das ist es, „ansprechend" ist das passende Wort dafür.

Sandra: Also, „Freundlichkeit, ansprechendes Auftreten und gute Beratung sind unser oberstes Gebot".

Leo: Das Nächste, lassen wir das so?

Bodo: Ich würde das Wort „Mitarbeiter" durch „wir" ersetzen. „Wir arbeiten Hand in Hand zusammen."

Leo: Ist „wir" nicht auch auf den Kunden bezogen?

Bodo: Nein, das Leitbild ist nur nach innen gerichtet. Ich kann es zwar dem Kunden zeigen, damit er sieht, was hier wichtig ist, aber es ist nur nach innen gerichtet.

Sandra: Also schreibe ich: „Wir arbeiten alle Hand in Hand."

Leo: Genau, wir sollten zwei neue Sätze daraus machen. Den zweiten würde ich so formulieren: „In unserem Betrieb herrschen Respekt, Entgegenkommen und ein angemessener Ton."

Sandra: Das „herrschen" hört sich so an, als ob einer regiert.

Bodo: „Wir begegnen uns ..."

Leo: „Wir gehen miteinander um ..."

Sandra: „Ein angemessener Ton, Respekt und Entgegenkommen sind die Grundlage unseres Miteinander."

Leo: Das kommt mir vor wie die 10 Gebote. Immer, wenn einer verstößt, geht der Zeigestab auf ihn herab.

Bodo: Nicht so direkt, aber im Grunde schon. Wenn es nicht zu unserem Leitbild passt ...

Leo: ... den wir miteinander erarbeitet haben.

Bodo: Genau in diesem Sinne. Ich hatte mal einen Verein aus Mitarbeitern, die fürchterlich kratzbürstig untereinander waren. Mit denen habe ich auch ein Leitbild ausgearbeitet, dann ist das Verhalten deutlich besser geworden.

Leo: Was ist mit denen, die das nicht mit erarbeitet haben, gilt das für die dann auch?

Bodo: Natürlich, aber eigentlich sollten ja alle dabei sein.

Leo/Sandra: Also: „Ein angemessener Ton, Respekt und Entgegenkommen sind die Grundlage unseres Miteinander."

Über einen angemessenen Ton und Entgegenkommen macht sich Maximilian noch keine Gedanken. Unsere eifrigen Diskussionen haben ihn in seinem friedlichen Nachmittagsschlaf gestört und jetzt hat er Durst. Maximilian duldet keinen Aufschub. Seine Bedürfnisse sind elementar und weil er sich sprachlich noch nicht ausdrücken kann, macht er sie uns ebenso elementar deutlich. Sein Brüllen wollen und können wir nicht ignorieren. Also bekommt auch Maximilian seinen Tee und wir nutzen die Unterbrechung, um uns mit ein paar Schritten durch die Küche aufzulockern.

Eigentlich haben wir einen guten Anfang gefunden. Es ist richtig, beim Leitbild den Kunden an die erste Stelle zu setzen, denn von ihm und nichts anderem lebt das Geschäft. Seit ich mich mit der Bäckerei Hegmann-Büttner als realem Geschäftsbetrieb auseinandersetze, fällt mir oft meine Schwiegermutter ein. Als sie noch lebte, wurde in unserem Haus jede einzelne Semmel einer strengen Qualitätsprüfung unterzogen, die dem erfahrensten Geschäftsführer tiefgreifende Ehrfurcht vor der Kritikfähigkeit des Kunden abgenötigt hätte. Meine Schwiegermutter nahm die Semmel in die Hand, drückte mit beiden Händen herzhaft hinein und nur wenn es ordentlich krachte, vergab sie anschließend ihr höchstes Qualitätssiegel mit der Bemerkung: „Die ist rösch". Beim Bäcker nehmen die Kunden im Grunde eine „organoleptische" Prüfung der Waren vor, wenn auch meistens nicht bewusst. Der Begriff stammt aus der Pharmazeutik. Wenn Apotheker ihre Medikamente und Wirkstoffe kontrollieren, werden diese zuerst einer organoleptischen Prüfung unterzogen. Weder Chemie noch Analysegeräte kommen dabei zum Einsatz, sondern nur die menschlichen Sinnesorgane: riechen, schmecken, fühlen, sehen, hören. Der Kunde macht beim Bäcker nichts anderes. Er hat noch nicht mal in die Semmel hineingebissen, da merkt er schon, ob sie seinem Geschmack entspricht. Alle seine Sinne sind beteiligt, sobald er die Bäckerei betritt. Wenn die Prüfung schlecht ausfällt, kommt er nicht wieder. So einfach ist das.

Maximilian hat offensichtlich ein zufriedenstellendes Ergebnis bei der organoleptischen Prüfung seines Tees erreicht. Er ist wieder friedlich auf dem Arm seiner Mutter eingeschlummert und wird gerade liebevoll auf das Kissen im Eck der Küchenbank zurückgebettet. Jetzt können wir uns wieder als Sprachkünstler ans Werk machen, die Formulierungen Punkt für Punkt durchgehen, nach Überschneidungen oder Lücken suchen. Die Leitsätze müssen grundsätzlich immer neu sortiert werden, um sie in die richtige Reihenfolge zu bringen. Das Wichtigste muss an die erste Stelle. Nach dem Kunden kommen die Mitarbeiter und dann erst die Chefs. So gesehen wird dabei eine eigene Dramaturgie entwickelt und in das Leitbild eingebaut.

Leo: „Mit einem freundlichen Betriebsklima erreichen wir zufriedene Kunden, steigenden Gewinn und geben der Konkurrenz das Nachsehen."

Bodo: Ich glaube, „das Nachsehen der Konkurrenz" würde ich draußen lassen. Bei den Zielen des Geschäfts kann man das ruhig hineinschreiben, aber nicht in einem Leitbild.

Sandra: Wenn wir nur schreiben „Mit unserem freundlichen Betriebsklima erreichen wir zufriedene Kunden und steigern somit den Gewinn."?

Bodo: Wobei das „freundliche Betriebsklima" nur einen geringen Teil dazu beiträgt. Wer meint, mit einem guten Betriebsklima automatisch Kundenzufriedenheit und Gewinn zu erzielen, irrt sich gewaltig. Wir müssen es irgendwie umdrehen: „Die Kunden spüren unser freundliches Betriebsklima und kommen gerne, das steigert den Gewinn."

Leo: Spielt der Gewinn an dieser Stelle überhaupt eine Rolle? Wenn der Gewinn gesteigert wird, haben ja die Angestellten im Prinzip nichts davon.

Bodo: Doch, wenn der Gewinn stimmt, ist die Existenz der Bäckerei gesichert.

Leo: Na gut, das ist der Gewinn, der mindestens erzielt werden muss. Mit mehr Freundlichkeit lässt sich vielleicht auch der Gewinn noch steigern. Davon haben die Angestellten ja aber nichts.

Bodo: Ja, der Punkt käme später, mit dem Satz: „Leistung = Lohn." Wenn die Mitarbeiter dazu beitragen, den Gewinn über das Mindestmaß hinaus zu steigern, dann müsste man sie irgendwie teilhaben lassen. Grundsätzlich haben sie erst einmal einen sicheren Arbeitsplatz, wenn ein ordentlicher Gewinn da ist. Zweitens kannst du dann Innovation und Investition leichter tätigen. Drittens brauchst du auch für die Finanzierung der gewünschten Betriebsausflüge einen Gewinn.

Leo: Und für eine moderne Betriebsausstattung natürlich auch.

Bodo: Wenn eine Firma gute Gewinne macht, macht sich das im gesamten Arbeitsklima bemerkbar. Es werden keine Bleistifte halbiert, alles geht lockerer, in der Entscheidung und in der Umsetzung.

Sandra: Also, ich habe jetzt geschrieben: „Die Kunden spüren unser freundliches Betriebsklima und kommen gerne, das verschafft uns Vorteile gegenüber der Konkurrenz und steigert unseren Gewinn."

Bodo: Genau. Jetzt sind wir da.

Leo: Dann zum nächsten Satz: „Wir setzen unsere Kreativität ein, um unsere Ideen mit den Wünschen der Kunden zu vereinigen und den Kundenkreis zufrieden zu stellen, so haben wir Spaß am Arbeitsplatz."

Sandra: Könnten wir nicht schreiben „Durch das Einbringen unserer eigenen Ideen haben wir Spaß am Arbeitsplatz."?

Bodo: Den Kundenkreis haben wir schon viermal drin. Ich baue an einer anderen Formulierung. „Die Wünsche der Kunden durch unsere Kreativität und Ideen noch besser zu erfüllen, macht uns Spaß."

Sandra: Das sind ja nicht nur Kundenwünsche. Das sind ja auch eigene Ideen. Wie z.B. die Cocktailsemmeln, die kamen ja von den Mitarbeitern, nicht vom Kunden.

Bodo: Bloß wenn der Kunde sie nicht will, ist das „Käse". Mit den Cocktailsemmeln haben sie einen Kundenwunsch getroffen. Den hat zwar kein Kunde ausgesprochen, aber intuitiv, wie auch immer, haben sie die richtige Idee gehabt. Genauso wie mit dem Walkman. Es hat sich ja niemand aus dem Nichts heraus einen Walkman gewünscht. Aber kaum war er am Markt, hat der Kunde ihn gewünscht. Damit war der Kundenwunsch getroffen.

Sandra: Also: „Unsere Arbeit macht uns Spaß, wenn wir Kreativität und Ideen einsetzen können, um die Wünsche der Kunden noch besser zu erfüllen."

Bodo: Der nächste Satz ist eigentlich o.k.: „Sauberkeit und moderne Betriebsausstattung sorgen für Zufriedenheit und sicheren Arbeitsablauf."

Leo: Wo sollen wir hineinbringen, dass der Chef Kritik annimmt und ausspricht?

Bodo: Ich würde sagen: „Unser Chef geht auf Kundenwünsche und neue Ideen der Mitarbeiter stets offen ein, er kritisiert Missstände und nimmt Kritik an." Wenn ein Chef Missstände nämlich nicht kritisiert, ist das ein erheblicher Fehler und führt zu Unzufriedenheit. Er muss Kritik üben, auch wenn es schwer fällt.

Leo: Die Verkäuferinnen haben letztens gesagt, dass wir endlich einen neuen Laden bauen sollen.

Bodo: Die nächste Aussage kann man so lassen: „Leistung = Lohn".

Leo: Bei uns bekommen alle einen festen Lohn. Die Verkäuferinnen nach Stunden und die Bäcker nach Absprache. Im Moment ist es zumindest so. Wenn einer gute Leistungen bringt, dann bekommt er auch nicht mehr Lohn. Vielleicht sollte man das in irgendeiner Weise mal ändern.

Bodo: Also, wünschen würden sie es.

Leo: Ja, da bin ich mir sicher.

Sandra: Das ist ja auch bei großen Firmen so, die bekommen auch Leistungszulagen.

„Die ich rief, die Geister, werd ich nun nicht los." Das kennen wir, seit Goethe seinen „Zauberlehrling" geschrieben hat. Das Leitbild ist für alle verpflichtend, insbesondere für den Chef. Leo gibt sich alle Mühe, die gemeinsame Werteordnung, die wir gerade mit dem Leitbild festschreiben, zu leben. Er weiß, dass er es nicht immer hundertprozentig schaffen wird, aber er arbeitet an sich und ringt um die richtige Verhaltensweise. Seine Leute haben ein anspruchsvolles Leitbild erdacht, dessen Ideale nicht leicht zu erfüllen sind. Da sündigt auch der Gerechte dreimal am Tag. Wer von sich behauptet, er erfülle die Vorgaben seines Leitbildes zu hundert Prozent, ist entweder extrem unkritisch oder lügt von Haus aus. Früher hat Leo sein Führungsverhalten intuitiv gestaltet und hat damit manchmal richtig und manchmal falsch gelegen. Jetzt gibt ihm das Leitbild die Regeln für das richtige Verhalten vor. Am Anfang wird es nicht immer leicht sein, sich an die Richtschnur zu halten. Eigene Fehler erkennen und abstellen, sind schwierige Prozesse. Aber schließlich steht ihm ja Sandra zur Seite, die als seine ebenbürtige Sparringspartnerin stets alle Inhalte in Geschäftsangelegenheiten mit ihm diskutiert. Auch die Mitarbeiter müssen künftig ihr Verhalten am Leitbild spiegeln. Es gehört zudem zum Führungssystem, dass man beim Führungsgespräch mit den Mitarbeitern regelmäßig über das Leitbild redet. Nach Ablauf eines Jahres sollte der Chef im Gespräch mit seinen Mitarbeitern klären, inwieweit die Regeln des Leitbildes von allen Seiten eingehalten wurden, ob sich Defizite oder Fortschritte abgezeichnet haben. Dabei kann auch geprüft werden, ob sich Werte inzwischen geändert haben und angepasst werden müssen. Ein Leitbild ist nicht für die Ewigkeit gestrickt, sondern muss Veränderungen im Umfeld absorbieren. Auch Gesetze und Werteordnungen von Nationen, Gruppen und Individuen wandeln sich im Laufe der Zeit.

In seiner wesentlichen Bedeutung ist das Leitbild ein Stilmittel des antiautoritären Führens: Mitarbeiter arbeiten nicht gut, weil es der Chef verlangt, sondern weil sie erkennen, dass es für das Geschäft notwendig ist, das schließlich auch ihre eigene Lebensbasis bildet. Das gesamte Führungssystem, das ich in der Bäckerei aufbaue, ist ein antiautoritäres System. Es gibt übrigens Experten, die die Meinung vertreten, Fehler von Mitarbeitern seien nicht ihre eigenen Fehler, sondern Fehler des Systems. Die Arbeit werde nicht richtig übertragen. Damit sei es im Grunde ein Fehler des Chefs, der das System falsch eingerichtet habe.

Wenn ich mit meinem Sohn in die Werkstatt gehe, erfahre ich immer wieder lebhaft, wie er mich an meinen eigenen Regeln misst. „Halt, so hast du mir das nicht beigebracht. Du selbst hast mir gesagt, das muss man so und so machen. Und das stimmt auch und jetzt mach's auch so." Mein Sohn weist mir objektiv Fehler nach und besteht mit gesundem Selbstverständnis darauf, dass ich die richtige Methode benutze. Wir haben bei unseren Kindern die Methoden der antiautoritären Erziehung angewandt, die häufig missverstanden wird. Viele verwechseln sie mit Nicht-Erziehung. Tatsächlich geht es dabei aber um etwas ganz anderes. Man schreibt den Kindern nicht vor, wie sie etwas zu machen haben, sondern nennt ihnen die Ziele und fordert sie schließlich auf, Wege zu überlegen, wie sie die Ziele erreichen können. Diese grundsätzlichen Regeln finden sich auch in einem Führungssystem wieder, dessen Richtung durch ein Leitbild bestimmt wird. Die Mitarbeiter realisieren, dass sie das Verhalten des Chefs beeinflussen können. Sie selbst haben aber auch kein Alibi mehr, auf das sie sich zurückziehen können. Ab sofort kann niemand mehr seine Hände in Unschuld waschen. Dafür gibt es aber auch kein Gegeneinander mehr, sondern ein Miteinander. Konflikte, Probleme, Widersprüche können, dürfen und müssen geklärt werden. Es herrscht ein offenes Klima, in dem sachliches Feedback gewünscht und gefordert ist.

Für heute haben wir unser Pensum erledigt. Wir haben dem Leitbild den letzten Schliff verliehen (Bild 13). Das Kunststück ist vollbracht. Die Bäckerei Hegmann-Büttner kann ihr ideelles Schaufenster einweihen. Vorhang auf!

Unser Leitbild

Wenn der Kunde zufrieden ist, sind wir es auch!

Damit er zufrieden ist, produzieren wir hochwertige Waren und bieten diese in bekannt guter Qualität an!

Freundlichkeit, ansprechendes Auftreten und gute Beratung sind unser OBERSTES GEBOT!

Wir arbeiten alle Hand in Hand!

Angemessener Ton, Respekt und Entgegenkommen sind die Grundlage unseres Miteinanders!

Die Kunden spüren unser freundliches Betriebsklima und kommen gern! Das verschafft uns einen Vorteil gegenüber der Konkurrenz und steigert unseren Gewinn!

Unser Chef geht auf Kundenwünsche und Ideen der Mitarbeiter stets offen ein, er kritisiert Missstände und nimmt Kritik an!

Unsere Arbeit macht Spaß, wenn wir Ideen und Kreativität einsetzen können, um die Wünsche der Kunden noch besser zu erfüllen!

Sauberkeit und moderne Betriebsausstattung sorgen für Zufriedenheit und eine sicheren Arbeitsablauf!

Gemeinsame Unternehmungen fördern das gegenseitige Verstehen und die Motivation!

Neue Produkte, Spezialitäten und Verkaufsaktionen fördern den guten Ruf unserer Bäckerei!

Leistung = Lohn! Leistung ist nicht nur Menge, sondern auch Qualität, schnelles und vor allem sorgfältiges Arbeiten sind Voraussetzung!

Bäckerei Hegmann-Büttner

Bild 13 Unser Leitbild

Die Situationsanalyse – Bestimmung des Standortes

ELVIRA ist objektiv und rechthaberisch. Die weibliche, leider etwas eintönige Stimme meines Navigationssystems, das mir die optimalen Wege durch den Verkehrsdschungel weist, leitet mich durch den Nebel in Hessen. Bedauerlicherweise ist unsere Kommunikation eingleisig. Wenn ELVIRA zu mir spricht, höre ich ihr aufmerksam zu und halte mich an ihre Anweisungen, die sie mir nach der Analyse aller via Satellit empfangenen Daten erteilt. Umgekehrt hört ELVIRA *mir nie* zu. Gelegentlich bleibt mir nur eines übrig: mich über sie hinweg zu setzen. Zum Beispiel im dichten Verkehrsstau in der Münchner Innenstadt, wenn ich es nicht rechtzeitig geschafft habe, die Spur zu wechseln. Sobald sie aber erkennt, dass ich mich von der empfohlenen Strecke entfernt habe, besitzt sie genügend Flexibilität, um den neuen Standort blitzschnell neu zu ermitteln und unter Berücksichtigung der veränderten Bedingungen die aktuelle Wegbeschreibung zu melden. Irgendwie ist es sehr beruhigend, dass ELVIRA lernfähig ist und umschalten kann, wenn ich ihr mal nicht gehorchen mag, weil ich ihr als Mensch in manchen Situationen eben doch überlegen bin. Sie ist auch nie nachtragend, sondern stets kooperationsbereit. Das schätze ich sehr an ihr, so sehr, dass ich sogar ihre monotone Stimme in Kauf nehme.

Ehrlich gesagt, ist die Situationsanalyse eine einzige Plackerei. Für alle Beteiligten. Der Berater quält sich damit genauso wie der Klient. Die Situationsanalyse macht keinen Spaß, aber sie ist eine unerlässliche, unverzichtbare, überaus wichtige Arbeit, die erledigt werden muss. Es hilft nichts, sich davor zu drücken. Denn ohne Situationsanalyse kann man keine strategische Planung machen, weil man die eigene Lage nicht kennt.

Wenn wir nicht wissen, wo wir sind, wissen wir nicht, wo wir hingehen.

„Was sagst du dazu, ELVIRA?" ELVIRA antwortet mir nicht direkt, sondern empfiehlt mir stattdessen, die Autobahn zu verlassen, um auf der Bundesstraße den angekündigten Stau zu umgehen. Ich nehme ihren Rat dankbar an, obwohl ich heute damit schon einmal reingefallen bin. Die kürzeste Strecke von Bad Tölz nach Marburg führt über Erlangen, Würzburg und Gießen. Als schnellste Strecke hat mir ELVIRA angesichts der Stauwarnungen allerdings die Route über Augsburg und Stuttgart in Richtung Mannheim empfohlen. Das hat mich bereits einige Nerven gekostet, denn inzwischen hat sich ein Unfall bei Pforzheim ereignet, der gerade auf dieser Strecke zu lästigen Verkehrsstaus geführt hat. Beim Start in Bad Tölz konnte ELVIRA davon natürlich noch nichts wissen. Sie ist eine Meisterin im Analysieren, aber sie ist abhängiger von Daten als ein Süchtiger von seiner Droge.

Das unerfreuliche Kapitel der Situationsanalyse, das ich mit Leo und Sandra, Hans und Maria in vier anstrengenden und schweißtreibenden Sitzungen durchgenommen habe, blüht mir heute noch einmal. Meine Koautorin wird darüber ein Interview mit mir abhalten. Die Mitschnitte der Workshops reichen nämlich als Arbeitsgrundlage nicht aus. Bei der Suche nach der richtigen Arbeitstechnik für den Schreibprozess hat uns mein Cousin Wolfgang Nebelung auf die Sprünge geholfen, den ich als ersten Probeleser eingespannt habe. Seinem Adlerauge, dessen Blick er als Führungskraft bei VW in einem langen Berufsleben geschärft hat, ist die wertvolle Anregung zu verdanken, die Inhalte dieses Buches stilistisch mit dem Mittel der Reportage darzustellen. Seither treffe ich mich mit Brigitte Knobl regelmäßig zum Interview, um ihr die nötigen Hintergrundinformationen zu liefern und ihr meine Arbeitsmethoden zu erläutern. Auf der Grundlage dieser Interviews schreibt sie dann die Reportagen, so wie sie hier abgedruckt sind. In den Interviews verwenden wir einen Fragenkatalog, den ich mit meinem Kollegen Albrecht Wild, dem kreativen „Kaufmann" von Siemens Management Consulting, erstellt habe. Ich berate mich gerne mit ihm, weil er in unseren Gesprächen stets anregende Ideen entwickelt. Ich arbeite nicht nur in Projekten, ich denke auch in Projekten. Jedes Projekt bezieht seinen Erfolg letztendlich von dem engagierten, flexiblen und kreativen Einsatz seines Teams, das bei Bedarf beliebig erweitert werden muss. Die Arbeit wird von allen gemeinsam getragen, auch wenn die meisten der Beteiligten selten in Erscheinung treten. Es wimmelt auch nur so von unsichtbaren Personen, die unentbehrliche Beiträge im Entstehungsprozess dieses Buches leisten. Ich werde sie Ihnen nach und nach vorstellen, denn einer meiner wichtigsten Grundsätze in der Zusammenarbeit mit Menschen lautet, den Beitrag jedes einzelnen zu würdigen und anzuerkennen. Wenn ich eines nicht leiden kann, dann ist es die Unart, Leistungen von Mitarbeitern als die eigenen zu vereinnahmen oder stillschweigend zu unterschlagen.

Marburg empfängt mich mit Regen und tief hängenden Wolken. Es ist nass und kalt und ungemütlich. ELVIRA leitet mich zielsicher in mein Hotel. Es ist das dritte, das ich in dieser Stadt ausprobiere. Als Berater ist es mir nun mal in Fleisch und Blut übergegangen, stets nach dem Besten zu suchen. Zum Glück holt mich meine Koautorin direkt im Hotel zum Interview ab. Ich kenne zwar das Ziel, die Wohnung im Gassengewirr der hessischen Fachwerkstadt, aber da ich durch den Hotelwechsel jedes Mal von einem anderen, mir unbekannten Standort aufbreche, komme ich ohne ihre Ortskenntnis nicht weit. Selbst ELVIRA kann mir in diesem Fall nicht behilflich sein, denn mit dem Auto kommt man nicht über die Treppchen und Schleichpfade, die durch die Marburger Oberstadt in ihre Wohnung führen.

Die Situationsanalyse ist zweifellos der unbeliebteste Abschnitt im Gestaltungsprozess eines Führungssystems. Umso tröstlicher ist es, dass man dabei auf ein effizientes Analyseinstrument zurückgreifen kann, das die Arbeit erheblich erleichtert. Die schon erwähnte European Foundation for Quality Management (EFQM, Europäische Gesellschaft für Qualitätsmanagement) hat einen Fragenkatalog entwickelt, mit dem sich ein beliebiges Geschäft bis ins kleinste Detail analysieren, bewerten und beschreiben lässt. Das Geschäftsprozessmodell der EFQM geht von der Annahme aus, dass ein Geschäft nur ein Geschäft ist, wenn es ein Ergebnis bzw. einen Gewinn abwirft. Zur Erwirtschaftung eines Gewinns braucht ein Geschäft zufriedene Kunden. Um Kunden zufrieden zu stellen, muss die erbrachte Dienstleistung oder das Produkt die Anforderungen des Kunden erfüllen. Dazu wiederum braucht es zufriedene Mitarbeiter. Der Erfolg und die Solidität eines Unternehmens hängen von vielen Komponenten innerhalb eines komplexen Zusammenspiels ab. Die Fragestellungen des EFQM-Modells orientieren sich an einem idealen Geschäftsmodell, das alle geschäftsrelevanten Elemente berücksichtigt. Ein ordentliches, langfristig ausgerichtetes Geschäft braucht ein ausgewogenes Verhältnis all dieser Elemente. Wenn eines dieser Elemente fehlt oder vernachlässigt wird, wirkt sich dies früher oder später schädigend auf das Unternehmen aus. Insofern ist die Situationsanalyse nicht nur als Standortbestimmung zu verstehen, sondern auch als Seismograph für den notwendigen Handlungsbedarf.

Das EFQM-Modell ist in verschiedene Hauptfelder unterteilt. Anhand der Fragen können nach und nach alle Geschäftselemente systematisch beleuchtet und bewertet werden. Die Situationsanalyse ist im Grunde nichts anderes als eine objektiv durchgeführte Selbstbewertung, die von der European Foundation for Quality Management mit dem Business Excellence Award (Europäischer Qualitätspreis) gefördert wird, wenn sich ein Betrieb im offiziellen Verfahren bewirbt. Mit der Selbstbewertung, dem so genannten Self Assessment, erhält der Unternehmer ein detailliertes Bild über die Qualität und die Effizienz des Gesamtgeschäftes. Der ausgelobte Preis wird unter den Großfirmen, dem Mittelstand und den kleinen Betrieben jeweils getrennt ermittelt und vergeben. Erreicht das Unternehmen einen bestimmten Punktestand beim Self Assessment, kann es sich um den Preis bewerben. Spätestens an dieser Stelle wird jedoch manches Unternehmen von der Realität eingeholt. Denn nun besuchen externe Assessoren den Betrieb, prüfen die Bewertungen und kommen dabei meistens zu völlig anderen Ergebnissen, weil sie die Maßstäbe objektiv anwenden. Zur Vermeidung grober Fehleinschätzungen empfiehlt es sich daher, ein gemischtes Team mit Vertretern aus allen Hierarchiestufen und Funktionen zusammenzustellen, die nach Anleitung eines Assessors zunächst eine Fremdfirma bewerten. Die Bewertungen der einzelnen Teammitglieder werden dabei diskutiert und abgestimmt. Zum Schluss ermittelt der Assessor anhand des statistischen Durchschnittswertes die nivellierte Meinung aller Bewerter, die als die objektive Sicht der geprüften Firma gilt. Erst nach dieser Einarbeitung darf das Team nach dem gleichen Vorgehen die eigene Firma bewerten, weil es nun für die Aufgabe „geeicht" ist. In einem mittelständischen Betrieb wie der Bäckerei Hegmann-Büttner ist die Gefahr der Fehleinschätzung insgesamt deutlich geringer, weil er von der Größe her übersichtlich ist und sowohl die Führung als auch das Personal an allen Arbeitsprozessen direkt beteiligt sind.

Das EFQM-Modell zerlegt ein Geschäft zunächst in die beiden Felder der Befähiger (Enablers) und Ergebnisse (Results), die mit je 50% gleich gewichtet sind. Die Befähiger werden in die Felder Führung, Mitarbeiterorientierung, Politik & Strategie, Ressourcen und Prozesse aufgeteilt. Die Ergebnisse gliedern sich in Geschäftsergebnisse, Mitarbeiterzufriedenheit, Kundenzufriedenheit sowie Gesellschaft und Image. Alle Felder haben eine unterschiedliche Gewichtung in ihrer Bedeutung für ein Geschäft. Wir arbeiten hier mit dem EFQM-Modell von 1997 (Bild 14); es gibt noch einen neueren Ansatz, der aber für die Bäckerei Hegmann-Büttner nicht relevant ist.

Mit 20% nimmt die Kundenzufriedenheit zu Recht den größten prozentualen Anteil ein, weil ein Geschäft in erster Linie von der Zufriedenheit seiner Kunden lebt, die Pro-

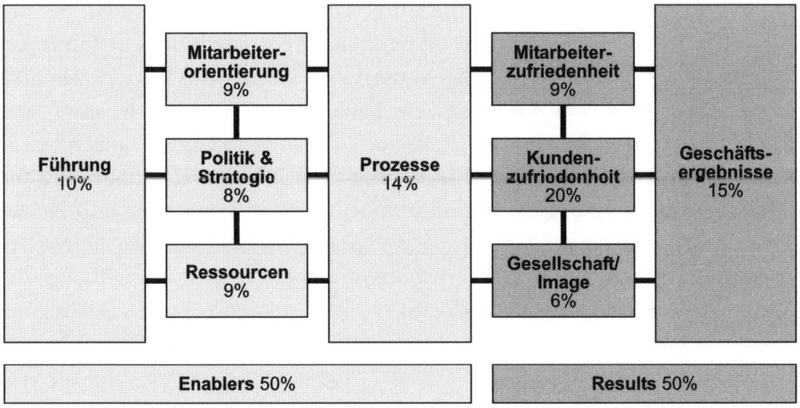

Bild 14 Das EFQM-Modell im Überblick

dukte oder Dienstleistungen schließlich nur bezahlen, wenn ihre Anforderungen erfüllt werden. Ohne Mitarbeiterzufriedenheit kann dies auf Dauer allerdings nicht oder nur eingeschränkt gelingen. Und ohne Akzeptanz der Gesellschaft kann ein Geschäft ebenfalls nicht dauerhaft florieren. Betrachten wir kurioserweise mal den Bankraub als Geschäft. Die Ergebnisse, also das Aufwand-Nutzen-Verhältnis, sind optimal. Der Aufwand ist gering: ein paar Wochen die Lage ausbaldowern, 2 Stunden Überfall und alle schwimmen im Geld wie Onkel Dagobert. Die Mitarbeiter sind hoch zufrieden, weil es keinen besser bezahlten Job gibt. Kunden gibt es in diesem Geschäft allerdings keine. Man gibt keine Leistung, sondern nimmt etwas weg. Der Bank tut es zwar nicht weh, weil sie von der Versicherung entschädigt wird. Das Problem liegt hier vielmehr im gesellschaftlichen Image. Die Gesellschaft toleriert diese Art von „Geschäften" nicht und verfolgt sie deswegen mit der Polizei. Also ist der Bankraub keine solide Basis für ein dauerhaftes Geschäft. Das EFQM-Modell begründet dies jedoch nicht mit moralischen oder juristischen Argumenten, sondern mit der neutralen Tatsache, dass Bankraub aufgrund der beiden fehlenden Komponenten „Kunden" und „gesellschaftliches Image" per Definition nicht als Geschäft gelten kann.

Mit den Prozessen verhält es sich ähnlich. Sie müssen in einem ausbalancierten Verhältnis stehen. Manche Unternehmer betrachten nur die wertschöpfenden Prozesse der direkten Leistungserbringung und vernachlässigen Teile der Führung, Mitarbeiterorientierung, Politik & Strategie und Ressourcen. Wird das Gleichgewicht gestört, entstehen Schieflagen, die sich nachteilig auf das Geschäft auswirken. Wenn Politik und Strategie beispielsweise nicht stimmen, funktionieren Marktdurchdringung und Wettbewerbsabwehr nicht optimal. Werden die Ressourcen nicht richtig eingesetzt, entstehen entweder zu hohe Kosten oder eine Überbelastung, so dass die Ergebnisse nicht erreicht werden können. Sind die Prozesse fehlerhaft, werden die Schwächen besonders offensichtlich. Denn die Prozesse ermöglichen sozusagen die Ergebnisse. An den Ergebnissen selbst kann man nichts unmittelbar verändern. Wer seinen Umsatz steigern will, muss stets an den Prozessen ansetzen. Entscheidend ist dabei immer die Frage, welche Elemente das Ergebnis letztendlich treiben.

Nebel und Regen haben sich inzwischen in leichte Schneeflocken verwandelt, die die spitzen Giebeldächer der Fachwerkhäuser in der Marburger Oberstadt mit einer dünnen weißen Decke überziehen. Während draußen Gassen und Dächer zuschneien, versinkt der Mikrorecorder, mit dem wir das Interview aufzeichnen, allmählich unter eng bedruckten Papierbögen. Es ist die Flut der Unterlagen, die in der Situationsanalyse eine Rolle spielen, die ich mit den Senior- und Juniorchefs der Bäckerei Hegmann-Büttner durchgeführt habe: Fragenkataloge, Mitschnitte, tabellarische Übersichten und Notizblätter. Ich erläutere Brigitte Knobl, wie ich das Geschäftsprozessmodell der EFQM bei der Situationsanalyse einsetze. Bei der Beschreibung der Ergebnisse dreht sich alles um die zentrale Frage: Was wurde erreicht und wird erreicht werden? Bei den Befähigern lautet die eigentliche Frage: Wie werden die Ergebnisse erreicht? Zur objektiven Beantwortung dieser Fragen stellt das EFQM-Modell zwei Schemata für die Bewertung zur Verfügung.

In der Selbstbewertung erfolgt die Punktvergabe anhand einer Skala in Prozent. Bei einer Gesamtzahl von 1.000 Punkten kann die Höchstzahl der Ressourcen beispielsweise 90 Punkte betragen, weil sie mit 9% im gesamten Geschäftsmodell bewertet sind. Jetzt gilt es zu ermitteln, wie viele der maximal 90 Punkte das eigene Unternehmen bei objektiver Beurteilung gemäß der Prozent-Skala beanspruchen kann.

Bei den Befähigern (Bild 15) orientiert sich die Bewertung zum einen an schriftlichen Nachweisen. Es wird ermittelt, ob das Vorgehen bei Planung und Einsatz der Ressourcen – um bei diesem Beispiel zu bleiben – fundiert, systematisch, überprüft und integriert ist. Ein fundiertes Vorgehen muss z.B. den State-of-the-Art kennen und berücksichtigen. Wenn regelmäßige Überprüfungen stattfinden, kann man von einem integrierten Vorgehen sprechen. Liegen keine schriftlichen Nachweise vor, gibt es auch keine Punkte. Je konsequenter der Nachweis geführt ist, desto höher liegen die Punkte. Die höchste Punktzahl setzt den umfassenden Nachweis voraus. In diesem Fall müsste der Ressourcenprozess mit Prozessmapping, Prozessschrittbeschreibung und Prozessdatenerfassung komplett beschrieben sein. Zum anderen ist zu klären, ob die beschriebenen Vorgehensweisen angewandt werden und bis zu welchem Grad deren Umsetzung erfolgt. Wenn z.B. in der Backstube für 2 Brotsorten komplette Prozessbeschreibungen vorliegen, es

<table>
<tr><td rowspan="4">Vorgehen</td><td>fundiert</td><td>0% ... 10</td><td>15 ... 25% ... 35</td><td>40 ... 50% ... 60</td><td>65 ... 75% ... 85</td><td>90 ... 100%</td></tr>
<tr><td>systematisch</td><td rowspan="3">Kein Nachweis</td><td rowspan="3">Sporadischer Nachweis</td><td rowspan="3">Nachweis</td><td rowspan="3">Klarer Nachweis</td><td rowspan="3">Umfassender Nachweis</td></tr>
<tr><td>überprüft</td></tr>
<tr><td>integriert</td></tr>
<tr><td colspan="2" rowspan="2">Umsetzung</td><td>0%</td><td>25%</td><td>50%</td><td>75%</td><td>100%</td></tr>
<tr><td>Wenig effektive Anwendung</td><td>Bei etwa 1/4 des Potentials angewandt</td><td>Bei etwa 1/2 des Potentials angewandt</td><td>Bei etwa 3/4 des Potentials angewandt</td><td>Beim gesamten Potential angewandt</td></tr>
</table>

Bild 15 Bewertung der Befähiger

Güte	pos. Trends	0% ... 10	15 ... 25% ... 35	40 ... 50% ... 60	65 ... 75% ... 85	90 ... 100%
	int. Vergleich ext. Vergleich rückführbar	Kein Ergebnis	befriedigende Leistung / einige Ergebnisse	gute Leistung / viele Ergebnisse / mind. 3 Jahre	überragende Leistung / meiste Ergebnisse / mind. 3 Jahre	überragende Leistung / alle Ergebnisse / mind. 5 Jahre
Umfang		0%	25%	50%	75%	100%
		keine relevanten Bereiche und Tätigkeiten	einige relevante Bereiche und Tätigkeiten	viele relevante Bereiche und Tätigkeiten	die meisten relevanten Bereiche und Tätigkeiten	alle relevanten Bereiche und Tätigkeiten

Bild 16 Bewertung der Ergebnisse

insgesamt aber 50 verschiedene Sorten gibt, darf nach objektivem Maßstab kein Punkt vergeben werden. Werden dagegen bei einem Viertel des Brotsortiments vollständige Prozessbeschreibungen angewandt, dann ergeben sich folgerichtig 25% der maximalen Punktzahl.

Um die Ergebnisse eines Geschäftes (Bild 16) zu bewerten, braucht man Vergleiche. Im Mittelpunkt steht immer die Frage: Wie gut ist das Ergebnis? Dabei wird zuerst der Trend der letzten Jahre betrachtet. Verläuft er positiv oder negativ? Der interne Vergleich misst sich am Gesamtumsatz, der externe Vergleich am Wettbewerb. Je nach Geschäftsart und -größe wird der Vergleich international und/oder national bzw. regional gezogen. Hierbei ist es unabdingbar, den Benchmark zu kennen. Ein Sportler kann seine Leistung auch nur einstufen, wenn er den Weltrekord seiner Disziplin kennt. Wer die Bestleistung in einem Geschäftszweig nicht kennt, kann seine Konkurrenten nicht einschätzen. Wer für das Umrüsten einer Maschine 4,5 Stunden braucht und erfährt, dass die Weltbestleistung bei 1,5 Minuten liegt, wird sich nie mehr mit der eigenen Leistung zufrieden geben. Beim externen Vergleich ist im Übrigen nicht nur der Branchenbeste interessant, sondern auch der Weltbeste im Hinblick auf die praktizierten Prozesse. Im Backgewerbe ist der Branchenbeste – der so genannte „Best in Class“ – der beste und erfolgreichste Bäcker an sich. Für einen Bäcker kann aber auch der Weltbeste – „Best of Best“ – eines Lagerprozesses relevant sein, den z.B. ein Supermarkt praktiziert.

Bei der Güte der Ergebnisse wird schließlich geprüft, ob sie auf die Prozesse zurückgeführt werden kann, also dadurch mit bedingt ist. Ist sie darauf rückführbar, gibt es entsprechende Punkte. Mit der Prüfung auf Rückführbarkeit lassen sich Zufälle ausschließen, die ein Geschäft kurzfristig begünstigen, aber nicht dauerhaft stützen. Im nächsten Schritt wird der Umfang durchleuchtet. In welchem Umfang werden die Ergebnisse erreicht? Handelt es sich dabei um relevante Bereiche und Tätigkeiten? Wer „Best in Class“ in der Ausstattung seiner Betriebstoiletten ist, kann beim besten Willen keine Punkte für gute Geschäftsleistungen beanspruchen. Die höchste zu vergebende Punktzahl erfordert überragende Leistungen bezogen auf alle Ergebnisse über mindestens fünf Jahre.

Um sich in diesem komplexen Bewertungssystem zurecht zu finden, bietet das EFQM-Modell einen Fragenkatalog an, mit dem man systematisch sämtliche Elemente des Geschäftes beleuchten und mit Hilfe der Bewertungsskalen einordnen kann. Alle Lücken und Mängel im eigenen Geschäftssystem lassen sich damit aufspüren und identifizieren. Dieses Wissen versetzt die Geschäftsführung im Grunde erst in die Lage, Verbesserungen zu planen und in die Wege zu leiten.

In der Bäckerei Hegmann-Büttner habe ich das komplexe Arbeitspaket in vier Sitzungen aufgeteilt, in denen folgende Hauptthemen abgehandelt werden:

- Das Vorbereitungsgespräch
- Die Geschäftsergebnisse (= Umsatz und Ergebnisse)
- Kunden-, Mitarbeiterzufriedenheit und Image
- Die Prozesse

Das Vorbereitungsgespräch

Auf die Situationsanalyse muss ich meine Klienten stets schonend vorbereiten. Ohne Vorbereitungsgespräch würden sie schnell abspringen, weil die Arbeit so lästig ist, dass sie jeder am liebsten sofort verdrängen würde. Ich muss den Klienten auf die schmerzhafte Untersuchung einstimmen, die dem Generalcheck beim Arzt ähnelt. Und wie beim Arzt, der die Anamnese bzw. die Krankengeschichte des Patienten bei der Diagnose heranzieht, muss bei der Situationsanalyse das Geschäft auf seine Stärken und Schwächen, seine Erfolge und Fehlleistungen, seine Qualitäten und Mängel durchleuchtet werden. Der EFQM-Fragenkatalog funktioniert bei der Situationsanalyse im Grunde wie ein Röntgenapparat.

Im Vorbereitungsgespräch erkläre ich zuerst die Struktur des Geschäftsmodells, den Fragenkatalog und die Bewertungskriterien. Dann erläutere ich den Zusammenhang zwischen Situationsanalyse und strategischer Planung. Niemand kann sich Ziele setzen und Wege definieren, wenn er den eigenen Standort nicht kennt. Für die Routenplanung ist es schließlich ein großer Unterschied, ob man die Zugspitze von München oder von Hamburg aus erreichen will.

Bodo: Bevor wir eine strategische Planung machen können, benötigen wir Daten, im Wesentlichen Daten zum Markt. Wie entwickelt sich der Markt, was machen meine Wettbewerber und wo stehe ich selbst mit welchem Marktanteil? Welchen Marktanteil haben die Wettbewerber und was möchte ich jetzt erreichen? Möchte ich mein Marktsegment halten, also mich genauso entwickeln wie der Markt? Oder möchte ich Marktanteile aufgeben und mich gesundschrumpfen? Oder möchte ich schneller wachsen als der Markt, d.h. anderen Wettbewerbern Kunden abnehmen? Falls ja, muss ich mir überlegen, wie ich dem Anderen Kunden abnehmen kann. Wie muss ich in diesem Fall vorgehen? Bessere Produkte haben, auf Kundenwünsche besser eingehen: Das sind meistens die stärksten Hebel. Ich kann natürlich auch einen Marktanteil dazu kaufen, indem ich einen Wettbewerber übernehme, kaufe, fusioniere, mit ihm zusammengehe. Da gibt es die verschiedensten Möglichkeiten. Aber zuerst muss ich ja einmal wissen, wo ich überhaupt stehe, was ich will und wie ich das erreichen kann.

Wenn sich nun neue Möglichkeiten ergeben, z.B. die Entstehung eines neuen Stadtteils oben im Lettenholz, muss man Informationen einholen: Gibt es da draußen bereits einen Bäcker, wäre das Gelände interessant für eine Filiale usw.?

Leo: Da habe ich schon Baupläne da. Das ist schon im Werden.

Bodo: Du hast schon an das Lettenholz gedacht? Das ist ja stark. Dann machst du ja längst deine strategischen Planungen.

Leo: Zwar nicht alleine, sondern im Verbund der Tölzer Stadtbäcker, dem wir und zwei andere Bäckereien angehören. Bei Lieferungen arbeiten wir schon lange zusammen. Wir wollen ein oder zwei Standorte schaffen.

Bodo: Da muss man natürlich Umsatzüberlegungen anstellen. Wie viele Leute sind da oben? Wie viele davon sind Kunden und und und? Aber das sind, wie gesagt, Überlegungen der strategischen Planung. Davor müssen wir erst mal klären, wo ihr heute überhaupt steht.

Leo überrascht mich immer wieder. Es macht Spaß, mit ihm zusammenzuarbeiten, weil er lernbegierig und motiviert ist. Und außerdem beweist er immer wieder sein unternehmerisches Denken. Unternehmer müssen Sensoren für Chancen und günstige Gelegenheiten entwickeln. Leo ist sehr vorausschauend. Das neue Industrie- und Verwaltungsgebäude, das auf dem ehemaligen Kasernengelände im Lettenholz gebaut wird, schafft neue Geschäftsmöglichkeiten. Ein guter Geschäftsmann muss frühzeitig Veränderungen registrieren, Informationen besorgen, Chancen abschätzen und geeignete Strategien entwickeln.

Ich erkläre Leo die verschiedenen Elemente, aus denen sich ein Geschäft zusammensetzt. Für die Selbstbewertung muss er umfangreiche Daten besorgen und zusammenstellen.

In einem mittelständischen Betrieb wie der Bäckerei Hegmann-Büttner muss man den Fragenkatalog mit Fingerspitzengefühl durchgehen, sonst läuft man Gefahr, seinen Klienten mitten auf der Strecke zu verlieren. Wenn der Bezug zum eigenen Betrieb verloren geht, wird es schwierig, Sinn und Zweck des mühsamen Vorgehens glaubhaft zu begründen. Der Berater muss je nach Betriebsart und -größe entscheiden, welche Fragen wirklich relevant sind und wie tief die Analyse gehen soll und muss.

Bodo: Die genaue Punktevergabe sparen wir uns in eurem Fall. In dieser Genauigkeit brauchen wir es nicht. Beantworte die Fragen, wo du stehst, nach dem Schema: gut – mittel – schlecht. Ich denke, was jeden Geschäftsführer am meisten interessiert, ist das finanzielle Ergebnis. Welche finanziellen Messgrößen habt ihr für eure Leistungen, für Umsatz und Gewinn? Und diese Messgrößen musst du besorgen. Wenn möglich, die Entwicklung über die letzten 5 Jahre. Wir brauchen Daten zu Umsatz und Ergebnis.

Leo: Die Bilanzen.

Bodo: Die Bilanzen mindestens über die letzten drei Jahre, fünf wären besser.
Und könnt ihr aufschlüsseln, mit welchen Produktgruppen oder mit welchen Leis-

tungsgruppen ihr wie viel Umsatz und Gewinn gemacht habt? Wie viel habt ihr z.B. mit Weizenfeingebäck erzielt, wie viel mit Brot?

Leo: Das haben wir eigentlich immer über die Kasse geregelt.

Bodo: Weißt du, was du mit Lieferungen an Umsatz machst?

Leo: Könnte ich herausfiltern. Ich weiß ja, was ich im Laden mache und der Rest ist Lieferungen.

Bodo: O.K., wir brauchen den Umsatz nach Produktgruppen und das Verhältnis zwischen Ladenverkauf, Marktstand und Lieferungen. Du musst ein Gefühl dafür bekommen, welche Volumina mit welchem Teil deines Geschäfts und mit welchen Teilen deiner Produkte laufen.

Leo: Das Einnahmevolumen, aufgeschlüsselt auf die verschiedenen Bereiche... Da benötige ich die ABC-Artikelstatistik. Aber ob es möglich ist, das getrennt herauszulesen?

Bodo: Probier es einfach. Interessant ist: Wie viel Umsatz und wie viel Gewinn machst du mit einer Produktgruppe? Und welche Kosten hast du damit? Wenn in irgendeinem Bereich die Gewinnspanne besonders hoch ist, wäre zu prüfen, ob man ihn ausbauen kann. Wenn du einen geringen Gewinn machst, müssen wir schauen, ob man hier über eine Prozessoptimierung die Kostenstruktur verändern kann.

Du hast ja sicher Gewinn- und Verlustrechnung. Da sind die Gewinnspannen aufgeführt, wie viel du normalerweise an einer Produktgruppe verdienst. Nettogewinn und Umsatz sind darin enthalten. Dann die Frage: Wie viel Fremd- und wie viel Eigenkapital sind in deinem Geschäft? Und die totalen Aktiva, das Umlaufvermögen? Was für Investitionen hast du in den letzten Jahren getätigt? Wie finanzierst du deine laufenden Geldgeschäfte? Bekommst du Kredite von der Bank? Wie sieht die Eigenkapitalrendite aus, wie die Gesamtkapitalrendite? Diese Daten hast du wahrscheinlich sowieso in der Bilanz.

Im Vorbereitungsgespräch bekommt der Klient eine endlose Latte an Hausaufgaben, für die sich jeder Lehrer in der Schule rettungslos unbeliebt machen würde. Aber hier bewahrheitet sich der Grundsatz, der in der Schule leider häufig missachtet wird: Nicht für die Schule, für das Leben lernen wir. Leo erfährt, welche Geschäftsunterlagen er zusammentragen muss. Er wird auf die komplexe Aufgabe vorbereitet, die sich über mehrere Sitzungen erstrecken wird. Er kennt nun auch die Moderationsmethode, mit der ich vorgehen werde: die spezielle Interviewtechnik und die Dokumentationstechnik des EFQM-Modells. Die Technik ist bei der Situationsanalyse ja das einfachste am gesamten Prozess. Die Intensität bei der Ermittlung der Daten und ihre Justierung sind dagegen umso anstrengender.

Die Situationsanalyse macht ein Geschäft vollkommen transparent. Alle vertraulichen Daten werden dabei offen gelegt. Spätestens jetzt müssen Berater beweisen, dass sie verantwortlich mit den Daten ihrer Klienten umgehen können. Der Klient muss sich darauf verlassen können, dass nichts nach außen dringt. Als Unternehmer können Sie die Seriosität Ihres Beraters übrigens sehr einfach testen. Nennt er Ihnen vertrauliche Daten eines Konkurrenten, können Sie davon ausgehen, dass er auch Ihre Daten an Dritte weitergibt. Natürlich erzählen Berater aus didaktischen Gründen positive und negative Beispiele aus ihrer unmittelbaren Berufserfahrung. Sie müssen aber immer anonymisiert sein – es sei denn, es handelt sich um Erfolgsstories – und dürfen niemals konkrete Rückschlüsse zulassen oder vertrauliche Details enthalten. Als Berater werden Sie mit Sicherheit in kürzester Zeit sämtliche Klienten verlieren, wenn Sie sich nicht eisern an dieses Gesetz halten.

Ein weiterer wesentlicher Punkt bei der Situationsanalyse ist die Fokussierung des Klienten auf wichtige Fakten. Fragen Sie einmal die Personen in einem Raum, wieviele Leuchten sich an der Decke befinden. Keiner wird es sagen können, aber alle werden sofort an die Decke schauen, weil die Information durch die Frage interessant geworden ist. Gegen die Fokussierung kann sich im Grunde kein Mensch wehren. Wenn ich jemanden auffordere, auf keinen Fall an einen rosa Elefanten zu denken, dann sieht er förmlich einen rosa Elefanten vor sich, ob er es nun will oder nicht. Jeder Berater muss sich sehr genau überlegen, worauf er seinen Klienten fokussiert, und sich bewusst machen, welche Verantwortung er dabei trägt. Wenn er seinen Klienten darauf fokussiert, dass sein größter Wettbewerber eine Villa auf Mallorca hat und einen Luxuswagen fährt, stimmt er ihn in geschäftlicher Hinsicht auf falsche Ziele ein. Stattdessen müsste er den Fokus seines Klienten auf Umsatz, Gewinn und Marktanteil des Konkurrenten richten mit dem Ziel, die eigenen Ergebnisse zu steigern. Falsche Fokussierungen belasten den Klienten und sind unnötig.

In der Situationsanalyse lernt der Klient unter Anleitung des Beraters, welche Informationen für das Geschäft wichtig sind. Nicht nur konkrete Zahlen spielen hierbei eine Rolle, auch Schätzungen können sehr hilfreich sein.

Bodo: Es wäre gut, wenn du den ungefähren Marktanteil in deinem Markt rauskriegen kannst, also eine Abschätzung, wie viel Prozent des Marktes du selbst und die anderen Bäcker in Tölz halten. Welchen Marktanteil bzw. wie viele Kunden haben sie? Das kann man in etwa abschätzen, wenn man den Umsatz weiß. Du solltest es einfach einmal schätzen: der und der ist da, der ist nach meinem Gefühl 20% größer, der macht soviel mehr und der macht soviel weniger.

Leo: Das ist doch reines Raten.

Bodo: Wenn wir gemeinsam schätzen, kommen wir mit Sicherheit zu einem ziemlich guten Wert. Wahrscheinlich habt ihr ein recht sicheres Gefühl dafür. Ich habe mal irgendwo einen Wert gelesen, wie viel € ein Deutscher pro Kopf für Backwaren im Jahr ausgibt. Hast du so einen Wert? Dann könnte man über die Kopfzahlen von Tölz in etwa das Marktvolumen abschätzen. Dabei müssen wir uns natürlich überlegen, wer was beim Bäcker oder im Supermarkt kauft. Toastbrot und geschnittenes Brot wird ja häufig im Supermarkt gekauft.

Die meisten Menschen haben leider kein Vertrauen zu ihrem Kleinhirn, obwohl es eine hervorragende Statistikmaschine ist. Wenn ein erfahrenes Team aus dem Gefühl und den Erfahrungen heraus Einschätzungen vornimmt, sind in aller Regel die Ergebnisse sehr nah an der objektiven Wirklichkeit. Leider machen viel zu wenig Geschäftsleute von dieser Fähigkeit Gebrauch. Informationen gibt es wie Sand am Meer. Relevante Informationen zu erkennen und nach ihrer Bedeutung für das eigene Geschäft einzuordnen, ist keine raffinierte Kunst. Man muss sich nur die Mühe machen, sie zu beachten und zu sammeln. Wenn sie unter einer bestimmten Fragestellung wichtig werden, können sie so jederzeit herangezogen werden.

Für die Kostenstruktur müssen auch Abschreibungen von Maschinen, Instandhaltungskosten und Energieaufwand erfasst werden. Leo muss zudem ein Gespür für die Innovationsrate entwickeln: Welche Produkte wurden aus dem Sortiment genommen, welche neuen Produkte kamen hinzu? Für die Abschätzung der Kundenzufriedenheit genügt es in der Regel, den Kundenhut aufzusetzen und sich vorzustellen, im eigenen Laden als Kunde einzukaufen. Wie zufrieden wäre man selbst mit den Produkten und Dienstleistungen bei objektiver Betrachtung?

Auch die Lieferungen müssen wir unter die Lupe nehmen. Gibt es Fehllieferungen, Mängel an der Qualität? Wie ist die Leistung der Lieferung insgesamt, wie ist der Lagerbestands-Umschlag, wie ist der Preis, wie sind die Reaktionszeiten bei Bestellungen oder Änderungen?

Über die Mitarbeiterzufriedenheit und gesellschaftliche Verantwortung sollte sich Leo auch schon vorher Gedanken machen. Weitere Fragen betreffen die Mitarbeiterorientierung bzw. die Planung des Mitarbeiterbedarfs. Wie werden die Fähigkeiten der Mitarbeiter aufrechterhalten und weiterentwickelt? Werden Zielvereinbarungen mit ihnen getroffen?

Für die Analyse der Prozesse ist zu klären, ob es Beschreibungen zu den Arbeitsabläufen gibt, Fehlerquellen gesucht und ausgeschaltet werden. Schließlich und endlich müssen auch die Ressourcen aufgestellt werden, zu denen Finanzen, Technologien, Informationen, geistiges Eigentum usw. zählen. Für diesen gewaltigen Rundumschlag muss Leo Unterlagen, Papiere, Zahlen und Daten wälzen, bevor wir uns zum nächsten Workshop treffen.

Mit der hier beschriebenen Systematik und dem Konzept des EFQM-Modells werden übrigens auch bei Siemens die Geschäfte analysiert und geplant. Allerdings sind es ca. 150 verschiedene Geschäfte und jedes einzelne macht im Schnitt eine halbe bis eine Milliarde Euro Umsatz. Das Verfahren ist grundsätzlich dasselbe wie bei einem mittelständischen Betrieb, aber in der Dimension unterscheidet es sich bei einem Großkonzern doch gewaltig.

Die Geschäftsergebnisse

Ein Geschäft ist ein System, das ein ähnlich komplexes Zusammenspiel hat wie ein lebender Organismus. In der Einleitung des Workshops, an dem die Seniorchefs Hans und Maria und die Juniorchefs Leo und Sandra teilnehmen, erkläre ich in groben Zügen, wie man das EFQM-Modell einsetzt, um Gesundheitszustand und Befindlichkeit des Geschäfts zu messen. Der Fragenkatalog des EFQM-Modells dient dabei als Diagnoseanleitung wie eine Leitlinie in der Medizin.

Für die Situationsanalyse brauchen wir Ruhe und starke Nerven. Deswegen haben wir uns ins Brotzeitstüberl hinter dem Laden zurückgezogen, wo uns der kleine Maximilian nicht stören und ablenken kann. Hier befinden wir uns auch in unmittelbarer Nähe der

Bürounterlagen, die wir sicher zur Beantwortung der einen oder anderen Frage brauchen werden. Schließlich fließt in die Situationsanalyse Datenmaterial ein, das in großen Betrieben ganze Aktenschränke füllen kann.

Die Schwerpunkte dieses Workshops bilden Umsatz- und Ergebnisentwicklung, Kostenstruktur, Markt und Wettbewerb. Ich fange mit der Umsatzanalyse an, weil die finanziellen Messgrößen, also Umsatz und Gewinn, die interessantesten Eckpunkte eines Geschäfts sind. Es geht zuerst um den Punkt „Geschäftsergebnisse" aus dem EFQM-Modell, laut EFQM „dem, was die Organisation im Hinblick auf die geplanten Geschäftsziele und die Erfüllung der Bedürfnisse und Erwartungen aller finanziell oder anderweitig an der Organisation Interessierten erreicht". Dazu müssen die Geschäftsergebnisse unter dem Aspekt finanzieller und so genannter zusätzlicher Messgrößen analysiert werden. Was unter finanziellen bzw. zusätzlichen Messgrößen (Bilder 17 und 18) zu verstehen ist, wird in den jeweiligen Unterfragen zu diesen Punkten erläutert.

Die in den Bildern aufgelisteten Messgrößen dienen als Ansatzpunkte und geben die nötige Orientierung zur Beantwortung der Fragen. Bei der Finanzanalyse lauten die Kernfragen „Wie sind Umsatz und Ergebnis?" und „Wie haben sie sich in den letzten Jahren entwickelt?" Damit erhalten wir eine Aussage über den Trend im Geschäft. Bevor wir mit dem Wälzen ganzer Aktenberge beginnen, zeichne ich ein Koordinatensystem auf. Darin wird der Umsatz über dem berücksichtigten Zeitraum aufgetragen. So kann der Verlauf von Umsatz und Ergebnis anschaulich dargestellt werden.

Ansatzpunkte zur Ermittlung der finanziellen Messgrößen für die Leistungen der Organisation _könnten_ Informationen über folgende Aspekte sein:

Daten aus der Gewinn- und Verlustrechnung, inklusive
- Bruttomargen
- Nettogewinn
- Umsatz

Daten aus der Bilanz, inklusive
- Langfristiges Fremdkapital
- Eigenkapital
- Totale Aktiva
- Umlaufvermögen (inkl. Lagerbestandsumschlag)

Daten aus der Mittelflussrechnung, inklusive
- Investitionen
- Finanzierung des Mittelflusses
- Operativer Mittelfluss

Andere relevante Indikatoren, inklusive
- Eigenkapitalrendite
- Gesamtkapitalrendite
- Bonitätsbeurteilungen
- langfristiger Wert für die Aktionäre (Gesamtrendite)
- Wertschöpfung

Bild 17 Die finanziellen Messgrößen für die Leistungen der Organisation (EFQM 1997)

Ansatzpunkte zur Ermittlung der zusätzlichen Messgrößen für die Leistungen der Organisation *könnten* Messgrößen für die Effizienz und Effektivität der Leistung der Organisation sein. Die Messgrößen könnten Bezug auf die bei den Befähigern, speziell in EFQM-Kriterium 4 und 5 beschriebenen Schlüsselprozesse nehmen:

Leistung insgesamt
- Marktanteil

Schlüsselprozesse
- Durchlaufzeit
- Fehlerrate
- Reifegrad
- Produktivität
- Entwicklungszeit bis zur Markteinführung

Information
- Zugänglichkeit
- Integrität
- Relevanz
- Rechtzeitige Verfügbarkeit

Lieferanten und Material
- Fehlerrate
- Leistung insgesamt
- Lagerbestandsumschlag
- Preis
- Reaktionszeit
- Verbrauch an Versorgungsleistungen (Wasser, Energie, etc.)

Vermögenswerte
- Abschreibung
- Unterhaltskosten
- Auslastung

Technologie
- Innovationsrate
- Patente
- Lizenzen

Bild 18 Die zusätzlichen Messgrößen für die Leistungen der Organisation (EFQM 1997)

In unserer Analyse wollen wir den Zeitraum von 1994 bis 1999 betrachten. Wir wühlen uns durch Bilanzen und Datev-Unterlagen. Manchmal stoßen wir auf Brutto-, manchmal auf Nettozahlen. Wir beschließen daher, in unserer Darstellung beide Größen aufzunehmen.

Je weiter der Zeitraum zurückliegt, desto schwieriger gestaltet sich die Datenaufbereitung. Und immer wieder muss jemand nach Ordnern, Listen, Bilanzen oder sonstigem Material suchen um die nötigen Zahlen aufzuspüren. Das ist der Grund, warum die Situationsanalyse stets in der direkten Geschäftsumgebung des Klienten stattfinden sollte. Maria holt weitere Datev-Auswertungen aus dem oberen Stockwerk und Leo versenkt sich in die Aktenberge. Um schließlich aus Brutto und Netto den Gewinn zu berechnen, müssen viele Zahlen herausgerechnet werden, z.B. Abschreibungen und Steuern. Aber die Mühen dieser akribischen Zahlenanalyse lohnen sich. Am Ende erhalten wir die aussagekräftigen Kurven, die den Umsatz und die Ergebnisse der Bäckerei Hegmann-Büttner über die letzten Geschäftsjahre abbilden. In Bild 19 sind Umsatz, Ergebnis und Ergebnis nach Steuern in normierter Form aufgetragen, das heißt geteilt durch Brutto-Umsatz bzw. Ergebnis von 1994.

Auf dem Bild fällt sofort der Einbruch der Ergebnisse trotz steigenden Umsatzes von 1997 auf. Leo erklärt diese Entwicklung mit der „Kurkrise", die durch die damalige Gesundheitsreform ausgelöst wurde, als aufgrund gesetzlicher Änderungen die Bewilligung von Kuren drastisch zurückging. In Kurstädten wie Bad Tölz führten diese Maßnahmen für viele direkt und indirekt betroffenen Geschäfte und Organisationen zu Umsatzeinbußen. Da aber der Umsatz laut Kurve nicht zurückgegangen, sondern sogar

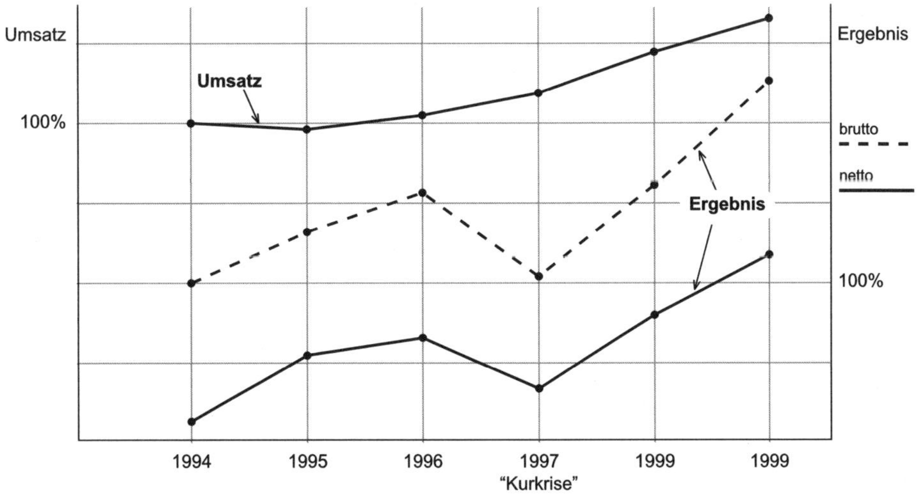

Bild 19 Entwicklung von Umsatz und Ergebnis (normiert)

gestiegen war, scheint Leos Begründung nicht logisch. Also suchen wir nach der wahren Ursache und finden schließlich heraus, dass der Einbruch auf zu viel Personal und fehlende Abschreibungen zurückzuführen ist. Bereits mit dieser einfachen Darstellung lassen sich die Zusammenhänge und Strukturen besser erkennen und analysieren. Auch der Trend lässt sich mühelos ablesen. Erfreulicherweise verlief er in den letzten beiden Jahren positiv, im Umsatz und im Ergebnis.

Als nächstes brauchen wir eine Aufstellung zur Entwicklung der Kostenstruktur. Wir wollen den Zeitraum ab 1996 bis in die Gegenwart erfassen. Auch hier beziehen wir unsere Informationen und Zahlen hauptsächlich aus den Datev-Unterlagen und Bilanzen. Ich zeichne ein neues Koordinatensystem, in das ich die Werte eintragen kann. Zunächst besprechen wir, welche Posten getrennt aufgeführt werden sollten und welche Kosten unter der Rubrik „Sonstiges" zusammengefasst werden können, weil sie einzeln nicht sehr stark ins Gewicht fallen. Der größte Kostenfaktor sind – wie nicht anders zu erwarten – die Personalkosten. Es folgen der Warenzukauf von Rohstoffen und Handelswaren, Raumkosten, sonstige Kosten und Zinsen (Bild 20). Das resultierende Säulendiagramm zeigt uns, wo Potenziale innerhalb der Kosten verborgen sind. Es bestätigt uns auch, dass 1997, im Jahr der „Kurkrise", tatsächlich die Personalkosten gestiegen waren.

Ich stelle fest, dass die Stimmung im Raum trotz aller Anstrengung steigt. Die Teilnehmer erkennen nämlich immer deutlicher, wie man mit der Situationsanalyse geschäftliche Zusammenhänge beleuchten kann, aus denen sich später Handlungsrichtlinien für die strategische Planung ableiten lassen. Wenn man diese Methode der Datenerfassung und bildlichen Darstellung erst einmal eingeübt hat und beherrscht, lohnt es sich durchaus, den Kostenverlauf monatlich zu erfassen und abzubilden. Auf diese Weise erkennt man Sparpotenziale oder Möglichkeiten zur Umschichtung am deutlichsten und kann am schnellsten auf sie reagieren.

Im Hinblick auf die Kostenstruktur sollte sich jeder Unternehmer angewöhnen, seine Kredite regelmäßig und kritisch zu prüfen. Wenn möglich, sollten kurzfristige Kredite, die etwa mit 16% Zinsen zu Buche schlagen, in langfristige Kredite mit günstigeren Zinsen umgewandelt werden. Ein Geschäft muss ein ausbalanciertes Verhältnis zwischen kurz- und langfristigen Krediten aufweisen, um einerseits die nötige Liquidität zu sichern und andererseits unnötige Kosten zu vermeiden. Gerade für Kleinunternehmer lauern hier viele Gefahren, weil Banken Geschäftsleuten sehr großzügige Dispositionskredite einräumen. Unternehmer erhalten Überziehungskredite bis zur Hälfte ihres Geschäftswertes und Personalgesellschaften gar bis zur Hälfte ihres Gesamtvermögens, für die hohe Zinsen fällig werden. Wenn man sich die Rechenformel einmal vergegenwärtigt, leuchtet es sofort ein, dass ungünstige Kredite ein Geschäft rasch ruinieren können. Denn welches Geschäft kann soviel erwirtschaften, um aus über Krediten finanzierten Unternehmungen 16% Gewinn für Zinsen abzutragen und gleichzeitig einen zusätzlichen Gewinn für das Unternehmen zu erzielen? Im Normalfall gilt doch dann, dass die Zinsen höher als die Gewinnchancen sind und den Gewinn des Unternehmens aufzufressen drohen. Besonders heimtückisch sind die versteckten kurzfristigen Kredite, die durch Überziehungen entstehen. Nur durch regelmäßige Überprüfung, die sich in manchen Fällen sogar wöchentlich empfiehlt, kann man der Zinsenfalle entrinnen.

Aber konzentrieren wir uns nun auf die Analyse der Vermögensverhältnisse. Der letzte Jahresabschluss dient uns als Grundlage für die Ermittlung der relevanten Zahlen. In der Bilanz sind Anlage- und Umlaufvermögen separat aufgeschlüsselt. Das Anlagevermögen listet immaterielle Vermögensgegenstände (z.B. Konzessionen oder Lizenzen), Sachanlagen (z.B. Grundstücke, technische Anlagen und Maschinen, Betriebs- und Geschäftsausstattung) sowie Finanzanlagen (Ausleihungen an Unternehmer, mit denen ein Beteiligungsverhältnis besteht) auf. Das Umlaufvermögen umfasst Vorräte (fertige Erzeugnisse und Waren), Forderungen und sonstige Vermögensgegenstände, kurzfristige Forderungen aus Lieferungen und Leistungen sowie Flüssige Mittel (Kassenbestand und Bankgut-

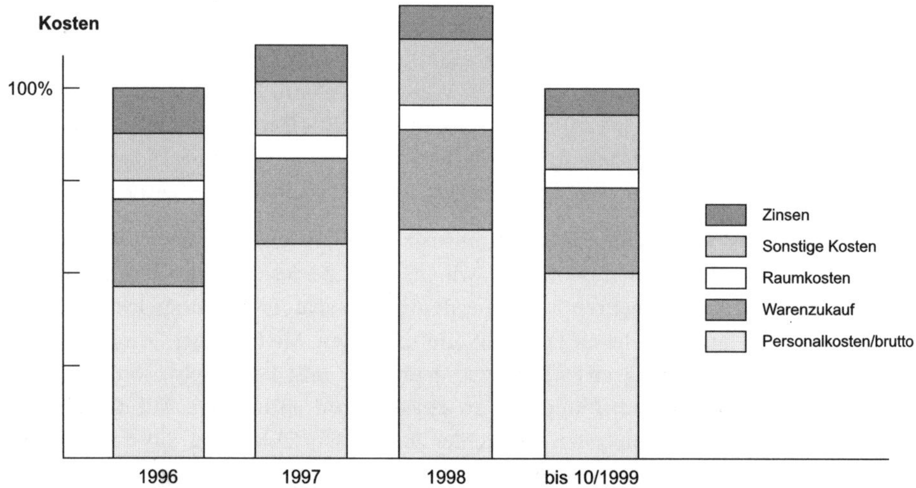

Bild 20 Die Kostenstruktur zeigt, wo Potenziale verborgen sind

haben). Wir erfassen außerdem das Verhältnis von Fremd- und Eigenkapital im Geschäft und ermitteln die Eigenkapital- und Gesamtkapitalrendite. Zum Abschluss notieren wir die Investitionen.

Anschließend machen wir uns an die Schätzung des Marktes für Backwaren und die Zuordnung der verschiedenen Marktanteile in Tölz. Dabei müssen wir auch die Backwaren berücksichtigen, die über Supermärkte und Stehcafés abgesetzt werden. Ich fordere alle auf, Schätzungen über die vermutliche Größe der einzelnen Bäcker in Tölz abzugeben. Nach eifriger Diskussion identifizieren wir 13 Konkurrenten, die wir nach dem geschätzten Umsatz aufsteigend sortieren. Nun müssen die Marktanteile sämtlicher Wettbewerber in Prozent abgeschätzt werden. Maria ist besonders skeptisch, ob die Schätzungen zu realistischen Zahlen führen.

Bodo: Im Schnitt hat jeder Wettbewerber 8 bis 10%. Aber die Nummer 1 und die Nummer 2 haben offensichtlich deutlich mehr. Und die ganz Kleinen haben deutlich weniger.

Maria: Das ist so ins Blaue hineingedacht.

Bodo: Wenn du dir erst einmal Gedanken darüber gemacht hast, bist du später viel wacher für die wichtigen Informationen. Wenn du nie drüber nachdenkst, bekommst du sie dagegen gar nicht mit, weil es dir nicht interessant scheint. Wir brauchen eine Struktur, wenn wir überlegen wollen, wie es nächstes Jahr weitergehen soll. Gibt es für die Umsatzerweiterung irgendeinen Angriffspunkt? Wo muss ich den Hebel ansetzen, wenn mein Geschäft wachsen soll? Profitabilität lässt sich über verschiedene Wege erreichen. Ich kann mir vornehmen, die Kosten bei gleichem Umsatz zu senken oder aber bei gleichen Kosten zu wachsen. Oder ich mache beides: wachsen und Kosten senken. Wenn Chancen zum Wachsen da sind, muss man überlegen, wem und auf welche Weise man etwas wegnehmen kann. Der Markt ist nun mal der Markt, der da ist.

Zuerst wollen wir herausfinden, welchen Markt die Bäckerei Hegmann-Büttner bedient. Leo schätzt, dass die Kundschaft hauptsächlich aus dem Innenstadtbereich kommt. Wir brauchen Zahlen, um Hochrechnungen zu machen. Bad Tölz hat 16.000 Einwohner. Zur Einschätzung der verschiedenen Marktanteile benötigen wir zudem einen statistischen Durchschnittswert über den Verbrauch an Backwaren pro Einwohner in Tölz. Hans kennt einen Wert vom Landesinnungsverband, der den durchschnittlichen Verbrauch an Brot pro Jahr und Einwohner in Deutschland beziffert. Dieser Wert benennt außerdem, welcher Anteil davon in Bäckereien bzw. in Supermärkten oder anderen Geschäften ausgegeben wird.

Hans: 84 kg Brot isst der Bürger im Schnitt pro Jahr. Das Kilo kostet 2 €.

Leo: 84 x 2 € = 168 € pro Bürger.

Bodo: Wir haben in Tölz 16.000 Einwohner. Dann geben die Tölzer im Jahr also 16.000 x 168 € aus.

Leo: Dann hätten wir 2.688.000 €. Rund 2,7 Mio. € geben die Tölzer also für Brot im Jahr aus, davon 45% in Bäckereien.

Bodo: Für Brot?

Leo: Ja, der Bäcker hat einen Anteil von 45%.

Bodo: Dann können wir schon mal den Umsatz für Brot in Tölz schätzen. Das wären 168 x 16.000 x 0,45.

Leo: Das sind 1.209.600 €.

Bodo: Und jetzt errechnen wir das Weizenkleingebäck anteilig. Wie ist das Verhältnis bei euch: Brot zu Weizenkleingebäck?

Leo: Semmelanteil ist 1,5 mal dem Brotanteil.

Bodo: Wie kommen wir jetzt auf das gesamte Semmelvolumen? Also: 1.209.600 € ist der Anteil für Brot bei den Bäckern. Dann ist der Semmelanteil der Bäcker 1,2 mal 1,5. Zumindest wenn die anderen Bäcker das gleiche Verhältnis haben wie ihr. Könntest du das mal mit den vollständigen Zahlen ausrechnen?

Leo: 1,8 Mio. €. Hier haben die Bäcker 80% Marktanteil.

Bodo: Wie groß ist dann der Gesamtmarkt für Weizenkleingebäck?

Leo: 2,3 Mio. €

Bodo: Jetzt teilen wir das mal auf in die Sparten „Gesamt", „Bäcker" und „Andere". Bei Weizenkleingebäck ist der Gesamtmarkt bei 2,3 Mio. und bei Bäckern bei 1,8 Mio. Dann bildet die Differenz den Anteil für „Andere" und liegt somit bei 0,5 Mio.

Wir nehmen nun den Umsatz der Bäckerei Hegmann-Büttner aus einem der zurückliegenden Jahre als Rechenfaktor, um den eigenen prozentualen Anteil am Gesamtmarkt zu errechnen. Anhand dieser Rechengröße fällt es meinen Klienten nun nicht mehr schwer, den Umsatz aller Wettbewerber zu schätzen, indem sie ihn mit dem eigenen vergleichen. Im Grunde sind sie sehr wohl in der Lage, die prozentualen Anteile mit hoher realistischer Wahrscheinlichkeit zu beziffern, weil sie den Markt, in dem sie sich seit Generationen bewegen, schließlich bestens kennen. Sogar Maria ist nun begeistert, wie sich mit Schätzungen arbeiten lässt. Wir verschieben und korrigieren die Zahlen noch leicht nach oben und unten, bis sich alle nach ihrem Gefühl mit dem Ergebnis einverstanden erklären.

Trotz massiver anfänglicher Skepsis seitens der Teilnehmer können wir nun nach den Diskussionen und Berechnungen zwei aussagekräftige Grafiken entwerfen, die die

Gesamtmarkt in Mio. €

	Semmeln	Brot	Summe
Gesamt	2,3	2,7	5,0
Bäcker	1,8	1,2	3,0
Andere	0,5	1,5	2,0

Brotmarkt

84 Kilo je Einwohner/Jahr
x 2,00 € pro Kilo
= 168,00 € je Einwohner/Jahr

x 16.000 Einwohner in Tölz
= 2.688.000 € Ausgaben der Einwohner in Tölz für Brot
davon 45% in Bäckereien

= 1.209.600 €

Bild 21 Der Markt für Backwaren in Bad Tölz

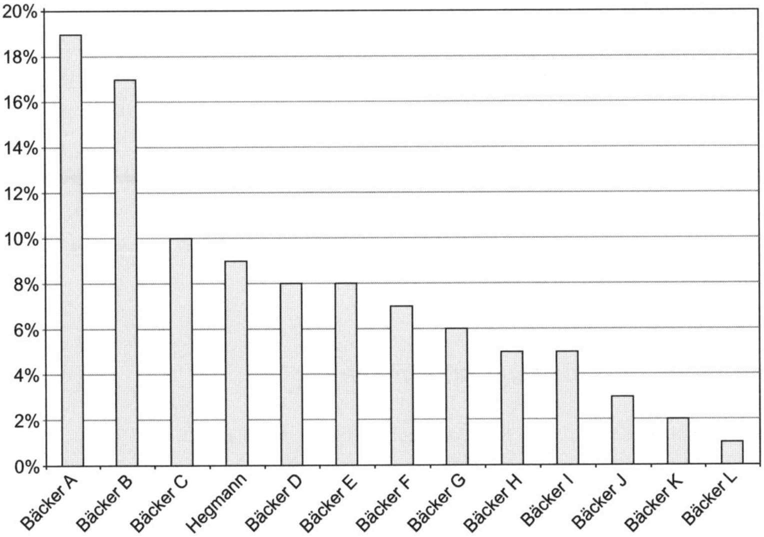

Bild 22 Die geschätzten Marktanteile für Backwaren in Bad Tölz im Jahr 2000

Größe des Marktes für Backwaren in Tölz und die geschätzten Marktanteile der Wettbewerber widerspiegeln (Bilder 21 und 22).

Nachdem wir die Schätzungen zur Marktsituation abgeschlossen haben, legt mir Leo die restlichen Ergebnisse der „Hausaufgaben“ vor, die ich ihm aufgetragen habe. Es ist ihm tatsächlich gelungen, den Ladenumsatz nach Produktgruppen aufzuschlüsseln. Es liegen Zahlen zu Semmeln, Brot, Gebäck und Handelswaren vor. Die Arbeit, die ihn mehrere Tage in Anspruch genommen hat, hat sich gelohnt. Die Umsatzzahlen sind sogar nach Laden, Marktstand und Lieferungen unterschieden. Sie zeigen zudem saisonbedingte Veränderungen wie den höheren Umsatz zu Weihnachten und Ostern. Mit den Zahlen erhalten wir ein Bild über den Verlauf innerhalb von 2 Jahren. Alle Aufstellungen sind zudem monatlich erfasst. Bei genauerer Betrachtung fällt uns auf, dass im Dezember und Januar große Abweichungen zu erkennen sind. Im Januar scheint es regelmäßig zu einem beachtlichen Ergebniseinbruch zu kommen. Schließlich stellen wir fest, dass es sich lediglich um eine buchungstechnische Eigenart handelt, die ein falsches Bild suggeriert. Das Geschäftsjahr der Bäckerei Hegmann-Büttner schließt mit dem Dezember ab. Der Umsatz im Dezember wird logischerweise auf denselben Monat gebucht, während die Zahlungen der Kunden, in diesem Fall der Großabnehmer, wie üblich erst einen Monat später erfolgen. Dennoch muss Leo die Einnahmen nach steuerrechtlichen Vorgaben so verbuchen, als wären sie bereits im Dezember eingegangen. Dadurch entsteht im Januar eine Schräglage. Die Bäckerei hat rein buchungstechnisch die üblichen Ausgaben, aber weniger Einnahmen, weil der Umsatz der Lieferungen an andere nicht erscheint. Was sich im Jahresverlauf von Monat zu Monat ausgleicht, bekommt im Januar ein schiefes Aussehen. Für Unternehmer ist es außerordentlich wichtig, dass sie solche Zahlen richtig interpretieren können. Die Buchungsmethode bildet die Realität häufig gar nicht ab. Unternehmer müssen buchungstechnischen Unfug vom tatsächlichen Umsatzverlauf unbedingt unterscheiden lernen.

Ich bin hoch zufrieden mit den Ergebnissen des Workshops. Es ist uns nichts erspart geblieben. Wir mussten zäh um jede einzelne Zahl ringen. In großen Firmen profitiere ich bei dieser Arbeit häufig vom Benchmarking, bei dem alle betriebswirtschaftlichen Daten offen gelegt werden und jederzeit verfügbar sind. Diesen Datenaustausch gibt es in mittelständischen Betrieben selten, weil die Zahlen über den Umsatz geheim gehalten werden. Trotzdem ist es uns gelungen, mit Fakten und Schätzungen ein tragfähiges Gerüst zu bauen. Man kann es nicht als wirklich fundiert bezeichnen, denn dazu bräuchte man viel härtere Daten. Aber wir haben nun etwas Greifbares in der Hand, an dem wir uns orientieren können.

Kunden-, Mitarbeiterzufriedenheit und Image

Wissen Sie, was ein Wadlbeißer ist? So nennt man im Bayerischen den Hirtenhund, der die Schafe immer wieder in die Haxen zwickt, damit sie vorwärts gehen. Ein Wadlbeißer lässt nicht nach, bis die Herde den richtigen Standort erreicht. Neben Geschicklichkeit und Methodenwissen braucht der Berater in der Situationsanalyse den Durchsetzungswillen, die Ausdauer, die Beharrlichkeit und die physische Kraft eines Wadlbeißers. Wenn ein Konzern, dessen Geschäfte schlecht laufen, einen Berater ruft, heißt die Devise: nicht nachlassen, am Nerv bleiben, sich durchsetzen. Oft tut es gnadenlos weh, wenn die Krebsgeschwüre ausfindig gemacht und herausgeschnitten werden müssen.

So dramatisch sind die Verhältnisse in der Bäckerei Hegmann-Büttner zwar nicht, aber in jedem Geschäft gibt es so genannte Performance-Lücken, die bei der Situationsanalyse aufgedeckt werden. Im Deutschen gibt der Begriff „Handlungsbedarf" am ehesten wieder, was darunter zu verstehen ist. Lücken und unvollkommene Schnittstellen müssen identifiziert werden, um Verbesserungen im Geschäft zu erreichen.

Mit den Geschäftsergebnissen haben wir in der letzten Sitzung die finanzielle Basis der Bäckerei Hegmann-Büttner erfasst. In diesem Workshop wollen wir nun betrachten, in welchem Beziehungsgefüge Geschäft, Kunden, Mitarbeiter und Gesellschaft zueinander stehen.

Wir gehen sofort an die Arbeit. Wie werden Produkte, Dienstleistungen und Kundenbeziehungen der Bäckerei Hegmann-Büttner aus Sicht des Kunden gesehen? Gibt es zusätzliche Messgrößen, mit denen man die Kundenzufriedenheit feststellen kann? Ich lege die erste Folie mit der EFQM-Fragestruktur auf, damit wir uns an den Ansatzpunkten orientieren können (Bild 23).

Ich bitte Leo, alle Antworten festzuhalten. In der Situationsanalyse sind die Rollen klar verteilt. Der Berater hat die Rolle des Moderators, der Klient ist der Protokollant, der die Daten dokumentieren muss. Damit wird betont, dass der Klient die Verantwortung für die Richtigkeit der Daten trägt. Zur besseren Übersicht unterstreiche ich auf der Folie jeweils den Ansatzpunkt, den wir als nächstes besprechen. Es ist ein visuelles Hilfsmittel zur besseren Orientierung in der komplexen Fragestruktur, die wir nun Punkt für Punkt in der vorgegebenen Reihenfolge abarbeiten.

Ansatzpunkte für die Beurteilung der Produkte, Dienstleistungen und der Kundenbeziehungen aus Sicht der Kunden *könnten* die Beurteilungen der Kunden (z. B. anhand von Kundenumfragen, Fokusgruppen, Lieferantenbewertungen, etc.) bezüglich folgender Aspekte sein:

Image allgemein
- Zugänglichkeit
- Kommunikation
- Flexibilität
- Proaktives Verhalten
- Reaktionsfähigkeit

Produkte und Dienstleistungen
- Erfüllung der Qualitätsanforderungen
- Lieferung
- Design
- Umweltverträglichkeit
- Innovation
- Preis
- Zuverlässigkeit

Verkaufs- und Serviceleistungen
- Fähigkeiten und Verhalten der Mitarbeiter
- Kundenunterlagen und technische Dokumentation
- Behandlung von Beschwerden
- Produktspezifische Schulung
- Reaktionszeit
- technische Unterstützung
- Gewährleistung und Garantiebestimmungen

Loyalität
- Absicht, erneut zu kaufen
- Bereitschaft, andere Produkte und Dienstleistungen bei der Organisation zu kaufen
- Bereitschaft, die Organisation weiterzuempfehlen

Bild 23 Die Beurteilung der Produkte, Dienstleistungen und der Kundenbeziehungen der Organisation aus Sicht der Kunden

Das allgemeine Image der Bäckerei Hegmann-Büttner ist nach Einschätzung der Geschäftsführung im Großen und Ganzen als gut zu bezeichnen. Hans kritisiert gleich zu Beginn des Frage-Antwort-Spiels, dass die Fragen des EFQM-Modells oft steif und umständlich wirken. Das liegt daran, dass sie sehr allgemein gehalten werden müssen, damit sich jedes beliebige Geschäft damit identifizieren kann. Hans hat Recht. Natürlich klingt es merkwürdig, aus Sicht der Kunden nach der Zugänglichkeit einer Bäckerei zu fragen. Aber es wissen ja alle, was gemeint ist: die Öffnungszeiten der Bäckerei. Außer Sonntag und dem freien Donnerstag ist die Bäckerei zu den Geschäftszeiten jederzeit über den Laden zugänglich.

Die Kommunikation nach außen erfolgt sporadisch über Zeitungsartikel, z.B. über die Brotprämierungen. Kundenwünsche werden im Allgemeinen mit hoher Flexibilität erfüllt. Proaktives Verhalten zeigen die Mitarbeiter durch ihre Freundlichkeit, mit der sie auf die Kunden zugehen. Die Reaktionsfähigkeit, auf Kundenwünsche oder Kundenbeschwerden einzugehen, ist gut.

Bei den Produkten und Dienstleistungen werden die Qualitätsanforderungen erfüllt. Hygiene- und Lebensmittelvorschriften werden strikt eingehalten und Lebensmittelkontrollen regelmäßig durchgeführt. Präzise Qualitätsanforderungen der Kunden sind jedoch nicht bekannt. Ich schlage vor, einen Schlüsselkunden einzubeziehen und ihn zu bitten, seine Kundenanforderungen zu formulieren. Am besten wäre ein Lieferkunde, der größere Warenmengen abnimmt. Was erwartet er von der Lieferung, der Zusammenstellung, von Aussehen, Geschmack und Geruch der Backwaren? Worauf legt er besonderen Wert?

Wir kommen zu dem Schluss, dass es noch effektiver wäre, eine Kundenanforderungsanalyse zu machen. Sandra schlägt vor, eine allgemeine Kundenbefragung durchzuführen. Sie hat einige Jahre in einer Marketingfirma gearbeitet und ein gutes Gespür für solche Aktionen entwickelt. Mit einem strukturierten Fragebogen könnte man ein genaueres Profil von der Kundschaft erhalten. Wir sammeln sofort die Fragen, die uns spontan einfallen. Woher kommen die Kunden? Zu welchen Stadtbezirken bzw. Straßen gehören sie? Wie viele Feriengäste sind darunter? Kommen sie zu Fuß oder mit dem Auto? Finden sie die Lage günstig oder ungünstig? Zu welchen Alters- und Geschlechtsgruppen gehören sie? In welchen Bäckereien kaufen sie ein?

Die Frage nach der Lieferung ist leicht beantwortet. Insgesamt gibt es 20 Lieferkunden, die mit Sortiment, Pünktlichkeit und Frische offensichtlich zufrieden sind, da es fast nie Reklamationen gibt. Bei der Frage nach dem Design müssen wir herzhaft lachen. Diesen Punkt des Fragenkatalogs können wir ruhigen Gewissens streichen. Die Vorstellung von einer Semmel in modernem Design ist schon sehr merkwürdig. Auf Umweltverträglichkeit wird geachtet: Die Bäckerei arbeitet mit Gas, es wurde ein Abluftfilter installiert und grundsätzlich werden nur Papiertüten und Stofftaschen anstatt Plastiktüten verwendet. Innovationen in der Produktpalette sind die Cocktailsemmeln, klein wie Pralinen, und die Sternzeichen aus Brotteig. Die Bäckerei gewinnt häufig Preise, besonders Stollenpreise und Goldmedaillen für Brot. Die Frage nach der Zuverlässigkeit kann positiv beantwortet werden, denn die Lieferungen funktionieren einwandfrei und die Kunden erhalten im Laden immer, was sie verlangen.

Im Zusammenhang mit den Verkaufs- und Serviceleistungen stellen wir fest, dass die Fähigkeiten und das Verhalten der Mitarbeiter keine nennenswerten Defizite aufweisen. Durch die Werteordnung des Leitbildes werden sie in Zukunft sogar auf eine noch größere Freundlichkeit eingestimmt. Produktspezifische Schulungen für die Mitarbeiter gibt es keine. Kundenunterlagen und technische Dokumentation entfallen in einer Bäckerei. Die Behandlung von Beschwerden erübrigt sich, weil sie fast nie vorkommen. Im Bedarfsfall redet man mit den Kunden und macht ein Angebot zur Problemlösung. Allerdings kommt es hin und wieder vor, dass jemand nachfragt, wie man z.B. einen Schinken im Bierteig backt. Die Reaktionszeit für besondere Bestellungen beträgt einen Tag. Technische Unterstützung findet eigentlich nicht statt. Gelegentlich bringt jedoch die eine oder andere Ordensschwester einen Stollenteig, der dann als besonderer Service herausgebacken wird. Gewährleistungen und Garantiebestimmungen entfallen ebenfalls.

Bei der Frage nach der Loyalität der Kunden stellen wir fest, dass sich darüber kaum Aussagen treffen lassen. Denn die Absicht, erneut zu kaufen, zeichnet Stammkunden aus, die sich derzeit nicht genau ermitteln lassen. Aussagekräftige Ergebnisse zum Trend erhoffen wir uns von der Kundenbefragung. Die Bereitschaft, andere Produkte oder Dienstleistungen zu kaufen, erkennt man an Kunden, die Handelsware kaufen. Einige Kunden zeigen die Bereitschaft, die Bäckerei und ihre Backwaren weiterzuempfehlen.

Die erste Hälfte der Strecke in puncto Kundenzufriedenheit haben wir geschafft. Wir wenden uns der zweiten Folie mit den zusätzlichen Messgrößen zur Ermittlung der Kundenzufriedenheit zu (Bild 24). Das Gesamtimage ist recht gut. Die Anzahl erhaltener

Ansatzpunkte für zusätzliche Messgrößen, die sich auf die Zufriedenheit der Kunden mit der Organisation beziehen, *könnten* Messgrößen sein, die die Organisation verwendet, um die Zufriedenheit und Loyalität von externen Kunden zu verstehen, vorherzusagen und zu verbessern, und zwar bezüglich folgender Aspekte:

Gesamtimage
- Anzahl erhaltener Preise und Auszeichnungen
- Berichterstattung in der Presse

Produkte und Dienstleistungen
- Wettbewerbsfähigkeit
- Fehler,- Ausfall- und Rückweisungsraten
- Gewährleistungs- und Garantieleistungen
- Indikatoren für die Logistik
- Anzahl Beschwerden und deren Bearbeitung
- Produktlebenszyklus
- Entwicklungszeit bis zur Markteinführung

Verkaufs- und Serviceleistungen
- Nachfrage nach Schulung
- Reaktionsrate

Loyalität
- Anteil am Auftragsvolumen eines Kunden
- Dauer der Geschäftsbeziehung
- Effektive Empfehlungen
- Häufigkeit / Wert von Aufträgen
- Auftragswert über gesamte Dauer der Beziehung neues oder verlorenes Geschäft
- Wiederholaufträge

Bild 24 Zusätzliche Messgrößen, die sich auf die Zufriedenheit der Kunden mit der Organisation beziehen

Preise und Auszeichnungen ist beachtlich und im Vergleich mit anderen Tölzer Bäckereien wirklich herausragend, die Berichterstattung in der Presse könnte dagegen noch besser werden.

Im Hinblick auf die Produkte und Dienstleistungen können wir leider keine Aussage über die Wettbewerbsfähigkeit machen, weil keine exakten Daten vorliegen. Fehler-, Ausfall- und Rückweisungsraten kommen extern so gut wie nie vor. Intern geschieht es natürlich gelegentlich, dass ein Blech mit Semmeln verbrennt. Indikatoren für die Logistik wären nur relevant, wenn Lieferungen zu spät erfolgen würden. Die Anzahl der Beschwerden ist so gering, dass es kaum einer Bearbeitung bedarf. Der Produktlebenszyklus ist in einer Bäckerei ausgesprochen lang. Die Kunden erwarten sogar, dass das Sortiment bzw. ihre bevorzugten Backwaren dauerhaft angeboten werden. Die Entwicklungszeit bis zur Markteinführung ist dagegen verschwindend gering. Leo erzählt ein Beispiel. Am Abend telefonierte er mit einem Kollegen von der Meisterschule, der ihm anschließend ein neues Rezept für Lebkuchen zufaxte. Am nächsten Morgen lagen sie schon im Laden zum Verkauf. Leider wurden sie von der Kundschaft kaum beachtet. Ich erläutere ihm, wie wichtig die Verkaufsförderung ist. Die Verkäuferinnen sollten die Lebkuchen in kleine Stückchen schneiden und zum Probieren anbieten. Leo räumt ein, dass solche verkaufsfördernden Maßnahmen zu selten angewandt werden und in Zukunft stärker eingesetzt werden müssen.

Im Zusammenhang mit den Verkaufs- und Serviceleistungen stellen wir fest, dass es praktisch weder eine Nachfrage nach Schulung noch eine Reaktionsrate gibt.

Die Loyalität lässt sich mit dem Anteil am Auftragsvolumen eines Kunden messen. Wie viel kauft der Kunde in der Bäckerei Hegmann-Büttner, wie viel woanders? Diese Frage lässt sich aber auch erst nach der Kundenbefragung beantworten. Es zeichnet sich nun immer deutlicher ab, dass wir diese Wissenslücke dringend schließen müssen. Die besten Ergebnisse würde zweifellos eine Marktanalyse liefern – eine sehr professionelle, aber auch teure Lösung. Die Dauer der Geschäftsbeziehungen unterscheidet sich von Kunde zu Kunde. Manche kamen schon als Kinder zum Einkaufen. Festgehalten sind diese Daten allerdings nicht. Effektive Empfehlungen seitens der Kunden kommen durchaus vor. Manche Kunden erwähnen beim Einkauf, dass sie dieses oder jenes einmal probieren wollen, weil es ihnen empfohlen wurde. Die Häufigkeit und der Wert von Aufträgen lassen sich nur für Lieferkunden ermitteln, weil es für Ladenkunden keine Messgrößen gibt. Auch der Auftragswert über die gesamte Dauer der Beziehung ist nur für Lieferkunden erfassbar. Über neue oder verlorene Geschäfte, z.B. ob ein neuer Kunde kommt oder ein Stammkunde ausbleibt, lassen sich derzeit ebenfalls keine genauen Aussagen treffen. Wiederholaufträge lassen sich nur grob daran abschätzen, ob Kunden wiederkommen oder nicht.

Nachdem wir alle Fragen zur Kundenzufriedenheit abgehandelt haben, tragen wir noch einige Zahlen und Merkmale zur Kundenanzahl, zu den Verkaufsvorgängen und zum Kundenverhalten zusammen. Schätzungsweise besuchen täglich ca. 400 Kunden die Bäckerei. Leo schätzt die Stammkundschaft auf 50%. Als Stammkunden betrachtet er einen Kunden, der mindestens einmal in der Woche bei ihm einkauft. Leider gibt es kein Instrumentarium zur Unterscheidung von Stamm- und Laufkundschaft. Bert ist darin allerdings ein Naturtalent. Er verkauft die Backwaren am Marktstand der Bäckerei Hegmann-Büttner und verfügt über ein enormes Namensgedächtnis. Er ist ein genialer Markthändler, der jeden Kunden nach seinem Namen fragt und ihn auch behält. Am Wochenmarkt hat Bert zwischen 7:00 und 12:30 Uhr täglich schätzungsweise 200 Kunden am Tag. Pro Monat finden im Laden ca. 10.000 bis 11.000 Verkaufsvorgänge statt. Positive Rückmeldungen seitens der Kunden gibt es selten, denn Zufriedenheit wird als selbstverständlich hingenommen und nicht explizit ausgesprochen. Kritik wird dagegen sofort geäußert. Wenn ein Kunde etwa eigens kommt, um ein Buttermilchbrot zu kaufen und es ausgegangen ist, meldet er seine Enttäuschung sofort zurück.

Ich merke, dass die Teilnehmer durch die strenge Abfragemethode in ihrer Konzentration erschöpft sind, und beschließe, für die Analyse der Mitarbeiterzufriedenheit lockerer vorzugehen, damit sich ihre Aufmerksamkeit nicht gänzlich verbraucht. Es gibt zudem einige Überschneidungen, die wir bereits bei der Kundenzufriedenheit besprochen haben und jetzt nicht mehr berücksichtigen müssen. Ich lege die Folien mit den Fragen auf, damit wir den roten Faden nicht verlieren (Bilder 25 und 26).

Wir beginnen mit der Beurteilung der Organisation aus Sicht der Mitarbeiter. Dafür betrachten wir zunächst die Aspekte der Motivation. In einer Bäckerei gibt es eine Reihe von Aufstiegsmöglichkeiten. Der Bäckerlehrling wird mit dem Berufsabschluss zum Bäckergesellen. Danach kann er nur noch den Meisterbrief erwerben und sich selbständig machen. Zusätzlich kann er sich noch zum Betriebsleiter, Fachlehrer, Betriebsberater, Brotprüfer oder Lebensmittelingenieur weiterentwickeln. Bei den Verkäuferinnen gibt es auch eine Reihe von Veränderungsmöglichkeiten, z.B. Betriebswirt, Verkaufsleiter, Food-Store-Manager oder Ausbilder. Allerdings bietet eine Bäckerei ein hohes Maß an Chancengleichheit, denn jeder muss jede Arbeit grundsätzlich beherrschen und verrichten. In der Backstube gibt es vier verschiedene Hauptposten: den Ofenmann, den

Ansatzpunkte für die Beurteilung der Organisation aus Sicht der Mitarbeiter *könnten* die Beurteilungen folgender Aspekte (z. B. anhand von Umfragen, strukturierten Beurteilungsgesprächen, Fokusgruppen, etc.) sein:

Motivation
- Aufstiegsmöglichkeiten
- Kommunikation
- Autorisierung (Empowerment)
- Chancengleichheit
- Mitwirkung
- Führung
- Gelegenheiten zu lernen und etwas zu leisten
- Anerkennung
- Zielsetzung und Beurteilung
- Werte, Mission, Vision, Politik und Strategie der Organisation
- Aus- und Weiterbildung

Zufriedenheit
- Unternehmensführung
- Anstellungsbedingungen
- Einrichtungen und Dienstleistungen
- Gesundheits- und Arbeitssicherheitsbedingungen
- Sicherheit des Arbeitsplatzes
- Entlohnung und Sozialleistungen
- Verhältnis zu Kollegen
- die Führung des Wandels
- Umweltschutzpolitik der Organisation und deren Auswirkungen
- die Rolle des Unternehmens in der Gemeinschaft und der Gesellschaft
- Betriebsklima

Bild 25 Die Beurteilung der Organisation aus Sicht der Mitarbeiter

Ansatzpunkte für zusätzliche Messgrößen, die sich auf die Zufriedenheit der Mitarbeiter mit der Organisation beziehen, *könnten* Messgrößen sein, die die Organisation verwendet, um die Zufriedenheit und die Mitwirkung ihrer Mitarbeiter zu verstehen, vorherzusagen und zu verbessern, und zwar bezüglich folgender Aspekte:

Motivation und Mitwirkung
- Mitwirkung in Verbesserungsteams
- Beteiligung am Vorschlagswesen
- Niveau der Aus- und Weiterbildung
- Messbarer Nutzen der Teamarbeit
- Anerkennung von Einzelnen und Teams
- Rücklaufraten bei Mitarbeiterumfragen

Dienstleistungen für die Mitarbeiter der Organisation
- Genauigkeit der Personalsysteme
- Effektivität der Kommunikation
- Reaktionszeit auf Anfragen
- Bewertung der Schulung

Zufriedenheit
- Abwesenheit und Krankheit
- Arbeitsunfallhäufigkeit
- Beschwerden von Mitarbeitern
- Einstellungstrends
- Personalfluktuation
- Streiks
- Inanspruchnahme von Sozialleistungen
- Inanspruchnahme betrieblicher Einrichtungen (z.B. Erholung, Kinderkrippen)

Bild 26 Zusätzliche Messgrößen, die sich auf die Zufriedenheit der Mitarbeiter mit der Organisation beziehen

Teigmacher, den Teigaufbereiter und den Konditor. Und im Laden hat Maria dafür gesorgt, dass alle Verkäuferinnen dieselben Arbeiten erledigen dürfen und müssen. Eigentlich gibt es keine abgetrennten Aufgabenbereiche.

Die Kommunikation in der Backstube bedarf an einigen Stellen der Verbesserung. Das kündigte sich bereits im Workshop zum Leitbild an, als die Mitarbeiter den Wunsch nach mehr Information äußerten. Insgesamt herrscht in der Bäckerei aber ein gutes Klima, sowohl in der Backstube als auch im Laden.

Hans räumt ein, dass seine Führung manchmal sehr streng ist. Ich schlage vor, eine Mitarbeiterbefragung zu machen, um herauszufinden, ob die Mitarbeiter mit dem Führungsverhalten zufrieden sind oder ob sie sich Änderungen wünschen. Dabei können wir auch klären, ob sie aus ihrer Sicht genügend Anerkennung erhalten.

Anerkennung ist in der Arbeitswelt einer der stärksten Motivatoren. Führungskräfte sind sich selten der vollen Bedeutung bewusst, die sie in der Berufswelt für ihre Mitarbeiter einnehmen. Die Führungskraft ist in der Erwachsenenführung eine ebenso enge Bezugsperson für die Mitarbeiter wie die Mutter in der Kindererziehung für das Kind. Wenn das Kind das erste Mal freiwillig aufs Töpfchen geht und die Mutter stolz auf seine „Leistung" aufmerksam macht, muss sie das Ereignis unbedingt beachten und anerkennen. Das Kind erwartet das Lob der Mutter. Wenn es ausbleibt, wird es weiterhin in die Hose machen. Auch Erwachsene erwarten im Arbeitsleben, dass gute Leistungen anerkannt und schlechte Leistungen als solche identifiziert werden. Findet die Leistung keine Anerkennung, schlussfolgern sie, dass es sich nicht lohnt, sie zu erbringen. Sandra kann das Beispiel sofort nachvollziehen. Sie erlebt dasselbe gerade mit dem kleinen Maximilian. Wenn sie ihm den Finger hinhält, greift er eifrig zu, um sich daran hochzuziehen. Wird er gelobt, bleibt er ganz stolz aufrecht sitzen. Bleibt das Lob aus, lässt er sich lustlos wieder fallen. Sandra bestärkt mich darin, dass mein Beispiel universal gültig ist. Meine Koautorin war sich nicht sicher, ob das Beispiel immer richtig verstanden wird. Arbeitnehmer könnten sich herabgesetzt fühlen, weil sie mit kleinen Kindern verglichen werden. Nach langer Diskussion konnte ich sie schließlich davon überzeugen, dass meinen Klienten dieses Beispiel immer sofort einleuchtet, weil sie es aus eigener Erfahrung bestens nachvollziehen können. Die Kernaussage des Vergleichs bezieht sich ja auch nicht auf kleine Kinder, sondern auf die immense Wirkung von Anerkennung, die im gesamten Leben eines Menschen – ob im Kleinkind- oder Erwachsenenalter – eine ausgesprochen wichtige Rolle spielt. Menschen sind hungrig nach Anerkennung. Wenn sie fehlt, macht Leistung weder Spaß noch Sinn. Wenn sie erfolgt, spielt sie eine entscheidende Rolle für die Motivation.

Ein weiterer wichtiger Punkt ist die Frage der Zielsetzung. Werden mit den Mitarbeitern Ziele vereinbart, um Stärken zu fördern und Schwächen zu beseitigen? Hans beklagt sich, dass er keine nachhaltigen Verbesserungen erreicht, wenn er auf Fehler aufmerksam macht. In Kürze schleichen sich dieselben Fehler wieder ein. Deshalb erkläre ich, wie wichtig es ist, die Feedbackregel richtig anzuwenden. Bei der Fehlerbeseitigung darf die Führungskraft auf keinen Fall den „Schuldigen" suchen, sondern muss stets die Ursache aufdecken.

Als Chef hatte ich selbst mal ein ähnliches Problem. Sobald etwas schief ging, kam bei mir der Ärger hoch. Meine erste Frage war: Wer hat das jetzt verbockt? Ich wollte den Schuldigen finden und ihm den Kopf waschen, damit sich derselbe Fehler nicht wiederholte. Schließlich begriff ich, dass die Suche nach dem Schuldigen nicht dazu geeignet ist, das Problem zu beseitigen. Stattdessen musste ich die Ursache finden, um den Fehler zu vermeiden. Nun ist die Einsicht zwar der erste Schritt zur Besserung, aber natürlich passierte es mir trotzdem immer wieder, dass ich falsch reagierte und meinem Ärger Luft machte anstatt nach der Ursache zu forschen. Ich brauchte ein Mittel, um mein Verhalten zu korrigieren. Bei der Monatsbesprechung bat ich schließlich alle Mitarbeiter um Unterstützung: „Ihr müsst mir helfen. Bitte beobachtet mich. Notiert ab sofort auf einem Zettel, wann und wie oft ich mich wie verhalte: a) Bodo hat Schuldigen gesucht und bestraft oder b) Bodo hat Ursache gesucht und beseitigt. Wenn ihr eine Strichliste führt, habe ich statistische Werte, die mir zeigen, ob es besser oder schlechter geworden ist." Dann passierte etwas Urkomisches. Immer wenn mir einer ein Problem schilderte, griff ein anderer in seine Brusttasche und holte den Zettel heraus, um den Strich zu setzen. Dann konnte ich gar nicht mehr anders, als mich richtig zu verhalten. Es war praktisch ein erzieherischer Automatismus zum richtigen Verhalten. Sobald ich rot anlief, griff sofort einer in die Hemdtasche. Oft steckte gar kein Kärtchen darin, aber schon der Griff allein wirkte. Ich hatte also meinen Mitarbeitern einen Trick verraten, wie sie mich erziehen konnten, und sie machten eifrig davon Gebrauch.

In der Mitarbeiterführung spielt die richtige Art der Rückmeldung eine ganz entscheidende Rolle. Führungskräfte müssen ihren Mitarbeitern erklären, was sie von ihnen erwarten, ohne anzuklagen. Meine Tochter Brigitte kam eines Tages zu mir und bat mich um Rat. Eine Assistentin in der Apotheke machte stets den gleichen Fehler bei der Ausführung von Bestellaufträgen. Brigitte wollte wissen, wie sie das Problem mit ihr besprechen könnte, um auch die erwünschte Wirkung zu erreichen. Es ging ihr um die sachliche Beseitigung des Problems. Sie wollte die Kollegin nicht verletzen, sich aber auch nicht weiter mit dem Problem herumschlagen. Ich riet ihr, einen Termin zu vereinbaren, um die Angelegenheit mit Hilfe der klassischen Feedbackregel zu erörtern. Dabei dürfe sie auf keinen Fall eine Stimmung oder Emotionen zeigen, sondern müsse das Problem objektiv beschreiben. Sie müsse gelassen erklären, wie sie sich dabei fühle. Wie ärgerlich es sei, wenn die Bestellung nicht richtig ausgeführt werde. Welche weiteren Probleme dabei entstünden. Wie sie in Stellvertretung des Chefs beim Kunden Rechenschaft ablegen müsse. Als nächstes solle sie formulieren, was sie in Zukunft von der Mitarbeiterin erwarte und gleichzeitig einen Termin zur Rücksprache vereinbaren, am besten nach 14 Tagen. Brigitte erzählte, dass das Problem in der Folge nicht mehr aufgetreten sei.

Ich frage nach den Aus- und Weiterbildungsmöglichkeiten in der Bäckerei, die sich als sehr begrenzt erweisen. Maria schickt gelegentlich eine Verkäuferin auf Fortbildungsseminare. Allerdings sind die Rückmeldungen seitens der Verkäuferinnen in den meisten Fällen negativ: Es habe nichts gebracht, das habe man vorher auch schon gewusst. Leo erzählt von einem Angestellten, der gerne ein Teigmacherseminar besuchen wollte. Da er aber bald zur Bundeswehr musste, wollte Leo die Zustimmung nur geben, wenn er mit seiner späteren Rückkehr rechnen konnte, um eine überflüssige Investition zu vermeiden. Tatsächlich griff der Mitarbeiter nach der Bundeswehr eine andere Tätigkeit auf. Ich erkläre Leo, dass er offen mit ihm hätte reden müssen. Nur wenn die Karten auf den Tisch gelegt werden, können sich alle Beteiligten daran orientieren. Wenn der Mitarbeiter die Spielregel erfahren hätte, wäre er vielleicht liebend gerne darauf eingegangen. So musste er aber die Situation falsch einschätzen und irrigerweise davon ausgehen, dass Leo ihn nicht fördern wollte. Fortbildungen sollten im Übrigen grundsätzlich unter dem Gesichtspunkt des Aufwand-Nutzen-Verhältnisses betrachtet werden. Investitionen in eine Weiterbildung müssen sich im Laufe eines Jahres rentieren, z.B. über eine effektivere Arbeitsleistung.

Wir wenden uns nun dem Aspekt Zufriedenheit zu. Die Arbeitsbedingungen sind wegen der Nachtarbeit für viele nicht sehr attraktiv. In einer Bäckerei allerdings ist dies ganz normal. Der Arbeitsplatz in der Backstube wurde vor einiger Zeit durch eine neue Beleuchtung verbessert. Es gibt nun eine dem Tageslicht ähnliche Beleuchtung, die den Wachheitsgrad fördert. Gesundheits- und Arbeitssicherheitsbedingungen werden strikt eingehalten. Betriebsunfälle haben sich seit Jahren nicht mehr ereignet. Die Zufriedenheit über Entlohnung und Sozialleistungen werden wir mit Hilfe der Mitarbeiterbefragung ermitteln.

Bei den zusätzlichen Messgrößen zur Erfassung der Mitarbeiterzufriedenheit stellen sich die meisten Aspekte als unproblematisch heraus. Die Genauigkeit des Personalsystems funktioniert einwandfrei. Die Gehaltszahlungen erfolgen stets pünktlich. Ich rate Leo, die allgemeine Krankheitsrate bei der AOK zu erfragen, weil sie ein starker Indikator in der Ermittlung für die Zufriedenheit bzw. Unzufriedenheit von Mitarbeitern ist. Die Personalfluktuation scheint im Übrigen recht hoch zu sein. Zwar ist es in Bäckereien durchaus üblich, die Arbeitsstelle häufiger zu wechseln, um Erfahrungen zu sammeln und Neues im Handwerk zu erlernen. Aber es könnte auch ein Hinweis auf verdeckte Probleme in der Mitarbeiterführung sein. Über diesen Punkt werden wir durch die Mitarbeiterbefragung ein genaueres Bild erhalten.

Die letzte Einheit dieses Workshops gilt dem Image und der gesellschaftlichen Verantwortung. Was leistet die Bäckerei insgesamt im Hinblick auf die Erfüllung der Bedürfnisse und die Erwartung der Öffentlichkeit? Mit anderen Worten: Welches Image hat die Bäckerei in Tölz und welche gesellschaftliche Verantwortung tragen die Geschäftsinhaber für die Stadt?

Die Bäckerei bietet Ausbildungs- und Arbeitsplätze in Tölz und versorgt die Bürger mit Backwaren. Als Arbeitgeber und Steuerzahler fördert sie die lokale Wirtschaft. In öffentlichen Gremien sind die Geschäftsinhaber rege vertreten. Hans war 25 Jahre in der Innung als Obermeister bzw. 2. Obermeister sowie als Lehrlingswart aktiv, Maria betätigt sich seit vielen Jahren als Vorsitzende im Prüfungsausschuss für Fachverkäuferinnen im Bäckerhandwerk und Leo leistet neben seiner Tätigkeit als 2. Vorsitzender im Pfarrgemeinderat ehrenamtliche Arbeit bei der Feuerwehr.

Das Verhältnis zu maßgeblichen Behörden – Lebensmittelpolizei und Landratsamt in Tölz, Gewerbeaufsichtsamt und Berufsgenossenschaft in München – ist gut. Planungen mit Behörden fielen bisher nicht an. Allerdings steht das Haus der Büttners unter Denkmalschutz, so dass für Umbaumaßnahmen des Ladens eine Genehmigung eingeholt werden müsste.

Umweltverschmutzung, Gesundheitsrisiken und Unfälle, Lärm- oder Geruchsbelästigungen werden durch die Bäckerei nicht verursacht. Im Gegenteil, in ihrem Umkreis duftet es angenehm nach Brot und Semmeln. Das Winzerer-Denkmal, Wahrzeichen von Tölz und in direkter Nachbarschaft gelegen, ist immer vom Duft der frischen Backwaren umweht. Genau betrachtet, hat die Bäckerei in dieser Lage der historischen Marktstraße, mitten im Herzen der Jahrhunderte alten Tölzer Handelsstraße, eine besondere Berufsehre zu vertreten. Denn das Bäckerhandwerk reicht schließlich nicht nur bis ins Mittelalter zurück, sondern steht an dieser Stätte in ehrwürdigster Tradition. Umrahmt von stattlichen Bürgerhäusern mit prächtigen Barockfassaden und Lüftlmalerei befindet sich die Bäckerei Hegmann-Büttner an einem der schönsten Flecken der ehemaligen Flößerstadt im Isarwinkel.

Insgesamt hatten wir für Kunden-, Mitarbeiterzufriedenheit und Image nicht viele Unterlagen, aus denen wir detaillierte Daten oder konkrete Zahlen hätten beziehen können. Diese wichtigen Elemente des Geschäftes haben wir nun aber umrissen und den wichtigsten Handlungsbedarf ermittelt. Bevor wir an die strategische Planung gehen können, müssen wir eine Kundenanforderungsanalyse und eine Mitarbeiterbefragung durchführen. Idealerweise sollten sie durch eine Marktanalyse ergänzt werden.

Die Prozesse

In der Bäckerei Hegmann-Büttner gibt es den Herstellungsprozess, Verkaufsprozesse im Laden und am Marktstand, Lieferprozesse, Verwaltungsprozesse und den Prozess der Zukunftssicherung. Sie alle werden von den Führungsprozessen umspannt, in die Aspekte der Ressourcen, Mitarbeiterorientierung, Politik und Strategie sowie der Prozesse im Sinne der eigentlichen Arbeitsabläufe einfließen (Bild 27).

Im Idealfall fördert und unterstützt das Führungsteam eine Kultur des umfassenden Qualitätsmanagements. Hinter diesem hochtrabenden Begriff verbirgt sich nichts anderes als eine vernünftige Unternehmenskultur. Was darunter zu verstehen ist, erläutert das Schaubild, in dem alle Fragen aufgeführt sind, die um die Führungsprozesse kreisen.

Mit dem Leitbild, in dem eine klare Werteordnung niederlegt wurde, hat die Bäckerei Hegmann-Büttner ihr Engagement für eine Kultur des umfassenden Qualitätsmanage-

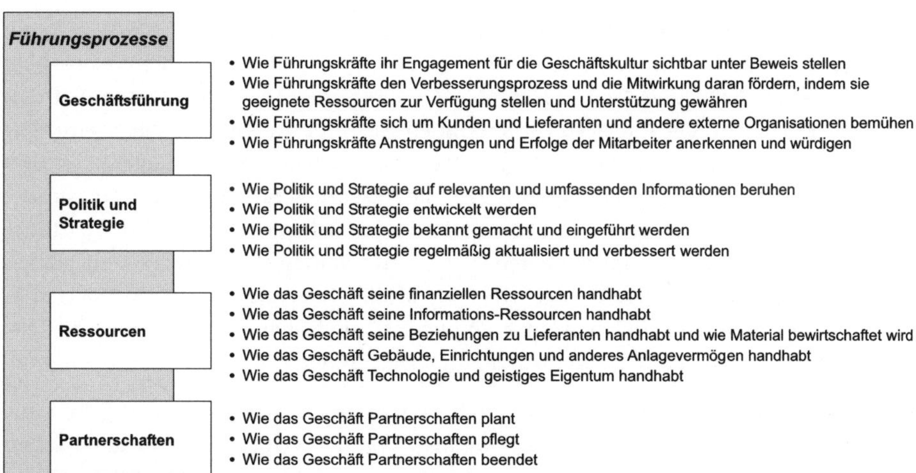

Bild 27 Kriterien zur Bewertung der Führungsprozesse

ments bereits unter Beweis gestellt. Die Mitarbeiter haben darin ihre Wertvorstellungen und ihre Erwartungen an die Bäckerei formuliert. Dieses Leitbild müssen die Führungskräfte in Zukunft beispielhaft vorleben. Und sie müssen den Mitarbeitern konkrete Rückmeldungen geben, wenn diese wiederum sich nicht an die Spielregeln des Leitbildes halten oder gegen sie verstoßen. Das Leitbild ist schließlich kein Stück Papier, das als Aushang an der Wand verkümmert, sondern es muss aktiv gelebt werden.

Führungskräfte sollten die Effektivität des eigenen Führungsverhaltens regelmäßig überprüfen, z.B. im Abstand von 2 Monaten. Im Bedarfsfall müssen dabei auch immer wieder neue Entscheidungen getroffen werden. Maria findet dieses Vorgehen unrealistisch, weil ihr im Arbeitsalltag ständig Entscheidungen abverlangt werden, die aus ihrer Sicht keine Aufschiebung dulden, sondern spontan erfolgen müssen. Ich erkläre, wie notwendig die Unterscheidung zwischen wichtig und unwichtig ist, die Steven R. Covey in seinem Bestseller über Effektivität „Seven steps to effective people" anschaulich beschreibt. Alle Dinge, die man tut, lassen sich in wichtig und unwichtig sowie in dringend und nicht dringend unterteilen. Das entscheidende Kriterium ist dabei immer die persönliche Einschätzung. Die eigentliche Aufgabe besteht darin, die Anforderungen im Alltag nach ihrer Wichtigkeit *und* Dringlichkeit zu sortieren. Wenn das Brot lange genug im Ofen war, muss Hans es herausnehmen, weil es sonst verbrennt. Das lässt sich nicht verschieben, weil es wichtig *und* dringend ist. Im Tagesablauf von Führungskräften sammeln sich nun aber zahlreiche Vorgänge an, die dringend erscheinen, im Grunde aber unwichtig sind. So mag ein Telefonat, das jemand als dringend anmeldet, sich im Gespräch als unwichtig erweisen. Führungskräfte müssen lernen, Dinge von sich zu weisen, die unwichtig sind. Wichtige Dinge, die keine Dringlichkeit haben, müssen im Terminkalender einen festen Platz erhalten, damit sie zu gegebener Zeit auch berücksichtigt werden und nicht in der dicht gedrängten Alltagsbelastung untergehen. Die Situationsanalyse selbst ist ein gutes Beispiel dafür. Sie ist nicht wirklich dringend, denn das Geschäft liefe auch ohne sie weiter. Aber sie ist wichtig, weil sie die Grundlage für die strategische Planung bildet.

Fest eingeplante Zeiten für wichtige Angelegenheiten können die Effektivität der Leistung im Unternehmen enorm steigern. So wurde z.B. bei Toyota eine Stunde, also ein Vierzigstel der wöchentlichen Arbeitszeit, fest eingeplant, um in kleinen Teams über Verbesserungen nachzudenken. Viele Unternehmer werden sofort den Personalkostenaufwand kritisieren, der mit der Zeit verbunden ist, in der nicht produziert wird. Die Verbesserungsmaßnahmen, die bei diesen regelmäßigen Teambesprechungen erarbeitet werden, führen aber zu Kosteneinsparungen, die wesentlich höher sind als der tatsächliche Aufwand. Diese Effizienz und Kreativität lassen sich nicht in der Einzelleistung, sondern immer nur im Team erreichen. Um solche Verbesserungsprozesse zu planen und zu leiten, muss man nur wenige Arbeitsmethoden beherrschen, die man sich in 1- bis 2-tägigen Seminaren aneignen kann. In den meisten Fällen ergeben sich große Zeiteinsparungen, die die Produktionskosten erheblich mindern.

Geschäftliche Vorteile entstehen auch durch gemeinsame Verbesserungsaktivitäten, die mit Kunden und Lieferanten vereinbart werden. Von den verbesserten Abläufen sollen alle Beteiligten profitieren. Wie dies in der Praxis aussehen kann, zeigt das Beispiel eines großen Automobilherstellers, dessen Montagewerk von verschiedenen Lieferanten beliefert wurde. Vom ersten Lieferanten bezog man die Sitze, vom zweiten die Lenkräder, vom dritten die Armaturenbretter usw. Wenn nun ein beiger Wagen mit hellbraunen Sitzen montiert werden sollte, musste der Arbeiter die richtige Farbe unter dem kompletten Vorrat heraussuchen, der für die Schicht neben dem Band abgestellt worden war. Auch bei allen anderen Gegenständen musste er immer erst die richtige Farbe auswählen und außerdem weite Wege für die Abholung zurücklegen. Manchmal waren die Wegezeiten länger als die eigentlichen Montagezeiten. Schließlich kam man auf die Idee, mit den Lieferanten die Zusammenstellung so genannter Kits zu verabreden. Ein Kit ist ein Satz an ausgewählten Montageteilen, der für ein bestimmtes Modell vorab zusammengestellt wird. Die fertigen Kits wurden am Band verankert. Auf diese Weise liefen sie stets mit dem Band mit, bis das letzte Teil entnommen und in der Karosserie montiert war. Nicht nur die Abläufe wurden damit enorm beschleunigt, sondern es wurde auch garantiert, dass stets die richtigen Teile eingebaut wurden. Da sich die Zulieferfirmen aus Kostengründen zunächst gegen die neuen Lieferbedingungen sträubten, bot der Automobilhersteller die Kostenübernahme für Berater an, die die Umstellung auf das Kitting und die synchrone Anlieferung einfacher und billiger gestalten sollten. Im Gegenzug sollte das Kitting für ihn kostenlos erfolgen. Am Ende profitierte nicht nur der Automobilhersteller von der normen Einsparung, sondern auch die Zulieferer konnten eine beachtliche Gewinnverbesserung verzeichnen.

In einer Bäckerei sind die Möglichkeiten, Lieferbedingungen zu beeinflussen, allerdings sehr begrenzt. Dennoch sollte das Potenzial grundsätzlich bedacht werden. So hätte ein Zusammenschluss mehrerer Tölzer Bäcker durch die Erhöhung des Einkaufsvolumens größere Einflussmöglichkeiten auf die Lieferanten als ein einzelner Bäcker.

Wie Politik und Strategie entwickelt werden, ist auch für Chefs in vielen größeren Firmen ein Buch mit sieben Siegeln. Bei Siemens sind sie fester Bestandteil der Jahresplanung. Jedes Geschäft hält jährlich eine strategische Planungsrunde ab. Das Geschäftsjahr fängt im Oktober an und endet im September. Bereits im Februar werden Daten gesammelt, damit im September, vor Beginn des neuen Geschäftsjahres, die strategische Planung steht. Informationen benötigt man vor allem über Kunden, Mitarbeiter, Lieferanten, Konkurrenten und das Geschäftsfeld, in dem man sich bewegt. Informationen lassen sich oft einfacher beschaffen, als man denkt. Wer sich die Mühe macht, kann sich schnell einen Überblick verschaffen, z.B. über das Leistungsangebot von Konkurrenten, über die Mitarbeiter anderer Firmen bis hin zu Angeboten für Kunden, die zum eigenen Kundenstamm zählen.

Zur Einschätzung der eigenen Leistungsfähigkeit werden interne Leistungsindikatoren benutzt. Als Messgröße für die Auslastung der Bäckerei Hegmann-Büttner kann z.B. der tägliche Aufwand dienen, der beim Backen des Verkaufsvolumens entsteht. Für die Situationsanalyse habe ich beim Landkreis Bad Tölz-Wolfratshausen Informationen eingeholt. Anhand der Durchschnittszahlen zu Umsatz und Anzahl der Mitarbeiter der hiesigen Bäckereien können wir vergleichen, ob der eigene Umsatz mit mehr oder weniger Mitarbeitern als in einer anderen Bäckerei erreicht wurde. Beim Benchmarking versucht man stets, die eigene Position im Vergleich zu den Wettbewerbern zu ermitteln und sich am Besten der Branche zu orientieren. Der Beste macht mit dem geringsten Aufwand den größten Umsatz, erwirbt am schnellsten Marktanteile und erhöht dabei gleichzeitig den Gewinn.

Maria bezweifelt, dass wir detaillierte Qualitäts-, Umsatz- oder Produktivitätsdaten von anderen Bäckern in Tölz erhalten, weil niemand bereit ist, sie offen zu legen. Deswegen schlage ich einen Besuch bei der Firma Beck im Erlanger Raum vor. Diese Bäckerei hat etliche Filialen und wird sehr transparent geführt. Da beide Betriebe vollkommen andere Verkaufsgebiete haben, sind sie keine Konkurrenz füreinander.

Auch bei Siemens profitieren wir häufig von gezielten Benchmarking-Aktivitäten. Zum Aufbau eines Qualitätsmanagement-Systems für sämtliche Geschäfte von Siemens besuchte ich mit meinen Kollegen bekannte und erfolgreiche Firmen. Unsere Kernfragen konzentrierten sich darauf, wie das jeweilige Geschäft gegenwärtig geführt wird, wie es zu dem Status quo kam und was damit heute erreicht wird. Bei solchen „Visitationen" muss man natürlich bereits eine fundierte Geschäftsbeziehung zu der betreffenden Firma haben; einem direkten Wettbewerber würde man nie großzügigen Einblick in die Geschäftsprozesse gewähren. Mit dieser Methode konnten wir viel Zeit und Kosten sparen und Irrwege oder ungünstige Abläufe im Voraus vermeiden.

In der Entwicklung von Politik und Strategie haben wir bereits wichtige Bestandteile des Geschäftssystems erarbeitet: die Mission mit dem Geschäftsauftrag und die Werteordnung mit dem Leitbild. Die Vision werden wir später, nach der strategischen Planung und der Definition der Ziele erarbeiten. Denn erst wenn die Geschäftsziele definiert sind, ergibt sich eine konkrete Basis für die Vision, mit der der Zustand des Geschäfts nach Erreichen der langfristigen Ziele in 5 oder 10 Jahren beschrieben wird. Allerdings gibt es in der Situationsanalyse bereits Schnittstellen zur strategischen Planung. Das gegenseitige Abwägen von Anforderungen und kurz- bzw. langfristigen Notwendigkeiten ist ein solches Beispiel. In der Bäckerei wurden solche Überlegungen vor der Anschaffung eines neuen Frosters angestellt. Ist diese Anschaffung wirklich notwendig? Was geschieht, wenn der alte Froster tatsächlich kaputt geht und die Lieferzeit 6 Wochen beträgt? Welcher Aufpreis wird bei sofortiger Lieferung fällig? Hans berichtet, dass die Anschaffung sogar mit dem Steuerberater besprochen wurde, um die Investition steuerlich möglichst günstig zu gestalten. Letztendlich erwies sich die Neuanschaffung als betriebswirtschaftlich kluge Entscheidung, weil eine um 30% höhere Frosterkapazität erreicht wurde.

Neue Technologien kommen in der Bäckerei Hegmann-Büttner kaum zum Einsatz. Die rechnerunterstützte Teigeinwiegung hat zwar enorme Vorteile gebracht, aber im Großen und Ganzen sind technologische Neuerungen nicht relevant.

Die Fähigkeiten der Mitarbeiter werden durch die tägliche Arbeit aufrechterhalten und weiterentwickelt. Obwohl der Einsatz der Mitarbeiter geplant wird, bleibt in Urlaubs- und Krankheitszeiten doch die meiste Arbeit an Hans und Leo hängen, weil sie die einzigen sind, die ausnahmslos alle Arbeiten beherrschen. Maria macht im Laden mit Hilfe von Wochenplänen eine personelle Ressourcenplanung.

Wichtige Voraussetzungen für eine gute Mitarbeiterführung sind Beteiligung, Autorisierung zum selbständigen Handeln und Anerkennung von Leistungen. Lösungen für Probleme sollten stets mit den Mitarbeitern gemeinsam erarbeitet und nicht als Vorschrift vermittelt werden. Zum einen können Mitarbeiter Probleme oft leichter und kompetenter lösen, weil sie persönlich betroffen sind, und zum anderen werden selbst erarbeitete Lösungen konsequenter angenommen und umgesetzt. Auch effektive Dialoge zwischen den Mitarbeitern und der Organisation sind der Zusammenarbeit förderlich. Deswegen empfehle ich, einen Gesprächstermin einzuplanen, um den Mitarbeitern die neue strategische Planung zu erläutern, sobald wir sie erarbeitet haben.

Wie bringt man nun aber Mitarbeiter dazu, im Sinne des Geschäftsauftrages und des Leitbildes zu arbeiten? Die Vereinbarung von Zielen und die kontinuierliche Überprüfung von Leistungen spielen dabei eine wichtige Rolle. Je besser die Ziele mit Mitarbeitern vereinbart sind, desto besser ist ihre Leistung und desto größer ihre Zufriedenheit. Mit Zielvereinbarungen werden die Leistungen zudem messbar. Wenn Mitarbeiter wissen, was von ihnen erwartet wird, können sie auch selbst ermessen, ob sie die Erwartungen erfüllen und ob die erbrachte Leistung gut oder schlecht ist. Führungskräfte müssen die Leistungen allerdings regelmäßig überprüfen, damit die Gültigkeit des Verfahrens glaubhaft bleibt.

Ein sehr starkes Führungsinstrument stellt das Führen über Ziele dar. Ein Chef bei Siemens stand vor der außerordentlich schwierigen Aufgabe, neun subventionierte Abteilungen, die alle interne Beratungen durchführten, zu einem einzigen Beratungsgeschäft umzustrukturieren, das künftig ohne Zuschüsse auskommen sollte. Es sollte sich aus dem selbst erwirtschafteten Gewinn eigenständig tragen. Er rief alle neun Abteilungsleiter zusammen, die in der Vergangenheit als Konkurrenten gegeneinander gearbeitet hatten. Gemeinsam sollte ein Führungssystem für ein einheitliches Geschäft erarbeitet werden. Er schaffte es, die ehemaligen Gegner als Team einzuschwören. Einmal im Monat rief er sie in Klausur zusammen und stellte dann die Aufgaben, die als nächste dringend bewältigt werden mussten. Nachdem das Team gemeinsam einen Geschäftsauftrag formuliert hatte, mussten gangbare Wege gefunden werden, um die Zielvorgabe „künftig kostendeckend arbeiten" zu erfüllen. In der Diskussion erkannte der Chef schließlich, dass kostendeckendes Arbeiten als Zielvorgabe gar nicht ausreichte: Es fehlte der Kundenaspekt. Da der wichtigste Ansatz im Beratungsgeschäft die Senkung der Kosten der Kunden ist, beschloss der Leitungskreis der ehemaligen Abteilungsleiter statt einer zwei Zielvereinbarungen: Im nächsten Jahr sollten *erstens* die Kosten der Kunden um 2 Milliarden DM gesenkt und es sollte *zweitens* kostendeckend gearbeitet werden. Diese Zielvereinbarungen wurden erreicht. Am Ende des Jahres war es gelungen, die Kosten der Kunden um 2,5 Milliarden DM zu senken und einen Gewinn von 8% zu erwirtschaften. Jeder Mitarbeiter konnte es im Schlaf: „Kosten senken und kostendeckend arbeiten". Vor einer Auftragsannahme überlegte nun jeder, ob sich die beiden Ziele überhaupt erreichen ließen. War dies nicht der Fall, wurde der Auftrag einfach nicht angenommen. Besonders wichtig war auch, dass alle Beteiligten in die gleiche Richtung dachten.

Das Führen mit Zielen ist äußerst wirksam, vorausgesetzt, die Ziele sind richtig gesetzt. Falsche Ziele führen dagegen direkt in den Abgrund.

Leo sieht in seinem Geschäft nur ein Ziel: perfekte Ware mit gutem Aussehen und gutem Geschmack zu produzieren. Die optimale Qualität ist allerdings nicht das einzige Kriterium. In der Bäckerei muss auch die richtige Menge zum richtigen Zeitpunkt hergestellt werden. Wenn 50 Buttermilchbrote verkauft werden könnten, läge Leo mit 30 Stück ebenso falsch wie mit 70. Beim Herstellungsprozess kommt es im Übrigen gelegentlich zu Problemen, weil fehlerhaft gearbeitet wird. Für die Beseitigung von Fehlern muss statt Kritik unbedingt die Feedbackregel angewandt werden. Sandra bemerkt, dass für Feedback häufig einfach keine Zeit da ist. Wenn Fehler bei der Herstellung von Brezenstangen gemacht werden, ist die Backware schon verbrannt, bevor man das Problem überhaupt ansprechen kann. Diesen Einwand höre ich immer wieder, von Führungskräften ebenso wie von Mitarbeitern. Doch die Zeit für Problemlösungen und die Verbesserung von Abläufen lohnt sich immer, wie das krasse Beispiel vom Postboten zeigt. Anstatt auf seinem Rad zu fahren, schob er es beim Austragen der Post immer vor sich her. Als er nach dem Grund gefragt wurde, antwortete er, er könne nicht Rad fahren. Auf die Frage, warum er es dann nicht lerne, erwiderte er: „Ich habe keine Zeit, ich muss dauernd Post ausliefern."

Hans ist nach wie vor ratlos, wie er die Mitarbeiter dazu bringen kann, Fehler zu vermeiden. Es regt ihn z.B. auf, wenn die Brezenstangen nicht auf die richtige Länge ausgerollt werden, obwohl er es immer wieder anmahnt. Ich erkläre ihm eines der wichtigsten Führungsprinzipien: nicht anschaffen, sondern fragen. Hans soll sich erklären lassen, wie der Mitarbeiter bei der Arbeit vorgeht. Bei dieser Gelegenheit können alle Probleme sachlich und direkt erörtert werden.

Die Kommunikation ist in der Bäckerei relativ unproblematisch. Es gibt im Gegensatz zu großen Firmen kurze Wege zwischen den Arbeitsbereichen und das Personal kann sich bei Bedarf schnell austauschen. Klare Richtlinien für die tägliche Arbeit bilden in der Backstube die Back- und Teigliste und im Laden die Bestellzettel für Lieferungen und normale Kundschaft.

Die Materialbewirtschaftung erfolgt im kleinen Rahmen, damit keine Zutaten verderben. Trotzdem werden gelegentlich Sonderangebote in größeren Mengen eingekauft. Leo vergleicht dafür die Angebotspreise mit den Listenpreisen. Hans plant den Mehleinkauf seit jeher für den Zeitraum eines Monats. Der Lagerbestand ist damit als optimiert zu bezeichnen.

Zyklische Renovierungspläne gibt es in der Bäckerei nicht – abgesehen vom Maler, der alle 2 Jahre zum Anstreichen kommt.

Die Geschäftsprozesse umspannen die Vorgänge vom Kundenauftrag bis zur Abrechnung. Darin eingeschlossen ist natürlich auch der Herstellungsprozess, denn er ist die Grundvoraussetzung zum Verkaufsvorgang. Zu den Prozessen zählen der Herstellungsprozess, der Verkaufsprozess, der Lieferprozess und der interne Verwaltungsprozess. Systematisch werden diese Prozesse derzeit nicht geführt. Lediglich die Teigprozedur, die im Computer gespeichert ist, ist schriftlich festgehalten und beschrieben. Ablaufbeschreibungen sind aber ein wesentlicher Bestandteil der Prozessoptimierung. Sie können zur Vermeidung von Missverständnissen beitragen, weil man sich jederzeit an ihnen orientieren kann. Abläufe beschreibt man am besten in maximal 15 Schritten. Wenn dies nicht ausreicht, müssen feinere Beschreibungen in entsprechenden Unterpunkten erfolgen.

Ein Vorschriften- oder Ablaufbuch gibt es nicht. In der Backstube befinden sich allerdings einige schriftliche Anweisungen direkt am Ofen. Sie erläutern, wie lange die unterschiedlichen Backwaren im Ofen bleiben müssen. Ausführliche Prozessbeschreibungen sind leider nicht vorhanden. Da Hans auf das Ende seines Berufslebens zugeht, ist es eigentlich besonders wichtig, seine Erfahrungen schriftlich zu fixieren. Wie nützlich eine solche schriftliche Fixierung von Abläufen sein kann, erläutere ich am Beispiel meiner Frau. Ingrid unterrichtet die erste und zweite Klasse in der Grundschule in Tölz. Jede Unterrichtseinheit wiederholt sich also alle 2 Jahre. Seit 30 Jahren macht sie sich Notizen und bereitet sich schriftlich auf jede Stunde vor. Sie hält genau fest, was sie durchnehmen möchte, welche Methode sie anwendet und wie sie prüft, ob die Kinder den Stoff gelernt haben. Am Ende der Stunde überprüft sie anhand der Notizen, ob der Unterricht nach ihren Vorstellungen verlaufen ist. Wenn etwas nicht funktioniert hat, sucht sie nach den Ursachen und notiert sie, damit sie es in 2 Jahren berücksichtigen kann. Da sie diese akribische Arbeit seit 30 Jahren verrichtet, hat sie inzwischen perfekte Unterrichtsunterlagen. Deswegen wenden sich die Kolleginnen gerne an sie, wenn sie auf Schwierigkeiten stoßen. Dann schlägt Ingrid ihren Ordner auf und ermittelt anhand der Stichwörter blitzschnell, mit welcher Methode sich die Probleme am besten vermeiden lassen. Der springende Punkt ist, dass sie sich direkt nach dem Unterricht nochmals mit der Problematik auseinandersetzt. Nach 2 Jahren hätte sie längst alles vergessen. Ihr Vorgehen entspricht im Grunde der Methodik, die in japanischen Unternehmen so erfolgreich angewandt wird. Man geht den Problemen sofort auf den Grund, hält die Einzelheiten im Kontext fest und nimmt sich die Minute Zeit, um sich an Ort und Stelle darum zu kümmern. Was aus der Ferne wie eine unbedeutende Kleinigkeit aussieht, ergibt in der Summe ein bedeutendes Potenzial an Verbesserungsmöglichkeiten, die die Effizienz eines Unternehmens ernorm steigern können.

Leistungsmessungen gibt es in der Bäckerei nicht. In der Beratung funktioniert die Leistungsmessung über die Kundenzufriedenheit. Leistungsmessgrößen sind ebenfalls nicht vorhanden. Die Beurteilung der Leistung ist somit äußerst schwierig, zumal es für manche Vorgänge keine klaren Prüfkriterien gibt. Die Festigkeit des Teiges wird von vielen Merkmalen beeinflusst, unter anderem von der Beschaffenheit des Mehls. Mal nimmt es mehr Flüssigkeit auf, mal weniger. Hans fühlt mit der Hand, ob der Teig richtig geraten ist. Statt eines Gefühls wären messbare Kriterien, die eine objektive Überprüfung ermöglichen, allerdings wesentlich nützlicher.

Wir besprechen nun die Schnittstellenbelange, die zwischen Backstube und Laden sowie in der Zusammenarbeit verschiedener Mitarbeiter bestehen. Der Teigmann, der den Teig herstellt und aufarbeitet, hat z.B. eine Schnittstelle zum Ofenmann, der die Teigstücke entgegennimmt und in den Ofen schiebt. An Schnittstellen kommt es häufig zu Reibungspunkten, wie das folgende Beispiel zeigt. In einem großen Werk zur Herstellung von Elektronikteilen wurden kleine Platinen gebaut. Am entgegengesetzten Ende der Halle saß eine Gruppe von Mitarbeitern, die die fertigen Teile überprüfte. Fehlerhafte Teile wurden gekennzeichnet und zurückgeschickt. Nun wussten weder die Kollegen aus der Herstellung noch die Kollegen aus der Prüfstelle, wo die anderen arbeiteten. Schließlich kam der Gruppenführer auf die Idee, die Arbeiter aus der Herstellung mit den Prüfern zusammenzuführen. Im gemeinsamen Gespräch stellte sich heraus, dass stets die gleichen Fehler gemacht wurden. Die Kollegen aus der Herstellung wussten aber gar nicht, nach welchen Kriterien geprüft und was als Fehler erachtet wurde. Die Fehlervermeidung stellte überhaupt kein Problem dar, nachdem klargestellt war, worin ein Fehler bestand. Die beiden Arbeitsgruppen vereinbarten von da ab ein regelmäßiges wöchentliches Treffen. Schließlich baten sie den Meister, die Prüfer räumlich in direkter Nachbarschaft unterzubringen, um die Kommunikation zu optimieren. Daraufhin ging die Fehlerzahl rasant zurück, weil ein aufgetretener Fehler sofort reklamiert werden konnte und nicht unnötigerweise zehn weitere fehlerhafte Platinen produziert wurden. Die Prüfer meldeten den Fehler sofort an und die Kollegen setzten die Rückmeldung sofort in ihrer Arbeit um. Zu guter Letzt beschlossen sie, die Arbeitsbereiche zeitweilig zu tauschen, um eigene Erfahrungen zu sammeln, worauf in der Arbeit besonders geachtet werden musste. Natürlich wurde der Austausch so geregelt, dass die Routinearbeit nicht gefährdet wurde. Nach diesen Maßnahmen sanken die Fehlerzahlen drastisch auf ein Zehntel des ursprünglichen Wertes.

Um Verbesserungen zu erreichen, können Zielvereinbarungen sehr hilfreich sein. In einem großen Werk in Gießen wurde ein erfolgreicher Werksleiter nach dem größten Problem gefragt, das er im letzten Monat gehabt hatte. Er antwortete, es sei eine Mitarbeiterin in der Montage gewesen, die Tag für Tag zu spät gekommen wäre. Er hatte bereits alles probiert. Er hatte sie geschimpft, er hatte sie gelobt. Eine Änderung in ihrem Verhalten hatte weder das eine noch das andere bewirkt. Sie kam nach wie vor zu spät. Dann probierte er eines Tages etwas völlig Unerwartetes aus. Er ging zu ihr und sagte: „Wenn ich es erlebe, dass Sie eine ganze Woche lang pünktlich erscheinen, bringe ich Ihnen persönlich eine Rose." Am Freitag kam sie zu ihm und sagte: „Ich bin eine Woche jeden Tag pünktlich gewesen. Haben Sie das nicht gemerkt?" Der Werksleiter holte zunächst die Bestätigung des Meisters ein. Dann marschierte er schnurstracks in einen Blumenladen, kaufte eine Rose und überreichte sie der Mitarbeiterin. Da er aber so leichtsinnig gewesen war, ihr für jede Woche pünktlichen Erscheinens eine Rose zu versprechen, musste er nun sein Versprechen Woche für Woche einlösen. Die Mitarbeiterin hängte die Rosen wie Trophäen neben dem Arbeitsplatz an einer Wäscheleine auf. Als darauf kein Platz mehr war, entband sie ihren Chef endlich von seinem Versprechen. Auch ohne Rose war sie nun immer pünktlich.

Der Aufbruch

In der Situationsanalyse machen die Klienten eine wichtige Erfahrung. Sie erkennen, dass es ein System gibt, in dem sich das eigene Geschäft abbilden und systematisch betrachten lässt. Sie lernen die Bewertungsmethode kennen, mit der sie feststellen können, wie gut die einzelnen Geschäftselemente ausgeprägt sind und wo Chancen und Potenziale ihres Geschäftes liegen. Die zähe Arbeit der Situationsanalyse lohnt sich, denn sie schafft Transparenz. Der Nebel im eigenen Geschäftsumfeld lichtet sich und es tauchen Ziele auf. Sie sind noch nicht klar gezeichnet, aber schemenhaft werden sie sichtbar. Unternehmer, die zuvor schon ein gutes Gespür für ihr Geschäft hatten, kennen es nach der Situationsanalyse noch tausendmal besser. Wer klug ist, führt die Situationsanalyse als Prozess ein und wiederholt ihn periodisch – etwa einmal pro Jahr.

Als Moderator weiß ich nach der Situationsanalyse, wo die Schwerpunkte und konkreten Ziele im weiteren Vorgehen liegen. Die Rollen verändern sich. Ich brauche nun nicht mehr so viel an Informationen von meinem Klienten, sondern kann ihn mit meinen Erfahrungen und meinem Wissen direkter beraten und die Kursrichtung insgesamt stärker steuern. Darüber hinaus habe ich jetzt eine gute Vorstellung von den Skills und Wills meiner Mitspieler. Ich weiß, wie ich jeden einzelnen behandeln muss, damit er Fortschritte macht. Dabei werden aber auch die Risiken und Probleme deutlich, die Widerstände und Blockaden, die ich in der künftigen Zusammenarbeit einplanen und überwinden muss. Obwohl die Diagnose noch nicht ganz beendet ist, weiß ich ziemlich genau, wo es meinen Klienten schmerzt. Die Therapie kann beginnen.

Ich bin heilfroh, dass ich das Thema der Situationsanalyse heute abschließen kann. Es verfolgt mich sowieso schon über mein ganzes Berufsleben. Jetzt darf sich erst einmal meine Koautorin damit abquälen. Beim Abschied vor dem Hotel wallen Nebelwolken in den nachtschwarzen Straßen. Wir haben eine ausgedehnte Arbeitssitzung hinter uns. Als sie in der Dunkelheit verschwindet, glaube ich nach dem langen Gespräch doch tatsächlich zu sehen, wie ihr der Kopf raucht, als sie um die Ecke biegt. Es müssen wohl die Nebelschleier sein, die im fahlen Licht der Straßenlaternen aufscheinen. Warum aber sollte es ihr mit dem Thema besser gehen als anderen? Alle quälen sich damit: Berater, Klient, Autor und vermutlich auch der Leser. Geteiltes Leid ist halbes Leid. Geteilte Freude ist doppelte Freude. Der Lohn dieser Strapazen ist ein klares Bewusstsein über den eigenen Standort – ein überaus lohnender Preis, wie ich finde.

Die Schwerstarbeit wäre also geschafft. Fragt sich nur, ob wir mit dem Ergebnis am Ende bei Gregor Dorfmeister durchkommen oder ob er uns eine Überarbeitung des Kapitels auferlegt. Gregor Dorfmeister war früher Redaktionsleiter des Tölzer Kurier, der Regionalausgabe des Münchner Merkur, und ist heute im Ruhestand. Er prüft nicht, wie üblich, das Endergebnis des Buches, sondern liest die Texte mitten im Entstehungsprozess gegen. Ich schlage drei Kreuze, wenn er mit dem Text zufrieden ist. Denn Hand aufs Herz: Möchten Sie sich länger als unbedingt nötig mit diesem Kapitel herumschlagen?

Am nächsten Tag leitet mich ELVIRA in Windeseile nach Hause. Keine Staus, keine Unfälle, keine unvorhergesehenen Ereignisse. Die Datenlage ist sauber und klar. „Wie wäre es, ELVIRA, wenn wir eine Kollegin von dir auf den Markt brächten, die die Situationsanalyse vollautomatisch durchführt?" ELVIRA antwortet mir nicht, aber das habe ich auch nicht erwartet. Ohne Umweg und ohne lästige Umleitung erreiche nach vier Stunden Bad Tölz, das mich eingerahmt von schneebedeckten Bergen im strahlenden Sonnenschein unter weiß-blauem Himmel empfängt. Ich grüße hinauf zur Benediktenwand und den Felswänden des Karwendel, die ich mit meinem Schwager unzählige Male erwandert habe. Die Schönheit der Tölzer Landschaft übertrifft jedes bayerische Heimat-Klischee. Rechtzeitig zum Mittagessen erreiche ich mein Zuhause – den Standort, den ich seit 30 Jahren nicht mehr gewechselt habe, weil er sich für mich als der Weltbeste erwiesen hat.

Die Mitarbeiterbefragung – entspricht unser Arbeitsplatz der „Traumbäckerei"?

Warum erwartet man hinter einem Vorhang immer zuerst ein Fenster? Überrascht öffne ich einen Flügel der Balkontür, mit der ich nicht gerechnet hatte. Draußen empfängt mich herrlicher Sonnenschein und mit seinen beiden Wahrzeichen präsentiert Marburg sich wie im Bilderbuch. Hoch oben thront das Landgrafenschloss, tief unten in der Ebene ragt zu seiner Linken die Elisabethkirche mit ihren gotischen Türmen steil empor. Der Legende nach ließ die Heilige Elisabeth einen Stein vom Berggipfel Marburgs herabrollen, Gott sollte ihr den richtigen Ort für den Bau einer Kirche zeigen. Der Stein landete im Morast eines tief gelegenen Sumpfgeländes. Elisabeth mochte nicht glauben, dass Gott diesen ungünstigen Ort auserwählt hatte. Als die thüringische Landgräfin den Stein aber ein zweites Mal herabrollen ließ und er am selben Fleck liegen blieb, fügte sie sich und ließ an eben dieser Stelle die Kirche errichten. In der Perspektive, die sich von meinem Hotelzimmer aus eröffnet, kann ich diese Legende, die mir Brigitte Knobl kürzlich auf dem Weg zum Bahnhof erzählt hat, regelrecht „nachlesen". Sie war mir nicht mehr bewusst, aber nun legt die Ansicht die Erinnerung frei. Bei all meinen vorigen Besuchen war die Stadt in Wolken oder unter Regenschleiern verschwunden. Heute sehe ich sie das erste Mal im hellen Sonnenlicht, in dem die Konturen der prächtigen historischen Bauten markant hervortreten. Obwohl ich nur einen Ausschnitt vor mir habe, scheint es mir, als sähe ich heute den wesentlichen Kern der Stadt, der von der Vergangenheit bis in die Gegenwart reicht.

Welche Bedeutung bestimmte Ausschnitte für die Wahrnehmung haben, zeigt das sozialpsychologische Modell des Johari-Fensters (benannt nach den amerikanischen Sozialpsychologen Joseph (Jo) und Harry (hari) Ingham). Allerdings geht es dabei nicht um die Wahrnehmung von Landschaften, sondern um die Selbst- und Fremdwahrnehmung von Menschen. Wo Menschen in Gruppen zusammenarbeiten, wird der einzelne stets auch durch die Gruppe wahrgenommen. Dabei zeigt sich, dass Fremd- und Selbstwahrnehmung häufig voneinander abweichen. Während dem einzelnen wesentliche Aspekte des eigenen Verhaltens verborgen bleiben, erkennen andere sie an unbeabsichtigten Mitteilungen über die eigene Person sehr deutlich. Das Johari-Fenster untergliedert sich in vier Bereiche (Bild 28).

Bereich A lässt freies Handeln zu, weil alle Motivationen und Verhaltensweisen sowohl dem einzelnen als auch den anderen und somit also der gesamten Gruppe bekannt sind. Die Gruppenmitglieder können frei von Ängsten und Vorbehalten handeln. Im Bereich B, dem „Blinden Fleck", nehmen wir selbst unser Verhalten kaum wahr, die anderen sehen es dagegen deutlich. Er berührt unreflektierte, unbewusste Gewohnhei-

Bild 28
Das Johari-Fenster

ten und Verhaltensweisen, auf die andere uns aufmerksam machen können. Im Bereich C verbergen wir bewusst, was andere nicht sehen sollen. Es kann sich dabei um empfindliche Stellen und Schwächen handeln oder um Interessen, die der eigenen Sicherheit oder dem eigenen Vorteil dienen. Bereich D umfasst das Unbewusste, das weder uns selbst noch anderen bekannt ist. Da dieser Bereich nicht unmittelbar zugänglich ist, bedarf es tiefenpsychologischer Methoden, um sich ihm anzunähern.

Bei der Mitarbeiterbefragung ist das Johari-Fenster ein nützliches Modell zur Veranschaulichung der eigentlichen Problematik. Ein gutes Gruppenklima setzt voraus, dass sich das Fenster des „freien Handelns" ausdehnen kann und sich die Fenster des „blinden Flecks" und des „Verbergens" gleichzeitig verkleinern. Transparenz und Offenheit sind allgemein wichtige Eckpfeiler im Führungsprozess.

Geschäfte bestehen im Normalfall aus drei gleich gewichtigen Teilen: Betriebswirtschaft, Führen von Menschen und der eingesetzten Technik. Diese Komponenten werden durch das Finanzwesen gesteuert. Führungskräfte müssen alle Komponenten gleichmäßig gut im Blickwinkel und im Griff haben. In der Realität trifft man diesen Idealfall allerdings selten an. Meistens kümmern sich Führungskräfte fast ausschließlich um Geld und Zahlen, während die Menschenführung vernachlässigt wird. Auch Berater, die rein betriebswirtschaftlich orientiert sind, sparen den Bereich der Mitarbeiterzufriedenheit häufig aus. Nur Berater mit ganzheitlichem Beratungsansatz sehen die Notwendigkeit, die Personalberatung als wesentliches Element zu berücksichtigen.

Aus der Mitarbeiterzufriedenheit lässt sich der Handlungsbedarf für Führungskräfte ableiten. Bereits in der Situationsanalyse stellt sich in der Regel heraus, dass zur Ermittlung dessen, was im Führungsprozess verändert werden muss, „Tiefenbohrungen" – wie es im Fachjargon der Berater heißt – erforderlich sind. Eine dieser Bohrungen kann mithilfe der Mitarbeiterbefragung durchgeführt werden.

Die Mitarbeiterzufriedenheitsanalyse kreist um die Frage, woran die Menschen in einem Betrieb eigentlich interessiert sind. Viele Führungskräfte haben von der Arbeit ihrer Mitarbeiter eine sehr eingeschränkte Sicht: „Die arbeiten für den Betrieb, weil sie Geld dafür kriegen.“ Tatsächlich erwarten Mitarbeiter wesentlich mehr als Geld gegen Arbeit. Die Arbeit soll auch Lebensinhalt, Selbstverwirklichung und Erfolgserlebnisse bieten. Zwischen Ausbildung und Ruhestand bildet die Arbeit schließlich häufig den eigentlichen Kern des Lebens. Man verbringt 7 oder 8, in manchen Fällen gar 12 bis 14 Stunden am Arbeitsplatz. Mitarbeiter suchen zudem Geborgenheit in der Gruppe. Häufig erwarten sie in der Führungskraft eine Vater-Mutter-Figur, ein Vorbild, das Orientierung geben kann. Und wie in einer Familie wünschen sie sich manchmal, dass der Arbeitsplatz Gelegenheit zum Feiern bietet. All dies ist den Beteiligten selten bewusst. Sie erwarten es dennoch und sehnen sich nach der Erfüllung ihrer Bedürfnisse. Sie wünschen sich Arbeit als gelebtes und nicht als abgegebenes Leben.

Am Arbeitsplatz bilden die Menschen ein Netzwerk, das sich durch ein subtiles Zusammenspiel auszeichnet. Gute Führungskräfte begreifen, wie vielschichtig das Gemeinschaftsgeschehen in einem Betrieb ist. Welche Werte, welche Anforderungen, welche Ängste, welche Gefühle spielen hinein? Welche Spielregeln und Bedürfnisse bestimmen das Zusammenleben dieser Gemeinschaft?

Das Beziehungsgeflecht besteht im Grunde aus drei Parteien, in denen sich die jeweilige Perspektive des Betrachters bzw. des Betroffenen widerspiegelt: Chef, Mitarbeiter und Kollegen. In der Gemeinschaft am Arbeitsplatz hat man es mit Chefs, Untergebenen und Gleichrangigen zu tun. Manchmal spielt man alle drei Rollen gleichzeitig. Ein Abteilungsleiter ist gleichzeitig Vorgesetzter und Untergebener und hat darüber hinaus auch gleichrangige Kollegen. Leider lernt man weder in der Schule, noch in der Ausbildung oder im Studium, wie man sich in einem solchen Geflecht verhält, damit die Zusammenarbeit gut funktioniert. Führungskräfte und Mitarbeiter stehen im Grunde in einem Kooperationsverhältnis, in dem es zwar verschiedene Rollen gibt, bei genauer Betrachtung aber kein wirkliches „Oben-Unten-Verhältnis“. Wer als Chef meint, dass er die größere Macht hat und sie beliebig ausspielen kann, macht häufig die bittere Erfahrung, dass der Schein trügt. Wenn die Truppe nicht will, ist er – ganz direkt und bayerisch-deftig formuliert – „das ärmste Schwein auf Gottes Erdboden“. Häufig verdrängen Vorgesetzte das Wissen um ihre Defizite, weil sie irrigerweise davon ausgehen, sie müssten als Chefs in allem und jedem die Besten sein. Auch das ist ein Trugschluss. Sie müssen nur in einem die Besten sein: im Führen. In Verteidigung eines imaginären Throns sperren sie sich leider oft gegen die Wirklichkeit. Je höher sie in der Hierarchie stehen, desto größer ist in der Regel ihre Versagensangst. Bedauerlicherweise erkennen viele Führungskräfte nicht, welche Vorteile richtiges Führungsverhalten bietet. Wenn sie Fehler korrigieren und Defizite beseitigen, fliegt ihnen regelrecht zu, was sie vorher häufig erzwingen mussten. Es erleichtert ihren ganzen Tagesablauf und den gesamten Führungsprozess nachhaltig. Denn für die Leistung und die Produktivität der Prozesse ist die Mitarbeiterzufriedenheit von zentraler Bedeutung. Sie beeinflusst die gesamte Zusammenarbeit und wirkt sich auf Krankheitsstand und Personalfluktuation aus.

Führungskräfte müssen ergründen, inwieweit sie die Bedürfnisse der Mitarbeiter erfüllen. Eigene Defizite müssen identifiziert und ausgeräumt werden. Sobald sie ihre Schwächen erkannt haben, müssen sie Wege suchen, sie zu überwinden. Andererseits müssen auch Mitarbeiter bedenken, wie komplex die Aufgabe des Chefs ist, wenn er die Bedarfslage der Mitarbeiter in einem Betrieb erfüllen will. Auch sie müssen Verständnis für die

Situation des Chefs entwickeln und seine Leistung realistisch einschätzen, auch wenn sein Einsatz für sie häufig nicht sichtbar wird.

Berater sollten sich vergegenwärtigen, wie viel sie mit dem Themenkomplex der Mitarbeiterzufriedenheit bewegen können. Zunächst gilt es, das ganze System mit seinen vielfältigen Verästelungen und Beziehungen zu verstehen. Der Berater steuert den Prozess der Analyse und der Verbesserung durch die Struktur der Vorbereitungs- und Coaching-Gespräche, durch die richtige Abfolge der Workshops sowie durch eine strenge Moderation. Die Mitarbeiterbefragung ist kein einzelner Workshop, sondern ein kompletter Zyklus, der eine in sich geschlossene Einheit bildet. Innerhalb des Komplexes „Aufbau eines Führungssystems" behandelt dieser Zyklus den Komplex „Mitarbeiter" als Kern der Menschenführung. Dabei sind das Befinden und das Fühlen der beteiligten Menschen wesentliche Faktoren, weil sie die gesamte Stimmungslage und die Motivation bestimmen, die ihrerseits die Qualität der Leistung beeinflussen.

Der Zyklus der Gespräche, Workshops, Befragungen und Auswertungen, die in der richtigen Folge inhaltlich zusammengehörender Abläufe abgearbeitet werden müssen, umfasst:

- die Vorbereitung,
- die Mitarbeiterbefragung,
- die Chefbefragung,
- die Auswertung der Fragebögen,
- das Briefing der Führungskräfte,
- die Präsentationssitzung und
- das Feedback zur Kollegenbeurteilung.

In der Bäckerei Hegmann-Büttner sind die Bedürfnisse und Wünsche der Mitarbeiter in der Werteordnung des Leitbildes bereits niedergelegt worden und somit bekannt. Die Mitarbeiterbefragung soll nun klären, ob und in welchem Maße die einzelnen Elemente des Leitbildes gelebt und erfüllt werden.

Die Vorbereitung

Im Vorbereitungsgespräch wird der Fragebogen erarbeitet, der die Grundlage für die Ermittlung der Mitarbeiterzufriedenheit bildet und in der Mitarbeiterbefragung von allen Mitarbeitern beantwortet wird. Er muss die richtigen Fragen enthalten und in der Sprache der Mitarbeiter abgefasst sein. Das Ergebnis der Mitarbeiterzufriedenheitsanalyse steht immer in direktem Zusammenhang zur Stimmigkeit und Qualität dieses Fragebogens. Werden die Fragen nicht richtig gestellt, stimmen auch die Ergebnisse nicht. Bereits bei der Erarbeitung der Fragen denken sich die Führungskräfte intensiv in die Materie ein. Denn bei der Suche nach der richtigen Frage in der richtigen Formulierung bemühen sie sich automatisch, die Perspektive der Mitarbeiter einzunehmen und deren Interessen zu erfassen. Das zwingt sie, darüber nachzudenken, wie ihre Mitarbeiter sie sehen. Durch die Beschäftigung mit den Fragen findet im Grunde bereits ein unbewusstes Einarbeiten in Führungspsychologie statt.

Das Vorbereitungsgespräch hat aber auch die Funktion, Sinn und Zweck der Mitarbeiterbefragung zu erklären und die Methoden zu erläutern, die dabei angewandt werden. Im Allgemeinen ist es äußerst schwierig, Führungskräfte zur Durchführung einer Mitarbeiterbefragung zu motivieren, weil sie ihre Schwächen zwar kennen, aber trotzdem verdrängen. Die Situationsanalyse ist ein hilfreiches Mittel, um den dringenden Bedarf dafür plausibel zu begründen, und den Nutzen, der sich aus ihr ergibt, aufzuzeigen. Vor ihrem Hintergrund sind zudem die Ängste geringer, die Führungskräfte haben, weil sie sich in gewisser Weise vor dem Berater und den Mitarbeitern entblößen müssen. Die Mitarbeiterbefragung erscheint als eine Analyse unter anderen innerhalb eines Gesamtprogramms und beunruhigt deswegen nicht so stark wie eine Einzelberatung, gegen die häufig massiver Widerstand aufgebaut wird. Je misslicher die Lage ist, desto größer ist meist die Blockade, sich zur Durchführung einer Mitarbeiterzufriedenheitsanalyse zu entscheiden. Deswegen ist es besonders wichtig, die enormen Vorteile aufzuzeigen, die durch die Verbesserung der Mitarbeiterzufriedenheit entstehen. Wenn zwischen Führungskräften und Mitarbeitern ein besseres Verständnis herrscht, werden z.B. Anweisungen in Zwangssituationen wesentlich schneller und williger ausgeführt. Mitarbeiter artikulieren dann aber auch deutlicher und selbstbewusster, wenn sie Ziel und Nutzen der Anweisung anzweifeln. Die zwischenmenschliche Kultur im Betrieb wird sozusagen zum Katalysator für reibungslose Abläufe. Das wirkt sich wiederum auf die Effizienz der Prozesse und damit auf alle Ergebnisse aus.

Zum Glück sind Leo und Sandra sehr aufgeschlossen und bringen bereits großes Verständnis dafür mit, welchen Nutzen die Mitarbeiterbefragung für das Geschäft hat. Da sie die Bäckerei in naher Zukunft übernehmen wollen und Hans und Maria auf den Ruhestand zugehen, führe ich den Workshop mit ihnen allein durch. Sandra kann dabei ihre Erfahrung in der Entwicklung von Fragebögen einbringen, weil sie im Marketing-Bereich gearbeitet hat, wo diese Aufgabe zur Alltagsroutine gehört.

Als Arbeitsgrundlage zur Ermittlung der Fragen packe ich zahlreiche Unterlagen aus, die den Küchentisch bald überfluten. Wir stellen Teegeschirr und Gebäck beiseite, um das Material übersichtlich zu sortieren: das Leitbild der Bäckerei Hegmann-Büttner, den EFQM-Fragebogen, die Fragebögen aus meiner eigenen und aus der Mitarbeiterbefragung bei Siemens sowie eine allgemeine Standardbefragung. Sie alle dienen uns zur Orientierung und als Leitfaden.

Bodo: Mit der Mitarbeiterbefragung wollen wir herausfinden, wie die Mitarbeiter ihre persönliche Arbeits-Situation beurteilen und wo sie sich Änderungen wünschen, damit wir wissen, wo bei euch Handlungsbedarf besteht und wo wir angreifen müssen.
Wir können dazu erst einmal die Punkte im Leitbild durchgehen und schauen, ob wir sie im Wesentlichen übernehmen können. Zweitens können wir im EFQM-Modell die Fragen zur Mitarbeiterorientierung und Mitarbeiterzufriedenheit prüfen und überlegen, ob sie unseren Fragebogen sinnvoll ergänzen können.

In meiner Rolle als Moderator gebe ich die Struktur vor, in der wir die Fragen erarbeiten können. Die Aufgabe von Leo und Sandra ist es, den Nerv und die Sprache der Mitarbeiter zu treffen, damit die Fragen richtig verstanden werden. Dabei überlegen sie im Voraus, wie die Mitarbeiter reagieren werden. Irrelevante Fragen müssen als solche erkannt und ausgesondert werden.

Die Fragenblöcke, die uns bei der Erarbeitung des Leitbildes als Grundlage gedient haben, können wir an dieser Stelle erneut sehr nutzbringend einsetzen. Sie geben uns die Kategorien vor, in denen wir die Fragen thematisch ordnen können.

Bodo: Wir haben folgende Themenblöcke:

1. Zusammenarbeit
2. Ziele und Aufgaben
3. Kommunikation und Information
4. Einsatz und Entwicklung
5. Persönliches Verhalten der Vorgesetzten.

Leo: Was ist mit dem persönlichem Verhalten der Mitarbeiter, wie sie sich selbst einschätzen?

Leos Einwand eröffnet eine lebhafte Diskussion, auf welches Beurteilungssystem wir die Mitarbeiterbefragung stellen wollen. Unser Vorhaben, die Chefs durch die Mitarbeiter beurteilen zu lassen, stellt bereits ein außergewöhnliches Verfahren dar. Gewöhnlich verlaufen Beurteilungen in Betrieben stets umgekehrt: Vorgesetzte beurteilen ihre Mitarbeiter und geben ihnen im besten Fall ein qualifiziertes Feedback. Auf Leos Frage erkläre ich das neuartige Feedback-Konzept, das in der Praxis leider noch viel zu selten angewandt wird: die 360°-Beurteilung. Es handelt sich um ein Beurteilungssystem, in dem jeder jeden beurteilt. Der Chef beurteilt die Mitarbeiter, die Mitarbeiter beurteilen den Chef und die Kollegen beurteilen sich in der so genannten Peer-Beurteilung (engl. peer = Gleichrangiger) untereinander als Gleiche unter Gleichen. Die 360° sollen verdeutlichen, dass es sich um ein Rundum-Feedbacksystem handelt, das alle Winkel abdeckt. Wir beschließen, dieses System anzuwenden, wobei wir die Beurteilung der Mitarbeiter durch die Chefs bewusst ausklammern, da unser eigentliches Anliegen die Ermittlung des Handlungsbedarfs der Führungskräfte ist. Allerdings sollen sich die Chefs zusätzlich selbst beurteilen – und zwar aus der Sicht der Mitarbeiter. Im Modell des Johari-Fensters gesprochen, sollen sich die Chefs durch das „Fenster des blinden Flecks" selbst betrachten, indem sie die Perspektive der Mitarbeiter einnehmen.

Von diesem Beurteilungssystem erhoffen wir uns verschiedene Vorteile. Die Mitarbeiter erhalten durch das Coaching und die Regie des Moderators die richtige Anleitung, eine freie und offene Beurteilung ihrer Chefs vorzunehmen. Dazu haben sie offiziell sonst nie Gelegenheit. Mit der gegenseitigen Kollegen-Beurteilung steigern sie die eigene Fähigkeit zur Selbstkritik. Unbewusst findet diese Beurteilung im Arbeitsalltag zwar ständig statt, aber da sie nicht strukturiert durchgeführt wird, erfolgt in der Regel auch kein Feedback. Gerade durch die Anregung von Kollegen können Mitarbeiter aber viel leichter Korrekturen annehmen als durch die Anregungen von Chefs, weil ihr Verhältnis untereinander wesentlich lockerer ist.

Wir beschließen, zuerst den Fragebogen für die Beurteilung der Chefs durch die Mitarbeiter auszuarbeiten, um ihn als Mustervorlage für alle weiteren Befragungen zu benutzen. In Anlehnung an die Themenblöcke des Leitbildes entwickeln wir 5 verschiedene Hauptfragen:

1. Wie empfinden wir die Zusammenarbeit in unserer Bäckerei?
2. Was weiß ich über Ziele und Aufgaben in unserer Bäckerei?
3. Wie empfinden wir Kommunikation und Information in unserer Bäckerei?
4. Wie empfinden wir Einsatz und Entwicklung in unserer Bäckerei?
5. Wie empfinden wir das persönliche Verhalten unseres Chefs / unserer Chefin?

Auf der Grundlage dieser Fragestruktur müssen Leo und Sandra nun die untergeordneten hypothesengestützten Sätze formulieren (hypothesengestützt, weil sie sich jedes Mal die hypothetischen Antworten der Mitarbeiter überlegen).

Bodo: Der erste Punkt betrifft die Zusammenarbeit. Dazu hatten wir ja einige Fragepunkte. Die müssen wir natürlich umformulieren. Hier ist der erste Satz: „Mein Vorgesetzter sorgt für ein Klima, das mich motiviert und in dem ich mit Freude Leistung erbringe.“ Jetzt müssen wir es für Backstube und Laden trennen. Wir könnten einfach schreiben: der Bäckermeister, Besitzer/Besitzerin. Was ist da günstiger?

Leo: Chef/Chefin?

Sandra: Ja, das hört sich besser an.

Bodo: Und wenn wir jetzt die Frage so stellen: „Mein Chef/ meine Chefin sorgt für ein Betriebsklima, das mich motiviert und in dem ich mit Freude Leistung erbringe.“ Ist das sprachlich zu kompliziert?

Sandra: Nein.

Bodo: Dann haben wir Punkt 1. Zweiter Punkt: „Mein Vorgesetzter fördert die Teamarbeit dort, wo sie sinnvoll ist.“ Ich glaube, Teamarbeit sollte man bei euch nicht schreiben, sondern eher Zusammenarbeit. Das Wort, das sie gewählt haben, war: Hand-in-Hand-Arbeiten.

Leo: Das ist es auch. Es ist mehr Hand-in-Hand-Arbeiten.

Bodo: Also, Nummer 1.2: „Mein Chef/ meine Chefin fördert die Zusammenarbeit in der Backstube/ im Laden.“ Kann man sagen: die kollegiale Zusammenarbeit? Verstehen sie das?

Leo: Ich denke schon.

Bodo: Dann schreibe ich noch in Klammern „Hand-in-Hand-Arbeiten“. Also: „Mein Chef/ meine Chefin fördert die kollegiale Zusammenarbeit (Hand-in-Hand-Arbeiten) in der Backstube/ im Laden.“

Leo: Heißt das, wir brauchen einen anderen Fragebogen für die Verkäuferinnen im Laden?

Bodo: Wir könnten auch einen Doppelfragebogen machen, damit sie sehen, dass die anderen den gleichen Fragebogen bekommen. Wenn hier steht „in der Backstube/ im Laden“, dann bezieht es jeder auf den Bereich, in dem er arbeitet.

Leo: Wird das alles in einen Topf geschmissen? Wenn z.B. von fünf Verkäuferinnen vier unzufrieden sind, dann ist das relativ negativ, aber wenn in der Backstube positive Antworten kommen, dann gleicht sich das ja aus.

Bodo: Ich würde beide Befragungen getrennt machen, Backstube und Laden. Das ist dann auch organisatorisch einfacher. Das machen wir nicht zusammen.

Nachdem wir alle Fragen für den ersten Themenpunkt „Zusammenarbeit“ erfasst haben, diskutieren wir das Benotungssystem, das wir im Fragebogen verwenden wollen. Sandra schlägt vor, unter die Fragen eine Benotungsskala von 1 bis 6 einzufügen, wobei am Anfang und am Ende der Skala kurze Vermerke wie „überhaupt nicht“ oder „sehr gut“ verdeutlichen, welchen Noten die jeweiligen Zahlen entsprechen. Eine 1 steht immer für ein negatives Ergebnis, eine 6 für ein positives. Hierbei ist es besonders wichtig, stets mit einer geraden Anzahl von Benotungen zu arbeiten, weil eine ungerade Anzahl erfahrungsgemäß dazu verleitet, die Mitte anzukreuzen anstatt eine klare Entscheidung zu treffen. Der Hang zur Drückebergerei darf nicht unterschätzt werden.

Um den Mitarbeitern die Möglichkeit zu bieten, außerhalb der strengen Fragestruktur eigene Kommentare abzugeben, beschließen wir, am Ende jedes Fragenblocks Raum für individuelle Ergänzungen zu lassen. Damit haben wir schon die erste Seite unseres Fragebogens fertig (Bild 29).

Mit dieser Struktur können wir alle weiteren Seiten des Fragebogens nach demselben Muster anfertigen. Dennoch fordert die Diskussion über Inhalte und Formulierungen viel Zeit und Energie. Bei der Erfassung der hypothesengestützten Formulierungen müssen Leo und Sandra sich stets fragen, wie die Mitarbeiter die jeweilige Frage bzw. Aussage auffassen und wie sie darauf antworten werden. Wenn wir eine Sprache benutzen, die einzelne Mitarbeiter nicht oder falsch verstehen, führen die Ergebnisse später zu verfälschten Aussagen.

Bodo: „Mein persönlicher Beitrag zum Gesamtziel der Bäckerei ist mit mir vereinbart.“ Da sagt er natürlich: „Das ist nicht vereinbart“. Ich kann mir nicht vorstellen, dass ihr das gemacht habt.

Leo: Außer einer fasst es so auf, dass er sagt: „Ich weiß, was ich zu arbeiten habe“.

Bodo: Wenn er das so auffasst, ist das o.k.

Leo: Ich weiß, was ich zu tun habe und ich weiß, was ich jeden Tag mache und dann ist mein Ziel soweit klar.

Bodo: Wenn die das so auffassen, dann ist das prima. Übrigens, immer wenn du meinst, das ist geschraubte Sprache, das verstehen sie nicht, bitte gleich „Halt!“ schreien. Also weiter: „Mein Chef/meine Chefin bezieht mich in Entscheidungsfindungen mit ein.“

Sandra: Entscheidungsfindungen finde ich sehr hochtrabend. Da fragen sie sich bestimmt: Was ist damit gemeint? Sind damit die Ziele vom Chef gemeint? Sind persönliche Empfindungen oder persönliche Entscheidungen gemeint? Was ist damit für den Angestellten gemeint?

Bodo: Wenn wir es so formulieren: „Mein Chef/ meine Chefin spricht mit mir über anstehende geschäftliche Entscheidungen.“

Sandra: Ja, das hört sich besser an. Jetzt wissen sie, um was es geht. Es geht um anstehende geschäftliche Entscheidungen.

Leo: Zum Beispiel, ob wir nun im Laden einen Kaffeebereich gestalten oder nicht.

Bodo: Die Mitarbeiter sollen ja die Entscheidung nicht treffen, sondern in die Entscheidungsfindung mit einbezogen werden. Es wurde mit ihnen besprochen und ihre Mei-

Mitarbeiterbefragung 1
Wie empfinden wir die Zusammenarbeit in unserer Bäckerei?

Wenn du eine Frage nicht beantworten kannst, streiche sie deutlich durch

1.1 Mein Chef / meine Chefin sorgt für ein Betriebsklima, das mich motiviert und in dem ich mit Freude Leistung erbringe

1	2	3	4	5	6
überhaupt nicht					sehr gut

1.2 Mein Chef / meine Chefin fördert die kollegiale Zusammenarbeit (Hand in Hand arbeiten) in der Backstube / im Laden

1	2	3	4	5	6
überhaupt nicht					sehr stark

1.3 Mein Chef / meine Chefin fördert die kollegiale Zusammenarbeit zwischen Produktion und Verkauf

1	2	3	4	5	6
überhaupt nicht					sehr stark

1.4 Mein Chef / meine Chefin gibt mir die Möglichkeit, selbständig zu arbeiten

1	2	3	4	5	6
überhaupt nicht					immer

1.5 Mein Chef / meine Chefin behandelt mich fair und gerecht

1	2	3	4	5	6
nie					immer

Die Zusammenarbeit bei uns empfinde ich als:

....

....

....

....

Bild 29 Fragebogen 1 zur Mitarbeiterbefragung: Wie empfinden wir die Zusammenarbeit in unserer Bäckerei?

nung wurde gehört. Die Entscheidung muss aber der Chef treffen, die kann er nicht auf die Mitarbeiter abwälzen. Das darf er gar nicht.

Sandra: Wir haben zu Silvester einem Bäcker in Tölz einen „Millenniums-Krapfen" mit einer Orangen- und Sektfüllung angeboten. Wir liefern ihm immer Krapfen. Der Chef dort meinte, wir sollten es mit seiner Verkäuferin ausmachen, ihm sei es egal.

Bodo: Das darf er auf keinen Fall tun, das ist führungstechnisch „oberübel".

Leo: Allerdings war es seine Erstverkäuferin, die für alles zuständig ist.

Bodo: Gut, wenn sie die Entscheidungsbefugnis hat, dann passt es wieder. Ihr werdet es nicht glauben, wie viele Chefs Entscheidungen an ihre Mitarbeiter abwälzen. Das ist grauenhaft. Die Leute mögen es überhaupt nicht, wenn der Chef sich nicht entscheidet. Sie sagen zurecht, dass der Chef dazu da ist, Entscheidungen zu fällen, auch unangenehme. Das erwarten sie geradezu.

Bei der Erarbeitung solcher Fragebögen werden übrigens auch immer Tendenzen zur Verdrängung sichtbar, weil Führungskräfte problematische Themen im Betriebsalltag gerne totschweigen. Kurioserweise werden unliebsame Entscheidungen von den Mitarbeitern aber durchaus akzeptiert, wenn sie plausible Begründungen erhalten und die Hintergründe erläutert werden.

Jetzt aber zu Punkt 4.2: „Mein Chef unterstützt meine Aktivitäten zur beruflichen Weiterentwicklung." Oder ist es dir lieber, wenn wir diese Frage weglassen? Es wäre wichtig, das Gefühl der Leute zu erfahren. Wenn sie an der Stelle meinen, da kommt zu wenig, dann müssen wir darüber nachdenken.

Leo: Ob man wirklich jemanden hinschickt und ob er vielleicht die Hälfte selbst bezahlt.

Bodo: Es würde ja auch schon genügen, mit ihnen darüber zu reden. Nach dem Motto: „Ihr wisst, da wird dieses und jenes angeboten. Ich möchte euch aber bewusst nicht hinschicken, weil ..." Nicht einfach den Punkt unterschlagen, sondern darüber reden.

Wie wichtig Gespräche und Informationen in problematischen Situationen sein können, zeigt ein Beispiel aus meiner Tätigkeit im Kaizen-Institut in Frankfurt. Die Berater der Gruppe, die ich leitete, sahen nicht ein, dass die Tagessätze, die unsere Klienten zahlten, das Vierfache ihres eigenen Verdienstes betrugen. In einer Milchmädchen-Rechnung malten sie sich glänzende Verdienstmöglichkeiten aus: als Selbständige hätten sie den vierfachen Verdienst. Viele stiegen also aus, um auf selbständiger Basis zu arbeiten. Die anderen waren latent unzufrieden, weil sie sich nicht angemessen bezahlt fühlten. Als ich das Problem und den Grund unterschwelliger Unzufriedenheit erkannte, sprach ich die Angelegenheit direkt und offensiv an. Ich rief alle Berater zusammen und erläuterte ihnen die Kostenstruktur, die hinter den Aufträgen und den gezahlten Honoraren stand. Zum einen mussten die Kosten für die gesamte Infrastruktur regelmäßig gedeckt werden. Zum anderen entstanden häufig immense Kosten für die Akquisition von Kunden, die am Ende den Auftrag doch nicht an uns vergaben. In solchen Fällen mussten hohe Personalkosten aufgebracht werden, obwohl kein Gewinn erzielt werden konnte. Angesichts dieser Fakten und Zahlen erkannten die Berater, dass sie als Selbständige nicht nur mit harter Konkurrenz zu rechnen hätten, sondern ohne den strategischen Vorteil, als Berater eines namhaften Unternehmens aufzutreten, vermutlich sogar massive Einkommenseinbußen hinnehmen müssten, weil sich die Akquirierung von Aufträgen wesentlich schwieriger gestalten würde. Ohne jeden Zweifel müssten sie ihr Brot härter verdienen als in der jetzigen Stellung. Ab diesem Tag sahen die Berater, dass ihre Entlohnung angemessen und vernünftig kalkuliert war. Sie fühlten sich nicht mehr ausgebeutet. Mein Vorgänger hatte die hohe Personalfluktuation einfach hingenommen, weil er der Meinung war, die Kostenstruktur ginge die Mitarbeiter nichts an. Er vertrat die Meinung: „Wenn sie sich über den Tisch gezogen fühlen, ist es ihr Bier." Vielleicht geht die Kostenstruktur Mitarbeiter normalerweise wirklich nichts an, weil man daraus Schlüsse auf Einkommen anderer oder brisante Geschäftssituationen ziehen könnte. Aber mein Vorgänger hätte sich beim Führen wesentlich leichter getan, wenn er sie aufgedeckt hätte. Diese Methode der transparenten Offenlegung wirkt allerdings nur bei absoluter Ehrlichkeit. Mitarbeiter merken sofort, wenn Zahlen manipuliert werden. Schließlich kennen sie den Betrieb ebenso gut wie die Führungskraft, in manchen Fällen sogar besser.

Bei der Frage zum persönlichen Verhalten des Chefs nutze ich die Gelegenheit, auf die Anerkennung von Leistungen einzugehen, die in der Menschenführung eine äußerst wichtige Rolle spielt. Nicht nur der Mangel an Anerkennung, sondern auch deren falsche Handhabung kann sich in der Menschenführung fatal auswirken. Man tritt schnell ins Fettnäpfchen, wenn man z.B. die Hackordnung ignoriert, die die Kollegen untereinander, vielleicht sogar unbewusst, festgelegt haben. Dies zählt zu den schlimmsten Fehlern, die ein Chef machen kann. Meine Entwicklungsingenieure hatten z.B. untereinander eine ganz genaue Rangreihenfolge, in der die Plätze vom Starentwickler bis zum Schlechtesten in der Gruppe festgelegt waren. Wenn diese unter den Kollegen gültige Reihenfolge bei der Beurteilung und Förderung nicht eingehalten wird, kommt es zu ernsthaften Problemen. Leo kann aus eigener Erfahrung bestätigen, dass die Mitarbeiter in der gegenseitigen Beurteilung und Einordnung sehr sicher sind. Er berichtet von einem Gesellen, dem am Morgen schon die Laune verging, wenn er einem Kollegen bei der Arbeit zusah. Dieser Kollege war Meister und hätte einfach besser arbeiten müssen.

Ebenso wichtig wie die sichere Beurteilung der Leistung ist die Form, in der die Anerkennung ausgesprochen wird. Anerkennung ist nicht dasselbe wie Lob. Wer einen anderen lobt, stellt sich deutlich über ihn. Wenn die Klavierlehrerin im Klavierunterricht zu ihrem Schüler sagt „Die Etüde hast du gut gespielt!“, spricht sie ein Lob aus und betont damit den Unterschied in der Hierarchie. Sie ist besser als der Schüler und kann beurteilen, ob er schlecht oder gut spielt. Lob betont den sozialen Unterschied zwischen der Person, die das Lob ausspricht, und der Person, die das Lob erhält. Bei der Anerkennung hingegen haben soziale Unterschiede keine Bedeutung. Anerkennung kann auch von Gleichgestellten oder Personen niedrigeren Rangs ausgesprochen werden.

Bodo: Wenn ich zum Kronwitter Seppi (Leiter der Stadtkapelle und Solotrompeter) sage „Dein Konzert hat mir gut gefallen!“, dann ist das eine Anerkennung. Dann stehe ich nicht über ihm. Es heißt nicht, ich kann beurteilen, dass er gut gespielt hat. Wenn ich sage „Du hast heute wieder super Trompete geblasen!“, beinhaltet das, dass ich den Grad der Virtuosität seines Trompetenspiels beurteilen kann.

Sandra: Einmal sage ich meine persönliche Empfindung und das andere Mal beurteile ich es.

Bodo: Wenn Leo sagt: „Der Teig ist heute wirklich gut, nicht zu fest und nicht zu weich.“ Dann ist das eine Anerkennung. Aber wenn er sagt „Den Teig hast du gut gemacht!“, dann ist es ein Lob.

Die meisten Menschen registrieren den Unterschied zwischen Lob und Anerkennung nicht bewusst. Im Verhalten von Vorgesetzten spielt er aber eine wichtige Rolle. Wenn Mitarbeiter gelobt werden, empfinden sie dies häufig als eine durchsichtige stereotype Pflichthandlung des Chefs, nach dem Motto: „Heute hat bei ihm wieder im Kalender gestanden: den Sepp loben. Der hat zwar heute lauter Mist gebaut, aber den hat er gelobt.“ Falsches Lob kann in solchen Fällen sogar demotivierend wirken. Die Unterscheidung zwischen Lob und Anerkennung berücksichtigt die Psychologie des sozialen Umgangs. Beim Lob kommt die soziale Stellung zwischen Lobenden und Gelobten zur Geltung, bei Anerkennung ist sie ohne Belang. Für einen Berater wäre es tödlich, einen Klienten zu loben, weil er sich damit über ihn stellt. Stellen Sie sich einen Geschäftsführer vor, der im Jahr 1,5 Milliarden Umsatz macht, und dem ein Berater mit der Bemerkung auf die Schulter klopft: „Das haben Sie ja ganz gut hinbekommen.“ Wie grotesk ein solches Verhalten wäre, leuchtet schnell ein. Wenn dagegen ein Berater nach der Ansprache eines Geschäftsführers an seine Mitarbeiter seine positiven Eindrücke schildert, spricht er indirekt seine Anerkennung aus, ohne sich dabei über den Klienten zu stellen. Eine Lobeshymne auf dessen gelungene Rede dagegen würde der Klient höchstwahrscheinlich als ärgerliche Anmaßung empfinden.

Sandra erinnert sich gut daran, wie sie sich fühlte, wenn ihr Chef sie lobte. Es klang immer überheblich. Sie ärgerte sich darüber, anstatt sich motiviert zu fühlen.

Wie sehr man dagegen Mitarbeiter motivieren kann, indem man Vertrauen in ihre Kompetenz und Leistungsfähigkeit setzt, kann ich aus eigener Erfahrung berichten. Mein Chef kam eines Tages zu mir und erklärte, er habe ein riesiges Problem, das er einfach nicht lösen könne. Er habe lange darüber nachgedacht, wer von seinen Leuten überhaupt dazu fähig sein könnte und da sei ihm nur meine Person eingefallen. Er schilderte mir die Einzelheiten und erklärte anschließend, dass er mir nicht böse sei, wenn ich das Problem nicht lösen könnte. Er bat mich aber, unbedingt darüber nachzudenken, und vereinbarte gleich einen Termin für die folgende Woche, um das Ergebnis meiner Bemühungen zu erfahren. Diese Art der Anerkennung ist außerordentlich motivierend. Ich war unendlich stolz, weil mein Chef von mir und meiner Arbeit offensichtlich sehr viel hielt. Außerdem stellte er sich nicht über mich, weil er zugab, dass ihm selbst keine Lösung eingefallen war. Diese Methode zählt inzwischen zu den genialen Tricks in der Motivation von Mitarbeitern, bei meinem Chef war es allerdings echt und kein angelernter Führungsstil.

Auch bei Kritik machen Führungskräfte häufig Fehler. Für die Annahme von Kritik und deren konstruktive Umsetzung ist die Form entscheidend, in der sie ausgesprochen wird. Wenn Leo fragt, ob der Teig wirklich fest genug ist, merkt der Mitarbeiter, dass er noch mehr Mehl dazugeben muss. Obwohl es Kritik war, hat er die Frage nicht als Kritik verstanden. Wenn sich Leo dagegen beschwert, wie weich der Teig schon wieder ist, fühlt sich der Mitarbeiter kritisiert und persönlich getroffen. Bei Kritik spielt übrigens nicht nur die richtige Form, sondern auch die richtige Dosierung eine wichtige Rolle. Zu häufig ausgesprochene Kritik kann ebenfalls kontraproduktiv wirken.

Nach ausführlicher Diskussion und Abhandlung aller Fragen ist der Fragebogen für die Mitarbeiterbefragung fertiggestellt, der das Leitbild der Bäckerei Hegmann-Büttner in allen wesentlichen Punkten widerspiegelt (Bilder 30 bis 33).

Den anstrengendsten Teil der heutigen Sitzung haben wir damit erfolgreich hinter uns gebracht. Alle weiteren Fragebögen können wir auf diesem Prototyp aufbauen. Im Grunde müssen wir nur die Perspektive der zu befragenden Personen austauschen. Für

Mitarbeiterbefragung 2
Was weiß ich über Ziele und Aufgaben in unserer Bäckerei?

Wenn du eine Frage nicht beantworten kannst, streiche sie deutlich durch

2.1 Die Ziele unserer Bäckerei sind mir

1	2	3	4	5	6

nicht bekannt … **bekannt**

2.2 Mein persönlicher Beitrag zum Gesamtziel der Bäckerei ist mit mir vereinbart

1	2	3	4	5	6

überhaupt nicht … **eindeutig**

2.3 Meine Aufgaben und Ziele

1	2	3	4	5	6

überfordern mich … **sind eine positive Herausforderung**

2.4 Über die Ergebnisse meiner Arbeit erhalte ich von meinem Chef / meiner Chefin ausreichend Rückmeldung

1	2	3	4	5	6

nie … **regelmäßig**

Auf Fehler reagiert mein Chef / meine Chefin mit::

....

....

....

....

....

Bild 30 Fragebogen 2 zur Mitarbeiterbefragung: Was weiß ich über Ziele und Aufgaben in unserer Bäckerei?

die Chefbefragung genügen geringfügige grammatikalische Anpassungen. Die Frage „Wie empfinden wir die Zusammenarbeit in unserer Bäckerei?" wandeln wir um in „Wie empfinden die Mitarbeiter die Zusammenarbeit in unserer Bäckerei?" Der Austausch des Subjekts reicht auch bei den meisten anderen Fragen aus. In den hypothetischen Aussagen werden „der Chef/die Chefin" einfach durch „ich" ersetzt.

Auch bei der Formulierung der Kollegenbeurteilung können etliche Fragen des Mitarbeiter-Fragebogens mit leichten sprachlichen Anpassungen direkt übernommen werden. Allerdings müssen einige Fragen gestrichen werden, weil sie in diesem Zusammen-

Mitarbeiterbefragung 3:
Wie empfinden wir Kommunikation und Information in unserer Bäckerei?

Wenn du eine Frage nicht beantworten kannst, streiche sie deutlich durch

3.1 Mein Chef / meine Chefin sucht das direkte, persönliche Gespräch

1	2	3	4	5	6

nie — immer

3.2 Notwendige Informationen zur Erledigung meiner Arbeit

1	2	3	4	5	6

werden mir vorenthalten — sind verfügbar

3.3 Mein Chef / meine Chefin spricht mit mir über anstehende geschäftliche Entscheidungen

1	2	3	4	5	6

nie — immer

3.4 Bei Themen, die mich persönlich betreffen, informiert mich mein Chef / meine Chefin direkt

1	2	3	4	5	6

nie — immer

Die Kommunikation und Information bei uns empfinde ich als:

....

....

....

....

....

Bild 31 Fragebogen 3 zur Mitarbeiterbefragung: Wie empfinden wir Kommunikation und Information in unserer Bäckerei?

hang keinen rechten Sinn machen. Am Ende erhalten wir einen übersichtlichen einseitigen Bogen, mit dem jeder Mitarbeiter sämtliche Kollegen beurteilen kann (Bild 34).

Bei der Erstellung der Fragebögen lernt der Berater viel über das Klima und die Kultur des Betriebes. Wenn der Chef Hypothesen aufstellt, wie die Mitarbeiter vermutlich auf die Fragen reagieren werden, gibt er unbewusst viel über seine Person preis. Der Berater erfährt indirekt, wie er die Mitarbeiter und sich selbst sieht.

Zum Abschluss des Workshops bereite ich Leo darauf vor, wie er sich später verhalten muss, wenn in der Präsentationssitzung die Ergebnisse der Beurteilung vorgestellt wer-

Mitarbeiterbefragung 4:
Wie empfinden wir Einsatz und Entwicklung in unserer Bäckerei?

4.1 Ich bin in der Lage die Anforderungen meines Chefs / meiner Chefin zu erbringen

1	2	3	4	5	6
überhaupt nicht					immer

4.2 Mein Chef / meine Chefin unterstützt meine Aktivitäten zur beruflichen Weiterbildung

1	2	3	4	5	6
überhaupt nicht					sehr stark

4.3 Mein Chef / meine Chefin geht auf neue Ideen offen ein

1	2	3	4	5	6
überhaupt nicht					immer

4.4 Mein Chef / meine Chefin gibt mir die Möglichkeit, Ideen umzusetzen

1	2	3	4	5	6
überhaupt nicht					immer

4.5 Die Ausstattung meines Arbeitsplatzes finde ich

1	2	3	4	5	6
sehr schlecht					sehr gut

4.6 Mein Lohn entspricht meiner Leistung

1	2	3	4	5	6
gar nicht					vollkommen

4.7 Für gute Leistung bekomme ich die richtige Anerkennung

1	2	3	4	5	6
gar nicht					immer

Einsatz und Entwicklung empfinde ich bei uns als:

....

....

Bild 32 Fragebogen 4 zur Mitarbeiterbefragung: Wie empfinden wir Einsatz und Entwicklung in unserer Bäckerei?

den. Bestimmte Spielregeln sind dabei unbedingt einzuhalten. Bei den drei kritischsten Punkten mit dem größten Handlungsbedarf müssen die Führungskräfte ein Angebot machen und erklären, wie sie den Zustand verbessern wollen. Leo darf sich dabei auf keinen Fall rechtfertigen. Sobald er sich verteidigt, geht die gesamte Wirkung verloren. Die Mitarbeiter haben sich schließlich alle Mühe gegeben und ihre Ängste überwunden, um ihrem Chef zu sagen, was sie von ihm erwarten. Wenn er nun seine Autorität ein-

Mitarbeiterbefragung 5:
Wie empfinden wir das persönliche Verhalten unseres Chefs / unserer Chefin?

Wenn du eine Frage nicht beantworten kannst, streiche sie deutlich durch

5.1 Mein Chef / meine Chefin nimmt sich Zeit für mich, wenn ich sie brauche

1	2	3	4	5	6
nie					immer

5.2 Mein Chef / meine Chefin kritisiert mich

1	2	3	4	5	6
zu oft					gerade richtig

1	2	3	4	5	6
zu selten					gerade richtig

5.3 Mein Chef / meine Chefin verträgt Kritik / ist für Kritik empfänglich

1	2	3	4	5	6
überhaupt nicht					immer

5.4 Mein Chef / meine Chefin hält sich selbst an seine / ihre Regeln und Maßstäbe

1	2	3	4	5	6
nie					immer

5.5 Mein Chef / meine Chefin fördert das Betriebsklima durch gemeinsame Veranstaltungen

1	2	3	4	5	6
nie					oft genug

Das persönliche Verhalten meines Chefs / meiner Chefin empfinde ich als:

....

....

....

....

....

Bild 33 Fragebogen 5 zur Mitarbeiterbefragung: Wie empfinden wir das persönliche Verhalten unseres Chefs/unserer Chefin?

bringt, wird das ganze Spiel wieder einseitig: Er entwertet die Aussagen der Mitarbeiter und erklärt ihnen indirekt, dass er ihre Kritik nicht annimmt. In der Verteidigungshaltung kann er zudem die Rückmeldungen nicht aufnehmen, weil er sich gegen sie sperrt und sich verschließt. Gerade an dieser Stelle ist es aber besonders wichtig, auf Empfang zu schalten, weil die Mitarbeiter das Wahrnehmungsfenster zu seiner Person öffnen. Nur so kann er erfahren, wie er von außen gesehen und beurteilt wird.

Name **sehr gut = 6** **schlecht = 1** **Mein Kollege / meine Kollegin**	Andreas	Bert	Christian	Jens	Henning	Leo	Marco	Pierre	Stefan	Annemarie	Elke	Maria	Marlene	Sonja	
1.1 sorgt für ein motivierendes Betriebsklima															
1.2 arbeitet kollegial zusammen															
1.3 fördert die kollegiale Zusammenarbeit zwischen Produktion und Verkauf															
1.4 gibt mir die Möglichkeit, selbständig zu arbeiten															
1.5 behandelt mich fair und gerecht															
3.1 sucht das direkte, persönliche Gespräch															
3.2 gibt mir notwendige Informationen zur Erledigung meiner Arbeit															
3.4 informiert mich direkt bei Themen, die mich persönlich betreffen															
5.1 nimmt sich Zeit für mich, wenn ich sie brauche															
5.2 kritisiert mich zu selten															
5.2 kritisiert mich zu oft															
5.3 verträgt Kritik															
5.4 hält sich an unsere Regeln und Maßstäbe															

Bild 34 Der Fragebogen zur Kollegenbeurteilung

Zum Schluss erstellen wir noch eine genaue Terminplanung für die weiteren Workshops. Die Termine müssen zeitnah gesetzt werden, weil die Mitarbeiterbefragung eine hohe Erwartungshaltung erzeugt. Die Auswertung der Fragebögen muss zügig erfolgen und die Präsentationssitzung sollte im Idealfall spätestens 14 Tage nach der Befragung angesetzt werden.

Die Mitarbeiterbefragung

Hand aufs Herz: Hätten Sie gedacht, dass die Mitarbeiterzufriedenheit fast ausschließlich durch das Führungsverhalten des Chefs geprägt wird? Tatsächlich sind es nicht – wie allgemein angenommen – das berufliche Umfeld oder der harte Job, die letztendlich über das Maß der Zufriedenheit am Arbeitsplatz entscheiden, sondern die Qualität der Menschenführung. Leider machen sich dies die wenigsten Führungskräfte bewusst. Sie rufen Berater ins Haus, wenn die Gewinne zu niedrig sind oder wenn sie eine Prozessoptimierung vornehmen müssen. Sie äußern aber nie von sich aus den Wunsch, die Verbesserung des eigenen Führungsverhaltens zu erlernen. Ähnlich wie der Patient, der den Arzt um Medikamente zur Linderung der Schmerzen bittet und dabei nicht nach den Regeln einer gesünderen Lebensweise fragt, hinterfragen Führungskräfte nicht, ob sich ihr Führungsverhalten auf das Geschäft negativ auswirken könnte. Die Mitarbeiterbefragung ist im Grunde das einzige Mittel für den Berater, um diese heikle und für das Geschäft sehr wichtige Thematik aufzugreifen.

Durch die Mitarbeiterbefragung erfährt die Führungskraft auf eine verträgliche, neutralisierte Art, was die Mitarbeiter von ihm denken. Würde man sie in einer Mitarbeiter-Aussprache auffordern, in Anwesenheit des Chefs zu äußern, was ihnen an ihm gefällt und was ihnen missfällt, könnten die Emotionen schnell entgleisen. Ein strukturierter Fragebogen dagegen objektiviert und neutralisiert den Vorgang und macht den Prozess steuerbar. Mit dem Fragebogen erhalten die Mitarbeiter die Gelegenheit, ihrem Chef gute und schlechte Noten zu geben. Da das Verfahren anonym ist, können sie sich mit aller Offenheit äußern. Sie beurteilen ihren Chef in allen Punkten, die ihnen selbst wichtig sind. Diese Punkte haben sie im Idealfall vorher im Leitbild selbst definiert. Ohne strukturierten Fragebogen entstünde ein verzerrtes Bild, da Menschen dazu neigen, Positives unerwähnt zu lassen, weil sie es als selbstverständlich betrachten, während sie alle problematischen Punkte ausgiebig erörtern. Dasselbe habe ich immer wieder erlebt, wenn in Interviews mit Kunden nur offene Fragen gestellt wurden. Die Kunden sprechen alle kritischen Problemstellen an, erwähnen aber nie, womit sie zufrieden sind. Der strukturierte Fragebogen ist daher unerlässlich, wenn man ein authentisches Abbild der Stimmungslage im Betrieb erhalten will.

Selbstverständlich müssen sich die Mitarbeiter darauf verlassen können, dass ihre Antworten anonym behandelt werden und sie keine Repressalien riskieren, wenn sie sich offen und ehrlich äußern. Berater dürfen die Ergebnisse niemals an Führungskräfte weitergeben, bevor sie anonymisiert wurden. Das heißt nicht nur, dass Fragebogen keine Namen tragen dürfen, sondern auch, dass Befragte nicht durch ihre Handschrift identifizierbar sein dürfen. Wem als Berater die moralische Verpflichtung als Argument für ein solches Vorgehen nicht ausreicht, der sollte sich klar machen, dass er sich als Berater disqualifiziert, wenn man ihm auf die Schliche kommt – und glauben Sie mir, diese Gefahr ist groß.

Wer ein Leitbild erarbeitet hat, kann es als Basis für die Mitarbeiterbefragung verwenden: Die Werteordnung dient als Grundlage für den Fragebogen und der Berater kann auf das bereits erarbeitete Vertrauen der Gruppe bauen. Wurde kein Leitbild erstellt und kommt der Berater das erste Mal mit den Mitarbeitern in Berührung, muss er zuallererst das Vertrauen der Teilnehmer gewinnen. Verletzbarkeit und die Offenbarung von Schwächen sind sehr wirksame vertrauensbildende Stilmittel. Erklären Sie der Gruppe, dass Sie Ihren Job an den Nagel hängen können, wenn Sie das Vertrauen missbrauchen und persönliche Daten weitergeben.

In der Bäckerei Hegmann-Büttner können wir von unseren Hausaufgaben profitieren. Ich genieße – im doppelten Sinn des Wortes – das Vertrauen der Mitarbeiter. Heute muss ich keine Überzeugungsarbeit mehr leisten. Die Gruppe hat mich angenommen und betrachtet mich als zugehörig. Ich spüre es nicht nur in den Workshops, sondern auch an der Begrüßung der Verkäuferinnen im Laden oder an der Reaktion eines Bäckers, wenn ich ihm zufällig auf der Straße begegne. Ich werde nicht mehr als Fremdkörper betrachtet, sondern als einer der ihren.

Unsere Terminplanung erweist sich im Übrigen als Glückstreffer. Leo wird heute seinen Leuten das redigierte Leitbild vorstellen. Damit erscheint die Mitarbeiterbefragung wie dessen logische Folge. Die Präsentation des Leitbildes ist ein hervorragender Einstieg in die Thematik, denn hierin haben die Mitarbeiter ihre Vorstellung von der Traumbäckerei formuliert. Heute sollen sie beurteilen, inwieweit diese schon Realität ist und wo Handlungsbedarf seitens der Chefs besteht.

Leo: Ich heiße euch herzlich willkommen. Wir möchten euch heute das Leitbild vorstellen. Danach verteilt Bodo die Fragebögen zum Ausfüllen. Daran werde ich nicht teilnehmen. Um 20:00 Uhr komme ich mit dem Essen wieder, damit wir uns alle stärken können.
Im Leitbild stehen die Sätze, die uns in Zukunft als Richtschnur für unser Verhalten dienen sollen. Wir werden es im Laden aushängen, damit es auch die Kundschaft lesen kann. Und in der Backstube hängen wir es auch aus. Jetzt gehen wir die Sätze erst einmal der Reihe nach durch.

Nach der Präsentation des Leitbildes müssen die Mitarbeiter die Gelegenheit erhalten, die Stimmigkeit des Inhaltes zu kommentieren. Auf meine Nachfrage erhalten wir die Bestätigung, dass die Inhalte den ursprünglichen Aussagen der Verkäuferinnen und Bäcker entsprechen. Damit können wir nun das Ausfüllen der Fragebögen in Angriff nehmen. Nachdem Leo den Raum verlassen hat, erkläre ich den Zweck des Fragebogens zur Beurteilung der Chefs und der Kollegen.

Bodo: Ihr habt das letzte Mal zusammengestellt, was für eine optimale Bäckerei wichtig ist, d.h. für die „Traumbäckerei“. Dass heute noch nicht alles so ist, wie es sein sollte, ist ganz klar. Die Familie Büttner und mich interessiert, wo die Bedingungen für die Traumbäckerei bereits erfüllt sind und wo noch Handlungsbedarf besteht. Aus euren Leitbildsätzen haben wir Fragen gemacht. Aus euren Antworten wollen wir erfahren, auf welchem Stand wir uns heute befinden. Damit auch die Chefs wissen, an welcher Ecke am meisten fehlt und wo etwas getan werden muss.
Zur Frage über die Zusammenarbeit: „Mein Chef“, das gilt für die Backstube; „meine Chefin“, das gilt vorne für den Laden. Bitte sucht immer heraus, was für euch passt. Nicht dass die Backstube alles auf Maria bezieht und der Laden alles auf Hans. Das wäre genau verkehrt.

Bäcker: Auf wen bezieht sich mein Chef? Chefin ist klar. Aber Chef, auf wen bezieht es sich?

Leos Leute denken immer konzentriert mit. Der Bäcker hat eine Schwachstelle in unserem Fragebogen aufgedeckt, der an dieser Stelle nicht gründlich genug durchdacht war. Tatsächlich haben wir vergessen, eine getrennte Bewertung von Hans und Leo auf dem Bogen zu berücksichtigen. Wir entscheiden nun spontan, Senior- und Juniorchef mit den Nummern 1 und 2 zu kennzeichnen, so dass beide auf ein und demselben Fragebogen getrennt beurteilt werden können.

Gewöhnlich findet in den Workshops Teamarbeit statt, in der unter bestimmten Fragestellungen gemeinsame Ergebnisse erarbeitet werden. In der Mitarbeiterbefragung arbeitet jeder einzeln für sich. Als Moderator erläutere ich lediglich den Fragebogen und biete meine Hilfe für eventuelle Fragen an.

Verkäuferin: Gibt es auch ein Mittelding zwischen den Strichen?

Bodo: Nein, Halbwerte machen wir nicht, sonst bekommen wir bei der Beurteilung noch Hundertstel heraus, das muss nicht sein.

Verkäuferin: Bei der Frage „Wie empfinden wir das persönliche Verhalten", da sind zwei Zeilen, das verstehe ich nicht. Einmal Chef und einmal Chefin?

Bodo: Nein, bei der oberen steht „zu oft" und „gerade richtig", bei der unteren „zu selten" und „gerade richtig". Also, die Wörter darunter sagen gelegentlich auch ein bisschen was aus.

Verkäuferin: Jetzt habe ich es auch „gefressen".

Bäcker: Was heißt Kritik?

Bodo: Nach Brockhaus: Die Beurteilung, Prüfung, Besprechung einer Leistung.

Bäcker: Wenn jetzt jemand sagt „Das ist nicht gut, was du da gemacht hast!", das ist auch Kritik.

Verkäuferin: Wenn ich sage „Der Letzte räumt den Frühstückstisch ab!", das ist auch Kritik.

Bodo: Das ist eine Aufforderung. Wenn du sagst „Du hast den Frühstückstisch wieder nicht aufgeräumt!", das ist dann Kritik.

Bäcker: Was heißt kollegial?

Bodo: Partnerschaftlich. Alle, die in der gleichen Firma mit mir arbeiten, sind meine Kollegen. Wenn die sich so verhalten, wie man es von Arbeitspartnern erwartet, ist es kollegial. Ich weiß gar nicht, ob es da ein deutsches Wort gibt.

Die Fragen zeigen deutlich, wie wichtig es ist, sich in den Sprachgebrauch der Mitarbeiter hineinzuversetzen, damit der Beurteilungsbogen auch verstanden wird. Wenn Verständnisschwierigkeiten nicht rechtzeitig aufgedeckt werden, weil niemand nachfragt, kann es später zu fehlerhaften Ergebnissen in der Auswertung kommen. Auch bei völlig unerwarteten Verständnisfragen darf der Moderator nie überrascht oder gar arrogant wirken. Hier gilt die Grundregel: Es gibt keine dummen Fragen, es gibt nur dumme Reaktionen.

Bäcker: Soll man sich selbst auch ankreuzen?

Bodo: Es wäre ganz interessant, wenn ihr bei euch eintragen würdet, was ihr glaubt, welche Bewertung ihr bekommt. Da müsstet ihr noch einen Ring herum machen.

Verkäuferin: Oder oben am Namen ein Kreuz.

Bodo: Ja, genau. Überlegt, was glaubt ihr, schreiben die Kolleginnen und Kollegen bei euch hinein!

Verkäuferin: Die Noten, die du dir selbst geben würdest.

Bodo: Nein, überlegt, wie schätzen mich meine Kollegen ein. Eine Prognose abgeben, wie die mich im Schnitt einschätzen.
Die Auswertung machen wir natürlich nicht anonym, da bekommt dann jeder mit, wer was bei wem eingetragen hat. Messer werden auch mitgeliefert.

Die Übertreibung ist ein effizientes vertrauensbildendes Stilmittel. Wirkungsvoller kann man andere kaum davon überzeugen, dass die befürchtete Folge eben gerade nicht eintreten wird.

Die spontane Idee, dass jeder sich aus der Perspektive seiner Kollegen beurteilt, passt ausgezeichnet in das Konzept. Ebenso wie die Chefs in der Selbsteinschätzung durch die Brille der Mitarbeiter ihr eigenes Verhalten besser reflektieren können, werden nun auch die Mitarbeiter durch die objektive Auseinandersetzung mit sich selbst neue Sichtweisen über die eigene Person erlangen.

Nachdem alle Fragen geklärt sind und die hellwachen Bäcker und Verkäuferinnen die Schwachstellen im Fragebogen erkannt und ihre Verbesserungsvorschläge eingebracht haben, können wir beginnen.

Mit der heutigen Befragung nähern wir uns einem Meilenstein in der Implementierung eines Führungssystems. Die Mitarbeiterzufriedenheit wirkt sich schließlich auf das gesamte Geschäft aus. Neben den Auswirkungen auf betriebsinterne Prozesse und Ergebnisse beeinflusst sie nicht nur die Kundenzufriedenheit, sondern auch das Image. Unzufriedene Mitarbeiter äußern ihre Unzufriedenheit im Freundes- und Bekanntenkreis. Wie die Ringe um einen ins Wasser geworfenen Stein ziehen schlechte Bewertungen unzufriedener Mitarbeiter ihre Kreise und breiten sich in der Öffentlichkeit aus.

Während die Verkäuferinnen und Bäcker sich konzentriert mit den Fragen beschäftigen, bleibt mir nicht mehr viel zu tun. Nachdem alle ihre Bögen ausgefüllt und abgegeben haben, frage ich nach der Stimmung.

Bodo: Ja, Freunde, wie sieht es aus? Habt ihr alles? Prima.
Wie war das heute Abend?
Alle: Spitze.
Bodo: Harte Übung?
Bäcker: Ganz o.k.
Verkäuferin: Locker.

Die Reaktionen der Mitarbeiter zeigen, dass in der Bäckerei ein sehr gutes und ausgewogenes Betriebsklima herrscht. In anderen Betrieben ist die Atmosphäre bei der Mitarbeiterbefragung häufig sehr spannungsgeladen.

Berater und Führungskräfte müssen sich darüber im Klaren sein, dass die Mitarbeiterbefragung eine hohe Erwartungshaltung erweckt. Die Mitarbeiter erkennen, dass sie ernst genommen werden und ihren Meinungen Gewicht verliehen wird. Noch nie wurden sie so direkt um ihre Meinung gefragt. Nun interessiert sich der Chef, der sonst immer als oberste Instanz auftritt, auf einmal für ihre Meinung und ihre Gefühle. Diese Dynamik erzwingt aber auch notwendige Folgen. Die Auswertungen müssen zügig durchgeführt und zeitnah präsentiert werden. Der Berater muss sein Versprechen der Geheimhaltung personenbezogener Daten zuverlässig einhalten und der Chef muss seine Bereitschaft zeigen, die richtigen Lehren aus den Rückmeldungen der Mitarbeiter zu ziehen. Wenn er diese Erwartungen nicht erfüllt, hat er hinterher möglicherweise einen schlechteren Betrieb als vorher.

Bereits vor der Auswertung und Präsentation der Ergebnisse hebt die Mitarbeiterbefragung die Zufriedenheit im Betrieb durch die bloße Tatsache, dass die Mitarbeiter sich in ihrer Person wichtig genommen fühlen. Ihre Aufmerksamkeit steigt, weil sie alles, was sie im Fragebogen beurteilt haben, nun viel bewusster betrachten. Dadurch werden sie aber auch kritischer und geben dem Chef schneller Feedback als zuvor. Sie lernen, andere und sich selbst analytisch zu betrachten. Ihr gesteigertes Selbst- und Verantwortungsbewusstsein nutzt nicht nur dem Unternehmen, sondern auch jedem einzelnen persönlich.

Die Chefbefragung

Im Idealfall findet die Chefbefragung zeitgleich zur Mitarbeiterbefragung in getrennten Räumen statt. Aus terminlichen Gründen mussten wir in der Bäckerei Hegmann-Büttner die Abfolge ändern. Maria, Hans und Leo bekamen die Fragebögen ausgehändigt und füllten sie in einer der wenigen ruhigen Momente aus, die ihnen in ihrem arbeitsreichen Alltag verbleiben. Da Sandra noch keine offizielle leitende Funktion im Familienbetrieb hat, wurde sie nicht bewertet und musste auch keinen Fragebogen über sich selbst ausfüllen. Während die Fragebögen der Mitarbeiter statistisch ausgewertet werden müssen, bedarf die Selbsteinschätzung der Chefs aus Sicht der Mitarbeiter zunächst keiner weiteren Bearbeitung. Der Berater benötigt sie allerdings spätestens beim Briefing der Führungskräfte, wo sie die Grundlage für den Vergleich zwischen Selbst- und Fremdwahrnehmung bilden.

Die Auswertung der Fragebögen

Berater können und müssen nicht alle Wissensgebiete beherrschen. Aber sie müssen wissen, wen sie fragen können, um Wissenslücken zu kompensieren. Man muss kein Experte in Statistik sein, aber ohne die Grundregeln der Statistik und Empirie lässt sich die Aussagekraft der Ergebnisse aus der Mitarbeiterbefragung kaum ermitteln. Wer die Spielregeln der statistischen Auswertung nicht kennt, kommt leicht zu Fehlinterpretationen oder übersieht wichtige Hinweise. Die Bedeutung von Mittelwerten, Streuung und Verteilung gehört dabei zum notwendigen Minimalwissen, weil deren Interpretation die Voraussetzung für alle abgeleiteten Aussagen bildet. Eine Normalverteilung ohne große Abweichungen vom Mittelwert liefert ein relativ eindeutig zu interpretierendes Ergebnis. Aus Verteilungen lassen sich Anomalitäten ablesen. Eine breite Streuung kann auf eine Mehrklassengesellschaft hinweisen. Lehrlinge können aufgrund unterschiedlicher Bedingungen beispielsweise zu völlig anderen Bewertungen kommen als Mitarbeiter in höheren Positionen. Die eigentliche Aufgabe besteht darin, mit Hilfe statistischer Regeln die Aussagen aus den Ergebnissen zielsicher und fehlerfrei zu ermitteln. Bei der Interpretation empfiehlt es sich generell, sehr vorsichtig vorzugehen. Berater sollten dabei nie Antworten, sondern stets Fragen generieren. Wenn die Ergebnisse mit den Führungskräften besprochen werden, hilft der Berater lediglich mit den richtigen Fragestellungen, damit sie die Antworten selbst finden.

Für die Auswertung müssen zunächst sämtliche Werte aus den Fragebögen erfasst werden. Dazu empfiehlt sich ein Tabellenkalkulations-Programm. Zu jeder einzelnen Frage wird ein Diagramm erzeugt, das ein spezielles Ergebnis anschaulich abbildet. Eine Hitliste soll der Führungskraft zeigen, wo gute Ergebnisse vorliegen, während eine weitere

Liste mit den schlechtesten Ergebnissen den jeweiligen Handlungsbedarf veranschaulicht. Dafür gibt es auch den Begriff der „Shit-Liste“, den ich allerdings nur bei Klienten verwende, die sehr viel Humor mitbringen und herzhaft über sich selbst lachen können.

Da Statistik weder zu meinen Stärken noch zu meinen Vorlieben zählt, habe ich einen ehemaligen Mitarbeiter, den Diplom-Psychologen Dr. Rainer Hutwelker, kontaktiert, um meine Auswertungen von ihm überprüfen und absichern zu lassen. Er gab mir wertvolle Tipps für die Aufbereitung der Darstellung. Auf seine Empfehlung hin habe ich die Ergebnisse themenbezogen nach den Rubriken „Aufgabenorientierung, Beteiligungsmöglichkeit und Beziehungsorientierung“ geordnet. Damit verlaufen sie in der Darstellung zwar nicht mehr in der Reihenfolge der gestellten Fragen im Fragebogen, aber die Ergebnisse können in thematisch sinnvollen Einheiten zusammengefasst und besprochen werden.

Vertrauliche und personenbezogene Daten von Klienten offen zu legen, zählt zu den Todsünden im Beratergeschäft. Natürlich muss ich auch in diesem Buch meine Klienten Hans, Maria und Leo schützen, wenn es um Daten geht, die nur sie und die Mitarbeiter in ihrem Betrieb betreffen. Die Veröffentlichung gewisser Details aus der Mitarbeiterbefragung ist weder notwendig noch zulässig. Deswegen wurden die Auswertungen – ebenso wie in der Situationsanalyse – anonymisiert und neutralisiert.

Das Briefing der Führungskräfte

Wann haben Sie das letzte Mal ein Zeugnis bekommen? Wenn Sie Arbeitnehmer sind, liegt es vielleicht nicht lange zurück, weil Sie das Arbeitsverhältnis gewechselt und ein Arbeitszeugnis erhalten haben. Als Chef eines Unternehmens könnte es allerdings eine Ewigkeit her sein, dass Sie sich offiziell einer Bewertung stellen mussten. Die meisten Chefs empfinden es als sehr befremdlich, wenn man sie beurteilt, weil sie diese Situation einfach nicht mehr kennen. Psychologisch betrachtet liegt darin bereits Sprengstoff, den es mit Einfühlungsvermögen zu entschärfen gilt.

Im Mittelpunkt kritischer Betrachtung fühlt sich niemand wohl. Stattdessen herrschen Ängste und Unsicherheiten vor, die eine spannungsgeladene Atmosphäre erzeugen. Der Berater muss auf die Gefühlslage des Klienten sensibel eingehen. Bei den einen ist die Schmerzgrenze schnell überschritten, bei anderen muss Salz in die Wunde gestreut werden, damit sie sich den Aussagen der Bewertung überhaupt öffnen. Wie so oft in der Beratertätigkeit kommt es auf die feine und richtige Dosierung an. Ohne die Fakten der Mitarbeiterbefragung würde kaum ein Chef glauben, dass es Handlungsbedarf in seinem Führungsverhalten gibt und dass er es im Interesse des Geschäfts, im Interesse der Mitarbeiter und im eigenen persönlichen Interesse verbessern sollte. Es wäre kaum möglich, ihn in irgendeiner Weise zu bewegen. In den meisten Fällen würde er einfach nicht glauben, dass er sein Verhalten ändern muss. Das Eisen ist so heiß, dass ein Berater es nicht mit den Händen berühren kann, ohne sich zu verbrennen. Mit der Mitarbeiterbefragung schmiedet er die Zange, mit der er den Chef anfassen und formen kann, vorausgesetzt es gelingt ihm, den Prozess angemessen zu steuern. Der eigentliche Wandel muss letztendlich beim Chef stattfinden. Auch bei Mitarbeitern sollen durch die gegenseitige

Kollegenbeurteilung Verhaltensänderungen erwirkt werden. Der eigentliche Schwerpunkt in diesem Prozess ist und bleibt aber der Chef, weil er am längeren Hebel sitzt und die größere Reichweite hat.

Im Briefing führe ich gewöhnlich Vier-Augen-Gespräche mit jeder einzelnen Führungskraft. In der Bäckerei Hegmann-Büttner habe ich angesichts der besonderen familiären Situation je ein gemeinsames Gespräch mit den Senior- und den Juniorchefs durchgeführt. Zum einen werden dabei die Ergebnisse der Selbsteinschätzung mit den Bewertungen der Mitarbeiter verglichen, um den notwendigen Handlungsbedarf zu bestimmen. Zum anderen dient das Briefing aber auch der Vorbereitung auf die Präsentationssitzung, in der die Mitarbeiter die Ergebnisse und die daraus abgeleiteten Vorsätze der Führungskräfte und die beabsichtigten Maßnahmen erfahren sollen.

Um die Ängste abzubauen, die alle Führungskräfte zu Beginn des Briefings unterschwellig empfinden, erzähle ich die Geschichte meiner eigenen Bewertung, in der ich selbst vor Angst Bauchweh hatte. Elisabeth von Hornstein, die gerade über das Thema der 360°-Beurteilung promovierte, spielte in meinem Fall den Coach. Von ihr habe ich als Betroffener viel über das gesamte Verfahren gelernt. Damals hatte ich eine besonders schwierige Aufgabe zu bewältigen. Ich wollte eine Gruppe von Frauen aus dem Backoffice, also von den für die Unterstützung der Berater zuständigen Mitarbeitern, die innerlich bereits alle gekündigt hatten, zu einem motivierten Team umbilden. Dabei setzte ich auf die Methode des virtuellen Outsourcing. Meine erste Maßnahme war, den Zustand der Unzufriedenheit offen zu benennen: „Gebt doch zu, hier als Angestellte zu arbeiten, macht keinen Spaß. Es wäre doch viel besser, selbstständig zu sein. Dann müsstet ihr nicht für übergeordnete Vorgesetzte und Chefs schuften, sondern könntet sie zu euren Kunden machen. Ihr stündet in einem Kunden-Lieferanten-Verhältnis, wärt selbst die Unternehmer und könntet das ganze schöne Geld einstreichen. Könnt ihr euch das vorstellen?" Den Vorschlag fanden alle auf Anhieb gut. Hauptsache, sie konnten die derzeitigen Verhältnisse hinter sich lassen, die alle unerträglich fanden. Ich erklärte mich also bereit, sie bei der Umwandlung vom Angestelltenverhältnis zur Selbständigkeit zu beraten. Allerdings dürfte dies nicht überhastet geschehen, sondern müsste wohl geplant sein. Ich erklärte also alle Schritte, die dazu nötig wären. Nach der Testphase sollten sie sich endgültig entscheiden, welche Variante sie bevorzugen würden: das Fortbestehen des Angestelltenverhältnisses oder die Selbstständigkeit als Unternehmer.

Bei der Prozessberatung wurden im Allgemeinen kleine Teams gebildet, die einen bestimmten Servicebereich abteilungsübergreifend abdeckten. So war z.B. der Grafik-Pool für die gesamte Gestaltungsarbeit verantwortlich, während die Wissensbasis das Archiv aufbaute und verwaltete. Über die PC-Betreuung wurde die Datenverarbeitung komplett abgewickelt, die Kaufmannschaft kümmerte sich um alles Geschäftliche und die Trainingseinheit organisierte sämtliche Trainings. Als Teams könnten sie sich durchaus selbständig machen, um ihre Dienstleistungen auf dem freien Markt anzubieten. Ich schlug also vor, einen Servicepark aufzubauen, in dem alle bisherigen Leistungen, die in den Einzelgeschäften erbracht wurden, angeboten werden könnten. Wenn sich alle am Ende dieses Konzept wünschten, wäre ich bereit, den Geschäftsführer dieser Holding zu spielen. Dann simulierten wir Schritt für Schritt den Gang in die Selbständigkeit. Zum Schluss verhielten sich alle perfekt unternehmerisch, die Selbständigkeit aber wünschten sie sich nicht mehr, weil sie nun die Risiken im vollen Umfang kannten. Sie wussten, welche Preise für welche Leistungen auf dem Markt bezahlt wurden und erkannten, dass sie für ihre Arbeit gar nicht schlecht bezahlt wurden. Sie sahen nun auch, dass sie als Selbständige wesentlich härter arbeiten müssten. Am Ende waren alle mit ihrer Arbeit und den Bedingungen deutlich zufriedener.

Mitten in diesem Prozess führte Elisabeth von Hornstein die Mitarbeiterbefragung durch, in der ich als Führungskraft die andere Seite durchlebte und durchlitt. Als Berater profitiere ich noch heute davon, weil ich beide Seiten kenne. Am meisten fürchtete ich mich vor der Präsentation der Ergebnisse und den Angriffen, die auf mich niedergehen könnten. Dann passierte aber etwas Erstaunliches. Die Angestellten spalteten sich in zwei Lager. Als das eine Lager mich angriff, begann das andere Lager sofort, mich zu verteidigen. Diese Reaktion kommt sehr häufig vor. Wenn einer eine dritte Person kritisiert, nimmt der andere automatisch die Perspektive des Verständnisses ein. Es zeigt im Grunde, dass niemand eine Eskalation wünscht. Elisabeth von Hornstein coachte und moderierte die Vorgänge so souverän, dass ich die Sitzung ohne Prellungen überstand. Die Veranstaltung war im Grunde gar nicht schlimm. Ich habe die Präsentation erstaunlicherweise nicht nur überlebt, sondern die überstandenen Mühen wurden hinterher sogar durch eine bessere Zusammenarbeit belohnt.

Die schonungslose Beurteilung durch andere, mit dem Ziel, das eigene Verhalten zu überprüfen und zu verbessern, habe ich später sogar ganz gezielt in meiner Arbeit als Berater und Moderator eingesetzt. Ich hatte gerade einen Diplom-Psychologen als Mitarbeiter eingestellt, den ich als Berater ausbilden wollte. Da er das Beratungsgeschäft am schnellsten lernen konnte, wenn er als stiller Zuhörer an meinen Seminaren teilnahm, nahm ich ihn zu den Workshops mit. Gleichzeitig wollte ich sein Know-how als Psychologe nutzen. Deswegen bat ich ihn, mir auf den gemeinsamen Rückreisen ein ausführliches Feedback zu geben, wie ich auf die Teilnehmer gewirkt hatte und wie sie auf mich reagierten. Diese Feedbacks waren zwar hart, aber sie waren gleichzeitig überaus aufschlussreich. Ich erfuhr in allen Einzelheiten, wie meine Stilelemente auf die Zuhörer wirkten. Erstaunlich viel nahm ich davon gar nicht wahr. Nachdem er mir das Johari-Fenster über die Wirkung meiner Person eröffnet hatte, registrierte ich während des Workshops überhaupt erst entscheidende Details. Ich merkte nun, ob mich die Teilnehmer verstanden hatten, ob sie sich ärgerten oder ob ich sie erheiterte. Natürlich forderte es mir viel Disziplin und Selbstüberwindung ab, mich durch einen Mitarbeiter immer und immer wieder beobachten und beurteilen zu lassen. Denn obwohl es jedes Mal äußerst schmerzvoll war, musste ich ihn ja das nächste Mal wieder darum bitten. Darin bestand die eigentliche Härte. Der Nutzen war aber so beträchtlich, dass ich es durchhielt.

Fast immer besteht eine große Übereinstimmung zwischen der Selbsteinschätzung und der Mitarbeiterbeurteilung. Das bestätigt, dass die Führungskräfte allein durch die Herausforderung, sich aus Sicht der Mitarbeiter zu beurteilen, selbstkritischer werden und die Bereitschaft entwickeln, über sich nachzudenken und sich objektiv zu betrachten. Die sehr persönlichen Bewertungen meiner Klienten in diesem Buch unzensiert zu outen, wäre – wie bereits erwähnt – eine unverzeihliche Indiskretion. Wo die Ergebnisse aber eine hohe Übereinstimmung mit allgemeinen Verhältnissen aufweisen, ist Zurückhaltung nicht notwendig. Hans, Maria und Leo haben – wie sich auch sonst bei den meisten Mitarbeiterbefragungen herausstellt – den größten Handlungsbedarf in folgenden 3 Punkten:

1. Die Mitarbeiter fühlen sich zu stark kritisiert und wollen mehr Anerkennung,
2. sie wollen mehr Informationen über geschäftliche Entscheidungen und
3. sie wollen mehr gemeinsame betriebliche Veranstaltungen.

Im Briefing, der Vorbereitung der Führungskräfte auf die Präsentationssitzung, bespreche ich alle Fragen ausführlich, unabhängig wie gut oder schlecht das Ergebnis ist. Dadurch werden alle Stärken und Schwächen im Verhalten sichtbar und die Betroffenen können ihre Verhaltensweisen deutlicher reflektieren.

Bei der Auswertung der Ergebnisse liefere ich – wie bereits erwähnt – keine Antworten, sondern Fragen, die den Führungskräften helfen, die Gründe für jede einzelne Bewertung selbst zu erkennen.

Nach dieser Analyse erkläre ich noch einmal, worauf es bei der Präsentation der Ergebnisse ankommt. Grundregel Nummer 1 lautet: Die Führungskräfte dürfen sich nicht verteidigen und dürfen die Kritikpunkte nicht abstreiten. Andernfalls würde die gesamte Wirkung sofort verpuffen, die mit der Mitarbeiterbefragung erreicht werden soll, denn die Verbesserung der Kommunikation ist eine grundlegende Voraussetzung für eine bessere Zusammenarbeit. Keinesfalls dürfen sie an dieser Stelle ihre Autorität ausspielen. Stattdessen müssen sie auf Empfang schalten und sich konstruktiv verhalten, indem sie sich der Kritik öffnen. Der zweite wesentliche Punkt betrifft die guten Vorsätze für die Zukunft. Die Führungskräfte müssen ein Angebot machen, welche Maßnahmen sie ergreifen wollen, um das eigene Verhalten bei den drei kritischsten Punkten zu verbessern. Diese Maßnahmen notieren sie auf einem Notizzettel, um sie während der Präsentation stets griffbereit zu haben, damit in der Aufregung nichts vergessen wird.

Die Präsentationssitzung

Wenn Sie durch die Gardine auf die Straße schauen, wissen Sie, dass die Passanten Sie nicht sehen können. Sie können jeden ungestört beobachten und sein Verhalten studieren. Wie oft Sie selbst im Alltag von anderen durch eine Gardine betrachtet werden, ist Ihnen meistens nicht bewusst. Wenn der Vorhang, hinter dem Sie sich irrtümlicherweise unbeobachtet fühlen, weggezogen wird, müssen Sie ihr Verhalten zur Kenntnis nehmen. Durch die Mitarbeiterbefragung wird der Vorhang aufgezogen, der den Führungskräften den Blick auf sich selbst verbirgt. Der blinde Fleck wird sichtbar gemacht und in den Mittelpunkt der allgemeinen Betrachtung gerückt.

Die Präsentationssitzung ist die letzte Phase im Prozess der Mitarbeiterbefragung. Es ist sozusagen der letzte Spieltag, an dem der Moderator unbedingt punkten muss. Wenn er hier Fehler macht, riskiert er, das ganze Spiel zu verlieren, selbst wenn er vorher alles perfekt moderiert und betreut hat. Er darf die Spieler keinesfalls manipulieren, aber er muss die Schrittfolge und Schrittgeschwindigkeit wie in einer Choreographie planen und sie genau nach diesem Entwurf durchspielen. Wenn sich das leiseste Anzeichen zeigt, dass die Führungskraft stolpern oder sich fehlverhalten könnte – z.B. durch den Drang, sich zu rechtfertigen – muss der Moderator den Ausfallschritt verhindern.

Analysen machen nur Sinn, wenn die Beteiligten angemessene Handlungen aus den Ergebnissen ableiten. Die Mitarbeiterbefragung ähnelt in dieser Hinsicht dem Biss vom Apfel der Erkenntnis. Die Unschuld der Unbewusstheit geht verloren und muss durch verantwortungsbewusstes Handeln ersetzt werden. Verhaltensänderungen verlangt man schwerpunktmäßig von den Chefs. Bei der Querbeurteilung müssen aber auch die Mitarbeiter ihr Verhalten überdenken. Jeder einzelne wird zur Kenntnis nehmen, wie er mehrheitlich von anderen gesehen wird. Da die Beurteilung in einem objektiven Verfahren ermittelt wurde, muss sich jeder mit der Rückmeldung auseinandersetzen, weil die Aussage nicht mehr geleugnet werden kann.

In der Backstube herrscht die übliche Hitze, die heute nicht nur vom Ofen stammt, sondern auch von den vielen Menschen im Raum. Inzwischen sind alle Mitarbeiter eingetroffen und haben sich auf die Biertische und Bänke verteilt. Hans, Maria und Leo sind nervös, lassen sich die Anspannung aber nicht anmerken. Ich schalte den Overhead-Projektor ein und lege die Tagesordnung auf, die ich den Anwesenden kurz erläutere (Bild 35). Heute werden die Ergebnisse der Mitarbeiterbefragung präsentiert und besprochen. Die Bewertung der Seniorchefs bzw. des Juniorchefs werden separat vorgestellt. Im direkten Anschluss an die Präsentation wird die betreffende Person eine Stellungnahme zur ihrer Bewertung abgeben.

Bevor ich mit der Präsentation beginne, erläutere ich die Methode, nach der die Auswertung vorgenommen wurde.

Bodo: Ich habe die Ergebnisse nach Beratung mit einem Diplompsychologen nach verschiedenen Kategorien sortiert. Der erste Block umfasst die Aufgabenorientierung, also alles was sich um die Aufgaben in der Backstube und im Laden dreht.
Der zweite Block bezieht sich auf die Beteiligungsmöglichkeit der Mitarbeiter im Geschäft und der dritte Block fasst die Fragen zur Beziehungsorientierung zusammen. Damit ist das gegenseitige Verständnis gemeint.

Abendordnung

Zeit	Aktion	verantwortlich
19:00	Begrüßung, Ziele der Präsentation, Abendordnung	Bodo
19:15	Die Bewertung von X	Bodo
19:35	Stellungnahme zur Bewertung	X
19:45	Die Bewertung von Y	Bodo
20:05	Stellungnahme zur Bewertung	Y
20:15	Die Bewertung von Z	Bodo
20:35	Stellungnahme zur Bewertung	Z
20:45	Fragen zur Kollegen-Bewertung	einzeln mit Bodo

Bild 35 Präsentation der Ergebnisse der Mitarbeiterbefragung: Die „Abendordnung"

Ich lege die Folien mit den Ergebnissen der Bewertung für die Führungskraft X auf, damit wir sie gemeinsam diskutieren können (Bilder 36 bis 39).

Die Antworten zur Aufgabenorientierung bestätigen, dass die Führungskraft X der Bäckerei Hegmann-Büttner ihre Mitarbeiter selbständig arbeiten lässt und die Anforderungen so stellt, dass sie von ihnen erfüllt werden können. Die Aufgaben und Ziele sind allen Mitarbeitern bekannt. Einige erleben sie als positive Herausforderung, andere bewerten sie als eher mittelmäßig. Die Informationen zur Erledigung der Arbeit sind im Großen und Ganzen verfügbar. Bei der Ausstattung des Arbeitsplatzes gibt es geteilte Meinungen. Eine Person ist sehr zufrieden, einige finden den Zustand gerade noch akzeptabel und der Rest betrachtet ihn als ungenügend. Hier ist deutlicher Handlungs-

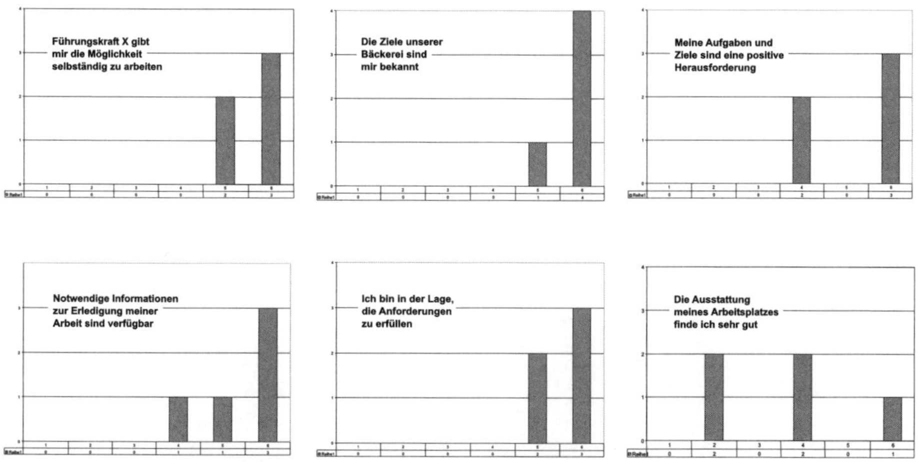

Bild 36 Die Zufriedenheit der Mitarbeiter bei der Aufgabenorientierung

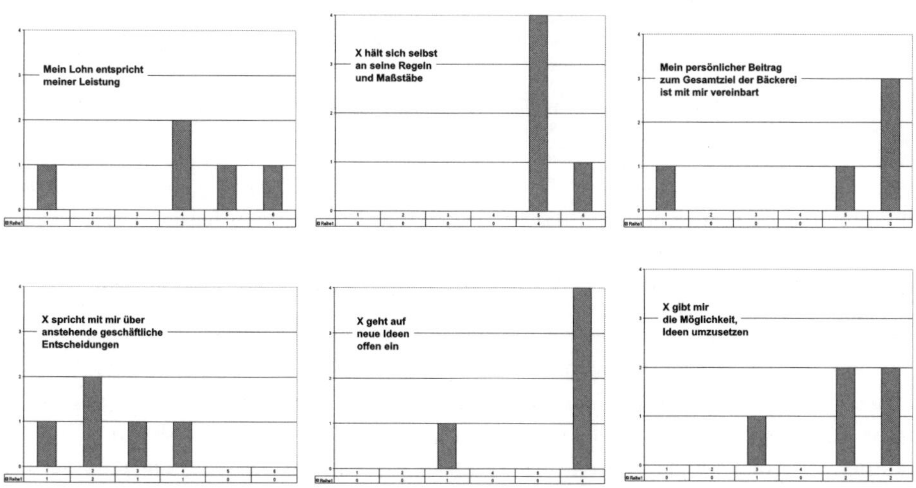

Bild 37 Die Zufriedenheit der Mitarbeiter bei der Beteiligungsmöglichkeit

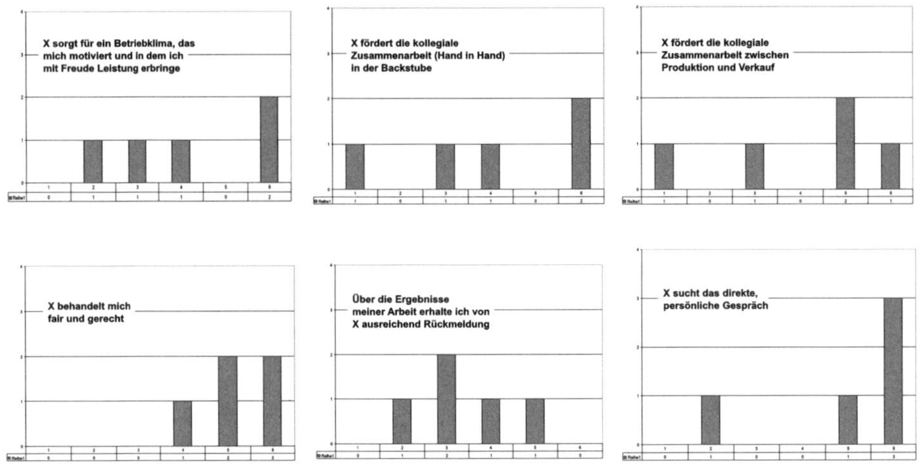

Bild 38 Die Zufriedenheit der Mitarbeiter bei der Beziehungsorientierung (1)

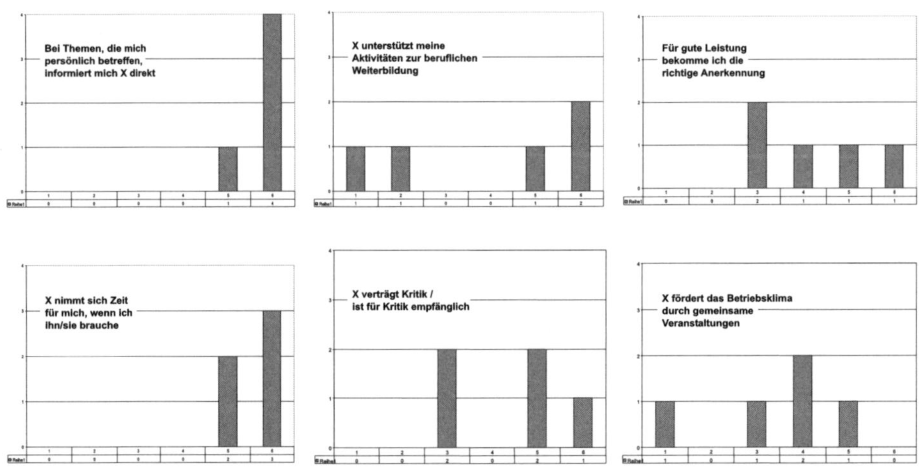

Bild 39 Die Zufriedenheit der Mitarbeiter bei der Beziehungsorientierung (2)

bedarf angezeigt. Für das Verhältnis zwischen Lohn und Leistung vergeben die Mitarbeiter nicht gerade Bestnoten. Aber das entspricht durchaus der Normalität. Diese Diskrepanz ist in der Arbeitswelt allgemein verbreitet. Eine sehr gute Note erhält X dagegen für das vorbildliche Verhalten, sich selbst an die eigenen Regeln und Maßstäbe zu halten.

Bei der Beteiligungsmöglichkeit zeigen die Rückmeldungen in den meisten Punkten gute bis zufriedenstellende Ergebnisse. Die meisten kennen den persönlichen Beitrag zum Gesamtziel der Bäckerei. Nur eine Person bewertet diesen Punkt sehr negativ. Hier muss X überlegen, um welche Person es sich handeln könnte, um den Missstand auszuräumen. Mit den Möglichkeiten, eigene Ideen umzusetzen, sind bis auf eine Person ebenfalls alle sehr zufrieden. Die Mitarbeiter bescheinigen außerdem, dass X auf ihre Ideen offen eingeht. Ein sehr schlechtes Ergebnis weist dagegen die Informationspolitik

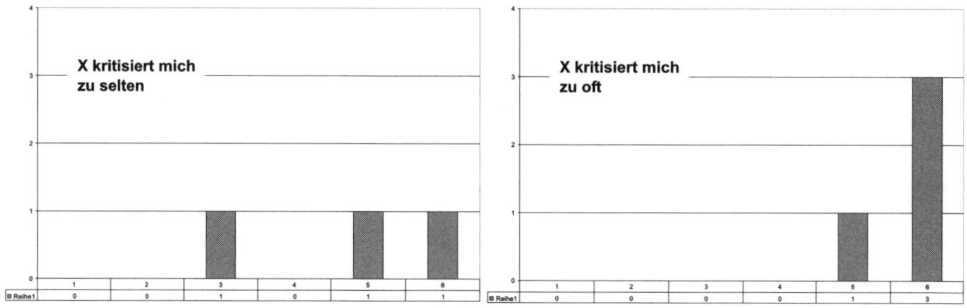

Bild 40 Die Zufriedenheit der Mitarbeiter bei der Kritik

über anstehende geschäftliche Entscheidungen auf. Hier wünschen sich alle durchgängig mehr Informationen.

Bei der Beziehungsorientierung fallen die Ergebnisse zur Förderung der kollegialen Zusammenarbeit untereinander bzw. zwischen Produktion und Verkauf sowie zur Schaffung eines Betriebsklimas, in dem die Mitarbeiter motiviert und mit Freude Leistung erbringen, zwar eher bescheiden aus, aber ein deutlicher Handlungsbedarf ergibt sich daraus noch nicht. Die Behandlung wird als fair und gerecht empfunden und die Mitarbeiter bestätigen mit überwiegender Mehrheit, dass X das direkte persönliche Gespräch mit ihnen sucht. Bei Themen, die sie persönlich betreffen, fühlen sich die Mitarbeiter immer direkt informiert. Wenn die Mitarbeiter X brauchen, können sie fest mit Unterstützung rechnen.

Die Aktivitäten zur beruflichen Weiterbildung werden unterschiedlich beurteilt. Einige sind mit der Situation zufrieden, andere wünschen sich mehr Förderung. Die Empfänglichkeit für Kritik wird ebenfalls unterschiedlich bewertet. Mehr Anerkennung für gute Leistung wünscht sich dagegen eindeutig die Mehrheit der Mitarbeiter. Das ist eine klare Aufforderung an X, den Leistungen der Mitarbeiter mehr Beachtung zu schenken. Den deutlichsten Handlungsbedarf innerhalb dieses Fragenkomplexes zeigt jedoch das Ergebnis beim Bedürfnis nach gemeinsamen Veranstaltungen.

Die Ergebnisse der Frage nach dem richtigen Maß bei der Kritik waren so auffällig, dass ich sie auf Anraten des Diplompsychologen gesondert und modifiziert unter Vorbehalt präsentiere (Bild 40). Hier zeigten sich bei der Auswertung Anzeichen, dass die Frage möglicherweise nicht richtig verstanden wurde.

Bodo: Hier haben manche wohl nicht genau gewusst, wie sie antworten sollen: X kritisiert mich zu selten, X kritisiert mich zu oft. Da habe ich bei manchen das Gefühl gehabt, wenn sie bei beiden Fragen eine Drei geben, dann ist das genau ausgewogen, und das geht eigentlich nicht. Also, entweder zu oft oder zu wenig, aber nicht beides. Und fast alle haben beides ausgefüllt. Den Punkt können wir eigentlich nicht auswerten. Ich habe es zwar gemacht, aber die Aussagekraft ist eher bescheiden. Stimmt das, dass das ein bisschen schwierig war an der Stelle? Oder wie habt ihr das gemeint?

Bäckerin: Das haben wir nicht richtig verstanden.

Nach der Präsentation aller Einzelergebnisse zeige ich die Liste, die den erforderlichen Handlungsbedarf widerspiegelt (Bild 41). In dieser Übersicht sind die schlechtesten Ergebnisse von schlecht zu besser hin aufgelistet, so dass man auf einen Blick erkennt, in welchen Bereichen sich die Mitarbeiter vordringlich Veränderungen wünschen. Diese Rangordnung zeichnet ein klares Bild über den dringendsten Handlungsbedarf.

Langfristig sollten alle kritischen Punkte optimiert werden. Da aber Verhaltensänderungen zu den mühsamsten und schwierigsten Prozessen gehören, begnügen wir uns mit dem realistischen Vorsatz, die drei wichtigsten Punkte anzugreifen und Wege der Verbesserung anzubieten.

Bodo: Alles, was bei dieser Bewertung über 3,54 (= Durchschnitt) liegt, befindet sich im grünen Bereich. Das müssen wir also nicht untersuchen. Ich habe nun die schwächsten Bewertungen herausgezogen, damit man sieht, wo ihr euch am meisten Verbesserungen wünscht.

Der erste Punkt: X spricht mit mir über anstehende geschäftliche Entscheidungen. Da wird offensichtlich mehr Information erwartet.

Der zweite Punkt: X fördert das Betriebsklima durch gemeinsame Veranstaltungen.

Der dritte Punkt ist fast schon im grünen Bereich: Über die Ergebnisse meiner Arbeit erhalte ich von X ausreichend Rückmeldung.

Das waren die wesentlichen Punkte. Und nachdem sich ja der Mensch nur auf eine begrenzte Zahl von Dingen konzentrieren kann, sollten wir uns eigentlich auf diese drei beschränken. Wenn ich z.B. am Neujahrstag mehr als drei gute Vorsätze fasse, dann kann ich die zu hochgesteckten Ziele mit Sicherheit nicht erreichen. Also schauen wir mal diese drei Punkte genauer an.

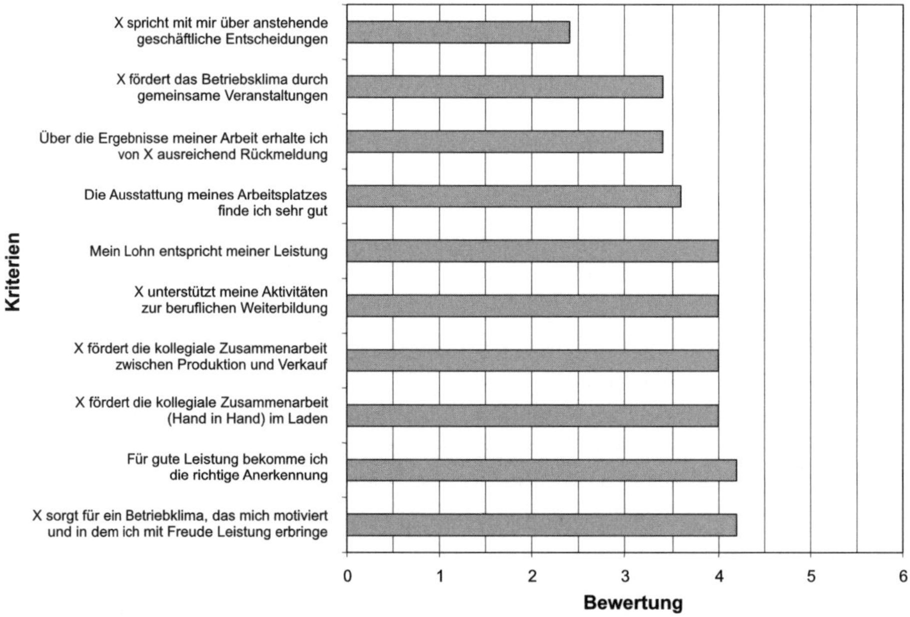

Bild 41 Veränderungen, über die sich die Mitarbeiter freuen würden

X, nun kannst du noch einmal nachfragen, wenn du Fragen hast. Oder auch dazu Stellung nehmen.

X: Bei den geschäftlichen Entscheidungen: An was habt ihr da gedacht oder wer kann mir da ein bisschen weiterhelfen, was ihr gerne wissen wolltet?

Mitarbeiter: Was erneuert wird, was in nächster Zeit passiert.

Bodo: Also, wenn was Neues angeschafft wird.

Mitarbeiter: Ja, wenn Veränderungen anstehen.

X: Ich werde daran denken.

Bodo: Beim Punkt „gemeinsame Veranstaltungen“: Was wünscht ihr euch da?

Mitarbeiter: Da fällt mir jetzt spontan der Zitherabend ein.

Bodo: Also mehr Zitherabende. Und die Jugend, was stellt sich die so vor?

X: Möchtet ihr mit mir in die Disco gehen?

Mitarbeiter: Dass wir z.B. mal weggehen.

Mitarbeiter: Ausflüge, Kegeln, Bowling, es gibt so viel. Man muss auch selbst was vorschlagen können und nicht nur die Chefin oder der Chef.

Bodo: Also ihr macht mal einen Vorschlag.

Mitarbeiter: Ich würde vorschlagen, wir legen was fest und X muss dann mitgehen.

X: Ich habe mitbekommen, dass ihr manchmal zum Essen geht, aber niemand fragt: „Mögen Sie mitgehen?“ Ich dränge mich nicht auf. Ich habe schon ein paar Mal gespannt, dass ihr miteinander weggeht. Man könnte ja fragen.

Mitarbeiter: Stimmt schon.

Bodo: Also Offenheit auf beiden Seiten. Wenn ihr X dabei haben wollt, fragt ihr, ob Interesse am Mitmachen besteht.

Bodo: Beim Dritten: Über die Ergebnisse meiner Arbeit erhalte ich von X ausreichend Rückmeldung: In Bayern haben wir da ja einen Spruch, den ihr bestimmt alle kennt: „Net gschimpft, is g'lobt gnua.“ Danach ist es ein sehr hoher Grad an Anerkennung, wenn X nichts sagt.

X: Hättet ihr gerne, dass ich euch mehr schimpfe?

Mitarbeiter: Nein.

X: Aber mehr loben?

Mitarbeiter: Manchmal ja. Ich könnte mir vorstellen, dass das ganz gut tun würde.

X: Ich werde mich bessern. Erinnert mich, wenn ich es wieder vergesse. Fragt einfach: „War das so in Ordnung oder nicht?“

Mitarbeiter: Wir schreiben einen Brief: Liebes Christkind ...

Die Bewertung von X ist insgesamt erstaunlich gut ausgefallen. In der Praxis als Berater erlebe ich derart positive Fälle äußerst selten. X hat sich zudem sehr geschickt verhalten, als die kritischen Punkte zur Sprache kamen. Die Kritik wurde nicht kritiklos angenommen, wie die Erörterung bezüglich gemeinsamer Veranstaltungen gezeigt hat, aber auch nicht autoritär zurückgewiesen. Die Mitarbeiter haben bei dieser Gelegenheit erkannt, dass auch sie zur Verbesserung der Verhältnisse beitragen können und müssen. Das Klima, das allgemein die Zusammenarbeit verbessert, beruht vor allem auf konstruktiver Offenheit, die von jedem einzelnen gefordert ist, ob Führungskraft oder Angestelltem.

Trotz des souveränen Auftritts von X fällt sichtlich viel Spannung ab, als wir die Präsentation nach der Durchsprache abschließen.

X: Ihr wart ja gnädig mit mir, das muss ich schon sagen. Dankeschön!

Mitarbeiter: Waren Sie zufrieden?

X: Ja.

Bodo: Gnädig würde ich gar nicht sagen. Das hat alles einen sehr ehrlichen Eindruck gemacht.

X: Das wäre ja sonst auch ein „Schmarrn".

Bodo: Da tut sich auch keiner einen Gefallen.
Schauen wir also weiter. Y, dann kommen wir zu dir.

Y: Bei mir schaut das schon anders aus.

Wenn das Führungsverhalten mehrerer Chefs in der Präsentationssitzung abgehandelt wird, gehe ich gerne nach der Sandwich-Methode vor. Die Person mit den besten Ergebnissen wird zuerst präsentiert. Das trägt zur Deeskalierung der Situation bei und entlädt die Spannung, unter der zwar vor allem die Führungskräfte leiden, die sich aber auf den ganzen Raum überträgt. In der Mitte wird die Person mit den kritischsten Ergebnissen besprochen. Durch den Abbau der Spannung zu Beginn der Sitzung ist dann die Stimmung bereits aufgelockert. Die Person mit den mittelmäßigen Ergebnissen bildet den Abschluss der Veranstaltung, damit diese nicht unter dem Eindruck höchster Dramatik endet. Diese Dramaturgie im Ablauf der Präsentationssitzung entspricht dem Handlungsverlauf einer szenischen Aufführung im Theater: Der erste Akt dient der Einleitung, der zweite Akt führt zum kritischen Höhepunkt und der dritte Akt liefert die Auflösung und den Abschluss.

In der Regel ist bei der Durchsprache nur die betroffene Führungskraft anwesend. Weil die Bäckerei aber ein Familienbetrieb ist, haben wir eine Ausnahme gemacht.

Nach der allgemeinen Erörterung sämtlicher Einzelergebnisse betrachten wir die Liste, die den größten Handlungsbedarf von Y grafisch abbildet. Die deutlichste Unzufriedenheit der Mitarbeiter zeichnet sich bei der Empfänglichkeit für Kritik bzw. der Ausübung von Kritik, bei der Informationspolitik hinsichtlich geschäftlicher Entscheidungen und bei der Beeinflussung des Betriebsklimas ab.

Bodo: „Y verträgt Kritik/ist für Kritik empfänglich": Da meint ihr, es wäre ganz gut, wenn mal angehört wird, was wir zu kritisieren haben. Wobei wir Y ja heute Abend auf eine ganz harte Probe stellen. Was da jetzt kommt, das ist ja schon Kritik.

Y: Das nehme ich auch gerne an.

Bodo: Bist du noch locker?

X: Brauchst einen Schnaps?

Bodo: Das hört sich gut an und geht schon in die richtige Richtung.
Es geht genauso weiter wie bei X: „Y spricht mit mir über anstehende geschäftliche Entscheidungen." Da wollt ihr mehr Information. Und: „Y kritisiert mich zu oft." Hier nehme ich noch einen vierten Punkt dazu, weil wir gerade so mittendrin sind: „Y sorgt für ein Betriebsklima, das mich motiviert und in dem ich mit Freude Leistung erbringe." Da besteht ein Zusammenhang zur Empfänglichkeit für Kritik und zum

Aussprechen von Kritik. Wenn diese zwei Punkte verbessert werden, fällt der vierte Punkt auch automatisch besser aus.

Y, jetzt kannst du deine Fragen stellen, falls etwas unverständlich für dich ist.

Y: Die kollegiale Zusammenarbeit zwischen Laden und Backstube, dass das nicht so klappt, das habe ich mitbekommen. Wie stellt ihr euch das vor?

Bodo: Wie kann Y das stärker fördern?

Mitarbeiter: Zwischen Laden und Backstube ist oft unklar, welche Menge an Backwaren noch im Laden ist und was noch gebraucht wird. Es wäre gut, wenn man hier mehr Klarheit schaffen könnte.

Bodo: Dass z.B. mal jemand kommt und schreit: „Huhu, uns gehen die Brezen aus!"

Zur Entdramatisierung einer gespannten Atmosphäre greife ich gerne auf eine flapsige Sprache zurück, weil man damit die Teilnehmer am schnellsten und wirkungsvollsten auflockern kann. In der Präsentationssitzung hat sich diese Methode erfahrungsgemäß in besonderem Maß bewährt.

Mitarbeiter: Es muss kalkuliert werden, was wir brauchen oder nicht. Am Abend bleibt immer etwas von dem übrig, was in der Früh gebacken wurde. Das kritisieren wir alle.

Bodo: Also die Planung ist nicht so punktgenau, das könnte besser werden.

Mitarbeiter: Genau.

Mitarbeiter: Die Leute fragen immer nach einem Bienenstich. Warum kann man nicht das machen, was die Leute wollen? Das verstehe ich nicht, warum machen wir den Bienenstich nicht mehr?

Mitarbeiter: Noch dazu, wo wir einen so guten anbieten können.

Bodo: Was machen wir da?

Y: Der Bienenstich passt bei uns nicht in den Ablauf hinein. Man könnte aber eine geringe Menge zukaufen, die dann auch weggeht.

Bodo: Was hier herauskommt, ist eigentlich: Die Mitarbeiter von Backstube und Laden müssen gelegentlich miteinander reden, weil im Verkauf ja ein gutes Gespür dafür da ist, was nachgefragt wird.

Y: Dann habt ihr noch gesagt, dass ich euch über geschäftliche Entscheidungen zu wenig informiere. Was stellt ihr euch da vor?

Mitarbeiter: Das ist mit der Fragestellung nicht so optimal gewesen. Das ist nur ganz nüchtern die Antwort auf die Frage. Wenn plötzlich ein Gerät dasteht, das brauchen wir halt, das ist in Ordnung. Davor haben Sie eben nichts gesagt. Das sollte man eigentlich nur nüchtern sehen.

Y: Beim Punkt: „Y kritisiert mich zu oft." Ich wäre froh, wenn ich nichts sagen bräuchte. Das sage ich ganz offen und ehrlich. Ich habe genaue Vorstellungen. Bei mir läuft das ab wie ein Film. Ich denke dabei nicht daran, dass ich jemanden lobe. Ich denke daran, dass eine anständige Ware hergestellt werden muss und wie das zu machen ist. So läuft das bei mir ab, und wenn dann einer dagegen schießt, dann komme ich aus dem Gleichgewicht. Daran liegt das wahrscheinlich. Ihr werdet es selbst wissen: Ich bin jemand, der viel arbeitet. Und wenn ich sage „Mache das!" und es wird nicht gemacht, dann bricht es aus mir heraus.

Mitarbeiter: Ich glaube, dass Y das oft gar nicht so meint. Wenn da was nicht klappt, dann kommt der Ärger und Y reagiert ein bisschen über. Ich glaube, dass sich manche nicht trauen, zu sagen: „Mensch, Y, es tut mir leid, dass das jetzt passiert ist." Es liegt vielleicht auch nicht jedem, dass er dann ein Gespräch sucht. Dann fühlt man sich ungerecht behandelt.

Bodo: Wie seht ihr das?

Mitarbeiter: Manchmal treffen zwei Welten aufeinander, weil wir verschiedene Chefs haben, die nach verschiedenen Systemen arbeiten. Da weiß man nicht mehr, was man machen soll. Das hat nichts mit Kritisieren zu tun. Das stört schon manchmal den Ablauf.

Mitarbeiter: Die Tonlage von Y ist manchmal zu laut. Das sagt jeder.

Mitarbeiter: Y drückt sich halt so aus, ein anderer schluckt es hinunter und dann hat er ein Magengeschwür.

Mitarbeiter: Y regt sich manchmal so furchtbar auf und ich denke mir, das rentiert sich gar nicht, sich so aufzuregen.

Mitarbeiter: Ich kann mir das schon vorstellen, wenn Y es schon fünfmal gesagt hat und das sechste Mal wird es wieder nicht gemacht, da könnte ich auch auf die Palme gehen. Wenn ich zu Haus viel Arbeit habe und da kommt mir einer dazwischen, da werde ich auch ...

Y: Ich wäre froh, wenn ich nichts sagen bräuchte, glaubt mir das. Das kostet auch meine Nerven und es tut mir nicht gut. Wenn was ist, dann sprecht mich gleich darauf an. Wenn ich dauernd kritisiert werde, da geht es mir genauso, das mag man nicht.

Mitarbeiter: Es ist schon besser geworden. Also momentan läuft es wirklich gut.

Bodo: Wetterprognose langfristig: Die Gewitterlage lässt nach. Vielleicht nicht so lange warten, sondern Kritikpunkte gleich aussprechen.

Y: Ich versuche es.

X: Das ist schon eine Krankheit von dir: Du sagst ewig lange nichts, das frisst du in dich hinein und dann regt dich eine Fliege an der Wand auf.

Mitarbeiter: Wenn es einer ist, der nichts gemacht hat, der kriegt es dann ab.

Bodo: An der Stelle sich ändern, das ist ...

Y: Ich werde mich etwas bremsen, wenn wieder so etwas ist.

Mitarbeiter: Ich glaube, dass wir die einzige Bäckerei sind, wo so ein Urteil über die Chefs überhaupt gemacht werden kann. Ich stelle mir vor, wenn das woanders gemacht wird, dann kämen da schlimmere Sachen raus wie hier. Was wäre das für eine Firma, wo Chefs nicht kritisieren oder schimpfen?

Bodo: Das stimmt absolut. Rückmeldungen von Mitarbeitern abzufragen, das passiert in fast keiner Firma. Und meine erste Beurteilung hat fast genauso ausgesehen wie diejenige von Y. Da war kein großer Unterschied.

Mitarbeiter: Wenn man etwas in Ruhe anspricht, bin ich immer gut damit gefahren. Früher habe ich es auch nicht gekonnt. Aber heute mache ich es auch mit meinen Kindern so: Wenn man etwas im angemessenen Ton mit den richtigen Worten sagt, klappt es.

Mitarbeiter: Das bezieht sich nur auf den Ton und hat nichts mit Y persönlich zu tun.

Y: Das merke ich ja selbst.

Bodo: Wenn dann öfter mal eine Anerkennung ausgesprochen wird, dann sind die Spitzen nicht mehr so hoch.

Mitarbeiter: Das ist dann ein Seelenbalsam, wenn ich nach Hause gehe. Ich freue mich selbst, wenn alles geklappt hat.

Mitarbeiter: Ich sage ja auch, die Brezen sind heute alle so schön, die mag ich gar nicht verkaufen.

Bodo: Klar ist, dass niemand von heute auf morgen den Schalter umlegen kann. Das ist enorm schwierig, aber es ist sicher angekommen. Da müsst ihr alle ein bisschen helfen. Ich glaube, den Punkt haben wir ausführlich besprochen.

Y: Ich finde es gut, wenn man mal drüber spricht. Ganz ehrlich, das habe ich noch nie gemacht.

Y hat sich wacker geschlagen. Bei ehrlicher Betrachtung wird jeder einräumen, dass es zu den schwierigsten Übungen im Umgang miteinander gehört, Kritik offen entgegenzunehmen. Die persönliche Verletzlichkeit macht sich in jedem Individuum stark bemerkbar. Sich der Schwäche mangelnder Empfänglichkeit für Kritik bewusst zu stellen, erfordert viel Mut. Das offene und ehrliche Gespräch mit den Mitarbeitern hat gezeigt, dass Konflikte häufig durch Missverständnisse und unausgesprochene Beschwerden unnötig geschürt werden. Durch eine offene, aber rücksichts- und verständnisvolle Auseinandersetzung lässt sich dagegen häufig der Konfliktstoff beseitigen, so dass allein eine vernünftige Gesprächsführung bereits das Fundament zur Verbesserung der Situation legen kann.

Die Verbesserungen, die sich die Mitarbeiter anschließend im Fall von Z wünschen, bestätigen das allgemeine Bild. Die Mitarbeiter möchten mehr Informationen über anstehende geschäftliche Entscheidungen, fühlen sich zu häufig kritisiert und wünschen sich mehr Anerkennung für gute Leistungen. Auch Z macht Angebote, wie die Mängel in nächster Zukunft beseitigt werden können.

Nachdem alle Probleme benannt und diskutiert wurden, macht ein Bäcker einen Vorschlag, wie der nächste Betriebsausflug gestaltet werden könnte: Eine Wanderung auf eine unbewirtschaftete Berghütte, auf die alle Lebensmittel selbst mitgebracht werden müssen. Da eine Verkäuferin aus familiären Gründen nicht über Nacht wegbleiben kann, wird der Hüttenabend abgelehnt. Am wichtigsten ist allen, dass sämtliche Kollegen am Ausflug teilnehmen können. Ein anderer schlägt eine Nachtwanderung vor. Am Nachmittag könnte die ganze Truppe auf den Berg aufsteigen und in der Nacht könnte man mit Fackeln absteigen. Weil auch hier keine einhellige Zustimmung seitens der Mitarbeiter erfolgt, schlägt Maria schließlich vor, einen Karton aufzustellen, in den jeder einen Zettel mit seinen Ideen und Vorschlägen einwerfen kann.

Leo macht zum Abschluss unserer Sitzung auf ein personelles Problem aufmerksam, das in Bälde auf die Backstube zukommen wird. Einer der Bäcker wird den Betrieb im folgenden Monat verlassen, um sich in der Computerbranche selbständig zu machen. Langfristig soll ein neuer Kollege eingestellt werden, aber in der Übergangsphase muss seine Arbeitskraft von allen aufgefangen werden. Leo bittet die Bäcker und auch die Lehrlinge, darüber nachzudenken, wie die Arbeit organisiert und verteilt werden kann, damit ein reibungsloser Betrieb garantiert ist.

Die konstruktiven Reaktionen und die positive Resonanz der Mitarbeiter unterstützen die Chefs in ihrer Motivation, persönliche Defizite in ihrem Führungsverhalten zu verbessern. Hans, Maria und Leo sind – wie alle Führungskräfte in dieser Situation – mit Ängsten und Spannungen in die Präsentationssitzung gegangen, weil sie sich vor den Konflikten gefürchtet haben, die in dieser Situation an die Oberfläche gespült werden könnten. Verhaltensfehler werden nicht nur in der Arbeitswelt, sondern auch im Privatleben meistens verdrängt, weil die Fähigkeiten zur kritischen Reflektion eigener Verhaltensweisen und zur Konfliktlösung im Allgemeinen nicht trainiert werden. Dabei gibt es im zwischenmenschlichen Verhalten unzählige Reibungspunkte, die bei sachlicher Auseinandersetzung rasch behoben werden könnten, wodurch sich das Zusammenleben aller Beteiligten beträchtlich erleichtern ließe. Stattdessen steigt der Druck wie in einem Dampfkochtopf stetig an, bis der Topf explodiert. In der Bäckerei Hegmann-Büttner haben wir heute erfolgreich das Ventil geöffnet. Der Dampf ist entwichen, ohne dass sich jemand die Finger verbrannt hat. Das Idealbild der Werteordnung, das im Leitbild der Bäckerei Hegmann-Büttner von den Mitarbeitern formuliert wurde, deckt sich in einigen Punkten zwar noch nicht mit der Realität, wie die Mitarbeiterbefragung ergeben hat. Nun wissen aber alle Beteiligten, welche Beiträge sie zu dessen Verwirklichung leisten können.

Die Mitarbeiterbefragung sollte im regelmäßigen Turnus, am besten im Abstand von einem Jahr, wiederholt werden. So lässt sich kontinuierlich prüfen, ob Mängel und Missstände tatsächlich beseitigt werden konnten oder ob neue Probleme aufgetreten sind, die gelöst werden müssen. Mit diesem Kontrollinstrument kann das zwischenmenschliche Verhalten in einer Gruppe unter Berücksichtigung ihrer Interessen, ihrer Bedürfnisse und ihrer Wünsche langfristig und effektiv gesteuert werden.

Das Feedback zur Kollegenbeurteilung

Auf Nachfrage eines Bäckers zu seiner Kollegenbeurteilung gehe ich an dieser Stelle noch kurz auf diesen Teil der Befragung ein, obwohl er normalerweise nicht in die Präsentationssitzung gehört. Alle Mitarbeiter haben inzwischen ein briefliches Feedback von mir erhalten und sind somit über ihre Ergebnisse informiert. Wer darüber sprechen möchte, hat nun die Gelegenheit dazu. Wer es nicht in der Öffentlichkeit abhandeln will, erhält das Angebot, mich anzurufen. Die Briefe werden alle nach demselben Muster verfasst und enthalten die Grafiken und Listen mit den detaillierten Einzelergebnissen. Wie beim Briefing der Führungskräfte gehe ich in dem Anschreiben auf die drei kritischsten Punkte genauer ein und fordere den Adressaten auf, sich mit den problematischen Stellen sorgfältig zu befassen und über die Kritik nachzudenken.

Lieber XYZ,

mit den folgenden Seiten bekommst du die Auswertung der Mitarbeiterbefragung, soweit sie dich betrifft. Die Tabelle, aber noch besser die Grafiken zeigen, wie dich deine Kolleginnen und Kollegen sehen. So kommst du bei ihnen an.

Alle Bewertungen rechts von 4,0 sind unkritisch, wenn nicht eine deutliche Aufspaltung der Werte zu erkennen ist.

Alle Punkte unter 4,0 solltest du dir genau ansehen und überlegen, warum deine Kolleginnen und Kollegen nicht einverstanden sind.

Nachdenken solltest du über die Bewertung:

- ***Informiert mich direkt bei Themen, die mich persönlich betreffen:** Einer fühlt sich nicht ganz so gut informiert.*
- ***Kritisiert mich zu oft:** Hackst du auf einem herum? Auf wem?*
- ***Verträgt Kritik:** Das findet einer nicht ganz so gut.*

Jetzt weißt du, wie du bei deinen Kolleginnen und Kollegen ankommst.

Denk doch mal nach, wie du bei den genannten Punkten besser werden willst. Was kannst du dazu tun?

Insgesamt sind deine Kolleginnen und Kollegen recht zufrieden.

Wenn du Fragen hast oder mit mir darüber sprechen willst, was du tun könntest, um besser anzukommen, ruf mich doch einfach an.

Viele Grüße

Bodo

Einige Mitarbeiter nutzen die Gelegenheit, ihre Kollegen direkt um nähere Erläuterungen zu bitten, um ein besseres Verständnis zu erlangen, für welche Defizite und Verhaltensweisen sie kritisiert wurden.

Wir schließen die Sitzung in dem Bewusstsein, dass alle Beteiligten – Führungskräfte und angestellte Mitarbeiter – erkannt haben, dass jeder einzelne seinen Beitrag zum reibungsfreien Zusammenwirken am Arbeitsplatz leisten muss. Die offene Aussprache hat sich dabei als Zauberelixier für eine erfolgreiche Umsetzung erwiesen und kann für den künftigen Umgang als Leitstern dienen.

Der Abend der offenen Tür

Hans lässt sich nicht lumpen. Er lädt die ganze Runde zum Essen beim nobelsten Italiener in Tölz ein. Als wir die Tür zum Restaurant öffnen, leuchtet uns ein fürstlich gedeckter Tisch entgegen. Silberbesteck und Porzellan blitzen im Kerzenschein, Blumen zaubern eine bunte Landschaft auf die weiße Damasttischdecke. Wir nehmen Platz und freuen uns auf das delikate Essen, das uns diese Szenerie als Vorbote verspricht. Alle sind in ausgelassener Stimmung. Niemand ist an diesem Abend beleidigt worden und niemand hat sich an diesem Abend wie eine beleidigte Leberwurst der offenen Kritik entzogen. Wir haben nicht nur den Vorhang vor den Fenstern des „blinden Flecks" von jedem Mitglied der „Arbeitsgemeinschaft" der Bäckerei Hegmann-Büttner aufgezogen. Wir haben eine zutapezierte Tür entdeckt, die alten Tapeten heruntergerissen und die Tür aus den rostigen Angeln gehoben. Dahinter lag zu unserem Erstaunen eine weite Landschaft, in der es sich leichter reden lässt und in der Probleme nicht mehr verdrängt werden müssen. In diesem Gelände fühlen sich alle wohler als in dem verschlossenen Raum, in dem die Luft verbraucht war. Die Wolken sind vertrieben und alle genießen das helle Licht. Jetzt dürfen wir mit einem guten Tropfen auf unseren erfolgreichen Abend anstoßen. Das heiße Thema ist vom Tisch. Stattdessen werden in Kürze die heißen Speisen italienischer Kochkunst aufgetischt. Wir haben allen Grund zu feiern.

Die Marktanalyse – auf den Spuren des Erfolgs

Es ist die ungesicherte Faktenlage, die uns unter den Nägeln brennt. Wer hat die besten Karten im hart umkämpften Markt für Backwaren in Bad Tölz? In der oberbayerischen Kur- und Urlaubsstadt mit 16.000 Einwohnern rangeln größere und kleinere Bäckereibetriebe um die Kunden. Der Wettbewerb ist scharf und wird zunehmend schärfer. Gleichzeitig lässt das Wachstum angesichts der Kaufzurückhaltung der Bevölkerung nach. Immer mehr Menschen kaufen immer weniger. Der Euro steht in dem Ruf, als Teuro die Preistreiberei zu begünstigen. Da spielt es keine Rolle, ob es sich um eine tatsächliche oder gefühlte Preisentwicklung handelt. Die Kaufbereitschaft der Kunden ist lau. Ohnehin wollen und müssen viele Leute auf Grund der angespannten wirtschaftlichen Lage kürzer treten. Der heftige Wettbewerb lässt uns keine Wahl: Wir brauchen die Indizien für den Erfolg, damit das Geschäft der Büttners auch künftig rentabel wirtschaften und als Familienbetrieb überleben kann.

Vor uns liegt ein kniffliger Fall mit vielen Unbekannten. Was muss getan werden, damit die Kunden ihr Brot, ihre Semmeln und ihren Kuchen am liebsten in der Bäckerei Hegmann-Büttner kaufen? Um ungelöste Fälle kümmert sich zwar traditionell der Bulle von Tölz, aber auf ihn können wir leider nicht zählen. Denn erstens geht er uns Tölzern neuerdings als Reporter in Hamburg fremd. Und zweitens geht es in unserem Fall nicht um Mord- und Totschlag, sondern um die Ermittlung von Wirtschaftsdaten oder, genauer gesagt, des Erfüllungsgrades der Kundenanforderungen und des daraus abzuleitenden Handlungsbedarfs für die Bäckerei. Unter der Lupe betrachtet, weist aber auch die Marktanalyse alle typischen Merkmale eines Kriminalfalles auf. In kriminalistischer Kleinarbeit müssen auch wir die vorhandenen Quellen auf Daten und Fakten abklopfen.

Mit der Marktanalyse schließen wir die letzte der Wissenslücken, die sich in der Situationsanalyse offenbart haben. Über die finanzielle Situation haben wir uns anhand der Zahlen zu Umsatz und Ergebnis, Gewinn- und Verlustrechnung ein klares Bild verschaffen können. Das Wissensdefizit über die Mitarbeiterzufriedenheit haben wir mit der Mitarbeiterbefragung beseitigt. Alle nötigen Schritte sind eingeleitet, um die Schwachstellen langfristig zu beheben. Nun fehlen uns nur noch fundierte Aussagen über Kunden und Wettbewerber. Es ist der letzte Punkt, den wir vertiefen müssen, um die Standortbestimmung des Geschäftes endgültig abzuschließen.

Viele haben ja vergessen, was hinter dem Begriff des Geschäfts eigentlich steht. Die Kernfrage eines jeden Geschäfts lautet: Was will der Kunde und wie kann ich es ihm besser liefern als der Wettbewerber? Das ist der eigentliche Dreh- und Angelpunkt, das ist das Wesen eines jeden Geschäfts. Alles andere ist Humbug. Sie halten das für eine banale Weisheit, die jeder Geschäftsführer und jede Führungskraft im Schlaf herunterbeten kann? Dann machen Sie sich keine Vorstellung von der grausamen Wirklichkeit. Dr. Zapke-Schauer, Leiter der EURATIO Akademie und School of Leadership in Zürich hat mir einmal erläutert, warum General Electric bessere Führungskräfte hat als andere Firmen in dieser Branche. Jack Welch – die große Leitfigur am Management-Himmel und erfolgreichster Firmenführer im letzten Jahrhundert – ist ihm aus persönlichen Gesprächen gut bekannt. Ich erfuhr, wie Welch in den Köpfen seiner Führungskräfte verankerte, dass unternehmerisches Denken zu den wichtigsten Eigenschaften in der Geschäftsführung zählt. Gleich nach Antritt seines Postens als CEO bei GE besuchte er alle geschäftsverantwortlichen Führungskräfte – manchmal auch unangemeldet. Dabei stellte er immer dieselbe Frage: „Erklären Sie mir bitte, wie Ihr Geschäft funktioniert!" An den Antworten erkannte er sofort, ob sein Gesprächspartner die Kernprozesse des Unternehmens verstanden hatte oder nicht. Wenn jemand in Fachchinesisch antwortete, bestand er hartnäckig darauf: „Erklären Sie Ihr Geschäft so, dass ich es verstehe, und nicht in Fachausdrücken. Sonst verstehen Sie Ihre Kunden auch nicht." Führungskräfte, die nicht aus dem Stehgreif verständliche Erklärungen liefern konnten, bekamen eine Frist von 2 Wochen. Waren sie nach dieser Zeit immer noch nicht in der Lage, eine klare Antwort zu geben, wurde der Posten neu besetzt. So sicherte Jack Welch, dass alle geschäftsverantwortlichen Stellen mit unternehmerisch denkenden Kräften besetzt waren. Damit stellte er auch klar, dass die Fähigkeit zu unternehmerischem Denken die Grundvoraussetzung zum Erreichen einer Führungsposition war. Wie wichtig diese personellen Auswahlkriterien waren, zeigt die Tatsache, dass die meisten Führungskräfte für die Besetzung freier Posten nach Mitarbeitern suchen, die ähnliche Eigenschaften und Ansichten vertreten wie sie selbst. Technokraten umgeben sich also mit Technokraten, Unternehmer mit Unternehmern.

Auch unter Studienabgängern, die eine Karriere als Führungskraft bei Siemens anstrebten, habe ich manchmal mein blaues Wunder erlebt, wenn ich im Vorstellungsgespräch das unternehmerische Denken der Bewerber prüfen wollte. Immerhin begegneten mir dort Hochschulabsolventen in Betriebswirtschaft, die zu den besten 5 Prozent ihres Faches zählen. Eine meiner Lieblingsfragen lautete: „Sie wollen ein Unternehmen aufmachen. Mit welchem Produkt würden Sie das tun und was sind für Sie die entscheidenden Kriterien, ob Sie das Unternehmen gründen oder nicht?" Ein Bewerber antwortete, sichtlich unter Schock und mit leichter Empörung: „So schwere Fragen hat mir noch nie einer gestellt. Sie bauen ja einen unheimlichen Stress auf." Und manch anderer gab sinngemäß dieselbe Antwort. Soviel zum Exkurs „unternehmerisches Denken".

Zu dem Kernwissen, das jeder erfolgreiche Unternehmer haben muss, zählt auch die Antwort auf die Frage: Wie gut erfülle ich die Anforderungen der Kunden im Vergleich zum Wettbewerber? Mit diesem Wissen ist er in der Lage, Wettbewerbsvorteile zu erringen. Denn damit kann er nicht nur die erkannten Schwächen eliminieren, sondern auch gezielt erfolgstragende Stärken der Wettbewerber erkennen und gegebenenfalls für sein eigenes Geschäft übernehmen.

In der Marktanalyse suchen wir Antworten auf die Kernfragen:

- Wofür ist der Kunde überhaupt bereit, sein Geld auszugeben?
- Wie entscheidet er, bei wem er es am besten ausgibt?

- Welche Anforderungen hat er an mein Produkt oder meine Leistung?
- Wer sind die Wettbewerber und wie erfüllen sie die Kundenanforderungen in den einzelnen Kategorien?
- Wie gut erfülle ich sie selbst im Vergleich zu ihnen?

Die Antworten auf diese Fragen spiegeln die Stärken und Schwächen des eigenen Geschäftes wider, aus denen sich der Handlungsbedarf für notwendige Veränderungen und Verbesserungen ableiten lässt. Mit diesem Wissen lassen sich die Weichen für den Erfolg stellen und die Hebel für den Misserfolg außer Kraft setzen. Wer solches Wissen auf die Frage von Jack Welch parat gehabt hätte, wäre mit Sicherheit nicht aus dem Job geflogen.

Wie kommen wir aber dem Handlungsbedarf konkret auf die Spur? Das Entscheidende im Wettbewerb ist, dass der Kunde das Produkt nicht von einem anderen Anbieter besser oder billiger bekommt. Daraus folgt die logische Frage: Wie kann ich durch besseres Erfüllen der Kundenanforderungen einen Wettbewerbsvorteil erringen? Nun haben Kunden nicht eine einzelne Anforderung an ein Produkt oder eine Leistung, sondern zahlreiche Vorstellungen über die gewünschte Beschaffenheit. Selbst bei einem vergleichsweise einfachen Produkt wie Brot hat der Kunde eine genaue Vorstellung von *seinem* Brot. Neben Qualität und Preis spielen dabei auch die Kaufbedingungen eine Rolle, für welchen Anbieter er sich entscheidet. Der Laden soll in günstiger Lage liegen, er will freundlich bedient werden, er will nicht zu lange warten. Viele Bedingungen müssen erfüllt sein, damit der Kunde in diesem und keinem anderen Geschäft kauft. Welche Situation muss also geschaffen werden, um dem Kunden das eigene Geschäft schmackhafter zu machen als alle anderen? Am besten findet man das heraus, indem man die Kunden selbst fragt.

In der Marktanalyse fahnden wir nach Fakten, die uns gesicherte Aussagen über Kundenwünsche und Kundenzufriedenheit liefern. Die Notwendigkeit für diese Fahndung zeigt sich in der Regel während der Situationsanalyse, wenn sich herauskristallisiert, dass das Wissen über die Kunden und ihr Kaufverhalten, über die Wettbewerber und den eigenen Stellenwert als Mitstreiter auf dem Markt vertieft werden muss. Die Situationsanalyse ist gewöhnlich der Ausgangspunkt der ganzheitlichen Beratung. Wahrscheinlich erinnern Sie sich, dass auch wir in dieser Phase Vermutungen zu Kunden und Wettbewerbern angestellt und Marktberechnungen vorgenommen haben, die wir nun mit Fakten objektivieren und untermauern wollen.

Unser Ermittlungsverfahren führt uns über eine weite Strecke mit folgenden Etappen:

- Hypothesen-Workshop
- Auswahl der richtigen Beratung (Vorgehensweise, Firma, Marktstudie)
- Vorbereitung der Kundenbefragung
- Durchführung der Kundenbefragung
- Auswertung der Kundenbefragung
- Präsentation der Ergebnisse

Mit diesem Fahrtenbuch können wir die Fahndung einleiten, um die Spuren des Erfolgs aufzudecken. Unser Tatort ist der Markt von Bad Tölz.

Der Hypothesen-Workshop

Wie löst man einen Kriminalfall? Ohne Indizien und eindeutige Beweismittel gibt es nur einen Weg, der zur Auflösung führt: Die Ermittler müssen Hypothesen aufstellen und dazu die richtigen Fragen generieren, um die richtigen Antworten zu finden. Vor dieser Aufgabe stehen wir auch im heutigen Workshop, in dem das hypothesengestützte Verfahren zur Anwendung kommt.

Die Senior- und Juniorchefs der Bäckerei Hegmann-Büttner haben bereits in der Situationsanalyse ihr Fachwissen bewiesen. Aus ihrer Erfahrung heraus haben sie Einschätzungen zu den Erwartungen der Kunden, zu den Wettbewerbern und zur eigenen Position vorgenommen. Die Wettbewerber wurden nach der vermutlichen Größenordnung aufgelistet und ihre Marktanteile geschätzt. Heute wollen wir hypothetisch erfassen, wie gut die Konkurrenz und wie gut sie selbst die Kundenanforderungen erfüllen. Vor diesem Hintergrund wollen wir auch klären, welche Fragen in der Kundenbefragung gestellt werden müssen, um die Hypothesen zu bekräftigen oder zu widerlegen.

Leo und Sandra haben den Kinderstuhl von Maximilian und das tragbare Bett von Franziska beiseite geräumt, damit ich den Flipchartständer neben der Eckbank in der Küche aufstellen kann. Pardon, Sie kennen Franziska noch gar nicht. Die junge Familie hat sich inzwischen vergrößert. Maximilian hat eine kleine Schwester bekommen, die alle mächtig auf Trab hält. Letztes Jahr im Winter, an dem Tag, als die dicksten Schneeflocken vom Himmel fielen, sah er sie zum ersten Mal. Seine Mutter hatte ihm ja schon erklärt, wer in ihrem Bauch heranwuchs. Zum Glück hat heute die stolze Großtante den Nachwuchs abgenommen, so dass wir konzentriert und ungestört arbeiten können.

Wer ein Geschäft betreibt, weiß in der Regel sehr viel über das Geschehen rund um Kunden, Markt und Wettbewerber. Im Hypothesen-Workshop kitzele ich aus den Klienten dieses Wissen heraus, das ihnen meistens nicht bewusst ist. Sie selbst fühlen sich dabei häufig unbehaglich, weil sie aufgefordert werden, Aussagen zu treffen, die mehr auf ihren Ahnungen beruhen als auf gesicherten Fakten. Als Berater muss ich aufpassen, dass meine Klienten offen bleiben und sich auf das Gedankenspiel einlassen. Auch hier ist wieder das Vertrauen zum Berater die Eintrittskarte zum Erfolg. Beim Klienten darf nicht einmal ansatzweise das Gefühl aufkommen, er könnte sich mit falschen Einschätzungen blamieren.

Die Kundschaft der Bäckerei Hegmann-Büttner lässt sich in Stamm-, Lauf- und Lieferkunden unterteilen. Stamm- und Laufkundschaft untergliedern sich nochmals in Kunden, die im Laden und/oder am Verkaufsstand am Wochenmarkt einkaufen. Um den Erfüllungsgrad der Kundenanforderungen zu ermitteln, müssen wir zunächst herausfinden, was den Kunden der verschiedenen Gruppen beim Einkauf der Backwaren wirklich wichtig ist und welche Priorität sie den einzelnen Punkten verleihen.

Wir beginnen mit den *Lieferkunden*, den Abnehmern von Brot, Weizenklein- und Feingebäck. Für sie sind Termintreue und Lieferflexibilität, Preis, Produktqualität und Sortimentsflexibilität die wichtigsten Kriterien, und zwar in genau dieser Reihenfolge.

Angesichts der relativ geringen Anzahl von 20 Lieferkunden beschließen wir, ihre Zufriedenheit über einen Schlüsselkunden repräsentativ zu ermitteln. Leo soll sich mit einem Lieferkunden zusammensetzen und ihn nach seinen Qualitätsanforderungen fragen, um zu erfahren, was er erwartet und worauf er großen Wert legt. Anschließend können wir überprüfen, ob und inwieweit seine Erwartungen erfüllt werden, die er an Umfang und Zusammenstellung der Lieferung, an Aussehen, Geschmack und Geruch der Backwaren hat. Wenn man dem Schlüsselkunden erklärt, dass man ihn durch diese Befragung noch besser versorgen will, stellt er sich gewiss gerne und bereitwillig zur Verfügung. Und wenn es dann noch eine Halbe Bier und eine Wurstsemmel dazu gibt, fehlt sich nichts mehr – zumindest bei uns in Bayern.

Auf meine Frage nach dem gefährlichsten Wettbewerber bei der Lieferkundschaft kommt die Antwort wie aus der Pistole geschossen: Es ist die Teiglingsindustrie. Kaum eine Gastwirtschaft kauft mehr von einem Bäcker – von Hotels und Sanatorien ganz zu schweigen. Sie alle kaufen Teiglinge und backen sie auf. Preislich ist die Teiglingsindustrie nicht zu unterbieten und frisch aufgebacken sind die Teiglinge in ihrer Qualität durchaus akzeptabel. Nur wenn sie ein oder zwei Stunden alt sind, können sie mit guten Bäckereiprodukten nicht mehr mithalten. Bäcker haben damit heutzutage keine nennenswerte Chance mehr, Lieferaufträge für Hotels zu bekommen. Im Liefergeschäft greift die Konkurrenz vor allem über den Preis an. Wettbewerbsvorteile lassen sich also nur über die Preisgestaltung erlangen.

Als Wiederverkäufer setzen Lieferkunden andere Prioritäten in ihre Erwartungen als private und geschäftliche Endverbraucher. Wir notieren zunächst, was für die Endverbraucher wichtig ist und sortieren diese Kriterien in ihrer Rangordnung. Dabei müssen wir wieder nach Stamm- und Laufkundschaft unterscheiden, weil beide Gruppen unterschiedliche Prioritäten haben.

Für *Stammkunden*, die bei Büttners im Laden einkaufen, lautet die Rangliste wichtigster Kriterien:

1. Qualität
2. Frische
3. Persönliche Ansprache und Freundlichkeit
4. Parkplatz und Gehzeit
5. Preis
6. Wartezeit
7. Sortiment
8. Ladeneinrichtung

Unter dem Aspekt der Qualität diskutieren wir den Stellenwert des Schnitzer. Das sind Bio-Vollkornprodukte, die in einem speziellen Verfahren aus biologisch angebautem und frisch gemahlenem Getreide hergestellt werden. Seine besonders wertvollen und gesunden Inhaltsstoffe bleiben durch die sofortige Weiterverarbeitung nach dem Mahlen erhalten. Die Lizenz für die Herstellung und den Verkauf wird von der Schnitzer GmbH in einem festgelegten Verkaufsraum an einen einzigen Anbieter vergeben. Das „Monopol" der Bäckerei Hegmann-Büttner reicht von Tölz bis Lenggries und Wolfratshausen. Da aufgrund des Gebietsschutzes kein anderer Bäcker in der näheren Umgebung das Schnitzer anbieten darf, ordnen wir es in der Rangliste als besonderes Merkmal der Qualität ein.

Für *Laufkunden* gelten nicht nur andere Kriterien, sondern auch andere Prioritäten. Die Lage ist am allerwichtigsten. Als nächstes folgt die Ladeneinrichtung, denn eine einladende Szenerie entscheidet darüber, ob sich der Kunde zum Eintreten in den Laden entschließt. Danach folgen das Sortiment und die Wartezeit. Preis, Freundlichkeit des Verkaufspersonals, Qualität und Frische bilden die Schlusslichter. Für die Kaufbereitschaft haben sie die geringste Bedeutung, weil Laufkunden im Gegensatz zu Stammkunden ja nicht wissen, was sie diesbezüglich erwartet.

Nachdem wir die Prioritäten bestimmt haben, können wir uns den Wettbewerbern zuwenden, um zu klären, wie gut die Konkurrenz und wie gut die Büttners die Kundenanforderungen erfüllen. Dabei schätzen Senior- und Juniorchefs, in welchem prozentualen Verhältnis jeder einzelne Wettbewerber die verschiedenen Kundenerwartungen erfüllt (Bild 42).

Für die Stammkundschaft ergibt sich daraus folgendes Bild:

Wenn die Einschätzungen stimmen, weist die Bäckerei Hegmann-Büttner in den für die Stammkunden wichtigsten Kriterien – Qualität, Frische, Freundlichkeit – bereits recht gute Ergebnisse auf. Am schlechtesten fällt das Ergebnis zur Ladeneinrichtung aus, die nach Einschätzung der Geschäftsinhaber allerdings die geringste Priorität hat. Ein dringender Handlungsbedarf ergibt sich damit aus jetziger Sicht nicht. Bei der Wartezeit und den Parkbedingungen schneidet die Bäckerei ebenfalls nicht besonders gut ab. Das letztere Kriterium lässt sich allerdings auch nicht beeinflussen, weil die historische Marktstraße, in der die Bäckerei liegt, zur Fußgängerzone umfunktioniert wurde. Früher konnten die Kunden direkt neben dem Laden parken. Heute achtet der Stadt-Sheriff gewissenhaft darauf, dass die Verkehrsvorschriften strikt eingehalten werden und niemand

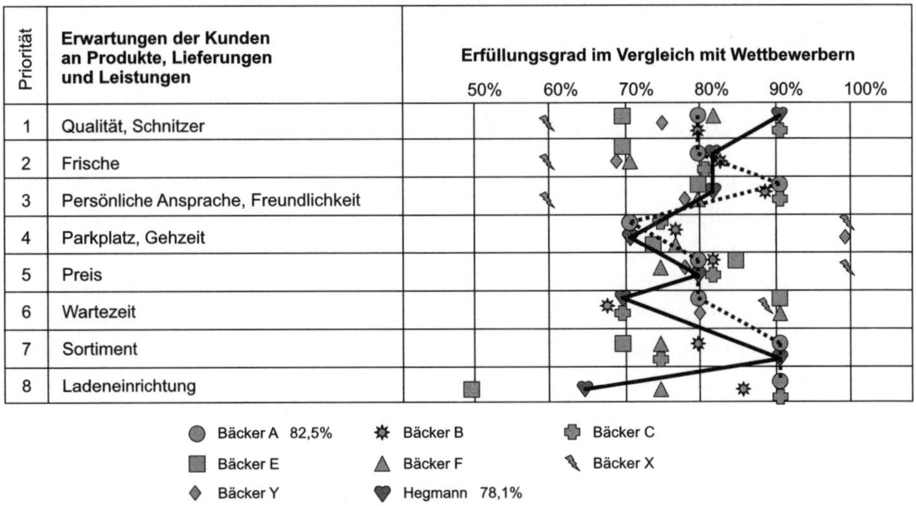

Bild 42 Wie gut erfüllen wir die Anforderungen der Stammkundschaft im Laden? (vgl. Bild 22)5

seinen Wagen unbefugt am Winzerer-Denkmal abstellt. Dadurch gehen den Büttners zwar Kunden verloren, aber auch eine verkehrsverstopfte Straße – wie in der Vergangenheit – schreckt manchen Kunden ab.

Die grafische Übersicht beweist, dass die Büttners sehr wohl in der Lage sind, ein sauberes Bild zur Marktlage und Konkurrenz zu zeichnen. Hans und Maria, die anfangs die größte Skepsis hatten, ob man auf diese Weise vernünftige Aussagen treffen kann, staunen nicht schlecht über das Ergebnis, das allen recht stimmig erscheint. Es sieht nicht nach willkürlichem Raten aus, wie Maria zuvor kritisiert hatte, sondern wirkt auf alle wie ein realistisches Abbild der aktuellen Marktsituation.

Die hypothesengestützte Erarbeitung potenzieller Kunden-Antworten, die wir in Bild 42 nach Priorität und Erfüllungsgrad sämtlicher Wettbewerber sortiert haben, bildet die Basis für das weitere Vorgehen. Je besser und sorgfältiger die Hypothesen erarbeitet wurden, desto stimmiger gerät der Fragebogen für die Kundenbefragung. Wenn man Klienten hat, die vollkommen falsche Hypothesen aufstellen, weil sie ihr Geschäft nicht kennen, liefert die Kundenbefragung am Ende keine transparenten bzw. eindeutigen Ergebnisse, weil der gesamte Fragebogen auf falschen Voraussetzungen fußt. Im schlimmsten Fall muss die Kundenbefragung wiederholt werden. Manchmal muss man zwei bis drei Schleifen drehen, um überhaupt zu den richtigen Fragen zu kommen.

Die Hypothesen müssen nun anhand der Kundenbefragung und ihrer Ergebnisse verifiziert werden. Im Brainstorming tragen wir schließlich noch stichpunktartig zusammen, welche Fragen uns für die Kundenbefragung wichtig erscheinen. Aus welchen Stadtbezirken und Straßen kommen die Kunden? Wieviele Fremde oder Kurgäste sind darunter? Welche Produkte kaufen sie? Kaufen sie bei mehreren Bäckern ein? Aus welchen Gründen kaufen sie in welcher Bäckerei welche Produkte? Wie wichtig ist ihnen die Lage?

Mit der allerletzten Frage im heutigen Workshop löse ich den reinsten Stress aus: Wer *macht* denn nun die Marktanalyse – mitsamt der Kundenbefragung und professionellen Auswertung?

Auswahl der richtigen Beratung (Vorgehensweise, Firma, Marktstudie)

„Du wirst doch nicht die Marktanalyse machen!?" Ingrid hat sich damit abgefunden, ihren Mann mit Siemens zu teilen. Dass sich nun auch noch der lokale Bäcker eine dicke Scheibe seiner Zeit abschneiden will, sieht sie nicht ein, aber überhaupt schon gar nicht. Ich bin mit meiner Tölzerin seit über 30 Jahren glücklich verheiratet und ich weiß, wo die stoische Gelassenheit der Oberbayerin endet und ihr unbezwingbarer Widerstand beginnt – zumal wenn sie von einer Sache felsenfest überzeugt ist. Außerdem hat Ingrid Recht. Wenn ich die stattlichen Personalkosten bedenke, die mein Einsatz verursachen würde, macht es schon rein rechnerisch keinen Sinn, mir diese stressige Arbeit alleine aufzuhalsen.

Am besten wäre es, ich hätte eine Partnerin – wie der Bulle von Tölz, der seine Fälle auch immer gemeinsam mit seiner tüchtigen Kollegin löst. Aber wo soll ich sie hernehmen?

Welche Möglichkeiten kommen sonst in Betracht? Berater haben nicht immer ein fixes Konzept über das gesamte Beratungsprogramm. Manche Schritte und Lösungen ergeben sich mitten im Prozess. Dann gilt es, sich für alles offen zu halten, die verschiedenen Lösungsansätze zu erkennen und gegeneinander abzuwägen. Alle Wege führen nach Rom – aber der eine kostet mehr Zeit, der andere mehr Geld und wieder ein anderer mehr Kraft. Als Berater besteht meine Aufgabe darin, meinem Klienten zur *richtigen* Marktanalyse zu verhelfen – mit dem geringsten Aufwand und dem besten Ergebnis.

Ich beginne mit der Recherche. Im Nürnberger Raum gibt es eine Firma, die spezielle Marktanalysen für Bäckereibetriebe erstellt. Ich lasse mir Unterlagen zusenden und bespreche sie mit Leo. Wir beschließen, alle gemeinsam einen Ausflug nach Nürnberg zu machen. Die Exkursion ist lehrreich – und der Preis noch lehrreicher. Die Firma versteht ihr Geschäft, ohne Frage. Hier würden wir sicher eine professionelle Lösung bekommen. Aber sie kostet die Büttners 15.000 Euro. Natürlich gibt es jede Menge anderer Anbieter für Marktanalysen. Was billiger ist, muss nicht unbedingt schlechter sein – und umgekehrt. Als Berater möchte ich meinem Klienten zeigen, wie er die richtige Kundeninformation *günstig* bekommen kann. Ich kontaktiere das Institut für Betriebswissenschaft an einer Fachhochschule und erhalte den Tipp, dass feste Mitarbeiter des Professors Aufträge für Marktanalysen direkt ausführen. Die Mitarbeiterin, bei der ich telefonisch genauere Informationen einhole, macht mir ein Angebot zum Preis von 7.500 EUR. Das ist immer noch viel Geld für einen Familienbetrieb. Aber es stimmt auch noch etwas anderes nicht: die Chemie – zwischen der Anbieterin und mir.

Inzwischen hat Leo die Marktanalyse eines Kollegen besorgt, die dieser bei der Nürnberger Firma anfertigen ließ. Mit Leo und Sandra begutachte ich die Unterlagen, die uns einen Einblick in den State-of-the-Art bei der Erstellung einer Marktanalyse gewähren. Was spricht eigentlich dagegen, die Sache selbst in die Hand zu nehmen? Die Unterlagen bieten eine gute Grundlage, um die Marktanalyse in Eigenregie durchzuführen. Motiviert von dieser spontanen Idee arbeiten wir ein Konzept für das weitere Vorgehen aus. Wir überlegen, mit welcher Fragetechnik wir die Kundenbefragung durchführen können. Den Versand von Fragebögen schließen wir aus, weil die Rücklaufzeiten zu lang wären und viele Kunden nicht reagieren würden. Die Direktbefragung vor oder in der Bäckerei hat den Nachteil, dass man damit überwiegend die Kunden erreicht, die bereits bei Büttners einkaufen. Somit hätten wir keinen statistischen Querschnitt der Bevölkerung und würden Kunden ausschließen, die in anderen Bäckereien einkaufen. Am günstigsten scheint uns eine telefonische Kundenbefragung, weil sie uns alle Ergebnisse unmittelbar liefert und die Berücksichtigung der verschiedenen Wohngebiete erlaubt. Dafür brauchen wir nun einen geeigneten Fragebogen – und außerdem eine Person, die unter meiner Anleitung in gemeinsamer Teamarbeit die Aufgabe erledigt.

Wieder einmal beweist unser „Kaufmann“ Albrecht Wild seinen Ideenreichtum und sein Kostenbewustsein. Er erinnert mich an die guten Erfahrungen, die Siemens mit Werkstudenten gemacht hat und rät mir, bei einer studentischen Unternehmensberatung in Regensburg anzufragen. Telefonisch erfahre ich, dass die Erhebung und Auswertung von Marktdaten zum Dienstleistungs-Spektrum von intouchCONSULT zählt. Man bittet mich um Zusendung einer Mail mit den genauen Anforderungen. Was ich suche, ist schnell formuliert: eine Person, die für 1.500 EUR in 10 Tagen das Ausarbeiten eines

Kundenfragebogens, die telefonische Kundenbefragung und das Auswerten der Ergebnisse erledigt. Und tatsächlich – diese jungen Leute sind auf Zack. Nach kürzester Zeit meldet sich Amelie von Both, Studentin der Betriebswirtschaft in einem höheren Semester.

Vorbereitung der Kundenbefragung

Wenn die Dinge, die man sich innerlich wünscht, tatsächlich eintreten, obwohl man nicht wirklich daran glauben mochte, beginnt es, richtig Spaß zu machen. Um seine Assistentin muss ich den Bullen von Tölz ab sofort nicht mehr beneiden. Mit Amelie habe ich eine ideale Partnerin in der Beratungsarbeit gefunden. Sie ist intelligent, kompetent und äußerst engagiert. Und – obwohl blond – ist Amelie das ganze Gegenteil von dem, was Blondinen nachgesagt wird.

Auf der Grundlage der von Leo besorgten professionellen Marktanalyse eines Bäckereibetriebes, verschiedener Marktanalysen und Kundenbefragungen von Siemens sowie der Ergebnisse des Hypothesen-Workshops erarbeiten wir in meinem Büro in München den Kundenfragebogen. Bei der Kundenbefragung spielt – ebenso wie in der Mitarbeiterbefragung – die Auswahl der Sprache eine entscheidende Rolle. Die Fragen müssen für den Kunden nicht nur verständlich sein, sondern auch angenehm klingen – und zwar sowohl inhaltlich als auch formal. Anderenfalls entwickelt er keine Bereitschaft, sich überhaupt auf die Befragung einzulassen.

Bei der Planung, wie die Telefonaktion konkret durchgeführt werden soll, lassen wir uns weiterhin von dem Gedanken der Kostendämpfung leiten. Und da ich nun schon mal in die Fußstapfen des Bullen getreten bin, kommt mir die Idee, zum Zwecke der Kosteneinsparung für Amelies Arbeitseinsatz die gesamte private Infrastruktur der Büttners und meines eigenen Heims zu nutzen. Was Resi Berghammer, die Mutter des Bullen, mit ihrer Privatpension kann, können wir schon lange. Ich lade Amelie ein, während der Kundenbefragung und der Auswertung im Zimmer unserer Tochter zu wohnen, die inzwischen einen eigenen Haushalt führt. Ingrid erklärt sich gerne bereit, für die Halbpension der „Ersatztochter" zu sorgen. Tagsüber soll Amelie vom Telefonapparat der Büttners die Kunden anrufen und dabei mit einem Mittagessen versorgt werden, damit sie schnell und zügig durcharbeiten kann. So verursacht der Einsatz unserer Auftragnehmerin – angefangen bei Kost und Logis über den Arbeitsplatz bis hin zu den Kommunikationsmitteln – über das vereinbarte Honorar hinaus keinerlei weitere Kosten.

Bevor wir mit der telefonischen Befragung beginnen, machen wir einen so genannten Dry-Run – einen Probelauf, in dem wir testen, wie lange die Befragung für einen einzelnen Kunden dauert. Wir wollen wissen, wieviele Telefoninterviews Amelie überhaupt an einem Tag schaffen kann. Bei der Einschätzung kommen uns Sandras Erfahrungen im Marketing sehr zunutze. Auch für die Taktik der Gesprächseröffnung kann sie wertvolle Tipps geben. Vorab müssen wir viele grundsätzliche Überlegungen anstellen. Wann erreicht man die Leute überhaupt zu Hause? Wann soll Amelie morgens beginnen, wann soll sie abends aufhören? Wie meldet sie sich am Telefon? Schafft sie es, die Antworten schnell genug zu notieren? Wie viele Befragungen brauchen wir überhaupt?

Es sind tausendundeine Teilfragen, die geklärt werden müssen, um den Ablauf zu planen. Jedes Interview muss zügig durchgeführt werden, damit der Kunde nicht abspringt. Als Testpersonen für den Pilotdurchgang stellen sich Ingrid und Sandra zur Verfügung.

Wenn man sich in die Inhalte vertieft, ist es tatsächlich möglich, die Marktanalyse auf eigene Faust und noch dazu mit geringen Kosten durchzuführen – vielleicht sogar mit einer besseren Qualität als mit einer externen Firma, da die Büttners sich in ihrem eigenen Metier ja besser auskennen als jeder andere. Für unsere Methode braucht man kein Expertenwissen, sondern gesunden Menschenverstand und professionelles Know-how über das eigene Geschäft. Sowohl die Junior- als auch die Seniorchefs sind hellauf begeistert, dass es tatsächlich gelingt, mit Bekannten und Verwandten diese Aktion durchzuführen. Genau betrachtet, haben wir die „Marktanalyse Instant" erfunden. Wir haben die Ingredienzien des Geschäfts Hegmann-Büttner komprimiert und können nun das konzentrierte Granulat aufgießen.

Durchführung der Kundenbefragung

Drei Tage reden und fragen und fragen und reden. Amelies Stimmbänder werden arg strapaziert und sie zeigt die ersten Anzeichen von Heiserkeit. Auch die psychische Belastung ist groß. Amelie muss sich immer wieder auf einen neuen Gesprächspartner einstellen. Jedes Mal muss der Kontakt aufs Neue hergestellt und das Vertrauen gewonnen werden, damit überhaupt die Bereitschaft entsteht, einige Minuten für die Anruferin zu opfern. Erst dann kann Amelie mit der eigentlichen Befragung beginnen. Es erfordert viel Geschick. Und manches Mal wird sie auf eine harte Geduldsprobe gestellt. Eine Kundin nutzt die Gelegenheit, Amelie die gesamte Lebensgeschichte zu erzählen – nach dem Motto „endlich hört mir mal jemand zu". Andere benutzen die Anruferin als Blitzableiter, um ihre schlechte Laune zu entladen. Aber im Großen und Ganzen gelingt es Amelie, die Kunden mit psychologischem Feingefühl bei der Stange zu halten, um die erforderlichen Kundeninformationen zu erhalten.

Technisch ist Amelie mit dem Telefonbuch und dem Stadtplan von Tölz „bewaffnet". Sie blättert das Telefonbuch durch, wählt die Namen aus und markiert im Stadtplan, wo die Gesprächsteilnehmer wohnen, um eine gleich verteilte Streuung der Wohngebiete zu garantieren. Eine gleichmäßige alphabetische Streuung berücksichtigt sie nicht, weil ein A-Mann ja nicht anders kauft als eine Z-Frau. So arbeitet sie sich vom Buchstaben A bis zum Buchstaben G durch die Liste der Tölzer Telekomkunden.

Nach drei Tagen hoch konzentrierter, mühsamer und geduldiger Arbeit kennt Amelie die Straßen von Bad Tölz auswendig, ohne sie je betreten zu haben, hat sie ausgeleierte Stimmbänder und kann 96 ausgefüllte und hart erarbeitete Fragebögen vorweisen.

Auswertung der Kundenbefragung

Alle Zeugen wurden verhört und ihre Aussagen zu Protokoll genommen. In den Fragebögen stecken die Ergebnisse unserer Vernehmungen. Nach den minutiösen Ermittlungen muss das Material nun für die Richter aufbereitet werden, die in unserem Fall nicht am Gericht sitzen, sondern auf den Chefstühlen der Bäckerei Hegmann-Büttner. Später müssen die Junior- und Seniorchefs anhand unserer Auswertungen den Prozess führen, der über die Zukunft ihres Geschäfts entscheidet, und dabei ein angemessenes Urteil fällen, welche Maßnahmen zur optimalen Erfüllung der Kundenanforderungen ergriffen werden müssen.

Wir brauchen die Werte für den Trend, nach dem die Tölzer ihre Backwaren einkaufen. Voller Elan stürzen wir uns in die Auswertungsphase, für die ich ein paar Tage Urlaub nutze. Und Amelie betrachtet ihren Einsatz sowieso als reinsten Erlebnis-Urlaub, der noch dazu für die Verhältnisse einer Studentin fürstlich bezahlt wird – und das alles bei freier Kost und Logis. Hier kann sie in der Praxis hautnah erfahren, was sie sonst nur in grauer Theorie in der Vorlesung zu hören bekommt. Sie absolviert sozusagen ein Intensivseminar zum Thema Marktanalyse und verdient dabei noch Geld.

Zunächst ist es stumpfsinnige Dateneingabe in den Computer. Für die Übertragung der Zahlen legen wir eine Excel-Datei an, wobei wir für jeden Bäcker ein eigenes Profil erstellen, damit wir später die Ergebnisse gegenüberstellen und miteinander vergleichen können. So monoton die Tätigkeit auch ist, sie erfordert höchste Konzentration. Jede einzelne Zahl muss aus dem Fragebogen fehlerfrei ausgelesen und in die richtige Spalte und Zelle übertragen werden. Um die Gefahr der durch Monotonie bedingten Fehleranfälligkeit zu minimieren, legen wir Pausen ein, sobald die Konzentration nachlässt. Mit Hilfe von Plausibilitätskontrollen überprüfen wir immer wieder stichprobenartig unsere Eintragungen. Ich hacke die Daten ein und Amelie schaut mir beim Auslesen der Fragebögen über die Schulter. Da sie alle Gespräche geführt hat, hat sie eine Art Hintergrundstatistik im Kurzzeitgedächtnis abgespeichert, die sie Fehler schnell erkennen lässt. Nach jeder Pause üben wir erst, bis wir uns in der Routine wieder sicher fühlen. Allein wäre diese Arbeit tödlich, zu zweit kann man sie gut erledigen.

Nach der Datenerfassung sämtlicher Kundenantworten überlegen wir, wie wir die Auswertung gestalten können. Wir kreieren einen Auswertungs-Algorithmus und basteln daraus ein Tool. Die optische Aufbereitung ist für die Lesbarkeit, die verständliche Übertragung und spätere Interpretation von größter Bedeutung. Ich greife dabei am liebsten auf eine grafische Darstellungsmethode von Dr. W. F. Große-Oetringhaus zurück, unseres Strategietrainers bei Siemens, den ich gerne unseren Chef-Strategen nenne. Es handelt sich um ein Portfolio, das besonders für komplexe Darstellungen geeignet ist, weil man die Entscheidungskriterien bzw. -empfehlungen visuell sofort erfassen kann. Da ich selbst in Algorithmen, also Abläufen, denke und nicht in Bildern, arbeite ich bei solchen Aufgaben gewöhnlich mit einem bildgeprägten Kollegen zusammen, von denen es bei Siemens nur so wimmelt. Dann erkläre ich die Abläufe, während sich der Kollege an das Copyboard setzt und ein so genanntes Mäusekino malt – lauter kleine Bildchen, die die Abläufe darstellen. Diese Kombination in unserer Konzeptarbeit funktioniert perfekt.

Unter streng statistischen Gesichtspunkten weist unsere Auswertung gewisse Schwachstellen auf. 96 Befragungen sind für den Markt für Backwaren in Tölz zwar ausreichend. 23 Antworten für Aussagen, die sich auf Büttner als Erst- bzw. als Zweitbäcker beziehen, sind statistisch betrachtet aber zuwenig. So gesehen, hätten wir 500 Befragungen durchführen müssen, um statistisch saubere Ergebnisse zu erhalten. Da aber die Gesamtauswertung eine hohe Übereinstimmung zwischen allgemeingültigen Werten bezüglich der Bäckerei Hegmannn-Büttner und denen aller anderen Bäckereien aufweist, beschließen wir, diesen Mehraufwand nicht zu betreiben, weil uns die Zahlen bestätigen, dass wir im Großen und Ganzen richtig liegen.

Bei der Auswertung achten wir streng darauf, keine falschen Schlüsse aus den erhobenen Daten zu ziehen. Diese Gefahr ist in der Statistik immer groß. Sie kennen die berühmte Auswertung, die in den USA als Paradebeispiel für fehlerhafte Statistik durch die Presse ging? Das Ergebnis lautete: Leute mit größeren Füßen können besser rechnen. Weil es doch wunderlich schien, dass die mathematische Begabung an die Schuhgröße gekoppelt sein sollte, wurde schließlich nachgerechnet. Dabei stellte sich heraus, dass die Erhebung mit Kindern und Jugendlichen gemacht worden war. Logisch, dass ein 18-jähriger größere Füße hat und besser rechnen kann als ein 6-jähriger. Eigentlich hätte das Ergebnis lauten müssen: Im Alter nimmt die mathematische Fähigkeit zu. Die Schuhgröße war eine völlige Fehlinterpretation. Aber genau so etwas kann in der Statistik schnell passieren. Man muss zu sich selbst sehr ehrlich und kritisch sein, um nichts Faules hineinzuinterpretieren. Selbst wenn diese Geschichte erfunden sein sollte, kann sie trotzdem als gutes Beispiel für methodisch falsche Statistiken gelten.

Die Zusammenarbeit mit Amelie erweist sich als Arbeit in ihrer besten Form. Wir haben Stress, aber keinen Streit. Es ist ein harter Job, aber er macht uns Vergnügen, weil wir beide begeistert bei der Sache sind. Viele betrachten ja den Job als Job. Weil er Stress und Ärger macht, bekommt man Schmerzensgeld – von Spaß und Freude keine Rede. Nein danke, als hessischer Ostfriese, der in Bayern aufgewachsen ist, will ich selbstverständlich meinen Spaß an der Arbeit haben. Denn mit meinem multikulturellen familiären Hintergrund bin ich eigentlich so etwas wie ein brasilianischer Bayer: die Mutter war Ostfriesin und der Vater ein Hesse, der in jungen Jahren mit seiner Familie nach Bayern zog. Bayerisch habe ich als Kind eifrigst in meiner Umgebung aufgesaugt, denn wenn Sie nicht Ihr Leben lang als „der Preiß" gelten wollen, gibt es in Bayern nur einen Weg: das Bayerische naturgetreu denken und sprechen lernen, was letztendlich nur Kindern täuschend echt gelingt. Ein Indiz für meine ursprüngliche Herkunft liefert auch mein Vorname. Oder kennen Sie Bayern, die Bodo heißen? Ich kenne nur zwei: meinen Sohn und mich.

Das Resultat unserer Teamarbeit ist eine ausführliche Darstellung der Marktsituation für sämtliche Bäcker in Bad Tölz. Nun muss Amelie die Präsentation vorbereiten, damit sie den Büttners die Ergebnisse vorstellen kann.

Präsentation der Ergebnisse

Die Büttners wollen nicht länger im Nebel herumstochern. Heute werden die Fakten präsentiert und alle sind gespannt auf die Ergebnisse. Die Marktanalyse ist eine der angenehmsten Übungen für den Berater, weil sie psychologisch wenig Konfliktstoff bietet und alle Beteiligten voller Neugier und mit höchstem Interesse bei der Sache sind.

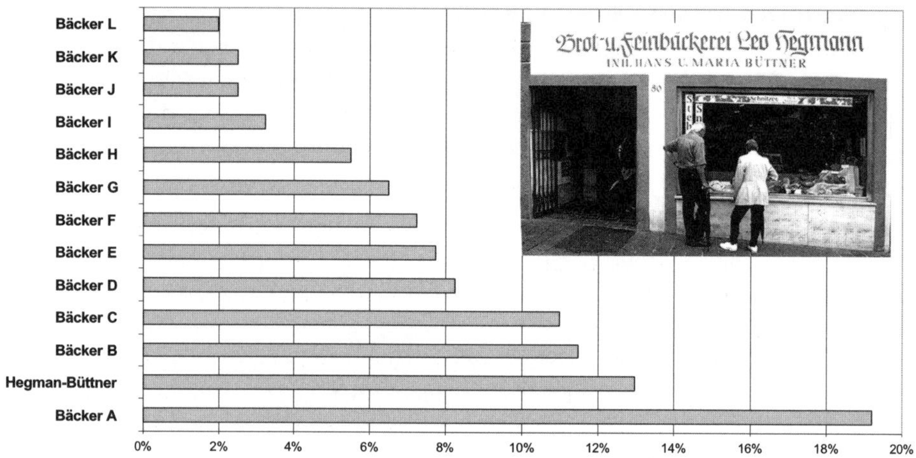

Bild 43 So gut kennen die Tölzer ihre Bäckereien (die Bezeichnungen der Bäcker sind nicht identisch mit den Bezeichnungen in den Bildern 22 und 42)

Wer wüsste nicht gerne, was die Kunden vom eigenen Geschäft, der erbrachten Leistung und den angebotenen Produkten halten und welchen Stellenwert man selbst im Leistungsspektrum sämtlicher Wettbewerber einnimmt?

In der Küche von Leo und Sandra geht es eng zu. Amelie hat einen Overhead-Projektor aufgestellt. In der Einführung stellt sie noch einmal alle Fragen vor, die den Kunden gestellt wurden. Nach Ermittlung der Altersklasse wurden die Kunden gebeten, alle ihnen bekannten Bäckereien in ihrer Umgebung sowie ihren Hauptbäcker bzw. ihren Zweit- und Drittbäcker anzugeben. Danach wurden sie aufgefordert, ihre Einkaufsgründe zu benennen. Gleichzeitig wurden sie nach negativen Eindrücken beim Einkauf befragt. Des Weiteren wurde ermittelt, welche Produkte beim Stammbäcker oder bei anderen Bäckern gekauft werden. Auch die durchschnittliche Einkaufshäufigkeit in der Stammbäckerei wurde erfragt. Schließlich wurden den Kunden die Kriterien für die Auswahl einer Bäckerei verlesen, mit der Bitte, diese nach ihrer Wichtigkeit und der persönlichen Zufriedenheit zu bewerten. Zum Schluss sollten die Kunden angeben, ob und aus welchen Gründen sie ihren Bäcker weiterempfehlen oder nicht.

Beim Bekanntheitsgrad der Tölzer Bäckereien nehmen die Büttners einen stolzen zweiten Platz ein (Bild 43). Für das Buch haben wir Amelies Darstellung modifiziert. Auf Ihrer Präsentationsfolie waren ursprünglich außer dem Foto der Bäckerei Hegmann-Büttner auch die anderen Bäckereien abgebildet. Das Foto in Bild 43 verrät auch, welche Altersschicht bei den Käufern am stärksten vertreten ist. Es sind vorwiegend ältere Leute, wie die Momentaufnahme des Fotos zufällig wiedergibt.

Von den befragten 96 Personen nannten 13 Hegmann-Büttner als ihren Hauptbäcker und 10 als Zweit- oder Drittbäcker. Wir erläutern nun, welche statistischen Kompromisse wir zugunsten einer pragmatischen Vorgehensweise geschlossen haben.

Amelie: Das Befragungsgebiet war weit gestreut. Es wurden natürlich auch Leute befragt, die relativ weit weg wohnen, z.B. im Farchet. Dass die Leute dann woanders einkaufen gehen, ist klar. Deswegen haben wir relativ wenige Antworten, die sich direkt auf die Bäckerei Hegmann-Büttner beziehen.

Sandra: Das ist sehr interessant. Wenn wir nur im Stadtgebiet geblieben wären, hätten von den 96 vielleicht 40 gesagt, dass wir der Stammbäcker sind, aber das spiegelt nicht das Kaufverhalten.

Bodo: Die allgemeinen Aussagen über Hegmann-Büttner ähneln stark den allgemeinen Aussagen über andere Bäckereien. Wir haben mit den 96 Befragungen eine Gesamtauswertung gemacht über alle Bäcker und bekommen da ja eine Verteilung über die Wichtigkeit und Zufriedenheit. Und weil die Aussagen über euch gut damit übereinstimmen, können wir von der Statistik her sagen, dass es ziemlich gut passt. Wenn es hier extreme Abweichungen gegeben hätte, müssten wir klären, ob diese aufgrund der wenigen Antworten zustande kamen. Das ist aber nicht der Fall. Diese 13 oder 23 Antworten sind ziemlich gut gelegen, so dass wir sie als stimmig betrachten können.

Als Stammbäckerei steht Hegmann-Büttner bei den befragten Kunden an dritter Position. Über den Gesamtkundenanteil jeder einzelnen Bäckerei konnten wir auch den jeweiligen Umsatz und Marktanteil berechnen. Dabei diente uns das Wissen über den faktischen Umsatz der Bäckerei Hegmann-Büttner als feste Rechengröße. Bei Umsatz und Marktanteil liegt Hegmann-Büttner hinter Bäcker A und mit Bäcker B etwa auf einer Höhe. Diese Ergebnisse decken sich weitestgehend mit den Marktberechnungen, die wir bereits in der Situationsanalyse hypothetisch angestellt hatten.

Die Ergebnisse über die Einkaufshäufigkeit zeigen, dass die Stammkunden von Hegmann-Büttner öfter zum Einkauf kommen als in anderen Bäckereien. Ein hoher Prozentanteil kauft hier täglich ein. Allgemeine, auf alle Bäckereien bezogene Bemängelungen durch die Kunden gelten schwankender Qualität, Wartezeit, mangelhafter Freundlichkeit, Preis und Öffnungszeiten.

Bei den allgemeinen Einkaufsgründen stellt die Qualität die höchste Priorität für die Kunden dar. Es folgen in absteigender Rangfolge: Nähe, Freundlichkeit, Sortiment, Frische, Preis, Wartezeit und Ladeneinrichtung. Die Einkaufsgründe speziell für die Bäckerei Hegmann-Büttner weisen hierbei eine andere Verteilung der Prioritäten auf. Für sie gilt die Rangfolge: Freundlichkeit, Qualität, Schnitzer, Nähe, Geschmack, Frische und Sortiment.

Welche Produkte kaufen die Tölzer in ihren Bäckereien? Das Ergebnis ist wenig überraschend: Am meisten wird Brot gekauft, dicht gefolgt von Semmeln, dann Brezen, Plundergebäck und Kuchen. Bei Hegmann-Büttner ist die Verteilung fast identisch, allerdings hat das Bio- und Vollkorngebäck eine höhere Priorität. Das bestätigt den Verkaufserfolg des Schnitzer.

Nachdem wir erfasst haben, was den Kunden beim Einkauf wichtig ist, kommen wir zum eigentlichen Herzstück unserer Auswertung: Wie gut erfüllen die Büttners im Vergleich zu den Wettbewerbern die Anforderungen der Kunden?

Ein wesentlicher Teil der Beratungsleistung besteht aus der grafischen Aufbereitung, mit der die Ergebnisse so strukturiert und visualisiert werden müssen, dass deren eigentliche Bedeutung und Aussagen unmissverständlich sichtbar werden. Textliche Beschreibun-

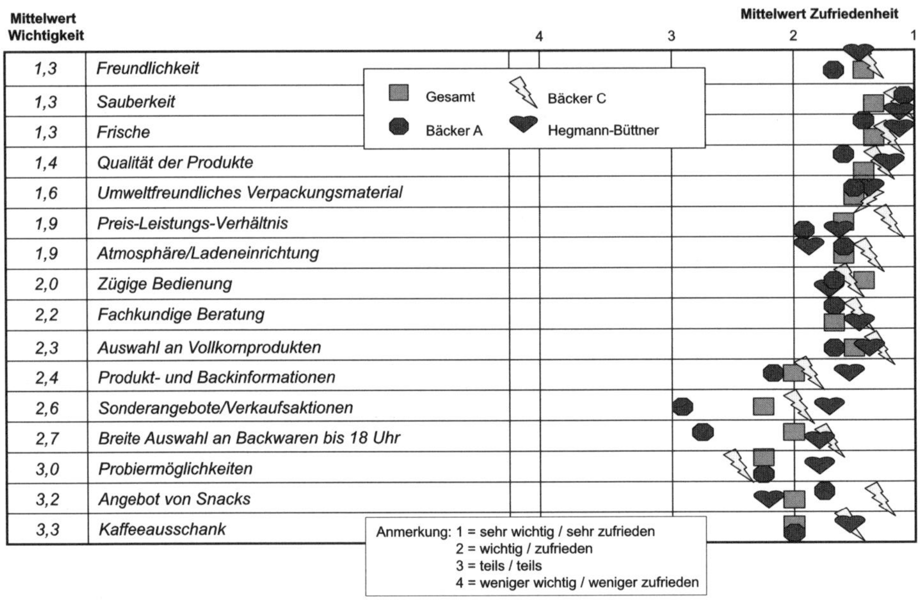

Bild 44 Wie gut Kundenanforderungen erfüllt werden

gen sind dafür vollkommen ungeeignet. In Bildern und grafischen Darstellungen sticht dagegen die Bedeutung der zu vermittelnden Inhalte sofort ins Auge.

In unserer Aufbereitung sind die zwei Hauptwettbewerber Bäcker A und Bäcker C im Vergleich zu den Büttners und dem durchschnittlichen Gesamtergebnis aufgeführt (Bild 44). Durch den Vergleich mit dem Gesamtergebnis werden die Werte der einzelnen Bäcker in Relation zur allgemeinen Marktsituation gesetzt. Die Wichtigkeit der Kundenanforderungen ist anhand von Mittelwerten in absteigender Rangfolge visualisiert. Je weiter rechts die oberen Werte stehen, desto besser erfüllt der jeweilige Wettbewerber diejenigen Anforderungen, die dem Kunden am wichtigsten sind. Die Position reflektiert also den Erfolg oder Misserfolg des Geschäfts. Bei den unteren Werten ist eine Position weiter links weniger entscheidend, weil sich die Zufriedenheit auf die Kaufentscheidung des Kunden kaum auswirkt.

Die Büttners erreichen bei den Kriterien, die den Kunden am wichtigsten sind, gute bis sehr gute Ergebnisse. Im Vergleich zu den Wettbewerbern liegen sie nach unserer Umfrage mit ihren Leistungen häufig an erster Stelle oder auf gleicher Position. Mit der Sauberkeit, der Frische und der Qualität der Produkte sind die Kunden sehr zufrieden. Bei der Freundlichkeit könnten sich alle Wettbewerber – trotz des relativ guten Ergebnisses zwischen 1 und 2 – durchaus noch steigern, denn für die Kunden hat sie die allerhöchste Priorität. Beim Preis-Leistungs-Verhältnis zeigt Bäcker A einen großen Vorsprung gegenüber den Mitwettbewerbern.

Die positiven Werte der Bäckerei brauchen wir nicht weiter zu diskutieren, weil hier kein eigentlicher Handlungsbedarf entsteht. Allerdings bestätigen sie die gute Geschäftsleistung der Büttners.

Die schlechtesten Ergebnisse zeigen sich beim Angebot von Snacks und beim Kaffeeausschank, die aber laut Kundenaussage die niedrigste Priorität haben und somit keinen Handlungsbedarf signalisieren. In dieser Darstellung fällt im Grunde nur ein Wert ungünstig auf: Atmosphäre/Ladeneinrichtung.

Amelie: Wie man sieht, seid ihr das Schlusslicht in Sachen Atmosphäre und Ladeneinrichtung. Der Bäcker C liefert da das beste Ergebnis. Als Nr. 7 in der Rangliste der Kriterien ist das zwar nicht der wichtigste Punkt, aber er hat doch noch eine gewisse Bedeutung.

Sandra: Das Angebot von Snacks und der Kaffeeausschank sind zwar als letzte Punkte anscheinend unwichtig, aber bei einer Laufkundschaft würde das wahrscheinlich eine Rolle spielen.

Maria: Da kommt immer ein Kunde, ein Kurgast, der trinkt seinen Kaffee und isst eine Kleinigkeit dazu. Er kommt auf seinem Spaziergang vorbei. Das würde einer Stammkundschaft nie einfallen.

Hans: Was ist das für eine Kundschaft, die Kaffee trinkt?

Maria: Fremde.

Hans: Alt oder jung?

Maria: Ältere.

Bodo: In Tölz leben überwiegend ältere Leute.

Maria: Wir hatten jetzt einige Radfahrer. Die fragen oft, ob sie Essen und Trinken mit hinausnehmen dürfen und setzen sich dann beim Denkmal hin.

Bodo: Tölz liegt ja auf der Route vom Bodensee zum Königssee.

Sandra: Das stimmt, ich sehe jetzt immer ganz viele Radfahrer.

Bodo: Da kommen viele durch, seitdem der Weg ausgebaut ist. Die brauchen Kohlehydrate, die kaufen kein Fleisch. Demnächst müssen wir noch eine Langlaufloipe über die Marktstraße legen.

Amelie: Die zügige Bedienung ist den Leuten auch immer noch wichtig. Da sitzen alle großen Wettbewerber relativ nah beieinander. Hier könnte man sich noch verbessern.

Sandra: Es überrascht mich, dass der Bäcker C dieselbe gute Beratung hat wie wir. Das ist interessant.

Bodo: Wobei der Bäcker C ein ziemlich junges Publikum hat, das darauf nicht so viel Wert legt. Für die Älteren ist das wichtiger. Der Bäcker C schneidet insgesamt sehr positiv ab. Obwohl ihr mit den Schnitzer-Artikeln gut punktet, ist auch der Bäcker C mit Vollkornprodukten stark im Rennen.

Sandra: Das Problem beim Schnitzer ist der Preis. Ein kleines Schnitzer-Brot kostet 2,50 bis 3 Euro und gerade in der heutigen Zeit überlegt man sich das.

Maria: Die Leute bemerken den Unterschied nicht. Sie denken, Vollkorn ist Vollkorn.

Amelie: Mir sagt das Schnitzer auch nichts. Was ist denn das?

Hans: Vollkorngebäck aus frisch gemahlenem Korn. Das verkaufen wir schon 15 Jahre und machen auch Reklame dafür.

In unserer Diskussion über die verschiedenen Möglichkeiten, die Leistung gegenüber der Konkurrenz zu steigern, sind wir nun an den Punkt gelangt, wo der Handlungsbedarf der Bäckerei Hegmann-Büttner konkret definiert werden muss. Das Portfolio, das

1. **Freundlichkeit des Personals**
2. **Sauberkeit**
3. **Frische der Produkte**
4. **Qualität der Produkte**
5. **Umweltfreundliches Verpackungsmaterial**
6. **Preis-Leistungs-Verhältnis**
7. **Atmosphäre/Ladeneinrichtung**
8. **Zügige Bedienung**
9. **Fachkundige Beratung**
10. **Auswahl an Vollkornprodukten**
11. **Produkt- und Backinformationen**
12. **Sonderangebote und Verkaufsaktionen**
13. **Breite Auswahl an Backwaren bis 18 Uhr**
14. **Probiermöglichkeiten**
15. **Angebot von Snacks**
16. **Kaffeeausschank**

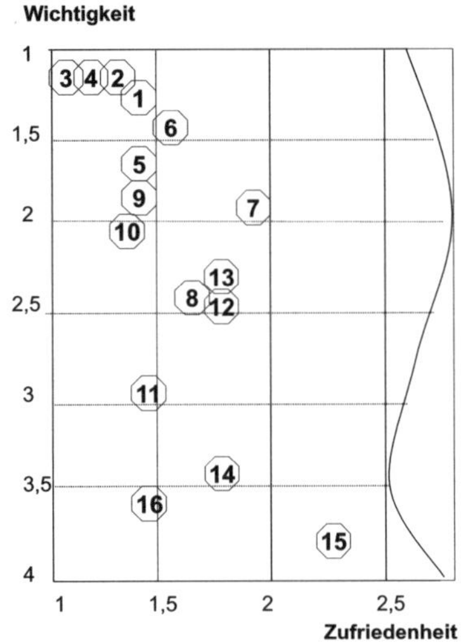

Bild 45 Handlungsbedarf der Bäckerei Hegmann-Büttner

auf dem Schema des „Chef-Strategen" von Siemens aufbaut, zeigt auf einen Blick, welche Punkte am dringendsten verbessert werden müssen, weil sie für die Kunden von größerer Bedeutung sind (Bild 45).

Nach oben bildet das Portfolio die Wichtigkeit der Kriterien und nach rechts die diesbezügliche Zufriedenheit der Kunden ab. Die Zahlen in den Kästchen repräsentieren die Kriterien, wobei die Nummern den Stellenwert in der Rangordnung anzeigen. Zahlen im linken oberen Eck bedeuten, dass sie für die Kunden die größte Wichtigkeit haben und ihre Zufriedenheit gleichzeitig am höchsten ist. An ihnen lässt sich ablesen, ob das Geschäft die wichtigsten Kundenanforderungen zufriedenstellend erfüllt. Befinden sich dagegen Werte weit oben rechts, signalisieren sie die hohe Unzufriedenheit der Kunden bei Punkten, die ihre Kaufentscheidung stark beeinflussen.

Bodo: Bei euch steht im oberen schlechten rechten Eck nichts.

Amelie: Genau, Gottseidank. Hier kann man optisch schnell erfassen, wo man etwas tun muss. Wenn die Leute bei Punkten, die ihnen sehr wichtig sind, unzufrieden sind, muss man unbedingt etwas zur Verbesserung tun. Wenn es sich um unwichtige Punkte handelt, gibt es keinen wirklichen Handlungsbedarf.

Bodo: Bei Atmosphäre und Ladeneinrichtung sind die Leute nicht so zufrieden, wie sie es sein könnten.

Hans: Was ist Atmosphäre, was ist Ladeneinrichtung?

Amelie: Ob es mir gefällt, wenn ich hineingehe.

Bodo: Offensichtlich ist bei euch im Wesentlichen die Ladeneinrichtung gemeint, weil die Freundlichkeit relativ gut bewertet ist. Diese Grafik zeigt an, wo es sich rentiert, aktiv zu werden. Wenn ein Punkt, wie die Nummer 16 – Kaffeeausschank – in der Wichtigkeit ganz unten steht und die Leute zudem noch relativ zufrieden sind, muss man nichts unternehmen. Dasselbe gilt für Nummer 15, das Angebot von Snacks. Die

Leute sind zwar nicht zufrieden, aber der Punkt ist ihnen ziemlich egal. Also ergibt sich auch kein besonderer Handlungsbedarf.

Lohnenswerte Verbesserungen, die sich die Kunden wünschen und mit ihrem Kaufverhalten honorieren würden, stellen folgende Punkte dar: Freundlichkeit des Personals (1), umweltfreundliches Verpackungsmaterial (5), Preis-Leistungs-Verhältnis (6) sowie Atmosphäre und Ladeneinrichtung (7). Unter Berücksichtigung der Stärken und Schwächen sämtlicher Wettbewerber müssen wir nun schauen, wie wir gegenüber der Konkurrenz Wettbewerbsvorteile erlangen können.

Maria: Eigentlich ist herausgekommen, dass der Bäcker C das Zugpferd ist. Wo ist uns der überlegen?

Bodo: Ja, ein harter Wettbewerber.

Amelie: Er deckt relativ gut alle Altersklassen ab.

Bodo: Viele Schulen sind in der Nähe. Das verschafft ihm nicht nur viele, sondern vor allem auch jüngere Kunden. Einen riesigen Vorteil hat er natürlich durch seinen Parkplatz. Auch beim Preis und der Ladeneinrichtung hat er besser abgeschnitten.

Sandra: Das sind alles Punkte, die wir nicht verwirklichen können.

Leo: Ja, nicht hier, aber vielleicht in der Filiale, die wir im Neubaugebiet planen. Da gibt es Parkplätze. Schulen sind zwar nicht in der Nähe, aber das ganze Kurgebiet und ein Wohnviertel liegen im Einkaufs-Radius. Eine neue Ladeneinrichtung kommt da ja auch hinein. Da könnten wir diese Kundenanforderung erfüllen.

Hans: Oder wir müssen mit dem Preis runter.

Bodo: Das würde ich nicht sagen.

Amelie: Die Leute sind schon bereit, für eine gute Qualität einen entsprechenden Preis zu zahlen. Im Vergleich zum Bäcker C seid ihr zwar teurer, den Leuten ist aber bewusst, dass ihnen bei euch eine gute Qualität geboten wird.

Bodo: In Befragungen stellt sich immer heraus, dass beim Preis generell Unzufriedenheit herrscht. Grundsätzlich sagt jeder: „Das ist zu teuer." Diese Aussage darf man nicht so bewerten wie andere.

Amelie: Nach meinem persönlichen Eindruck prägen sich Produktnamen stark ein. Bauernbrot können die Kunden überall kaufen. Aber das Bergsteigerbrot gibt es nur bei Hegmann-Büttner. Obwohl es vielleicht nur anders heißt und bei anderen Bäckern unter einem weniger einprägsamen Namen ebenfalls angeboten wird, kaufen sie es lieber bei euch.

Sandra: In der Innenstadt kann man höchstens mit der Ladeneinrichtung noch etwas erreichen.

Wie wir es auch drehen und wenden: Die Ladeneinrichtung ist immer wieder ein Thema. Wir werfen noch einmal einen Blick in die Aufstellung der Finanzanalyse. Von dem guten Gewinn, der in einem Jahr erwirtschaftet werden konnte, wurde auf Anraten des Steuerberaters eine Rückstellung für Investitionen gemacht, um Steuern zu sparen. In diesem Jahr muss sie aufgelöst werden. Ein Blick in das Portfolio genügt, um den besten Verwendungszweck für dieses Geld zu erkennen: der Laden muss umgebaut werden.

Die Marktanalyse soll den Unternehmer in die Lage versetzen, anhand der Kundenanforderungen und des ermittelten Erfüllungsgrades das Wichtige vom Unwichtigen zu unterscheiden. Bei diesem Prozess lernt der Berater das Geschäft sehr gut kennen – nicht die internen Vorgänge, sondern die Regeln, nach denen es gespielt wird. Gleichzeitig verschafft er sich einen Überblick über die jeweilige gültige Marktlage. Aus diesem Wissen leitet er seine Beratungsschwerpunkte ab. Mit den Daten über Markt, Kunden und Wettbewerb ermöglicht die Marktanalyse auch ein besseres Verständnis der Umsatz- und Ergebniszahlen, die je nach Marktlage unterschiedlich zu interpretieren sind. Wenn ein Unternehmer in einer boomenden Marktsituation wenig verdient, ist dies ein eindeutiges Indiz, dass er sein Geschäft nicht beherrscht, weil er in derart günstiger Marktsituation eigentlich mühelos hohe Gewinne erzielen müsste. Macht er dagegen in einer sehr angespannten und schwierigen Marktsituation Profit, dann ist er ein echter Profi. Der Berater erfährt also, ob der Klient sein Geschäft versteht oder nicht.

Die Büttners beweisen mit ihrem Stärken-Schwächen-Profil, dass sie ihr Geschäft sehr gut beherrschen, denn im Kern ist es solide und lukrativ. Bei den Hypothesen haben sie fast auf den Punkt genau die Ergebnisse der Marktanalyse getroffen. Auf diesem Gebiet sind sie also wahre Profis. Sie haben sich nicht in allen Feldern als die Besten erwiesen, aber unschlagbare Perfektion ist auch noch in keiner Marktanalyse herausgekommen. Dazu ist der Markt viel zu beweglich. Wer heute der Beste ist, ist es morgen schon nicht mehr.

Auf die Motivation der Büttners hat sich die Marktumfrage unterschiedlich ausgewirkt. Maria hat erkannt, dass sich die Bäckerei auf der Erfolgsspur befindet und die Kursrichtung beibehalten werden kann. Hans freut sich über die Ergebnisse, aber sein Hauptfokus, der nun mal auf dem Backen an sich beruht, hat sich dadurch nicht geändert. Er ist und bleibt mit Leib und Seele Bäcker. Das unternehmerische Denken überlässt er gerne Maria, die darin einfach geschickter ist. Und Leo fühlt sich in seiner Absicht bestätigt, die Bäckerei in der Zukunft zu übernehmen, denn das Geschäft hat sich als gesund erwiesen und bietet alle Aussichten, es auch künftig rentabel zu bewirtschaften. Außerdem untermauert das heutige Ergebnis seine eigenen strategischen Überlegungen. Den Ladenumbau hat Leo schon lange im Sinn, aber die Eltern konnten sich aus Kostengründen bisher nicht dazu entscheiden. Als Berater freut es mich, dass das Geschäft auf einer guten Basis steht und wir uns offensichtlich auf dem richtigen Weg befinden.

Erfolgsmeldungen

„Die anderen jammern, weil ihr Umsatz sinkt. Meiner steigt." Leo wirkt erschöpft, ist aber zufrieden. Ich erkenne die Bäckerei kaum wieder. Die düstere Innenverkleidung aus Holz ist herausgerissen und die Wände sind in einer raffinierten Spachteltechnik in einem hellen, freundlichen Aprikot-Ton gestrichen. Alle Regale wurden erneuert und mit Spiegeln versehen, die den Raum optisch vergrößern und die appetitlich aufgereihten Brote bis zur Decke reflektieren. Moderne Lampen sorgen für ein helles und angenehmes Licht. Eine zusätzliche Theke dient der Auslage gemischter Backwaren, die in Reih und Glied sortiert sind und den Kunden verführerisch zum Kauf auffordern.

Am Haupteingang befindet sich ein Warmluftvorhang, der in der Marktstraße bisher einzigartig ist und alle Leute zum Staunen bringt. Er sorgt dafür, dass die kalte Luft trotz geöffneter Tür draußen bleibt. Bei schönem Wetter kann die gesamte Fensterfront mit

Schwing- und Schiebetüren geöffnet und die Ladenfläche mit Stehtischen auf dem Vorplatz vergrößert werden, der ebenfalls erneuert wurde. Die alten unansehnlichen Fliesen sind verschwunden und durch stilisierte Ähren ersetzt. Die Kunden können von draußen ungehindert in den Laden schauen und müssen nicht mehr, wie früher, um den Eckpfeiler laufen, der den Blick nach innen versperrte. Dadurch werden wesentlich mehr Laufkunden angezogen. Das Snack Angebot wird in dieser neuen Atmosphäre gut angenommen.

Auch die Verkäuferinnen fühlen sich pudelwohl im neuen Laden. Das hatten sie ja schon lange gefordert, dass der Laden kundenfreundlicher gestaltet werden muss. Sie freuen sich, dass ihre in der Mitarbeiterbefragung geäußerte Kritik nun umgesetzt wurde. Maria hat sich inzwischen von einer weniger freundlichen Verkäuferin getrennt. Das hatte sie schon lange vor und die Marktanalyse hat sie bestätigt, es konsequent und zügig umzusetzen. Denn schließlich weiß sie ja nicht zuletzt durch die Marktanalyse, dass unfreundliches Verhalten im Verkauf eindeutig geschäftsschädigend ist.

Wundern täte es mich nicht, wenn sich auch bei dem Dicken herumgesprochen hätte, dass es bei Hegmann-Büttner besonders leckere Semmeln gibt und noch dazu zahlreiche Brotsorten, die mit Goldmedaillen und Preisen mehrfach ausgezeichnet sind. Beim Metzger weiter unten in der Marktstraße werden ihm zu Ehren ja bereits Bullen-Knacker angeboten. Vielleicht sollten die Büttners als Verkaufshit goldbraune Bullen-Brezen im XXL-Format mit extra-dick aufgestrichener Butter ins Sortiment aufnehmen.

Und was ist aus Amelie geworden? Sie har ihr Studium gut abgeschlossen und ist ins Berufsleben eingestiegen. In welche Richtung? Dreimal dürfen Sie raten. Sie verstärkt die Zunft der Unternehmensberater. Falls sie Ihnen mal über den Weg läuft – meine Empfehlung hat sie.

Strategische Planung – der Krieg im Markt

Wir schreiben das Jahr 1588. Philipp II. herrscht über ein Reich, von dem es heißt, in ihm ginge die Sonne nie unter, denn wenn sie im Mittelmeer versinkt, steigt sie in Mexiko am Horizont wieder auf. Von seinem Vater Karl V. hat er die Herrschaft über Spanien, die Niederlande, Burgund, Sizilien, die Lombardei und die überseeischen Kolonien in Mittel- und Südamerika geerbt. Portugal steht im Begriff, im Trauma 60-jähriger Fremdherrschaft durch den spanischen Erzrivalen zu versinken. Sein Nachbar auf der iberischen Halbinsel hat Anspruch auf den portugiesischen Thron erhoben und – zum Entsetzen der Nation – erfolgreich militärisch durchgesetzt, nachdem mit König Heinrich die portugiesische Dynastie Avis im Jahr 1580 erloschen ist. Die schärfste Konkurrenz im Kampf um die Seeherrschaft nach der Entdeckung der Neuen Welt ist ausgeschaltet. Es ist noch keine 100 Jahre her, seit die beiden Seefahrernationen im Vertrag von Tordesillas mit päpstlicher Vermittlung die Welt unter sich aufgeteilt haben. Philipp hat seinen gefährlichsten Gegner geschluckt und verfügt nun mit der portugiesischen Krone über die größte Handelsflotte der Welt. Die Besitzungen an der afrikanischen und indischen Küste sind als portugiesisches Erbe an Spanien gefallen und haben das spanisch-habsburgische Imperium weiter wachsen lassen.

Das Siglo de Oro, das Goldene Zeitalter, bricht an und beschert Spanien seine Blütezeit von Kunst und Kultur. Das Land steht im Zenith seiner territorialen Ausdehnung und imperialen Macht. Von seinem düsteren Klosterpalast El Escorial bei Madrid aus überwacht Philipp die Geschicke in seinem Weltreich. Doch längst wollen auch Frankreich, die Niederlande und England ihr Stück vom Kuchen haben. Gern hätte Philipp die Begierden Englands nach Reichtümern und lukrativen Handelsgeschäften in der Neuen Welt im Keim erstickt und aus taktischen Gründen Elisabeth I. geehelicht. Doch die überzeugte Protestantin denkt nicht im Traum daran, sich mit dem Regenten aus dem Haus Habsburg zu vermählen, der dem römischen Katholizismus treu ergeben ist und mit Leib und Seele die Aufrechterhaltung der absolutistischen Macht verficht, denn sie verfolgt ihre eigenen ehrgeizigen Ziele. Die Welt muss neu aufgeteilt werden und England soll diesmal seinen Anteil erhalten. So geschieht, was in diesen Zeiten häufig geschah: Was sich durch politisches Kalkül mit dem Mittel einer Zweckehe nicht vereinen lässt, wird sich früher oder später bekriegen, um die Herrschaftsverhältnisse zum eigenen Vorteil zu ordnen.

Die Spannungen zwischen England und Spanien schwelen schon lange. In inoffiziellen Kaperkriegen attackiert Sir Francis Drake spanische Handelsschiffe und bringt reiche Beute heim nach England. Zu den heimlichen Förderern und Geldgebern der Freibeuter zählt Elisabeth höchstpersönlich. In den Niederlanden rebellieren die Protestanten gegen Philipp und die spanische Gegenreformation. Sie werden von Elisabeth als der führenden Vertreterin der Reformation unterstützt. Philipp muss handeln. Er muss Elisabeth daran hindern, in den Niederlanden einzugreifen, muss ihre aufstrebende Seemacht schwächen, die die spanische Vorherrschaft auf den Weltmeeren bedroht. Philipp wartet nur noch auf einen legitimen Grund zum Angriff auf Eng-

land. Doch dort laufen längst die Vorbereitungen, um sich gegen die drohende Invasion der Spanier zu wappnen. Philipp will angreifen? Das soll er, doch zu dem Zeitpunkt, den England wählt. Philipp hat größere und kampfstärkere Schiffe, mehr Geschütze und mehr Männer? Dann braucht England schnellere und wendigere Schiffe, weiter reichende und präzisere Geschütze und darf sich auf keinen Kampf einlassen, der Mann gegen Mann geht. Was braucht England noch? Etwas, das man nicht kapern, nicht rauben und auch nicht käuflich erwerben kann: Zeit. Aber Zeit wofür? Um eine Strategie gegen den Feind zu entwerfen, mit der sich die eigenen Schwächen in Stärken verwandeln lassen, die Stärken des Feindes dagegen in Schwächen. Niemand, auch nicht der Stärkste und Mächtigste, ist unbesiegbar. Es gilt, die Schwachstellen zu ermitteln und an diesen den Feind anzugreifen.

Auch Siegfried, der Drachentöter im Nibelungenlied, war an einer Stelle ungeschützt. Als er im Drachenblut badete, das ihn unverwundbar machte, fiel ein Blatt auf seine Schulter. Hagen von Tronje kannte Siegfrieds einzige Schwachstelle und streckte ihn mit seinem Speer nieder, als die Zeit gekommen war.

England hat sich nicht auf die faule Haut gelegt. Um Zeit zu gewinnen, ist Sir Francis Drake vor einem Jahr nach Cádiz gesegelt und hat die spanische Seeflotte angegriffen. Mit der Vernichtung von 30 Schiffen hat er den Aufbau der Spanischen Armada empfindlich gestört und ihr Auslaufen um ein Jahr verzögert. Schiffbaumeister Mathew Baker hat inzwischen neue wendige Schiffe entwickelt und John Hawkins, Marineschatzmeister der englischen Flotte, hat ein völlig neues Kampfkonzept entworfen. Der Enterkampf mit den Spaniern muss vermieden werden. Stattdessen sollen die schnellen Schiffe den Feind mit treffsicheren Geschützen aus der Distanz heraus bekämpfen. Dazu braucht man einen neuen Geschütztyp. Ihn entwickelt Adam Dreyling, der in Innsbruck die Technik des Bronzegeschützgusses gelernt hat und eigens aus Venedig an den britischen Hof gebracht wird. Seine Feldschlangen sind Präzisionsgeschütze mit zielsicheren Kanonen, deren glatter Kopf beim Zurücklaufen keine Schäden an den Schiffswänden hinterlässt. Diese Geschütze ergänzen den neuen Schiffstyp.

Spanien besitzt die unüberwindbare Armada. England verfügt dank seines Strategiekonzeptes erstmals in der Geschichte über ein abgestimmtes Waffensystem. Der Zeitpunkt ist günstig – die Spanier können kommen. Elisabeth ordnet die Hinrichtung Maria Stuarts – aus katholischer Sicht die legitime Anwärterin auf den englischen Thron – an, mit der Begründung, diese habe sich an einer Verschwörung gegen Ihre Königliche Hoheit beteiligt. Dieses Ereignis nimmt Philipp zum Anlass, England den Krieg zu erklären.

Sie fragen sich, warum ich Ihnen mit historischen Exkursen Ihre kostbare Zeit stehle? Weil Sie Zeit opfern und aufbringen müssen, wenn Sie eine saubere strategische Planung machen wollen. Und eine Strategie braucht jedes Unternehmen, wenn es langfristig erfolgreich sein will. Eine Strategie kann man – ebenso wie Zeit – nicht kaufen, sie lässt sich auch nicht vom Baum pflücken. Sie müssen sich hinsetzen und über alle wichtigen Elemente Ihres Geschäftes und über die Konkurrenz nachdenken. Und Sie werden feststellen, dass die Geschichte eine gewaltige Lehrmeisterin ist, die Ihnen bei diesem Prozess sehr behilflich sein kann. Kehren wir also zurück ins auslaufende 16. Jahrhundert.

Voller Gottvertrauen sticht die Spanische Armada im Mai 1588 in See. 130 hochgerüstete Schiffe mit 30.000 Mann Besatzung verlassen die Tejo-Mündung in Lissabon und nehmen Kurs auf England. Als sie den Ärmelkanal erreichen, melden die Wächter in den Signaltürmen ent-

lang der englischen Südküste das Herannahen des Feindes. In Windeseile erreicht die Botschaft Sir Francis Drake, der sich gerade beim Bowling vergnügt. Gelassen erwidert er: „Wir haben genug Zeit, um das Spiel zu beenden und dann noch die Spanier zu schlagen." Diese Ruhe kann sich der Staatspirat und Oberbefehlshaber der englischen Streitmacht leisten, denn er weiß, wie er den Feind besiegen kann, solange England die Fäden in der Hand behält. Die Spanier dürfen gar nicht erst englischen Boden betreten, denn zahlenmäßig sind sie den Engländern weit überlegen. Die Schlacht muss auf dem Meer entschieden werden. Enterkrieg und Nahkampf müssen um jeden Preis vermieden werden, weil auch darin die Spanier auf Grund der besseren Ausrüstung nicht zu schlagen sind. Der Feind muss auf dem Meer und aus der Ferne vernichtet werden.

Als die Nacht hereinbricht, laufen die englischen Schiffe in Richtung Westen aus, ziehen im Schutz der Dunkelheit einen großen Bogen um die Spanier und tauchen im Morgengrauen in ihrem Rücken wieder auf. In sicherem Abstand eröffnen sie das Feuer und treiben die unbesiegbare Armada – welcher Hohn – wie eine Schar aufgeregter Gänse durch den englischen Kanal. Gegen die weit reichenden Geschütze sind die Spanier machtlos. Die englischen Schiffe sind schnell und wendig. Sie halten den Abstand zu den behäbigen Kriegsschiffen der Spanier stets so groß, dass diese ihren Trumpf, die Stärke im Enterkampf, nie ausspielen können. Vor der holländischen Küste holen die Engländer zum vernichtenden Schlag aus. Sie entzünden Brander, treiben die kleinen brennenden Boote auf die Spanier zu, die hilflos und demoralisiert der Auflösung ihres Flottenverbandes zusehen müssen. Der Halbmond, die geschlossene Form der Schiffe mit der bewährten Angriffstaktik, mit der die Spanier in manchem Kreuzzug den Mauren das Fürchten gelehrt haben, zerbricht. Panikartig treten sie den Rückzug an, doch starke Stürme verhindern die Rückfahrt durch den Ärmelkanal. Die Armada muss den langen Weg um die Nordküste von Schottland und die Westküste von Irland nehmen und erleidet auf der Heimfahrt wegen anhaltender heftiger Stürme weitere Verluste. Wer sich von den Schiffen, die in den Unwettern an den Küsten zerschellen, ins Hinterland retten kann, wird von den aufgebrachten Bauern erschlagen.

England hat nicht nur die Schlacht gegen die unbesiegbare Spanische Armada gewonnen. Der Sieg läutet den Beginn des Aufstiegs Englands zur Weltmacht ein. Der Weg nach Amerika und Indien ist frei, das Britische Empire ist geboren. Für Spanien bedeutet der Untergang der Armada das Ende seiner Vormachtstellung auf den Weltmeeren und den Anfang seines Niedergangs als bedeutendste Kolonialmacht seiner Zeit.

Wie konnte das geschehen? Philipp aus dem Haus Habsburg hatte doch die denkbar günstigste Ausgangslage. Im Vergleich der Kräfte und Ressourcen konnte England nur auf eine Katastrophe zusteuern. Hat Gott den katholischen Herrscher im Stich gelassen? Die Antwort ist einfach: Gott hat nichts damit zu tun, England konnte sich nur retten, indem es neue Wege beschritt. Diese neuen Wege umfassten die Entwicklung eines neuen wendigen Schiffstyps mit Präzisionsgeschützen, eine neue Seekriegstaktik mit Beschränkung auf Distanzgefechte sowie die souveräne Bestimmung des Angriffs zu dem Zeitpunkt, zu dem England dafür bereit war. Über zwei Jahre steuerte England mit List und Strategie die Entwicklung der Ereignisse. Und als David es sich leisten konnte, trat er gegen Goliath an.

Auf Gott berufen sich in jener Zeit die Protestanten ebenso gerne wie die Katholiken. Zum Gedenken ihres Sieges lässt Elisabeth eine Gedenkmünze prägen, deren Inschrift lautet: „Deus flavit et dissipati sunt – Gott atmete, und sie wurden zerstreut." Heute würde sie vielleicht mit einem Wirtschaftspreis geehrt, als Auszeichnung für die beste Unternehmensstrategie. Die Unterstützung durch den habsburgischen Geschützgießer Dreyling dagegen würde als erfolgreiche Abwerbung von Spitzenkräften gewertet.

Der Begriff der Strategie wird häufig falsch gebraucht. Oft wird Strategie mit Taktik verwechselt. Beim Militär ist Strategie die Kunst der Kriegführung, während Taktik die Kunst der Truppenführung während des Kampfes bezeichnet. Taktik ist also nur ein Teilaspekt der Strategie. Im Allgemeinen versteht man unter Strategie eine umfassende Planung zur Verwirklichung eines Zieles. Für eine Führungskraft ist es viel wichtiger, eine Strategie zu entwickeln, als sich im Tagesgeschäft zu verbrauchen. Ob Sie nun eine Putzkolonne führen, einen Friseursalon oder einen Weltkonzern – in der Sache bleibt es gleich. Gute Strategen findet man übrigens häufig im Sport, wo sie als Trainer versuchen, ihre Schützlinge zum Sieg zu führen. Mit einer genialen Strategie gelang es z.B. auch Otto Rehhagel, die griechische Nationalmannschaft zum Europameistertitel 2004 zu führen, obwohl ihr anfangs keinerlei Chancen eingeräumt wurden. Für jedes Einzelspiel hatte die Mannschaft die richtige Taktik innerhalb ihrer Gesamtstrategie, konsequent Defensivfußball zu spielen – die Spielweise, die international unter Fußballexperten als völlig überholt galt, den Griechen aber die einzige reelle Chance bot, die im offensiven Spiel überlegenen Favoriten einen nach dem anderen zu schlagen.

Die Entwicklung einer Strategie setzt eine sorgfältig erstellte Situationsanalyse voraus, die die eigene Lage sowie die Lage des Gegners offen legt und alle beteiligten Wirkungskomponenten sichtbar macht. Aus dieser Lage heraus wird das Fernziel formuliert und der Weg bestimmt, der zu ihm führt. Situation, Ziel und Weg bilden die entscheidenden Elemente der Strategie. Strategie plant also die Vorgehensweise, wie ein großes Ziel zu erreichen ist. England sah die Gefahr, in der es sich befand. Seine eigene Lage war jämmerlich, denn es hatte weniger Schiffe und weniger Streitkräfte als Spanien. Da formulierten Elisabeths Ratgeber – Vorläufer der heutigen Berater und Coaches – das Ziel: Die Invasion der Spanier musste abgewehrt und die Seeherrschaft gewonnen werden. Doch welcher Weg führte zu diesem Ziel? Aus der Situationsanalyse heraus war die Antwort leicht zu finden. England musste die Spielregeln ändern, und zwar zu seinen Gunsten. Dazu brauchte es eine neue Form der Kriegführung. Schnelle wendige Schiffe und treffsichere Kanonen mussten her. Admiräle, die den neuen Schiffstyp navigieren, und Mannschaften, die die Geschütze bedienen konnten, mussten ausgebildet werden. Alle erforderlichen Einzelschritte bildeten den Weg zum Ziel. England plante in kluger Vorausschau und folgte stets dem Gesetz des Handelns. Es stellte nicht nur neue Spielregeln auf, sondern dominierte das Spielfeld auch in der räumlichen und zeitlichen Dimension. Als der richtige Moment gekommen war, spielte es seine heimlich erlangte Überlegenheit aus und bestimmte gleichzeitig das Gelände, auf dem die Schlacht stattfinden sollte.

In seinen Prinzipien unterscheidet sich das Beispiel aus der Geschichte in keiner Weise von einer modernen Geschäftsstrategie. Der Kriegsschauplatz ist allerdings nicht das Meer oder ein Schlachtfeld, sondern der Markt. Der Feind ist nicht der höchste Herrscher eines Staates, sondern der Wettbewerber. Jeder Unternehmer steht symbolisch betrachtet in der Schusslinie eines anderen, der ihm Marktanteile abjagen will. Auch Sie zanken sich mit Ihren Wettbewerbern um den gleichen Kuchen. Ihre Fragen lauten mit Sicherheit nicht: Wie viele Schiffe hat der Feind, wie viele Krieger kann er aufstellen? Stattdessen fragen Sie sich – hoffentlich: Welche Marktanteile halte ich und welche Marktanteile halten die Konkurrenten? Wie viel Umsatz mache ich, was für eine Rendite, was für ein Ergebnis habe ich? Wie sehen diese Zahlen beim Wettbewerber aus?

In der Wirtschaft geht der Krieg nie zu Ende. Der Krieg um Marktanteile und Kunden ist dauerhaft. Die Gegner sind die Wettbewerber, die alle auf dem Kriegsschauplatz des Marktes ihren Umsatz machen und Gewinn daraus ziehen wollen, und zwar immer mehr als der Konkurrent.

Nach Abschluss der Situationsanalyse muss die strategische Planung in Angriff genommen werden. Dazu müssen Sie sich aus der Hektik Ihres Tagesgeschäfts lösen und einen planerischen Wurf nach vorne machen. Wo soll Ihr Geschäft mittelfristig stehen, also in fünf bis zehn Jahren? Welcher nächste kurzfristige Schritt im Zeitraum des nächsten Jahres ergibt sich daraus? Wenn das Ziel definiert ist, muss die Vorgehensweise bzw. der Weg zu ihm bestimmt werden.

In der Situationsanalyse haben wir ein klares Bild zur Lage der Bäckerei Hegmann-Büttner und der Wettbewerber gezeichnet und damit die Wettbewerbssituation veranschaulicht. Mit der Marktanalyse haben wir das Gelände, den Markt für Backwaren in Tölz, genau unter die Lupe genommen und Licht in die Situation der Kundenzufriedenheit gebracht. Wir wissen nun, wie gut die einzelnen Bäcker von Tölz die jeweiligen Kundenanforderungen erfüllen. In der Mitarbeiterzufriedenheitsanalyse haben wir geklärt, welche Verbesserungen eingeleitet werden müssen, um langfristig das Leitbild der Bäckerei in allen Punkten zu verwirklichen. Dabei ist der Führungsmannschaft bewusst geworden, dass eine hohe Kunden- und Mitarbeiterzufriedenheit entscheidende Wettbewerbsvorteile darstellen. Die Finanzanalyse hat uns gezeigt, wo das Geschäft finanziell steht. Im Benchmarking-Prozess werden wir uns mit möglichen Zielen beschäftigen und uns davon überzeugen, dass die Besten in der Branche Wege wissen, wie man sie erreicht. In unsere bisherigen Analysen ist immer wieder die Frage eingeflossen, wie wir die eigenen Stärken und Schwächen nutzen können, um die Zukunft des Geschäftes zu sichern. Nun sind wir an den Punkt gelangt, wo wir mit der strategischen Planung systematisch die Ziele des Geschäftes identifizieren und die Wege definieren müssen, die zu ihnen führen. Dabei müssen auch alle Detailschritte und Meilensteine festgehalten werden. Es gilt also, einen Fahrplan für die nächsten fünf bis zehn Jahre zu erstellen.

Für diese Aufgabe sind in der Regel drei Workshops nötig:

- Vorbereitungsgespräch
- Strategie-Workshop
- Nachbereitungen

In der Bäckerei Hegmann-Büttmann treffen wir auf eine spezifische Situation, die in der strategischen Planung besonders bedacht werden muss: Hans und Maria gehen auf den Ruhestand zu. Die Geschäftsübergabe und alle hiermit verbundenen Begleitumstände müssen berücksichtigt werden.

Das Vorbereitungsgespräch

Die Komplexität eines Unternehmens beruht nicht nur auf der reinen Geschäftssituation. Gesellschaftliche, persönliche und familiäre Aspekte wirken sich auf das gesamte Zusammenspiel in nicht unerheblichem Maße aus. Wenn die Frau des Trainers schwer erkrankt, sinken die Chancen der Mannschaft beträchtlich, die Champions League zu gewinnen, weil er seinen Kopf nicht frei halten kann. Auch in der strategischen Planung müssen immer Aspekte berücksichtigt werden, die auf den ersten Blick nicht geschäftsrelevant erscheinen. Nicht selten ist eine Geschäftsübergabe mit der Notwendigkeit einer Erbregelung verbunden. Und schon handelt es sich nicht mehr nur um eine Geschäfts-, sondern auch um eine Familienangelegenheit. In einem solchen Fall ist die Situation besonders komplex. Es reicht nicht, Geschäftszahlen aufzubereiten, Kunden- und Mitarbeiterzufriedenheit zu analysieren und die Wettbewerbssituation zu beleuchten. Es muss eine Lösung gefunden werden, die alle Familienmitglieder dauerhaft zufrieden stellt und von allen überzeugt mitgetragen wird. Es darf keine Bauchweh-Kompromisse geben, wenn nie endende erbbedingte Familienstreitigkeiten vermieden werden sollen. Erbregelungen gestalten sich häufig deswegen so kompliziert, weil es nie eine gerechte Verteilung geben kann, wenn sich das Vermögen aus so unterschiedlichen Bestandteilen wie Geschäft, Haus, Grundstück oder Geld- und Sachwerten zusammensetzt. Wenn man alles verkaufen würde, wäre die Rechnung einfach. Die Summe würde unter den Erbberechtigten geteilt. Wer aber will auf diese Weise erben bzw. vererben? Abgesehen davon, dass solche Lösungen im Regelfall mit immensen Wertverlusten einhergehen, bedeutet Erben schließlich mehr als das Entgegennehmen von Vermögenswerten. In den meisten Fällen ist eine Nachfolge zu regeln. Wer soll und will das Geschäft weiterführen? Wer soll und will das Haus erben? Was sollen und können die anderen im Gegenzug dafür erhalten?

Die strategische Planung muss also stets das Gesamtsystem im Auge behalten. Bevor Leo und Sandra die Zukunft des Geschäfts planen können, muss die ganze Familie entscheiden, ob und zu welchen Konditionen sie mit der Geschäftsübergabe an die Juniorchefs einverstanden ist. Diese Entscheidung muss innerhalb der gesamten Erbregelung getroffen werden und auch die Alterssicherung von Hans und Maria berücksichtigen.

Da Erbregelungen immer in einem Spannungsfeld stehen, führe ich getrennte Vorbereitungsgespräche mit den Junior- und Seniorchefs. Ich bespreche die Verhaltensregeln, damit wir im Strategie-Workshop sachorientiert arbeiten und Missverständnisse vermeiden können. Als Berater muss ich mir immer vergegenwärtigen, dass in der Zusammenarbeit mit Familienmitgliedern eigene Gesetze herrschen. In die Kommunikation fließen unterschwellig zahlreiche Emotionen ein, die den Verständigungsprozess erschweren können. Dies ist kein Zeichen für krisenhafte Familienbeziehungen, sondern etwas ganz Normales. Es ist bei allen Familien so. Je näher sich Menschen stehen, desto gefühlsbetonter und verletzlicher reagieren sie aufeinander. Darauf muss man sich als Berater vorbereiten. Sie brauchen eine Methode, mit der Sie „den Arbeitsprozess auf rationalem Kurs halten und die Emotionen auf die Ebene der Fakten leiten können, um sie schließlich so zu kanalisieren, dass daraus ein „kreativer Akt wird“. Sonst kann leicht passieren, was Tennessee Williams in „Die Katze auf dem heißen Blechdach“ beschreibt, grandios verfilmt mit Elizabeth Taylor und Paul Newman. Eine Familie in den Südstaaten leidet unter der angewachsenen Spannung jahrelanger Verdrängung ihrer Probleme, die schließlich nur durch ein reinigendes Gewitter gelöst werden können. Zum Glück erwartet mich in der Bäckerei Hegmann-Büttner kein Familiendrama, sondern eine ganz normale Familie mit ganz normalen, alltäglichen Problemen.

Am Strategie-Workshop nehmen die Junior- und Seniorchefs teil. Für die konkrete Erbregelung werden wir später gesonderte Termine mit allen Familienmitgliedern vereinbaren. Zunächst einmal müssen alle Geschäftsprofis der Familie die Ziele für die Bäckerei definieren, an die sich die Fragen der Erbregelung und Alterssicherung unweigerlich anschließen. Am Ende des Workshops sollen sie eine Antwort auf die Frage haben, in welchem Zustand sich die Bäckerei in fünf bis zehn Jahren befinden soll.

Dafür benötigen wir eine Flut von Unterlagen, die vorab besorgt und zusammengestellt werden müssen. Die Vermögenssituation von Hans und Maria muss in allen Bestandteilen transparent gemacht werden. Dazu zählen laufende Kredite, Fonds, zu erwartende Renteneinkünfte, Schätzwerte zu Immobilien, Grundstücken und Geschäft sowie alle sonstigen Vermögenswerte. Hans und Maria müssen auflisten, welche Mittel sie für einen sorgenfreien Ruhestand benötigen. Auch Leo und Sandra sollen eine Bestandsaufnahme machen, welche persönlichen Bedürfnisse materiell abgesichert werden müssen, wenn sie sich zu einer Geschäftsübernahme entscheiden.

Für den Strategie-Workshop habe ich einen abgeschiedenen Ort gewählt, damit meine Klienten sich vom Tagesgeschäft lösen können. Ziele und Wege zu definieren erfordert viel Kreativität. Die entfaltet sich am besten, wenn man die Fesseln des Alltags ablegt.

Der Strategie-Workshop

Draußen klirren Maßkrüge und Weißbiergläser. Beim Moarwirt in Hechenberg wird gerne gefeiert. In die dörfliche Abgeschiedenheit hat es heute noch mehr Leute verschlagen. Eine Großfamilie feiert ein Familienfest mit Weißbier, Weißwürsten, süßem Senf und frischen Brezen. Die Weißwurst, das typisch bayerische Frühstück, darf ja bekanntlich das 12-Uhr-Läuten nicht hören. Und da Bier in Bayern als Nahrungsmittel gilt, wird es gelegentlich bereits zu dieser frühen Mahlzeit bestellt. In Maßen getrunken – nicht in Massen – ist Bier schließlich flüssiges Brot. Das verdankt es den Mönchen der Klosterbrauereien, denen es in der Fastenzeit, der „fünften Jahreszeit", alle wichtigen Nährstoffe zuführte.

Es ist noch früh am Tag. Hechenberg liegt nur wenige Autominuten von Bad Tölz entfernt und gewährt einen überwältigenden Blick auf das Voralpenland, bei guter Sicht sogar bis zur Zugspitze. Wir mussten gar nicht weit fahren, um uns aus dem Alltagsgefängnis zu befreien. Inmitten der malerischen Umgebung von Moorlandschaft, hügeligen Wanderwegen und stattlichen Höfen liegt der Dorfgasthof, in dem ich gelegentlich Seminare abhalte. Es ist in vielerlei Hinsicht ein idealer Ort – fernab städtischer Hektik, aber doch so nah an München gelegen, dass eine schnelle Anreise gewährleistet ist. Bei Bedarf können die Teilnehmer in den Fremdenzimmern übernachten und eine moderne Seminartechnik steht ebenfalls bereit.

Der Moarwirt hat uns eines der Stüberl zur Verfügung gestellt. Für unsere Zwecke ist es genau richtig. Wenn man mit einer Gruppe arbeitet, spielt die Größe eines Raumes durchaus eine Rolle. In zu großen Räumen fühlen sich kleine Gruppen verloren, große Gruppen fühlen sich in zu kleinen Räumen bedrängt. Für die heutige Arbeit braucht jeder eine eigene Pinnwand und ich selbst benötige gelegentlich den Overhead-Projektor.

Bevor wir mit dem eigentlichen Thema beginnen, möchte ich ein Klima schaffen, das meine Klienten bereit macht, über neue Wege nachzudenken und sich auf Veränderungen einzulassen. Für solche Zwecke setze ich gerne ein Märchen oder, korrekter bezeichnet, eine Parabel ein, die die Angst vor Veränderung herabsetzen und die Lust an der eigenen Lebensgestaltung steigern kann. Die hier stark verkürzt aus dem Gedächtnis erzählte Geschichte entstammt dem Bestseller „Die Mäusestrategie für Manager" von Spencer Johnson. Ich schalte mein Handy aus und verteile Kissen, um eine gemütliche, Atmosphäre zu schaffen. Dann schieben wir unsere Stühle zusammen, setzen uns alle in eine Ecke des Stüberls, und ich beginne zu erzählen:

Das Mäusepaar Schnüffel und Wusel und ihre Nachbarn, das Zwergenpaar Grübel und Knobel, lebten in einem Labyrinth und kannten ein Käselager, in dem sie stets leckeren Käse vorfanden, wenn sie hungrig waren. Sie mussten sich nie plagen und lebten völlig sorgenfrei. Eines Tages aber war das Lager leer. Während Schnüffel und Wusel sich sofort auf den Weg machten, um neuen Käse zu suchen, glaubten Grübel und Knobel, dass alles nicht wahr sein könnte und dass jemand einen Fehler gemacht hatte, und sie vertrauten darauf, dass alles wieder werden würde, wie es früher war.

Schnüffel und Wusel stießen nach langer Suche tatsächlich auf ein gigantisches Käselager, dessen Vorräte schier unermesslich schienen. Aber sie wussten nun, dass auch ein noch so großes Käselager täuschen konnte. Es kann sich schneller leeren, als man denkt.

Nach einiger Zeit erkannte dann auch Knobel, dass es in dem alten Lager keinen Käse mehr geben würde. Wenn er und Grübel nicht verhungern wollten, mussten sie neuen Käse suchen. Und wenn er ganz ehrlich zu sich war, dann hatte es schon lange Anzeichen gegeben, dass sich der Käse veränderte. Er wusste, es gab nur einen Weg und der führte durch das Labyrinth. Grübel jammerte nur noch. Da begriff Knobel, dass er alleine hinaus musste. Und was lag denn eigentlich noch hinter ihm, das er nicht aufgeben mochte?

Als Knobel nach langer Zeit abgemagert, doch innerlich quicklebendig das neue Käselager fand, winkten ihn Schnüffel und Wusel voller Freude hinein. Ihre Bäuche waren dick und rund, ihre Backen hatte eine gesunde rote Farbe, aber ihre Laufschuhe baumelten – für den Fall der Fälle – startbereit von ihren Schultern. Knobel aß sich erst einmal wieder Kraft an. Als er satt und zufrieden über die Wölbung seines Bauches strich, nahm er sich vor, in Zukunft regelmäßig die Umgebung zu erkunden und sich für den Fall bereit zu halten, dass der Käse wieder verschwinden würde.

Auf seinen einsamen Läufen durch das Labyrinth war Knobel zu vielen neuen Erkenntnissen gekommen. Sobald sich ein Gedanke klar abzeichnete, war er stehen geblieben um einen Satz an die Wand zu schreiben. Vielleicht würde ja doch auch Grübel eines Tages aufbrechen. Dann könnten ihm die Sätze helfen, den Weg zu finden.

Knobel schrieb eine Zusammenfassung seiner Erkenntnisse an die Wand, die er künftig auf seinem Lebensweg beherzigen wollte:

> *Schnuppere oft am Käse, damit du merkst, wenn er alt wird.*
> *Genieße die Veränderung.*
> *Je schneller du den alten Käse sausen lässt, desto schneller kannst du neuen Käse genießen.*
> *Der Käse wird immer wieder verschwinden.*

Es waren noch mehr – und wer zögert, Veränderungen anzupacken, sollte sie unbedingt alle nachlesen – im Original von Johnsons Buch „Die Mäusestrategie".

Zieldefinitionen

Meine Klienten haben ihren Blick durchs Fenster zu den verschneiten Gipfeln der Berge schweifen lassen. Jetzt kehren sie vom Märchen wieder zurück in die Realität. Ich weiß, dass sich jeder, der die Geschichte hört oder liest, sofort mit einer der vier Figuren identifiziert. Die meisten fragen sich unweigerlich, welchen alten Käse sie in ihrem Leben festhalten wollen, der häufig genug längst verdorben oder schon gar nicht mehr vorhanden ist.

Bodo: Als Berater komme ich ja oft in Firmen, um notwendige Veränderungen in Gang zu setzen. Dabei stelle ich immer wieder fest: Fast alle haben Angst vor Veränderungen. Am liebsten hätten alle, dass alles so bleibt, wie es ist.

Hans: Das ist am bequemsten.

Bodo: Wie ist es mit euch, fürchtet ihr euch vor Veränderungen?

Sandra: Ich denke schon, weil man nicht weiß, was mit dem Neuen auf einen zukommt.

Hans: Das weißt du nie. Das weißt du nicht in der Ehe, das weiß du nicht im Leben, das weiß man nie.

Maria: Die Angst sitzt im Unterbewusstsein.

Hans: Wer nicht wagt, der nicht gewinnt.

Bodo: Der Bayer sagt: Nichts Besseres kommt nicht nach. Fragt sich nur, ob das stimmt. Warum wehren sich so viele Leute gegen Veränderungen?

Sandra: Weil man das Gewohnte kennt. Bei dem Neuen kennt man sich aber nicht aus.

Leo: Man muss sich mehr Gedanken machen.

Bodo: Ja, es ist ein „mehr": mehr denken, mehr arbeiten, mehr tun. Veränderungen sind immer mehr als das Gewohnte – und damit unbequem. Man muss auch etwas aufgeben, wenn man sich auf etwas Neues zu bewegt: alte Gewohnheiten, alte Regeln, alte Denkweisen. Das ist nicht so einfach.

Um größere Ziele zu erreichen, muss immer erst die Angst überwunden werden. Wenn Sie als Berater Ihren Klienten in der Angst stecken lassen, wird er viel zu kleine Ziele formulieren. Im Ergebnis erhalten Sie dann Wege, die im Grunde nur das Gewohnte fortführen. Wenn sich England so verhalten hätte, wäre es nicht in der Lage gewesen, die Spanische Armada abzuwehren. Der Erfolg der Beratung stellt sich nur ein, wenn es der

Führungscrew mit Hilfe der Moderation gelingt, gute Ziele zu entwickeln und die besten Wege dorthin zu finden.

Obwohl der Weg immer auch mühsam ist, gibt es nichts Beglückenderes, als sich auf die Suche nach neuem Käse zu machen. Es geht um nicht mehr und nicht weniger als die Entscheidung zwischen Stillstand und Fortentwicklung – manchmal sogar um das pure Überleben.

Meine Klienten sind nun bereit, sich wenigstens vorzustellen, wie der neue Käse ausschauen könnte. Nichtstun, das haben sie erkannt, kann sogar lebensbedrohlich sein. Sie sind aufgeschlossen und motiviert, über neue Wege nachzudenken. Der Schwenk von der Angst zur schöpferischen Freude ist gelungen. Mit der Vorstellung, was wäre, wenn man alle Ängste hinter sich lassen könnte, kann man übrigens selbst eingefleischte Stubenhocker hinter dem Ofen hervorlocken. Mit Ersatzbegriffen wie dem alten und dem neuen Käse tut es auch nicht so weh, über Fehler und Verbesserungsmöglichkeiten zu sprechen.

Ich nutze das kreative Potenzial, das die Geschichte freigesetzt hat, und beginne mit der mühsamen Kleinarbeit. Wir müssen uns heute durch drei Hauptthemen arbeiten, die in die Fragen münden: In welchem Zustand sollen sich in 10 Jahren die Bäckerei, die Erbregelung und die Alterssicherung der Senioren befinden? Für jeden einzelnen Bereich müssen erst die Ziele und dann die Wege definiert werden, die dorthin führen. Ich arbeite an dieser Stelle mit der Methode des Brainwriting, deren Ergebnisse in einer moderierten Diskussion aufgearbeitet werden.

Bodo: Wie alt bist du in 10 Jahren?

Hans: 73.

Maria: 10 Jahre jünger.

Bodo: Welchen Zustand möchtet ihr da in den drei Bereichen haben:

1. Bäckerei?
2. Regelung Erbschaft?
3. Alterssicherung?

Damit wir das vernünftig hinbekommen, sollte jeder auf Kärtchen aufschreiben, wie er sich das vorstellt. Am besten nicht ganze Sätze, sondern nur Stichpunkte. Zwei bis drei Stichpunkte und jeder für sich alleine. Bäckerei kennzeichnet ihr mit einem B, Erbreglung mit einem E und Alterssicherung mit einem A.

Hans: Welchen Zustand ich in 10 Jahren haben möchte? Also weg vom alten Käse.

Bodo: Du hast doch eine Bäckerei und keinen Käseladen.

Während sich die Junioren und Senioren der Bäckerei Hegmann-Büttner der gestellten Aufgabe widmen, konzentriere ich mich auf das weitere Vorgehen. Bei der strategischen Planung, wo es um nichts Geringeres geht als um die Zielsetzung des Geschäftes, darf ich meinen Klienten nichts aufzwingen. Der ganze Workshop baut auf den Fragen des Moderators auf. Mit ihnen steuert er zwar die Richtung, aber die Antworten müssen immer von der Führungsmannschaft selbst kommen. Obwohl der Moderator wissen muss, welche Antworten bzw. Ziele herauskommen können oder sogar sollen, darf er sie nie explizit nennen, sondern sie lediglich als hypothetische Frage in den Raum stellen. So verhilft er den Gesprächspartnern sozusagen zur geistigen Geburt. Dabei werden natürlich viele Ideen erzeugt, die er schriftlich – z.B. auf dem Flipchart – festhalten muss, damit nichts von dem kreativen Schöpfungsakt verloren geht und alles dokumentiert wird.

Beim Brainwriting sind die Ergebnisse wie beim Brainstorming erst einmal ungeordnet. Die Aufgabe des Moderators ist es nun, die Klienten dabei zu unterstützen, ihre Ergebnisse zu strukturieren. Sie müssen bewertet und priorisiert, also in eine Rangreihenfolge gebracht werden. Die qualitativen Ziele müssen quantifiziert werden, damit sie griffiger sind. Später müssen die Ergebnisse in eine übersichtliche Darstellung gebracht werden, die der Klient sofort als seine ursprüngliche Kernaussage wiedererkennt.

Bodo: Also, was habt ihr für Ziele für die Bäckerei?
Das Geschäft steht gut da, es hat gute Umsätze und gute Gewinne. Es gibt eine moderne Ladeneinrichtung, Eigen- und Fremdkapital sind in einem gesunden Verhältnis. Der Standort Marktstraße ist sicher. Der Betrieb ist in der Familie, er ist gut organisiert, so dass keiner unter der Last zusammenbricht, und neue Geschäftsmöglichkeiten werden immer genutzt.

Leo: Bei der Ladeneinrichtung sollte man vielleicht „moderne Betriebseinrichtung" schreiben, weil in 10 Jahren die Backstube vielleicht auch schon wieder veraltet ist.

Bodo: Was müsstet ihr in den 10 Jahren in den Laden und die Backstube investieren? Können wir das noch ein bisschen quantifizieren, d.h. mit Mengen hinterlegen?

Sandra: Für den Laden gut 100.000 €.

Leo: Was langfristig ansteht, ist sicher ein Ofen.

Bodo: Was kostet ein Ofen?

Maria/Hans: 50.000 €!

Bodo: Damit würden sich die Investitionen in den nächsten 10 Jahren auf 150.000 € belaufen.

Leo: Sagen wir 175.000 €. Es kann auch schnell eine kleinere Anschaffung fällig werden, z.B. ein Froster, da steckt man nicht drin.

Bodo: Was ist ein guter Umsatz und was ist ein guter Gewinn? Dabei lassen wir mal die Inflation unberücksichtigt. Habt ihr pro Jahr eine Umsatzsteigerung im Auge, die ihr für vernünftig haltet?

Leo: Bei einem Umsatz von 0,55 Mio. € sollte ein Gewinn von 150.000 € herausspringen, nach Abzug von Zinsen, Steuern und sämtlichen Unkosten.

Bodo: Wir haben jetzt sieben Punkte. Jetzt solltet ihr entscheiden, was wichtig ist.

Sandra: Alles ist wichtig.

Bodo: Ja, aber was ist besonders wichtig?
Das Spielchen kennt ihr schon, jeder bekommt vier Bewertungspunkte. Die klebt ihr an die Stichworte, die euch am wichtigsten erscheinen. Ihr dürft auch mehrere Punkte für ein und dasselbe Stichwort vergeben. Überlegt euch vorher, wo ihr die Punkte setzen wollt. Schaut nicht, wo die anderen sie hinkleben, sondern vergebt sie nach eurer eigenen Meinung.

Sandra: Für mich ist alles wichtig, ich brauche sieben Punkte.

Bodo: Nein, das gibt es nicht, das ist ja das Schwierige an dem Spiel. Du musst dich entscheiden, was für dich besonders wichtig ist.

Hans: Ich soll anfangen?

Bodo: Nein, eigentlich solltest du als Letzter kleben. Der Leitwolf immer zum Schluss. Bei euch ist es zwar ziemlich ausgewogen, da spielt es keine große Rolle. Aber wenn ich in einer Firma bin, wo der Geschäftsführer sehr dominant ist, dann muss er immer als Letzter kleben.

Wer geklebt hat, darf sich in der Speisekarte sein Mittagessen aussuchen. Was das Essen betrifft, ist das Heute immer wichtiger als ein Tag in 10 Jahren.

In der strategischen Planung muss der Moderator die Reihenfolge der Arbeitsschritte strikt einhalten, weil sie auf einer strengen inneren Logik aufbaut. Niemand kann dabei aus dem Bauch heraus arbeiten. Der ganze Ablauf muss detailliert geplant und vorbereitet sein. Der Moderator muss vorher entscheiden, mit welchen Moderationstechniken und Medien er arbeiten will. Bevor ich mich mit dem Klienten in die Höhle des Löwen begebe, habe ich tausend Fragen gründlich vorbereitet: Wie lauten die präzisen Frage- und Aufgabenstellungen für die Einzel- und Gruppenarbeit? Wann arbeite ich mit Kärtchen, mit Flipcharts, mit Folien? Wann setze ich Brainstorming, wann Brainwriting ein? Mache ich die Bewertung, also die Priorisierung, mit der Punkttechnik oder einer moderierten Diskussion? Auch die Bereitstellung aller benötigten Informationsmaterialien nimmt viel Zeit in Anspruch. Nur wer sich in alle wesentlichen Daten der Situationsanalyse gründlich eingelesen hat und sie im Kopf abrufen kann, kann im Workshop die Zielsetzung in eine sinnvolle Richtung steuern. In der strategischen Planung setzt sich die Schlacht der Informationen fort, die in der Situationsanalyse ihren Anfang nimmt. Alle wichtigen Fakten müssen präsent sein. Wenn ich nicht weiß, was für Schiffe mein Klient hat, wie weit seine Kanonen schießen, welches Kaliber sie haben, dann kann ich ihn nicht beraten, wie er der Invasion der Spanier – oder anderer Bäcker – begegnen kann, geschweige denn, wie er die Vorherrschaft auf den Ozeanen der Backwaren erringt.

Die Mühe, die ich in die Vorbereitungsarbeit gesteckt habe, hat sich gelohnt. Meine Klienten haben ein präzises Bild zur Zielsetzung der Bäckerei gezeichnet und die einzelnen Zieldefinitionen nach ihrer Wichtigkeit geordnet (Bild 46).

Die Ergebnisse zur Erbregelung und Alterssicherung werden nach derselben Methodik zusammengetragen und bewertet. Bei der Erbfolge steht der Zusammenhalt der Familie

Priorität	Punkte	Zieldefinition	
I	5	sichere Existenz durch guten Umsatz	550 T€/Jahr
		und Gewinn	150 T€/Jahr
II	4	gesundes Verhältnis zwischen Fremd- und Eigenkapital	2 : 1
III	3	Betrieb bleibt in der Familie	
IV	2	Gut organisierter Betrieb	
V	1	moderne Laden- und Betriebseinrichtung, notwendige Investitionen	60 T€/Jahr
V	1	Standortsicherung und Erweiterung	
VI	0	neue Geschäftsmöglichkeiten nutzen	

Bild 46 Die Ziele für die Bäckerei sind definiert und priorisiert

im Mittelpunkt der Betrachtungen, bei der Alterssicherung der Lebensstandard, den sich die Senioren für einen sorgenfreien Ruhestand wünschen. Diese Themen werden hier nicht weiter erörtert, weil es sich schließlich um reine Privatangelegenheiten der Büttners handelt.

Wir haben gutes Wetter erwischt, uns im Biergarten des Moarwirts gestärkt und uns nach dem Essen einen Spaziergang gegönnt. Ausreichende Pausen sind übrigens wesentliche Bestandteile in der Beratungsarbeit. Seien Sie damit nicht geizig, sondern gönnen Sie den Teilnehmern Ihrer Workshops die nötige Erfrischung, die sie dringend zur Regenerierung brauchen. Andernfalls riskieren Sie, nach einem langen Tag harter Arbeit am Ende mit Ergebnissen dazustehen, die bestenfalls für die Mülltonne taugen.

In einem Workshop habe ich es einmal erlebt, dass das ganze Team am Nachmittag überzeugt war, an einer Stelle angekommen zu sein, an der es nicht weiter ginge. Ich hörte regelrecht die Gedankenfetzen einzelner Teilnehmer durch den Saal schwirren: „... jetzt ist Schluss ..." – „... zwecklos ..." – „... heimfahren ..." Also schaltete ich den Overhead-Projektor aus und schlug der Runde vor: „Okay, machen wir eineinhalb Stunden Joggingpause, eine Stunde joggen oder spazieren gehen, duschen und dann treffen wir uns wieder." Danach hatte jeder eine Lösung im Kopf.

Manchmal muss man einfach die Situation grundlegend verändern, statt arbeiten z.B. joggen, dann läuft es wieder. Das Unterbewusstsein braucht eine Gelegenheit zur Entfaltung, weil das Bewusstsein alleine die Aufgabe nicht mehr bewältigen kann. Zur Überwindung der Barrieren muss man das Gehirn freigeben, durch Schlafen, intensive Bewegung oder eine sonstige vollkommen anders geartete Tätigkeit. Vielleicht ist der positive Effekt etwa so erklärbar: Hirn und Emotion bilden eine Art Supersystem, das mit der rechten und linken Gehirnhälfte eine Lösung erarbeitet, die bei ausschließlicher Nutzung des einen oder anderen Elements sonst nicht zugänglich wäre.

Für den Moderator ist es also wichtig, die Arbeit immer wieder ganz bewusst zu unterbrechen und die Situation zu verändern, damit sich durch die Ablenkung die kreative Begeisterung neu entfalten kann. Aber das gelingt nicht immer. Einmal musste ich eine Moderation abbrechen, weil die Ignoranz und die Angst in der Gruppe größer waren als die Erfolgschancen. Mit dieser Gruppe brauchte ich auch nicht joggen zu gehen. Selbst das hätte nichts geholfen.

Ich habe ja schon den Psychologen erwähnt, den ich eine Zeitlang in meine Workshops mitnahm, um ihn in die Beratungsarbeit einzuarbeiten. Wenn die Gruppe in der Diskussion an die Wand geriet, in eine Sackgasse, aus der sie nicht mehr herauskam, griff der Psychologe ein: „Ich schlüpfe jetzt einmal in Ihre Rolle und sage Ihnen, was hier abläuft. Sie haben Angst, sich festzulegen. Deswegen drängen Sie in immer tiefere Diskussionen und verlieren sich in der Klärung von Definitionen. Nur weil Sie Angst haben, sich festzulegen!" Das half aber auch nicht immer. Ehrlich gesagt, halte ich das Joggen für die bessere Methode. „Stress gehört in die Beine", sagt die Psychologin Brigitte Lämmle, die in ihrer Sendung „Lämmle live" zur späten Nachtstunde Anrufer im Fernsehen beriet, die mit ihren Problemen nicht mehr zurecht kommen. Denn wenn der Stress körperlich abgebaut wird, kann man sich anschließend wieder neu definieren.

„Mich interessieren nicht die Probleme, sondern die Lösungen", lautet ihr Motto. Ein gutes Motto.

So drastische Breaks, wie Berater die Pausen nennen, brauche ich bei den Büttners nicht einzulegen. Nach einer einfachen ausgiebigen Mittagspause können wir uns den Wegen zuwenden, auf denen die Ziele erreicht werden können, die wir am Vormittag definiert haben.

Lösungen und Wege

Wenn ich mit Hans und Maria, Leo und Sandra einen Ausflug auf den Blomberg, den Tölzer Hausberg, plane, muss ich vorher den Weg mit ihnen abstimmen. Wie kommen wir hinauf? Über den Fußweg, die Straße, mit der Bahn oder quer durch den Wald? Wenn wir uns für den besten Weg entschieden haben, müssen wir uns überlegen, welche Hilfsmittel – neudeutsch Ressourcen – wir dafür brauchen. Wenn wir wandern wollen, brauchen wir Wanderstiefel. Wenn wir fahren wollen, brauchen wir ein Auto. Wandern wir quer durch den Wald, können wir die direkte Nähe zur Natur genießen, kommen aber erschöpft oben an. Nehmen wir stattdessen den Fußweg, sparen wir Kräfte, werden aber vermutlich von vielen Touristen gestört. Wenn wir wissen, dass wir am Wochenende hinauflaufen werden, wählen wir vielleicht eine besonders frühe Uhrzeit, um dem gröbsten Touristenandrang zu entgehen. Alle Lösungen haben also immer auch Vor- und Nachteile. Und es liegt in der Natur der Sache, dass jeder eine andere Vorstellung hat, welcher Weg letztendlich der beste ist.

In der strategischen Planung prallen stets gegensätzliche Interessen aufeinander. Ein Entwicklungschef will immer etwas anderes als der Vertriebschef oder der Finanzchef. Was sie verbindet, ist das gemeinsame Geschäftsziel, an dem sie alle arbeiten. Aber jeder will es auf einem anderen Weg erreichen, weil er die Dinge nur aus seiner Perspektive betrachtet. Der Berater steht dabei stets vor der großen Herausforderung, die divergierenden Interessen der Einzelkämpfer unter einen Hut zu bekommen, sie also in ein konstruktives Miteinander umzuleiten.

Auch Hans und Maria, Leo und Sandra haben unterschiedliche Interessen. Die Senioren möchten nach einem langen und harten Berufsleben langsamer treten, während die Junioren gerade in den Startlöchern stehen und darauf warten, dass der Startschuss fällt für den großen Wettlauf mit den Konkurrenten. Sie fühlen sich in Bestform, strotzen vor Energie und möchten nun endlich den Wettkampf aufnehmen. Sie haben lange trainiert und sind glänzend vorbereitet.

Bei den Zieldefinitionen haben wir die Themenkomplexe der Bäckerei, der Erbregelung und der Alterssicherung noch getrennt voneinander behandelt. Bei den Überlegungen zu den möglichen Wegen zur Zielerreichung müssen wir sie gemeinsam betrachten. Im Zeitraum von 10 Jahren betrachtet, bildet die Geschäftsübergabe eine gemeinsame Schnittmenge, die alle drei Themenbereiche verbindet. Weil diese Themenbereiche sensibel sind, bietet sich als geeignetste Methode die moderierte Diskussion an.

Die wichtigsten Ziele sind erstens eine sichere Existenz durch guten Umsatz und Gewinn, zweitens ein gesundes Verhältnis zwischen Fremd- und Eigenkapital, drittens der Verbleib des Betriebes in der Familie und viertens ein gut organisierter Betrieb.

Zur Steigerung des Umsatzes gibt es die Möglichkeiten, mit einer neuen Ladeneinrichtung mehr Kunden anzulocken und/oder den Standort zu erweitern. Ließe sich der Gewinn aber auch bei gleichem Umsatz verbessern? Dafür sehen meine Klienten die Möglichkeit der Kostensenkung, der Schaffung günstigerer Einkaufsbedingungen sowie der Verbesserung der Arbeitsauslastung und betrieblichen Organisation. Ein gesundes Verhältnis zwischen Fremd- und Eigenkapital wird garantiert, wenn Kredite stets in einem Rahmen gehalten werden, in dem das Verhältnis 2:1 nicht überschritten wird. Dazu können Investitionen im richtigen und nötigen Maß beitragen, aber auch stabile Gewinne.

Für die Geschäftsübergabe kommen folgende Wege in Betracht: Die Bäckerei kann verkauft, verpachtet oder übergeben werden. Schließlich könnte auch ein Geschäftsführer eingesetzt werden. Welche Vor- und Nachteile die verschiedenen Lösungen bieten, wird in allen Einzelheiten diskutiert. Alle Beteiligten sind sich bald einig, dass nur die Geschäftsübergabe an Leo eine befriedigende Lösung darstellt. Die Frage der Bedingungen, vor allem des konkreten Zeitpunkts, können wir nur in groben Zügen vorbesprechen, ohne Einzelheiten festzulegen. Letztendlich muss diese Frage mit allen Familienmitgliedern diskutiert und im Familienrat entschieden werden.

Nachdem wir das Straßennetz der möglichen Wege und Streckenverläufe skizziert haben, lege ich eine Folie auf, die verdeutlicht, aus welchen Komponenten sich die strategische Planung zusammensetzt und wie sie aufeinander einwirken (Bild 47).

Bei Siemens gilt nach dem Erzielen von Wettbewerbsvorteilen der Aufbau von Zutrittsbarrieren zum selbst bedienten Marktsegment als ein zentrales strategisches Element. In

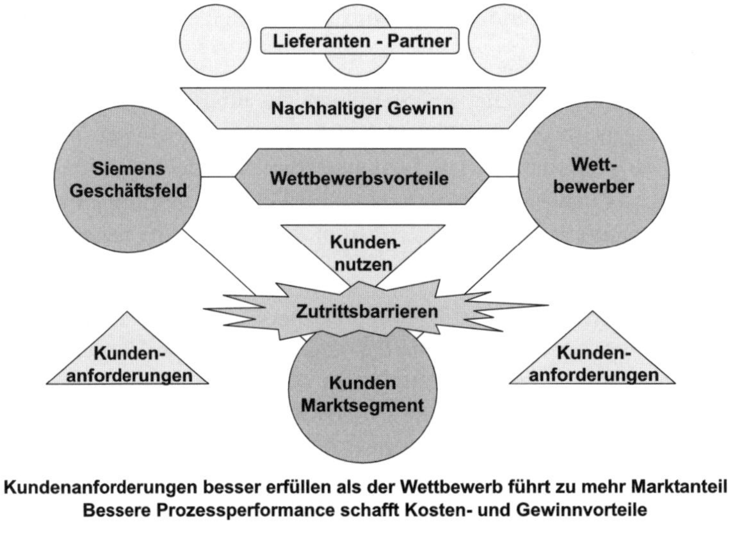

Bild 47 Bestandteile der strategischen Planung

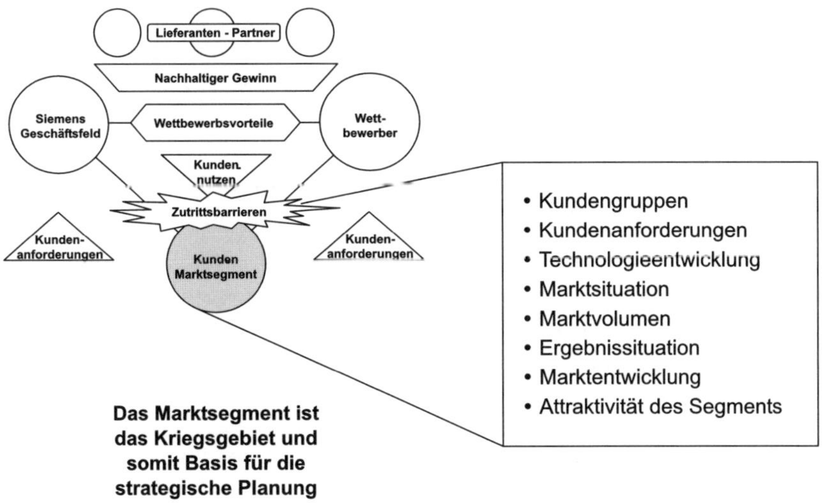

Bild 48 Das Marktsegment ist das Kriegsgebiet

vielen Geschäftsbereichen existieren von vornherein Barrieren, die andere vom Eintritt abhalten. Wer etwa in das Halbleiter-Geschäft einsteigen will, muss mindestens die Summe von 750 Mio. € aufbringen, weil soviel ein Werk im Durchschnitt kostet. Oder wer ins UMTS-Geschäft einsteigen wollte, musste hohe Lizenzgebühren bezahlen.

Bei einer Bäckerei ist ein solches Vorgehen natürlich relativ schwierig. Eine Oma, die sich entschließt, auf dem Markt hausgebackenen Kuchen anzubieten, weil sie eine sinnvolle Beschäftigung sucht, aber keinen großen Gewinnanspruch hat, kann einer Bäckerei Kunden abjagen, ohne dass sich dies verhindern ließe. Kein Bäcker könnte eine wirksame Zutrittsbarriere gegen sie aufbauen. Dennoch gibt es immer Möglichkeiten, Konkurrenten den Zugang zum eigenen Marktsegment zu erschweren.

Generell ist erst einmal zu überprüfen, ob man in einer Branche arbeitet, die am Hungertuch nagt. In der Telekommunikation z.B. ist es derzeit kaum möglich, Geld zu verdienen. In einer solchen Situation lohnt es sich also kaum, in das Geschäftsgebiet einzusteigen. Die Attraktivität des Marktsegments setzt sich aus dem Markt, dem Wachstum, der Ergebnissituation und der Höhe der Zutrittsbarrieren zusammen.

Basis jeder strategischen Planung ist das Marktsegment, um dessen Anteile sich die Wettbewerber zanken (Bild 48).

Wenn das Marktsegment das Kriegsgebiet ist, dann lohnt es sich, das Gelände genau unter die Lupe zu nehmen. Das haben wir in der Marktanalyse bereits gründlich getan, so dass wir nun auf die Daten zurückgreifen können. Wir wissen, welche Kundengruppen es gibt, wie die Kundenanforderungen aussehen und wie gut diese im Vergleich zur Konkurrenz erfüllt werden. Das Gesamtvolumen des eigenen Marktsegments ist uns bekannt, denn wir wissen, wie viele Backwaren in Tölz insgesamt gekauft werden. Wir haben uns auch mit der Frage beschäftigt, ob der Markt wächst oder schrumpft, ob er gesättigt ist oder sich gerade wieder neu aufbaut.

Letzten Endes münden alle Teilfragen und Teilaspekte immer wieder in die zentrale Frage: Wie kann ich meinem Unternehmen zu einem größeren Marktsegment, zu mehr Umsatz, Gewinn und Stabilität verhelfen? Beim Kampf um den Kunden können entscheidende Wettbewerbsvorteile errungen werden, wenn es gelingt, einen größeren Kundennutzen zu bieten als der Konkurrent. Entscheidend ist also, wer die Anforderungen der Kunden besser erfüllt als die Wettbewerber. Wem die Brezen in der Bäckerei Hegmann-Büttner am besten schmecken, der kauft sie auch, wenn sie dort um 2 Cent teurer sind.

Die strategische Planung wird auch gerne mit einem Schachspiel verglichen, weil sie ein komplexes Geflecht von Fragen aufwirft. Ausgehend von einer exakten Situationsanalyse müssen vorausschauend mehrere Spielzüge geplant werden. Nicht nur die eigenen, sondern auch alle denkbaren Spielzüge des Gegners müssen im Geist vorweggenommen werden, um einerseits wirksam anzugreifen und sich andererseits ausreichend zu schützen. Mit welchem Spielzug kann ich den Gegner in Bedrängnis bringen? Wie kann ich meine Spielfigur decken, so dass er sie nicht schlagen kann? Welchen Vorteil und welches Terrain gewinne ich durch den Zug? Kann ich den Gegner in fünf Zügen schachmatt setzen, wenn ich im nächsten Zug eine wertvolle Figur opfere? In die Geschäftswelt übersetzt lauten die Fragen meistens:

Wie groß ist mein Marktanteil? Wie ist meine Wettbewerbsstellung im Vergleich zum Besten? Wie ist meine Kosten- und Ergebnissituation im Vergleich zum Wettbewerb? Wie gut erfülle ich die Kundenanforderungen verglichen mit der Konkurrenz? Wie groß ist mein Technologie-Potenzial? Wie wird sich die Technologie in nächster Zeit entwickeln? Verfüge ich über Entwicklungen, die weiter sind als der Wettbewerb, so dass ich die nächste Entwicklung schneller oder besser bewältige, während die anderen hinterher hinken? Wie ist meine Finanzsituation? Bin ich flüssig, habe ich die nötigen Geldmittel verfügbar oder bestehe ich hauptsächlich aus Schulden? Wie sind meine Entwicklungsaktivitäten, meine Vertriebsaktivitäten? Wie aggressiv bin ich im Verhältnis zu meinen Wettbewerbern?

Auch hier bildet die Situationsanalyse mit ihren Daten wieder die Grundlage und Bezugsquelle für die strategische Planung (Bild 49).

Alle oben genannten Fragen müssen auch immer für die Wettbewerber beantwortet werden, soweit dies möglich ist. Erst dann können sinnvolle Spielzüge geplant und mögliche Gegenzüge vorausgesehen werden. In der Geschäftswelt sitzen Sie deswegen nie an einem zweidimensionalen, sondern stets an einem x-dimensionalen Schachbrett, wobei x die Variable für die Anzahl Ihrer Wettbewerber darstellt.

Nach langer Diskussion haben wir einen Fahrplan für die Bäckerei erstellt, die den Kurs für die nächsten Jahre festlegt. Zur Umsatz- und Gewinnsteigerung müssen im nächsten Schritt die Planung und die Kalkulation verbessert werden. Dazu wird ein wöchentliches Führungsgespräch stattfinden, in dem Hans und Leo Probleme in Bezug auf die Backstube klären und in Abstimmung mit Maria und Sandra die Kalkulation für den Laden besprechen. Eine Standard-Tagesordnung sorgt für die regelmäßige Erörterung folgender Besprechungspunkte: Geschäftsverlauf, Probleme, neue Geschäftsideen, Kosten-/Preisgestaltung und Vereinbarungen mit Mitarbeitern. Im Bedarfsfall wird sie ange-

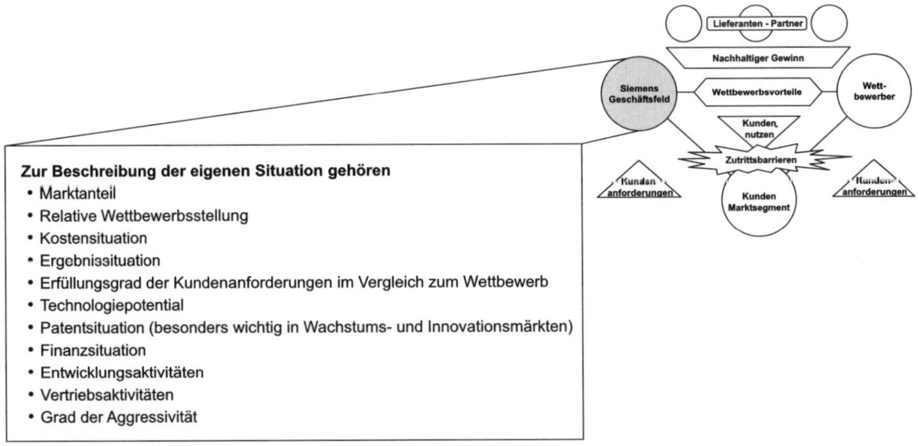

Bild 49 Ohne Kenntnis der eigenen Lage können weder Ziel noch Weg definiert werden

passt. Aus unseren eigenen Führungsgesprächen bei Siemens Management Consulting weiß ich nur zu gut, dass Gesprächsrunden ohne Tagesordnung im Sande verlaufen und keine nachhaltigen Ergebnisse liefern.

Bei der Geschäftsübergabe haben wir geklärt, dass es dem Wunsch der heute anwesenden Familienmitglieder entspricht, wenn Leo die Bäckerei übernimmt. Bevor eine Entscheidung fallen kann, muss jedoch die gesamte Familie ihre Vorstellungen einbringen. Die Wege, für die wir uns in der heutigen Runde entschieden haben, besiegeln alle mit ihrer Unterschrift. Man nennt dies ein Commitment, eine Abmachung, der alle nach ausführlicher Erörterung und reiflicher Überlegung schriftlich zustimmen.

Mit der Standorterweiterung, die Leo in Kooperation mit den Tölzer Stadtbäckern plant, hat er bereits eines der Ziele in Angriff genommen, die heute für die Zukunftssicherung des Geschäftes als notwendig identifiziert wurden. Auch die Modernisierung der Ladeneinrichtung ist schon vor kurzem umgesetzt worden.

Die Balanced Scorecard

An dieser Stelle möchte ich gerne den Blick auf ein erprobtes Instrument des strategischen Managements lenken, das wir für unsere heutige Arbeit genutzt haben: die Balanced Scorecard. Der Begriff wird am besten mit „ausgewogener Berichtsbogen" übersetzt. Man geht dabei davon aus, dass ein Geschäft in vier verschiedenen Feldern Ziele verfolgen muss, um ausgewogen und dauerhaft erfolgreich zu sein. Diese Felder umfassen erstens die Finanzen, zweitens den Markt und die Kunden, drittens die Prozesse und viertens das Personelle bzw. die Mitarbeiterstruktur (Bild 50).

An dieses Schema haben wir uns bei der Entwicklung der Ziele für die Bäckerei Hegmann-Büttner gehalten. Die finanziellen Ziele betreffen Umsatz, Gewinn und Investitionen. Für den Bereich von Markt und Kunden ist ein attraktiver Laden als wichtiges Ziel

Markt: Marktanteil 16% Kunden: Neue Ladeneinrichtung Wettbewerber: **Markt und Kunden**	Umsatz: X. T€ Gewinn: Y. T€ Tilgung: Z. T€ Investitionen: W. T€ **Finanzen**
Prozesse: Führung: Geschäftsübergabe klären Geschäft: Kernprozesse beschreiben Personal: • Mitarbeiterstruktur: festlegen • Fluktuation: auf x% verringern **Prozesse**	Mitarbeiterzufriedenheit: • Bessere Information über geschäftliche Entscheidungen • Kritik verträglicher vermitteln • Mehr Anerkennung guter Leistungen **Mitarbeiter**

Bild 50 Die Geschäftsziele sind in der Balanced Scorecard beschrieben

definiert worden. Personell ist mit der Geschäftsübergabe ein Meilenstein anvisiert, für die Prozesse wird ein gut organisierter Ablauf angestrebt.

Mehr wollen wir über die strategische Planung der Bäckerei Hegmann-Büttner, über ihre Ziele und Wege im Detail nicht verraten, denn wer kündigt schon freiwillig seinem Gegner im Schachspiel den übernächsten Zug an?

In der strategischen Planung lässt es sich nicht vermeiden, dass der Klient in ein Wechselbad der Gefühle gerät, die von der Euphorie bis zur tiefsten Verzweiflung reichen. Der neue Käse verlockt, der alte Käse und die mit ihm verbundenen Fehler können aber auch sehr quälend sein. Keiner kann sich zurücklehnen und sagen: Lass mal die anderen machen. Jeder einzelne ist gefordert und muss seinen Beitrag leisten. Nicht selten erlebt der Klient dabei einen seelischen Vollwaschgang. Der Moderator muss darauf achten, dass sein Klient nicht total verkocht aus der Waschmaschine kommt. Andererseits muss er aber auch so viel Realismus und Offenheit aufbringen, um notfalls zur Aufgabe des Geschäftes zu raten, wenn die Situation tatsächlich heil- und aussichtslos ist. Mir ist es schon passiert, dass in einem Workshop die komplette Führungsriege im Zustand tiefster Verzweiflung den Saal verließ, weil alle soeben zu der Erkenntnis gekommen waren, dass es ihr Geschäft gar nicht mehr gab – und sie hatten das schon jahrelang verdrängt. Sie hatten einfach nicht gemerkt, dass der Käse erst alt geworden und dann gänzlich verschwunden war. Ich übertreibe kaum, wenn ich Ihnen sage, dass sie mich am liebsten umgebracht hätten. In solchen Fällen ist der Moderator zum Sündenbock verdammt, wenn er seinen Job objektiv und gewissenhaft ausübt.

Die Wunschrunde zum Verhalten

Wenn man auf der rationalen Ebene nüchtern diskutiert, analysiert und entscheidet, müssen die Emotionen im Großen und Ganzen außen vor bleiben. Bei rein rational und logisch geprägter Arbeit bauen sich deshalb hohe Spannungen auf. Am Ende des Workshops mache ich das Ventil auf, damit der Druck wieder entweichen kann. Wir haben uns den ganzen Tag auf Fakten und Zahlen konzentriert und uns bemüht, emotionale Regungen zu unterdrücken, zurückzustellen oder zu vermeiden. Wenn jemand ein anderes Ziel, einen anderen Weg oder eine andere Lösung favorisiert hat, haben wir uns bemüht, die Vorschläge objektiv zu beurteilen, und stets Win-Win-Lösungen gesucht, die nicht einen Gewinner und einen Verlierer zurücklassen, sondern allen Seiten gerecht werden. Nun besteht der Mensch glücklicherweise nicht nur aus seinem Verstand, sondern auch aus einer guten Portion Gefühl. Es ist deshalb höchste Zeit, dass wir uns den Emotionen zuwenden. Dazu bietet sich die so genannte Wunschrunde zum Verhalten an.

Diese Methode zur kontrollierten Aufarbeitung von Emotionen ist äußerst effektiv. Sie hilft, das persönliche Verhältnis von Menschen zu klären, die miteinander arbeiten oder einfach nur miteinander umgehen müssen. In unserem Verhalten gegenüber anderen gibt es immer Dinge, die von unseren Mitmenschen geschätzt oder auch als störend empfunden werden. Meistens sehen wir uns nicht in der Lage, dem anderen auf eine verträgliche Weise mitzuteilen, was uns an ihm stört. Unterschwellig wird dadurch die Zusammenarbeit von Menschen belastet. Wenn niemand uns auf unsere Verhaltensfehler aufmerksam macht, stehen wir uns auch häufig selbst im Weg. In einem Unternehmen kann dies erheblich zu Lasten der Arbeitseffizienz gehen, Entwicklungen und Prozesse empfindlich stören und sich somit geschäftsschädigend auswirken.

In der Wunschrunde zum Verhalten schreibt jeder an jeden drei Karten, auf denen er notiert, was ihm am anderen gefällt, was ihn an ihm ärgert und was er sich letztendlich von ihm wünscht. Auf jeder Karte dürfen die drei wichtigsten Aspekte festgehalten werden. Wenn man sich schriftlich über eine andere Person äußern muss, überlegt man sehr genau, was und wie man es ausdrücken will. Bei einer mündlichen Mitteilung ist dagegen schnell ein unbedachtes Wort gefallen, das den anderen verletzt und in die Verweigerungshaltung treibt. Die Emotionen werden niedergeschrieben, jeder muss sich mit den Aussagen der anderen auseinandersetzen, aber es wird nichts ausdiskutiert. Man darf lediglich nachfragen, wie die Aussage zu verstehen ist. Außer Verständnisfragen ist keine weitere Erörterung erlaubt. Da sich niemand verteidigen darf, kann sich auch keiner herausreden. Wer die Kommentare und Wünsche der anderen liest, muss sie zur Kenntnis nehmen und sich damit befassen.

Auf der einen Seite stehen damit die Emotionen im Mittelpunkt, auf der anderen Seite ist dieser Austausch betont emotionslos gehalten, weil nicht darüber geredet werden darf. Abschließend überlegt sich jeder noch einmal, wie er auf die Wünsche der anderen reagieren möchte. Die Verhaltensziele, die er sich dabei vornimmt, bleiben geheim. Jeder schreibt sie auf eine Karte und hebt sie sich auf. Wer möchte, kann anschließend seine persönlichen Verhaltensziele mit mir noch einmal besprechen.

Diese Methode habe ich von der Psychologin Margret Breuel gelernt, die mich begleitete, als ich eine Gruppe von Mitarbeiterinnen übernahm, die alle im höchsten Grad frustriert und demotiviert waren. Die Kärtchen, die ich dabei bekam, habe ich in der Folge sehr oft angeschaut. Die Wirkung war enorm. Es ist kein einfacher Akt, aber gerade durch das Schreiben überlegt man jedes Wort gewissenhaft und genau. Man kann sich Zeit lassen, um die richtige Formulierung zu finden. Schließlich will man ja niemanden verletzen, sondern nur eine Botschaft überbringen. Und da der andere zuerst die positiven Dinge äußert, fällt es auch leichter, die Kritik anzunehmen.

Ich diskutierte später mit Margret Breuel, warum sie in der Methode so und nicht anders vorging. Sie sagte: „Sonst ist die Gefahr viel zu groß, dass alles in eine Streiterei ausartet."

Auf der Karte, die ich von ihr erhielt, stand geschrieben: „Ich wünsche mir, dass du dich nicht immer in Schweigen hüllst." Nun konnte sie ja nicht wissen, dass ich nur Rücksicht nehmen und mich als Berater und Moderator, der diesmal in der Rolle eines Seminarteilnehmers war, vorbildlich verhalten und zurücknehmen wollte. An diesem Tag war sie die Moderatorin und hatte das Sagen. Also wollte ich mich nur äußern, wenn ich gefragt wurde. Klingt doch logisch, oder!? Na gut, Sie haben Recht. Es ist doch eher eine Verteidigung! Sie dient hier aber nur der didaktischen Verdeutlichung.

Draußen werden die Schatten länger. Der Nachmittag neigt sich dem Ende zu, aber wir haben viel erreicht. Wir haben eine Lösung für die Geschäftsübergabe erarbeitet, Lösungen für die Erbregelung und die Alterssicherung vorbereitet und Verhaltensziele definiert, mit denen die Zusammenarbeit in Zukunft reibungsloser funktionieren wird, weil jeder sein Verhalten bedachter und bewusster steuern wird.

Nachbereitungen

Die strategische Planung erstreckt sich über einen langen Zeitraum. Sie lässt sich nicht an einem Nachmittag abstricken. In der Regel müssen nach dem Strategie-Workshop weitere Fragen geklärt und viele Einzelheiten eingehend besprochen werden.

Nach getrennten Nachbereitungsgesprächen mit den Senioren und Junioren wurden zwei Familientreffen abgehalten, um die Fragen der Erbregelung mit allen Familienmitgliedern in allen Einzelheiten zu erörtern. In der ersten Runde wurden nach der bewährten Methode die Situation analysiert, die Ziele definiert und die Lösungen erarbeitet. Nach einem gebührendem Zeitabstand, der allen Gelegenheit bieten sollte, in aller Ruhe und ohne Bedrängnis über die möglichen Lösungen nachzudenken, wurde in einer zweiten Runde über die besten Wege entschieden.

Da die Fragen zur Geschäftsübergabe nun beantwortet sind, können wir die nächste Aufgabe ins Auge fassen. Nachdem wir die Ziellandschaft umrissen haben, könnten wir uns nun eigentlich den Prozessen zuwenden, um eine genaue Prozessbeschreibung und eine detaillierte Analyse kritischer Prozessschritte vorzunehmen. Davor wollen wir aber mit Hilfe des Benchmarkings unsere Ziele im Vergleich zu den Besten in der Branche noch einmal genauer unter die Lupe nehmen. Denn erst wenn das Ziel bekannt ist, lässt sich beurteilen, ob der Prozess tauglich ist. Wenn ein Schiff kein Ziel hat, ist jeder Wind gut. Nur an präzisen Zielen erkennen wir, welche Winde uns nutzen und welche uns schaden. Anders formuliert, liefern sie uns ein neues Geschäftsgewissen. Wir können dann zwischen Gut und Böse unterscheiden. Wer seine Ziele kennt und sich für die Wege entschieden hat, muss aber auch Verantwortung übernehmen. Die Ziele müssen heruntergebrochen werden, indem Verantwortungsbereiche gebildet und Verantwortungen übertragen werden. Es liegen also noch etliche anspruchsvolle Aufgaben vor uns.

Alles Käse oder was?

Obwohl die Strategie für einen langen Zeitraum – in der Regel für die folgenden fünf bis zehn Jahre – geplant wird, muss sie regelmäßig überprüft und gegebenenfalls angepasst werden. Im Normalfall muss dies einmal im Jahr geschehen. In besonders schnelllebigen Geschäften muss der Takt allerdings verkürzt werden. Im Halbleiter-Geschäft sind die Veränderungen so rasant, dass sich eine vierteljährliche Überprüfung dringend empfiehlt.

Halten Sie mich bitte nicht für neugierig, aber welcher alte Käse bannt eigentlich Ihr Handeln, Denken und Fühlen? Und wie lange wollen Sie noch warten, bis Sie endlich ins Labyrinth aufbrechen? Träumen Sie nie von neuem Käse? Ich weiß, die Fragen sind indiskret. Aber ich bin eben Berater.

Benchmarking – wie groß ist die Lücke zum Besten?

Keine Disziplin in der Leichtathletik erfordert soviel Koordinationsvermögen wie der Stabhochsprung. Bereits im Anlauf müssen alle Kräfte geschickt aufeinander abgestimmt werden, um sie beim Absprung optimal auf den Stab zu übertragen, so dass er sich im richtigen Moment aufrichtet und den Springer in die Höhe schleudert. Jede Bewegung muss perfekt sitzen, wenn der Stabhochspringer sich aufschwingt, wenn er die halbe Drehung vollzieht, um über die Latte zu gleiten, wenn er sich schließlich vom Stab wieder abstößt, um am Ende entspannt auf der weichen Schaumstoffmatte zu landen. Niemand beherrschte diese Sportart so meisterhaft wie der Ukrainer Sergej Bubka, der als erster die magischen sechs Meter übersprang. Bubkas Weltrekord brach nur ein einziger, immer wieder, Jahr für Jahr: er selbst. Am Ende seiner Erfolgsgeschichte steigerte er seine Leistung haargenau jeweils um einen Zentimeter – nicht mehr und nicht weniger. Bis heute ist sein Weltrekord, der bei 6,14 Meter liegt, ungebrochen und setzt den Maßstab für die Bestleistung im Stabhochsprung. Zwischen ihm und der persönlichen Bestleistung des Russen Maksim Tarasov, dem derzeit besten Stabhochspringer der Welt, klafft eine Lücke von 9 Zentimetern.

Jeder Hobbysportler kennt die Weltbestleistung in seiner Sportart. In der Geschäftswelt dagegen wissen viele nicht das Geringste über die Leistungen in der eigenen Branche. Fragen Sie einmal einen fußballbegeisterten Geschäftsführer, wer Deutscher Meister ist und wie viele Tore seine Lieblingsmannschaft beim letzten Spiel geschossen hat. Er weiß es. Fragen Sie ihn dagegen, wer in seiner beruflichen Sparte die Bestleistung hält, wird er häufig passen müssen.

Und Sie selber? Haben Sie sich eigentlich schon mal gefragt, wer der Bubka in Ihrem Geschäftsfeld ist und wie viele Zentimeter, Meter, vielleicht auch Kilometer Sie von seiner Leistung trennen? Wenn ja, gehören Sie zu den vorbildlichen Profis, die Benchmarking im eigenen Geschäft betreiben, und dürfen dieses Kapitel getrost überschlagen – es sei denn, Sie sind neugierig auf die Geschichten aus meiner Berufspraxis. Wenn sie wollen, begleiten Sie mich also beim Benchmarking-Prozess mit den Inhabern der Bäckerei Hegmann-Büttner.

Fachbücher zum Thema Benchmarking gibt es inzwischen meterweise. Diese Fachliteratur kann und will ich nicht ersetzen. Stattdessen möchte ich Ihnen gerne zeigen, dass Benchmarking jeder machen kann, dass es im Grunde genommen gar nicht schwer ist und wie sehr Sie geschäftlich davon profitieren.

Benchmarking ist nicht nur wichtig für Führungskräfte, sondern für jeden, der den Anspruch erhebt – beruflich oder privat – seine Sache gut zu machen. Im Beruf ist es allerdings die Grundvoraussetzung für professionelles Arbeiten schlechthin. Für Unternehmer, die ihr Geschäft erfolgs-, gewinn- und zukunftsorientiert führen wollen, ist es unentbehrlich. Natürlich kann kein Unternehmer das Benchmarking für sämtliche Teilprozesse selbst durchführen, aber er kann die Verantwortung an seine Mitarbeiter übertragen. Auch ein Buchhalter muss den Benchmark in seinem Bereich kennen, um seine Arbeit bestmöglich zu verrichten.

Das Grundbedürfnis, die Leistung des Besten zu kennen und sich daran zu orientieren, zeigt sich bereits bei Kindern. Kinder wollen immer wissen, wer der Beste ist, und möchten einen Vergleich haben, an dem sie sich messen können. Benchmarking zieht sich durch alle Altersgruppen, Berufszweige und Lebensbereiche, auch wenn sich die Beteiligten dessen häufig nicht bewusst sind. Das Guinness Buch der Rekorde legt beredtes Zeugnis davon ab. Oder nehmen Sie einmal die PISA-Studie, in der europaweit die Schulleistungen von Fünfzehnjährigen verglichen wurden. Ihre Ergebnisse liefern den Benchmark für Schulen und Lehrer in ganz Europa.

Benchmarking geistert zwar als Begriff in vielen Köpfen herum, aber kaum einer hat eine klare Vorstellung davon, was er eigentlich bedeutet. Das Wort stammt aus der Landvermessung, wo der Benchmark ein Erkennungs- bzw. Verweiszeichen zur Bestimmung topographischer Vermessungen ist. Allgemein versteht man unter Benchmark eine Vergleichskenngröße und unter Benchmarking die Ermittlung der Bestleistung zur Einschätzung der eigenen Leistungsfähigkeit auf einem bestimmten Gebiet, die alle Betroffenen zur Leistungssteigerung motivieren soll. Weil den meisten Menschen die Welt der Landvermessung und ihre Instrumentarien doch recht fremd sind, benutze ich persönlich lieber das Bild der Messlatte im Stabhochsprung. Der Beste springt über die höchste Marke, ohne die Latte zu reißen.

Im Wesentlichen unterscheidet man das Geschäfts-Benchmarking, in dem der Gewinn zu anderen Unternehmen in der Branche verglichen wird, das Prozess-Benchmarking, in dem die Prozesse anhand von Prozesskenngrößen verglichen werden, und das System-Benchmarking, das die Erfolge des Führungssystems in all seinen Komponenten vergleicht.

Wie kommt man nun aber zu den Vergleichskenngrößen und was macht man am Ende damit? Beim Benchmarking werden die Lücken ermittelt, die zum Besten bestehen. Aus diesen Lücken lässt sich der eigene Handlungsbedarf ableiten. Wenn man die Leistungslücken erkannt hat, muss man eine Strategie entwickeln, wie diese Lücken verringert oder geschlossen werden können. Aus Sicht des Besten dient das Benchmarking dazu, den Abstand – beim Benchmarking als Lücke bezeichnet – zu den Schlechteren zu messen und möglichst zu vergrößern, um die Wettbewerbsvorteile zu erhalten.

Bei der Bewertung von Lücken wird zwischen statischen und dynamischen Lücken unterschieden. Die statische Lücke erfasst den Abstand zum Zeitpunkt der Ermittlung, während die dynamische Lücke die Entwicklung in der Zukunft berücksichtigt und sich permanent verändern kann. So betrug z.B. entsprechend einem Benchmarking die statische Lücke in der Herstellung von Maschinensteuerungen zwischen dem japanischen

Unternehmen Fanuc und Siemens beim Umsatzgewinn genau 22%. Als Weltmarktführer auf dem Gebiet verdiente Fanuc 35% vom Umsatz, während Siemens 13% verdiente. Beim konzerninternen Vergleich bot dieses Geschäftsfeld eine exzellente Bilanz und wies hervorragende Zahlen innerhalb von Siemens auf. Wer sich nun aber weigert, über den eigenen Tellerrand zu blicken und sich auf seinem hausinternen Erfolg ausruhen möchte, wird nach einiger Zeit mit Schrecken feststellen, dass sich die Lücke vergrößert hat. Der Konkurrent hat besser verdient und dadurch mehr Geld für Investitionen, Forschung und Werbung zur Verfügung gehabt und nutzen können. Und damit vergrößert er spielend den bereits bestehenden Abstand zu den Wettbewerbern. Das wäre leicht zu erkennen gewesen, wenn die dynamische Lücke berücksichtigt worden wäre, die die Entwicklung in der Zukunft prognostiziert. Wenn man in drei Jahren die statische Lücke schließen könnte, ist der Bessere schon wieder in unerreichbare Ferne gerückt. Weitsichtige Führungskräfte müssen also abschätzen, ob die Schere auseinander- oder zusammenläuft, ob die dynamische Lücke kleiner oder größer wird. Die besonders Guten sind nie mit sich zufrieden, sondern streben stets nach Verbesserung. Bubka hat sich nie mit seinen Weltrekorden zufrieden gegeben. Weil ihn seine Konkurrenten nicht schlagen konnten, musste er sich an sich selbst messen, um sich stetig zu steigern. Dabei hat er nicht den gigantischen Sprung vollzogen, sondern von Wettkampf zu Wettkampf einen Zentimeter zugelegt. Kontinuierlich und unerbittlich vergrößerte er damit die dynamische Lücke so nachhaltig, dass ihn seine Konkurrenten bis auf den heutigen Tag nicht einholen konnten. Den Selbstzufriedenen geht es nur gut, solange die Branche boomt. Bei der kleinsten Krise verschwinden sie blitzschnell von der Bildfläche. Nicht ihr professionell betriebenes Geschäft trägt sie für kurze Zeit, sondern ein zeitlich befristeter Boom. In der Marktwirtschaft verdient nur der Beste eines Marktes richtig Geld. Der Zweite verdient auch noch, aber nicht mehr so gewaltig. Beim Dritten ist es schon fraglich, ob und wie lange er sich halten kann.

Haben Sie sich einmal gefragt, wie komplex der Sprung über eine Latte ist? Genau betrachtet, beginnt Bubkas Erfolg als Weltbester im Stabhochsprung bereits bei der Kombination seiner Eltern, die ihm die richtigen Veranlagungen und nicht zuletzt die Körpergröße vererbt haben. Neben genetischen Bedingungen sind die mentale Konstitution sowie der Ernährungs- und Trainingsprozess ausschlaggebend für Erfolge im Sport. Mit Hochgeschwindigkeitskameras wird jede einzelne Bewegung festgehalten, um die Bewegungsabläufe bis ins Kleinste zu analysieren. Bubkas Trainer wusste mit Sicherheit über jede Zehntelsekunde Bescheid, die sein Schützling im Anlauf oder in der Beschleunigungsphase schlechter oder besser war als der Gegner oder er selbst bei verschiedenen Wettkämpfen. Die Ermittlung von Lücken dreht sich im Endeffekt immer um das Detail.

Im Geschäfts-Benchmarking werden die Kostenlücken, im Prozess- und System-Benchmarking dagegen die so genannten Performance-Lücken ermittelt. Am einfachsten ist das Geschäfts-Benchmarking, in dem die eigenen Geschäftsergebniszahlen – also Umsatz, Gewinn und Kosten – mit denen des Besten in der Branche verglichen werden. Letztendlich geht es dabei um die Frage, wer in der Branche den größten Gewinn im Vergleich zum Umsatz macht. Ist der Gewinn sehr groß, müssen die Kosten im Verhältnis gering sein. Wenn in der Bäckerei Hegmann-Büttner die Herstellung eines Brotes 2

Euro pro Kilo kostet und der beste Wettbewerber es für 1,30 Euro herstellen kann, dann beträgt die Kostenlücke 70 Cent. Nun gibt dieses Wissen aber keine Antwort auf die Frage, wo diese Kostenlücke eigentlich herrührt. Wenn der Wettbewerber das Mehl billiger kauft, handelt es sich um eine Material-Kostenlücke. Vielleicht betreibt er aber sein Geschäft auch nur mit billigen Hilfskräften, die von einem einzigen gelernten Bäcker unterstützt und angeleitet werden. Dann ergibt sich zusätzlich eine Lohn-Kostenlücke. Macht er zudem größeren Umsatz und kann wegen des Mengeneffekts günstigere Einkaufskosten aufweisen, dann besteht auch noch eine Einkaufs-Kostenlücke. Nach Ermittlung der allgemeinen Kostenlücke müssen also alle einzelnen Kostenarten verglichen und analysiert werden, um die Teillücken zu identifizieren. Hier höre ich häufig die Klienten lamentieren: „Ja, das ist klar, der ist ja viel größer und kann alles günstiger anbieten – das ist halt so, da kann ich nichts machen." Diese Einstellung ist grundfalsch. Wenn die Ursachen aufgedeckt wurden, muss ein Weg gesucht werden, um die Lücken zu eliminieren oder zumindest zu verringern. Wenn eine Firma zu klein ist, gibt es vielleicht 100 andere kleine Firmen und zusammen wären sie größer als der Beste. Kauft der Branchenriese im Bäckereigewerbe 100 Tonnen Mehl zu einem besonders günstigen Preis ein, könnten 100 kleine Bäcker, die einzeln nur jeweils eine Tonne benötigen, gemeinsam 100 Tonnen einkaufen und damit den durch die Material-Kostenlücke bedingten Wettbewerbsnachteil ausschalten.

Während beim Geschäfts-Benchmarking der Branchenbeste als Vergleichspartner herangezogen wird, ist es im Prozess-Benchmarking der Beste weltweit. Dabei ist es unerheblich, ob die Vergleichspartner in derselben oder einer ganz anderen Branche tätig sind. So können z.B. ein amerikanischer Supermarktbetreiber und ein japanischer Automobilhersteller ihre Lagerprozesse miteinander vergleichen. Nach Ermittlung der entscheidenden Prozesskenngrößen werden alle Einzelprozesse mit denen des „Best of Best" verglichen, um die Performance-Lücken aufzudecken. Performance bezeichnet den Leistungsgrad (also das „Wie gut bin ich?") in der Prozessdurchführung und das Aufdecken von Performance-Lücken ist somit nichts anderes als das Klären der Fragen: Wie gut ist der Beste in dem Prozess, wie gut bin ich selbst dabei und woher stammt der Unterschied im Leistungsvermögen?

Auch im System-Benchmarking, das wir in der Bäckerei Hegmannn-Büttner exemplarisch durchführen werden, geht es um das Aufspüren von Performance-Lücken, und zwar in allen Elementen des Führungssystems. Die Komponenten des Führungssystems müssen identifiziert und in der Anwendung auf ihre Effektivität geprüft werden. Während im Geschäfts-Benchmarking die Zahlen und Fakten mühelos ermittelt werden können, weil große Konzerne ihre Bilanzen und Quartalsberichte veröffentlichen, ist im System-Benchmarking der direkte Kontakt mit dem Vergleichspartner erforderlich, um die nötigen Informationen zu erhalten. In der Regel werden sie bei einem Benchmarking-Besuch erarbeitet. Während meiner Zeit als Berater habe ich eine eigene Analyse-Methode entwickelt, das so genannte Consultant-Guided Business Assessment (CBA). Hinter diesem – zugegebenermaßen hochtrabend klingenden – Begriff verbirgt sich ein von einem Berater geführter Assessment-, also Bewertungs-Prozess für ein Geschäft, in dem die Werte des Klienten mit denen der Besten verglichen und die entsprechenden Performance-Lücken aufgezeigt werden.

Im Beratungsgeschäft sind nicht nur vielfältige Talente gefragt, sondern auch die Fähigkeit, komplexe Sachverhalte auf einfache Fragen herunterzubrechen. Die halbe Miete ist bereits gewonnen, wenn es dem Berater gelingt, einen stimmigen Fragenkatalog zu entwerfen, der alle erforderlichen Abläufe einfach, präzise und knapp, aber vollständig skizziert. Beim System-Benchmarking lauten die wichtigsten Fragen aus Sicht des Klienten:

- Wie findet man den Besten in der eigenen Branche?
- Wie bringt man ihn dazu, dass er sich zu einem Gespräch bereit erklärt?
- Wie kommt man zu den richtigen Fragen für das Gespräch?
- Wie bringt man ihn dazu, die Fragen zu beantworten?
- Welche Schlüsse zieht man letztendlich aus den Antworten?

Aus Sicht des Beraters ergeben sich zusätzlich die Fragen:

- Wie bringe ich meinen Klienten dazu, dass er diesen Besuch unternimmt?
- Wie kann ich ihn in der Nachbereitung dazu bewegen, die Ergebnisse zu reflektieren, so dass er erkennt, wo die Lücken und der praktische Handlungsbedarf liegen?

Die Antworten auf diese Fragen werden in folgenden Teilschritten erarbeitet:

1. Vorbereitung des Benchmarking-Prozesses
2. Benchmarking-Besuch
3. Auswertung der Ergebnisse und Nachbereitung

Vorbereitung des Benchmarking-Prozesses

Zur Überwindung der Selbstzufriedenheit gibt es einen besonders wirkungsvollen Weg: Der Klient muss im Stadion live miterleben, wie der Bubka seiner Branche beim Sprung über die Latte einen neuen Weltrekord erringt. Damit erzielt man einen Motivationsschub, der sich mit keiner anderen Methode erreichen lässt. Wenn der Klient die persönliche Bestleistung des erfolgreichsten Wettbewerbers bewusst erlebt, kann er sich der Notwendigkeit des eigenen Handlungsbedarfs nicht mehr entziehen.

Als Ehemann einer passionierten Lehrerin profitiere ich häufig von den pädagogischen Mitteln und didaktischen Methoden meiner Frau. In gewissem Sinne arbeiten wir beide mit der Zukunft: Ingrid mit Kindern, die einmal die Geschäfte unserer Welt regeln sollen, und ich mit Führungskräften, deren Arbeit über die künftige Entwicklung von Unternehmen entscheidet. Was in der Anwendung bei Kindern funktioniert, erweist sich häufig auch als tauglich in der Arbeit mit Erwachsenen. Nichts übt eine stärkere Anziehungskraft aus und vermittelt nachhaltigere Lernerfolge als der Erlebnisunterricht.

Beim Benchmarking-Besuch wird dem Klienten buchstäblich die Krise vor Augen geführt, in der sich sein Geschäft bisweilen befindet. Aber glauben Sie mir – danach haben Sie es mit einem hochmotivierten Klienten zu tun, sofern Sie ihn aus dem Schock wieder herausführen können. Ich hatte einmal einen Klienten, der Schaltschränke für Telefonvermittlungsanlagen baute. Es gelang mir, ihn zu einem Benchmarking-Besuch beim weltbesten Konkurrenten in Japan zu bewegen. Bei der Firmenführung fiel ihm zunächst die Blechverarbeitung auf, die ungefähr doppelt so groß war wie seine eigene. Ebenso wurde in der Lackiererei das doppelte Volumen verarbeitet. Mein Klient zog daraus den Schluss, dass der Konkurrent – verglichen mit seinem Geschäft – das doppelte Potenzial und Leistungsvermögen aufbrachte. Als wir schließlich in die Montage geführt wurden, kam er aus dem Staunen nicht mehr heraus. In seiner eigenen Fabrik stapelten sich in der Regel 40 Schaltschränke in den verschiedensten Stadien der Fertigstellung, bis sie nach einer Durchlaufzeit von 40 bis 60 Tagen ausgeliefert werden konnten. Wenn ein Kunde einmal besonders viel Druck machte, wurden halbfertige Schränke zerlegt und speziell für ihn zusammengestellt, um den dringenden Auftrag vorzeitig erfüllen zu können. Die Produkte wurden also kannibalisiert, wie man dabei zu sagen pflegt. Je mehr halbfertige Schränke herumstanden, desto zufriedener war er, denn das bestätigte ihm, dass er viele Aufträge hatte und die Fabrik auf Hochtouren lief. Nun aber stand er ungläubig vor dem kurzen Band, auf dem die Schaltschränke des Konkurrenten in lediglich vier Stationen montiert wurden: Vormontage, Einbau, Endmontage und Prüfung. Am Ende des Bandes stand ein LKW bereit, der die Schränke sofort abtransportierte. Verwundert und erstaunt fragte er: „Wo ist denn die Montage? Da stehen ja nur vier Schränke." Man antwortete ihm gelassen: „Das *ist* die Montage." Er konnte es nicht fassen und sagte: „Ihr müsst doch mindestens doppelt so viele Schränke herstellen wie ich, nach der Blechfertigung und der Lackiererei zu urteilen." – „Ja aber unsere Durchlaufzeit ist so kurz. Bei uns dauert es höchstens zwei Tage, bis ein Schrank fertig wird." Da stand mein Klient kurz vor dem Herzinfarkt. Nachdem es ihm aber wie Schuppen von den Augen gefallen war, *wie* der Konkurrent seine Wettbewerbsvorteile ihm gegenüber errungen hatte, war es nicht schwer, ihn nach der Werksbesichtigung wieder aufzubauen und eine geeignete Strategie zur Leistungsverbesserung zu entwerfen. Manch ein Klient kann nur durch das unmittelbare Erleben von Best-Practice-Methoden zu einer Willensveränderung bewegt werden. Ohne dieses Erlebnis würde er sich den Handlungsbedarf nie eingestehen und sich hinter der Behauptung verschanzen: Das haben wir noch nie gemacht, das werden wir auch nie machen und das müssen wir auch nicht machen; das geht sowieso nicht.

Auch Leo muss später, am Ende unserer Odyssee durch das System-Benchmarking, die eigenen Leistungs- bzw. Ergebnislücken kennen und seine Konsequenzen für die Bäckerei Hegmann-Büttner aus dem Stärken-Schwächen-Profil ziehen, das bei diesem Prozess sichtbar wird.

Für unser heutiges Treffen habe ich bereits einige Vorarbeit geleistet. In einer gründlichen Recherche habe ich einen geeigneten Vergleichspartner für die Bäckerei ermittelt. Ich bin von Haus aus Realist und kann mir beim besten Willen nicht vorstellen, dass ich Seniorchef Hans zu einem Flug nach Texas bewegen könnte, falls sich herausgestellt hätte, dass dort der weltweit beste Bäcker angesiedelt ist. Deswegen habe ich mich auf eine bayernweite Suche beschränkt.

„Der Beck" in Tennenlohe ist ein äußerst erfolgreicher Großbäcker im Raum Erlangen. Gegen unseren Benchmarking-Besuch wird er sich voraussichtlich nicht sträuben, weil die Bäckerei Hegmann-Büttner aufgrund der unterschiedlichen Verkaufsgebiete und der räumlichen Entfernung keine direkte Konkurrenz darstellt. Der Erfolg der Firma Beck ist durch zahlreiche Preise offiziell belegt, u.a. durch den Bayerischen Qualitätspreis für herausragende Leistungen im Einzelhandel und den Europäischen Mittelstandspreis für die Firma mit dem schnellsten Wachstum. Mit welchem Führungssystem gelingt es Beck, seine grandiosen Erfolge zu erzielen?

Beim Benchmarking-Besuch kommt es ganz wesentlich auf eine saubere Methode an. Wer methodische Fehler begeht, steht am Ende ohne Ergebnis da. Warum sollte sich der Vergleichspartner eigentlich in seine Karten schauen lassen und noch dazu seine wertvolle Zeit opfern? Wenn Sie es versäumen, ihm ein „Gastgeschenk" anzubieten, werden Sie auf eine noch so höfliche Anfrage keine Einladung erhalten.

Sogar als Berater von Siemens Management Consulting muss ich mir etwas einfallen lassen, wenn ich Klienten durch konzerneigene Geschäfte führen will. Als unser Elektronikwerk in Erlangen den Bayerischen Qualitätspreis gewann und zur Fabrik des Jahres erklärt wurde, war der Besucherandrang nicht mehr zu stoppen. Der Werkleiter wollte ohne gegenseitigen Nutzen keine Besucher empfangen. Meine Klientengruppe, die ich damals beriet, wollte diese Besichtigung auf Biegen und Brechen unternehmen. Also bot ich dem Werkleiter an, beim Besuch eine Bewertung der Fabrik vorzunehmen. Alle Besucher sollten einen Bewertungsbogen ausfüllen und deren Ergebnisse an die Werkleitung weitergeleitet werden. Das schien dem Werkleiter ebenso nützlich wie profitabel und ich erhielt die Erlaubnis, eine ganze Busladung von Klienten durch die Fabrik zu schleusen.

Es gilt also immer, die Win-Win-Situation deutlich zu machen. Wenn der Besucher die Performance-*Lücke* ermitteln darf, kennt der Gastgeber anschließend seinen Performance-*Vorsprung*. Selbstverständlich möchte der Gastgeber nicht nur Informationen liefern, sondern auch Informationen erhalten. Deshalb habe ich eine genaue Aufstellung meines gesamten Beratungskonzeptes zum Aufbau eines Führungssystems angefertigt und alle bisher erarbeiteten Zwischenergebnisse – angefangen beim Geschäftsauftrag, über das Leitbild, die Situationsanalyse, die Mitarbeiterbefragung bis hin zur Marktanalyse der Bäckerei Hegmann-Büttner – dargestellt und mit professionellen Grafiken ergänzt. Eine Vorausschau aller noch abzuarbeitender Punkte runden das Informationspaket ab, das ich der Fa. Beck zusenden möchte, die ich bereits mit der Bitte um einen Besuchstermin angeschrieben habe.

Heute habe ich im Wesentlichen zwei Aufgaben zu erledigen. Ich brauche Leos Einverständnis, um das Informationspaket mit den sensiblen Geschäftsdaten der Bäckerei Hegmann-Büttner an den Benchmarking-Partner weiterzugeben. Und ich muss meinen Klienten für den Benchmarking-Besuch briefen. Ich benutze nicht gerne unnötig Fremdwörter, aber das Wort „Briefing" bezeichntet hier einen komplexen Sachverhalt, der sich mit keinem deutschen Wort angemessen übersetzen lässt. Der Klient wird dabei intensiv auf das weitere Vorgehen vorbereitet. Er erfährt, was ihn erwartet und wie er sich verhalten muss, damit am Ende das gewünschte Ergebnis erreicht wird. Ein Spontanbesuch bei der Firma Beck würde nicht funktionieren, weil sich die Teilnehmer an entscheidenden Stellen mit Sicherheit ungeschickt verhalten würden.

Bodo: Ich möchte der Fa. Beck ein Informationspaket schicken, denn wenn wir ihnen was zeigen, dann zeigen sie uns auch etwas. Ich habe alles vorbereitet. Gehen wir es schnell durch. Später kannst du es auch mit den Eltern besprechen. Ich habe mich dabei daran orientiert, was uns interessieren würde und genau diese Informationen über eure Bäckerei zusammengestellt. Damit haben wir gleichzeitig die Fragen, die wir an die Fa. Beck stellen wollen. Jetzt brauche ich noch ein paar konkrete Zahlen. Wie viel Umsatz habt ihr im letzten Jahr bei welcher Anzahl von Vollzeitmitarbeitern gemacht? Dann können wir den Umsatz pro Mitarbeiter errechnen.

Leo: Das wird vom Landesinnungsverband offiziell ausgerechnet, und zwar getrennt nach Produktion und Verkauf, so dass man sieht, wie viel Umsatz sich pro Mitarbeiter ergibt. Die Zahlen können wir benutzen.

Bodo: Als nächstes nehmen wir das Bruttoergebnis aus dem letzten Jahr. Dann sehen wir das Ergebnis pro Mitarbeiter.

Leo: Wie muss man das rechnen?

Bodo: Beim Bruttoergebnis werden Löhne, Material und Raummiete abgezogen, aber keine Zinsen und Steuern.

Aus dem Geschäftsauftrag habe ich die gesamte Sortimentsaufstellung übernommen, die wir damals erarbeitet haben. Hier interessieren uns die Zahlen zum Umsatz im Laden, am Marktstand und bei den Lieferungen. In der Sortimentstruktur müssen wir den Umsatz nach Produktgruppen ordnen.

Leo: Was meinst du mit „Produktgruppen"?

Bodo: Weizenkleingebäck ist z.B. eine Produktgruppe. Eure Produktgruppen unterteilen sich in: Brot, Weizenkleingebäck, Feingebäck, Handelswaren, Kaffee, Snacks. Kannst du bei jeder Produktgruppe sagen, wie viel Umsatz ihr damit macht?

Leo: Ja.

Bodo: Außerdem habe ich mal die Kostenstruktur vom letzten Jahr zusammengestellt. Hier sind die Zahlen zu Personalkosten, Materialkosten, Raumkosten und Abschreibung in Prozent.

Leo: Das müsste alles stimmen.

Bodo: Wenn wir diese Zahlen offen gelegt haben, möchte ich unserm Benchmarking-Partner zeigen, was wir in diesem Beratungsprojekt insgesamt machen (Bild 51). Ihr überarbeitet euer Führungssystem, das aus diesen drei Blöcken besteht: strategische Planung, Zielvereinbarung und Konsequenzen.

Anhand dieser Folie werden wir der Fa. Beck demonstrieren, an welchem Punkt wir uns derzeit befinden. Im ersten Block, der strategischen Planung, haben die Büttners mit dem Geschäftsauftrag die Mission definiert. In dem Leitbild haben die Mitarbeiter ihre Werteordnung formuliert und festgelegt. In der Situationsanalyse wurden die Bilanzanalyse sowie die Mitarbeiterbefragung durchgeführt und anhand der Marktanalyse auch die Kundenanforderungen ermittelt. In diesem Block fehlen uns nur noch die Zieldefinition und die Vision. In der Zieldefinition werden wir Geschäfts-, Prozess- sowie persönliche Ziele definieren, d.h. Umsatz-, Kosten-, Ergebnisziele und Ziele zur Verbesserung der Kundenzufriedenheit, der Mitarbeiterzufriedenheit, des Images und der Prozesse. Bei der Vision werden wir ein Szenario der Zukunft entwerfen, das den Stand der Bäckerei in fünf bis zehn Jahren aufzeigen soll. Der zweite und dritte Block zeigen Arbeit, die noch gänzlich vor uns liegt. Im zweiten Block werden wir Balanced Scorecards bestimmen, also die Messgrößen, mit denen das Geschäft gesteuert wird. Und in der Zielvereinbarung werden wir die Verantwortungsbereiche und Rollenbeschreibun-

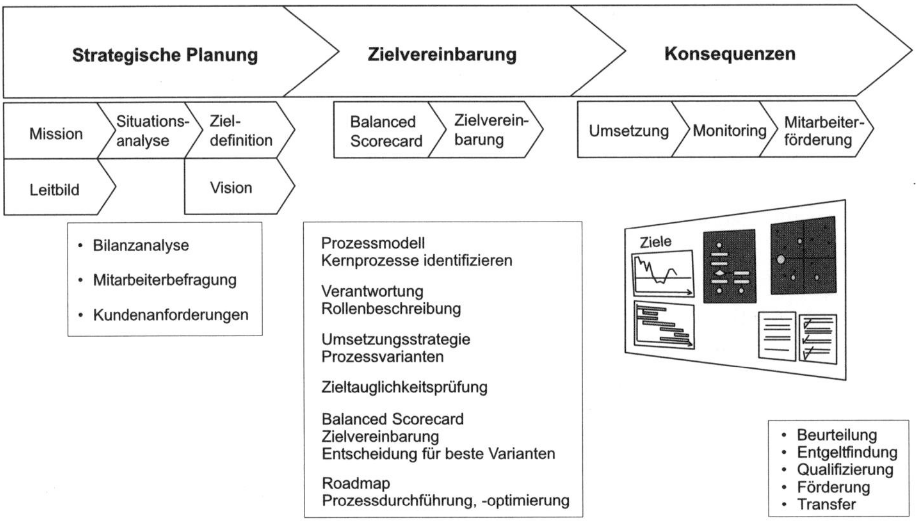

Bild 51 Wie die Bäckerei Hegmann-Büttner ihr Führungssystem überarbeitet

gen festlegen. Der dritte und letzte Block ist den Konsequenzen gewidmet. Die in den Analysen ermittelten Ergebnisse und alle daraus abgeleiteten Maßnahmen müssen umgesetzt, die Schritte mit Hilfe eines geeigneten Monitorings überwacht und die Mitarbeiter mit angemessenen Mitteln beurteilt, entlohnt und gefördert werden.

Damit liefern wir eine detaillierte Übersicht über das gesamte Beratungsprojekt. Und analog zu den Informationen, die wir unserem Vergleichspartner überreichen, ergibt sich der Fragenkatalog an die Firma fast von alleine. Denn was wir den anderen liefern, wollen wir von ihnen auch wissen (Bild 52).

Leo muss nun alle kritischen Blätter mit den Eltern besprechen. Die Zusammenstellung enthält das komplette Firmenprofil der Bäckerei Hegmann-Büttner, das die Entwicklung von Umsatz und Ergebnis, die Kostenstruktur, die Sortiments- und Produktstruktur, die Mitarbeiterstruktur und die Wettbewerbersituation widerspiegelt. Sowohl die Junior- als auch die Seniorchefs müssen ihr Einverständnis erklären, bevor ich diese hochsensiblen Daten verschicken kann.

Bodo: Hast du zu dem Thema noch irgendwelche Fragen?

Leo: Mit wem haben wir es bei unserem Besuch eigentlich zu tun?

Bodo: Offensichtlich mit der Chefin, Frau Beck. Ich möchte sie in dem Brief auch fragen, ob wir anschließend noch den Laden in Tennenlohe und die Produktion besichtigen können.

Ich nutze die Gelegenheit, Leo das richtige Verhalten für den Besuch einzuschärfen. Das Reden soll er im Wesentlichen mir überlassen, weil dabei erfahrungsgemäß schnell etwas schief laufen kann. Das Benchmarking-Gespräch ist eine Gratwanderung: ein falscher Schritt und wir segeln in den Abgrund. Ich muss das Gespräch so steuern, dass es für die Firmeninhaberin spannend bleibt, sonst wird sie schnell das Interesse an uns verlieren. Meine Klienten haben also die Rolle der Zuhörer, die sich zurückhalten sollen,

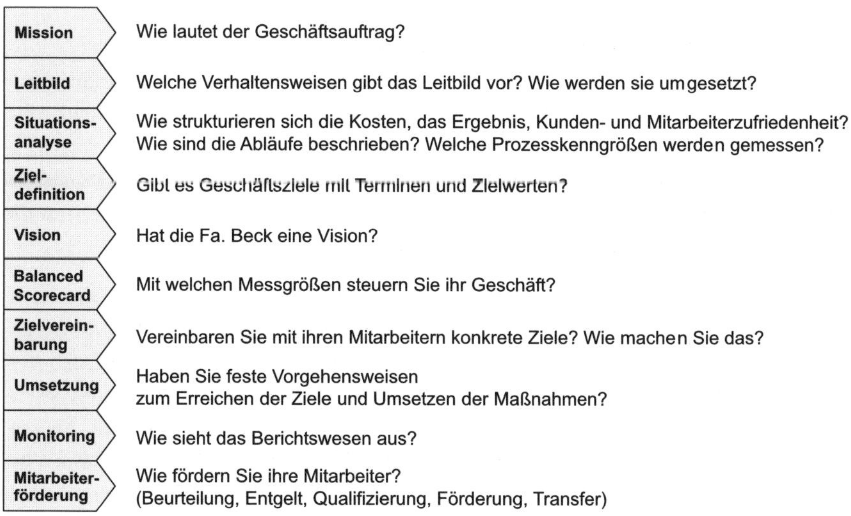

Bild 52 Welche Elemente des Führungssystems pflegt Fa. Beck, wie sehen sie aus?

zwischendurch aber die eine oder andere Frage stellen dürfen. Da sich Hans und Maria für das heutige Vorbereitungsgespräch zeitlich nicht frei machen konnten, werde ich sie bei der Fahrt nach Erlangen briefen. Leo kann inzwischen Sandra darauf vorbereiten, wie sie sich verhalten muss.

Der Benchmarking-Besuch

Sie erinnern sich an Günter Wallraff? In den 70er und 80er Jahren machte er mit seinen Industrie-Reportagen Furore und polarisierte die Gesellschaft. Die einen sahen einen Helden in ihm, der gesellschaftlich verdeckte Bereiche kritisch ausleuchtete, die anderen verurteilten ihn als illegalen Spion, der sich unter der Maske des Türken „Ali" oder des Bild-Redakteurs „Hans Esser" Betriebsgeheimnisse erschlich. Auch im Benchmarking erweisen sich die Grenzen zwischen Legalität und Illegalität bisweilen als fließend. Erlaubt ist, was sich innerhalb der legalen Gesetzgebung bewegt. Nicht immer erhält man offiziell die Gelegenheit zum Benchmarking-Besuch. Wenn ein Firmenchef seine Technik und sein Know-how vor einem direkten Konkurrenten schützen will, wird er ihn niemals zu einer Visitation einladen. Was macht man dann? Manch einer gebraucht seine Fantasie und entwickelt äußerst kreative Ideen und Methoden, um an die gewünschten Informationen zu kommen, ohne dabei die Gesetze zu überschreiten.

Der Chef eines Betriebes für flexible Montagen suchte nach einem ebenso kostengünstigen wie anpassungsfähigen Weg, Flachbaugruppen zu bestücken. In einer Montage-Linie sollten verschiedene Produkte ohne Umrüstung hergestellt werden. Bisher zeigten optische Signale dem Personal, welches Bauelement an welche Stelle gesteckt werden musste. In einem Kasten, in dem sich sämtliche Bauelemente befanden, ging automatisch der Deckel auf, in dem das richtige Element lag. Danach wies ein Laserstrahl auf die Stelle, in die es montiert werden musste. So konnten niemals falsche Teile eingebaut werden. Diese Methode schien dem Mann aber zu teuer und außerdem zu langsam, so dass er beschloss, Roboter einzusetzen. Für jede Baugruppe, die bestückt werden sollte, wurde den Robotern ein Programm eingeschoben, das sämtliche Bewegungsabläufe enthielt. Der Aufwand erwies sich jedoch als kostspieliger als beispielsweise Serienbestückungen mit Standardautomaten. Er wusste, dass ein japanisches Unternehmen dieselbe Methode anwandte, ohne dass sie sich rentierte. Dagegen gelang es einem amerikanischen Unternehmen, die Methode gewinnbringend einzusetzen. Wie machten die das bloß, und wie konnte er an die nötigen Informationen kommen?

In kürzester Zeit ersann der Betriebschef einen trickreichen Weg. Wer einen Großeinkauf in einer Firma machen will, darf als Einkäufer immer sehen, wie das Produkt hergestellt wird. Im Fachjargon nennt man das Prozess-Review oder Kundenaudit. Also ließ sich der Betriebschef kurzfristig in den Einkauf versetzen, wo er eine Einkaufsvisitenkarte erhielt. Nun war er technischer Berater des Einkaufs für Elektronikgeräte. Als solcher schickte er eine Anfrage an das Unternehmen: Darf ich als Mitarbeiter vom Einkauf, der für Reviews und Audits zuständig ist, Ihre Produktion besichtigen? Die Zustimmung folgte postwendend. Der Betriebschef flog nach Amerika, nahm sich einen Leihwagen und fuhr auf direktem Weg zu der Firma. Und weil er mit der Absicht eines Großeinkaufs gekommen war, bot sich der Produktionschef höchstpersönlich als Gesprächspartner an. Dieser wunderte sich zwar grenzenlos, dass ein Einkäufer so viel technischen Verstand mitbrachte, denn er konnte über alle Schwierigkeiten mit ihm reden. Aber er schöpfte keinerlei Verdacht, sondern genoss es sichtlich, endlich einmal mit einem kompetenten Partner Ideen auszutauschen und darüber zu fachsimpeln, wie man dieses und jenes weiterentwickeln könnte. Er ging mit dem Kunden sogar ins Forschungslabor und demonstrierte ihm stolz die innovativen Ideen, die dort erdacht, entwickelt und umgesetzt wurden. Der Kunde fragte nach den Kostenstrukturen. Das musste doch alles unglaublich teuer sein. Der Produktionschef berichtete bereitwillig, dass ihm sämtliche Geräte kostenlos von der Firma zur Verfügung gestellt wurden. Er musste nur die Lohnkosten kontieren, aber nicht die Kapitalkosten. Kapitalkosten wurden als Forschungskosten gebucht, da die Geräte offiziell der Forschung gehörten. Dadurch rentierte sich das Montage-Verfahren zwar auf dem Papier, aber nicht in Wirklichkeit. Die Firma hatte einfach beschlossen, flexible Montage zu subventionieren, weil es ein Zukunftsgebiet darstellte. Das war weder nach außen, noch nach innen sichtbar. Es wurde erst offensichtlich, als der Kunde hartnäckig nachfragte, wohin die Kosten verbucht wurden. Der Kunde freute sich diebisch und zog daraus den Schluss: „Aha, die können es auch nicht. Es gibt keinen Besseren, die Kostenlücke besteht bei genauerem Hinsehen nicht wirklich."

So war es dem Betriebschef gelungen, den vermeintlichen Lieferanten ganz legal zu auditieren und alle erforderlichen Informationen einzuholen. Dabei setzte er eigentlich nur psychologische Tricks ein. Fachleute sind einsam. Sie finden selten kompetente Gesprächspartner, mit denen sie ihre Probleme inhaltlich erörtern können. Wenn nun jemand auftaucht, der das Fachverständnis mitbringt und sogar noch Ideen liefern kann, vergessen sie liebend gerne, dass dieser eine andere Firma vertritt. Der Weg ist nicht illegal. Wenn ein Produktionschef einem Mitarbeiter des Wettbewerbers solche Details freimütig enthüllt, ist er selbst schuld.

Ein anderes Beispiel zeigt, wie harmlos ein verdeckter Benchmarking-Besuch erscheinen kann. In der Nähe von München wurde eine neue Robotikfirma gegründet. Nun wollte der Entwicklungsingenieur einer anderen Firma wissen, ob sie mit einer ernsthaften Konkurrenz rechnen mussten. Als er in der Zeitung las, dass man einen Entwicklungschef suchte, schickte er sofort eine Bewerbung los. Was ihn interessierte, war nicht der Job, sondern Antworten auf die Fragen: Hat die Firma eine solide Finanzlage? Welche Kompetenz hat sie auf dem Gebiet? Auf welchem Stand befindet sie sich? Worauf baut ihr Wissen auf? Was können die Mitarbeiter? Hat das Unternehmen Aussicht auf Erfolg?

Als potenziellem neuen Entwicklungschef des Hauses wurde dem Bewerber sofort ein Mann zur Seite gestellt, der alle Interna mit ihm besprach. Sie unterhielten sich quasi von Kollege zu Kollege über die neue Aufgabe. Der Bewerber stellte seine Ideen vor. Als er auf die zu erwartenden Kosten zu sprechen kam, wollte er wissen, woher die Entwicklungsmittel genommen würden. Außerdem brauchte er zusätzliches Personal für die Umsetzung seiner Ideen. Konnte die Einstellung weiterer Mitarbeiter finanziert werden? Als neuer Leiter der Entwicklungsabteilung klangen seine Fragen vollkommen berechtigt. Man zeigte ihm bereitwillig alle Unterlagen. Dann fuhr der Bewerber heim und berichtete im Kollegium: „Die sind keine Konkurrenz. Das ist der Stand, bei dem wir vor fünf Jahren waren." Die Stellung musste er leider ablehnen, denn seine Gehaltsforderungen konnten nicht erfüllt werden. Sein Vorgehen war legal. Wenn die Firma so leichtsinnig war, einem Bewerber alles zu zeigen, dann lag der Fehler auf ihrer Seite.

Diese Geschichten sind selbstverständlich nicht als Aufforderung zur Industriespionage zu verstehen, sondern sie sollen Sie dafür sensibilisieren, wie Sie ungewollte Benchmarking-Besuche erkennen und sich davor schützen können. Vergessen Sie dabei nicht, dass der Begriff der Spionage weit gefasst werden kann und das Wissen über spionagetechnische Methoden gelegentlich die steilsten Karrierewege ebnet. Schauen Sie sich Wladimir Putin an. Seine Laufbahn begann beim russischen Geheimdienst. Nach einer Karriere beim KGB (Komitet Gossudarstwennoi Besopasnosti, Komitee für Staatssicherheit), dem gefürchteten sowjetischen Staatssicherheitsdienst, und als Chef des Inlandsgeheimdienstes FSB (Federalnaja Sluschba Besopasnost), der Nachfolgeorganisation des KGB, stieg er über den Posten des Premierministers ins höchste Staatsamt zum Präsidenten Russlands auf. Putin wird nachgesagt, als Auslandsagent des KGB in Dresden, dem Technologiezentrum der DDR, Agenten angeheuert zu haben, die in westdeutsche Hochtechnologiefirmen eingeschleust werden sollten. Dresden galt vor dem Mauerfall als eines von lediglich fünf Zentren der Mikroelektronik im Ostblock. Der Diebstahl von Wissen bot die einzige Chance, den eklatanten Technologierückstand des Ostens wenigstens ansatzweise auszugleichen. Freundlicher ausgedrückt, es war die Methode des Ostens, Benchmarking zu betreiben.

Hans und Maria staunen nicht schlecht über die Geschichten, die ich ihnen auf der gemeinsamen Autofahrt nach Erlangen erzähle. Leo und Sandra folgen uns in ihrem eigenen Wagen, denn sie wollen im Anschluss an den Besuch beim Großbäcker sofort ihre Urlaubsreise antreten. So ist nun mal das Geschäftsleben. Die Zeit ist das knappste Gut und Privat- und Arbeitsleben lassen sich kaum voneinander trennen. Heute sind wir geschäftlich unterwegs, aber das heißt noch lange nicht, dass wir auf jedes Vergnügen verzichten. Als leidenschaftlicher Angler kennt Hans die besten Fischzüchter und

Lokale in der Umgebung von Erlangen, die für ihre hervorragende Karpfenzucht berühmt ist. Wir dürfen uns also auf ein ausgezeichnetes Karpfengericht zum Mittagessen freuen.

Auf den letzten Kilometern bereite ich Hans und Maria auf die Einzelheiten des bevorstehenden Gesprächs vor. Ich schildere ihnen, was ich vorbereitet habe, wie der Ablauf geplant ist, was sie erwartet und wie sie sich verhalten sollen.

Im Direktionsbüro der Firma Beck erwartet uns eine Überraschung. Frau Beck ist ein Phänomen. Sie hat alle wichtigen Informationen, die ihr Geschäft betreffen, im Kopf. Das habe ich in diesem Ausmaß noch nie bei einer Führungskraft erlebt. Nachdem ich ihr die Unterlagen der Bäckerei Hegmann-Büttner übergeben und das Firmenprofil erläutert habe, ernten wir die Früchte der Vorleistung, in die wir getreten sind. Frau Beck beantwortet bereitwillig und offen all meine Fragen und beweist dabei, dass sie die Unternehmensführung perfekt beherrscht. Sie muss nicht ein einziges Mal schriftliche Unterlagen bemühen, sondern kann alle relevanten Zahlen und Fakten aus dem Stehgreif exakt benennen. Sie ist ein Glücksgriff, denn wirkungsvoller könnte ich meine Klienten kaum überzeugen, dass sich ein erfolgreicher Unternehmer intensiv mit seinem Führungssystem beschäftigt. Frau Beck bohrt nicht im Detail, aber sie kennt alle entscheidenden Werte jeder einzelnen Systemkomponente. Eindrucksvoll und anschaulich führt sie uns vor Augen, welchen Stellenwert die Führungsleistung einnehmen und welche Steuerungskraft sie in sich bergen kann. Die Firma setzt das System des EFQM-Modells ein und Frau Beck hat es auf eine Weise verinnerlicht, wie es mir noch nie in der Geschäftswelt begegnet ist. Jedes Element ist berücksichtigt und untergebracht. Frau Beck spielt die Partitur des Führens mit Bravour und Perfektion. Das ist das Geheimnis ihres Geschäftserfolges. Sie kennt die verschiedenen Geschäftsführungssysteme, sie hat alle wichtigen Bücher zum Thema Mitarbeitermotivation gelesen und in der Qualitätssicherung gibt es nichts, was sie nicht wüsste. Sie ist mit Leib und Seele Unternehmerin und vermittelt den Eindruck, als würde sie dabei leidenschaftlich ein Hobby pflegen. Und ihre unternehmerische Neugier ist grenzenlos.

„Der Beck" ist ein echtes Traditionsunternehmen, dessen Firmengeschichte bis auf das Jahr 1895 zurückreicht, als die Backstube in Tennenlohe bei Erlangen gegründet wurde. Bis 1979 war „Der Beck" eine kleine Bäckerei wie tausend andere in Franken. Dann gründete er seine erste Filiale. Weitere folgten im Abstand von zwei bis drei Jahren. Ende der 80er Jahre wurde die Filialisierung der Bäckerei sprungartig ausgebaut. Inzwischen werden jedes Jahr ca. 10 Filialen eröffnet. Zum Zeitpunkt unseres Besuchs sind 85 Filialen über das Nürnberger Umland verstreut, wobei keine Filiale weiter als 50 km vom Stammhaus in Tennenlohe entfernt liegt. Dadurch kann die Frische der Produkte garantiert werden, die viermal am Tag ausgeliefert werden. Auch sonntags wird die Bevölkerung mit frischen Semmeln, knusprigem Brot und ofenfrischem Kuchen versorgt.

Frau Beck erläutert uns alle Zahlen zum Umsatz, zeigt den Leistungsumsatz (Umsatz je Stunde und Verkäuferin), nennt die Verkaufs- und Materialkosten, stellt die Artikelgruppen vor und erklärt die Kalkulation für die Preise. Nach der Beschreibung des betriebswirtschaftlichen Hintergrunds erfahren wir, wie die Geschäftsziele erarbeitet, laufend überprüft und nach Bedarf angepasst werden. Dieser Prozess wird von einer Führungscrew gesteuert, die alle einzelnen Mitarbeiter einbezieht und diese in einem bestimmten Turnus zu Problemzonen befragt. Die Chefs tauschen sich regelmäßig mit dem Personal von Verkauf und Produktion aus. In Produktzirkeln wird entschieden, wie die Produktpalette erneuert werden soll. Saisonartikel berücksichtigen die Jahreszeiten ebenso wie besondere Ereignisse. So wurden im Jahr 2000, als Nürnberg sein 950-jähriges Stadtjubiläum feierte, Sonderartikel angeboten, die reißenden Absatz fanden.

Einmal im Jahr passt die Führungsebene ihre Strategie an. Rückblickend auf das abgelaufene Jahr werden dabei Trends, Umfeld- und Wettbewerbsanalysen, Budgetplanungen und Investitionen diskutiert. Wichtige Unternehmensentscheidungen werden grundsätzlich gemeinsam mit den Mitarbeitern getroffen.

Das Leitbild der Firma enthält den Leitsatz: Der Kunde steht bei uns immer im Mittelpunkt, seine Zufriedenheit ist unser Ziel. Die Kundenzufriedenheit wird nicht in aufwändigen Kundenbefragungen ermittelt, sondern über Kundenkarten und Kundenbriefkästen, die die Kunden in allen Filialen vorfinden. So erfährt die Firma laufend aus direkter Hand, was der Kunde lobt, was er kritisiert und was er sich wünscht. Anhand von Konsumumfragen informiert sich Frau Beck regelmäßig, welche Kriterien für Konsumenten wichtig sind. Die Auszeichnungen und Preise, mit denen die durch eine besondere Qualitätsstrategie erzielte, konstant hohe Produktqualität und das Engagement für die Kunden in der Region gewürdigt wurden, bestätigen den Erfolg ihrer Bemühungen. Die Qualität der Produkte nimmt im Hause „Beck" insgesamt einen hohen Stellenwert ein.

Verkaufs- und Produktionspersonal nehmen regelmäßig an Schulungen und Seminaren teil, während die Auszubildenden zusätzlich internen Unterricht erhalten. Das gesamte Verteilsystem ist elektronisch gesteuert. Verschiedene Computerprogramme regeln die Bestellung und die Zeiterfassung. Verkaufsleiter und Erstverkäuferinnen erhalten regelmäßig Rückmeldung zum Umsatz ihrer Filiale und treffen je nach Ergebnis selbständig Entscheidungen für die nächste Verkaufsperiode. Relevante Informationen von der Firmenleitung gelangen über die Verkaufs- bzw. Produktionsleitung bis zum entferntesten Mitarbeiter. Umgekehrt geben die Verkäuferinnen Kundenwünsche weiter, die von den Bäckern umgesetzt werden. Produktneuheiten werden in Probierstuben, aber auch in der Verwaltung kritisch getestet. Ob sie zu Dauerbrennern aufsteigen, entscheidet letztendlich der Kunde mit seiner Kaufbereitschaft.

Auch Mitarbeiterzufriedenheitsanalysen wurden durchgeführt. Beurteilungen der Mitarbeiter finden jährlich statt. Aufstiegschancen zum Gruppenleiter, zur Verkaufsleiterin oder zur Erstverkäuferin stehen allen Beschäftigten offen. Flexible Arbeitszeiten und innovative Arbeitszeitmodelle unterstützen insbesondere Frauen, Familie und Beruf zu vereinbaren.

Wir dürfen sogar Einblick in die Lohn- und Gehaltsstruktur sowie in die Überstundenregelung nehmen und sehen, mit welchen Anreizen Verkaufssteigerung und Produktionsverbesserung gefördert und belohnt werden. Besonders erfolgreiche Mitarbeiter erhalten Auszeichnungen, beispielsweise eine Wochenendreise nach Paris.

Gesellschaftliche Verantwortung hat „Der Beck" mit einer eigenen Kinderfonds-Stiftung übernommen, mit der Not leidenden Kindern aus der Region um Nürnberg, Fürth und Erlangen geholfen wird.

„Der Beck" setzt sich langfristige Ziele. Wenn ein Ziel erreicht wurde, wird ein neues bestimmt, an dessen erfolgreicher Umsetzung alle Mitarbeiter engagiert mitarbeiten. „Wir wollen die Besten der Region werden," lautete das letzte Ziel. Es wurde längst mit großem Erfolg erreicht. Das neue, ebenso ehrgeizige Ziel heißt: „Wir wollen eine Marke werden." Auf dem Weg zu diesem Ziel wird das Handwerk groß geschrieben. Frau Beck weiß ganz genau, dass keine Maschine das menschliche Fingerspitzengefühl ersetzen kann. Bei dieser Bemerkung fällt mein Blick automatisch auf Hans. Wie nicht anders zu erwarten, leuchten seine Augen vor Begeisterung. Endlich kommt die Rede auf sein eigentliches Thema, das Backen. Technik kommt in der Firma Beck nur da zum Einsatz, wo sie die Arbeit erleichtert, ohne die Qualität zu mindern. Backmischungen aus der Packung werden nicht benutzt. Stattdessen werden ausgewählte Zutaten, zumeist aus der Region, nach individuellen Rezepten verarbeitet.

Frau Beck hat lediglich eine Stunde benötigt, um uns einen genauen Überblick über ihr Geschäftssystem und dessen Erfolgsfaktoren zu geben. Der größte Erfolg dieses Benchmarking-Besuches ist die Erkenntnis meiner Klienten, dass die beste Firma ihrer Branche fast dasselbe Führungssystem benutzt, das ich ihnen vorgeschlagen habe und gemeinsam mit ihnen in ihrem Betrieb installieren will. Das Best-Practice-Beispiel der Fa. Beck überzeugt meine Klienten nachhaltig von der Effizienz des Systems. Kein Workshop, keine wissenschaftlich anerkannte Methode, kein schlaues Buch könnte es ihnen eindringlicher vermitteln: Wer all diese Elemente in sein Führungssystem integriert und konsequent anwendet, erringt die größten Geschäftserfolge. Die Erfolgreichen kennen es, machen es und können es. Ein Unternehmer *beschäftigt* sich mit diesen Inhalten oder er *ist* kein Unternehmer.

Nach Besichtigung der Produktionsstätten machen Maria und Sandra Probeeinkäufe in einer nahe gelegenen Filiale, um die Produktqualität persönlich zu testen. Für Menschen ihres Metiers ist dies eigentlich ein Sakrileg, denn normalerweise darf nur Brot aus der eigenen Backstube auf ihren Tisch.

Während wir uns beim Mittagessen zarte Karpfenstücke auf der Zunge zergehen lassen, kommen meine Klienten immer wieder auf die Eindrücke des Tages zurück. Es scheint, als hätte es nie ein anderes Thema als Benchmarking gegeben. Hans erinnert sich an einen Kollegen aus der Meisterschule, der ebenfalls zahlreiche Filialen gegründet hat. Am liebsten würde er gleich morgen den nächsten Benchmarking-Besuch bei ihm machen. Soviel Begeisterung für das Thema Führungssystem konnte ich ihm bisher in keinem der zahlreichen Workshops entlocken. Die Bestleistung, die die Büttners heute erlebt haben, hat jeden entzündet. Alle sind angesteckt von der Führungsleistung dieser fähigen Unternehmerin. Dennoch werden alle Kriterien, die beim Testeinkauf sichtbar wurden, kritisch bewertet. Wie gut ist das Sortiment? Welche Qualität haben die Backwaren? Wie war die Verkaufsatmosphäre?

Meine Klienten sind in ihrer Energie nicht mehr zu stoppen. Die Struktur und die Elemente des Führungssystems, das ich mit ihnen erarbeite, sind kein Schmarrn, wie Hans es gerne ausdrückt, sondern die goldrichtige Grundlage für solide Geschäftserfolge. Das haben sie heute erkannt. Der Wille, die Performance-Lücken im Führungssystem zu schließen, ist geweckt. Erfahrungsgemäß weiß ich, dass die Begeisterung nicht ewig anhält. Je eher wir die Ergebnisse analysieren, desto mehr werden meine Klienten in die Tat umsetzen. Es gibt viel zu tun. Oiso, nacha! Pack ma's!

Auswertung der Ergebnisse und Nachbereitung

Einen Esel können Sie schlagen, soviel sie wollen. Wenn er sich nicht bewegen will, bringen Sie ihn mit Prügeln nicht von der Stelle. Wenn Sie ihm aber eine Mohrrübe vorhalten, gibt er seinen Widerstand auf und setzt sich in Gang. In der Unbeweglichkeit gleichen Menschen diesem Arbeitstier auf verblüffende Weise. Beim Benchmarking baut der Berater ein kluges Zug-Druck-System auf. Mit der Mohrrübe wird der Klient gelockt. Die Bestleistung, die er bei seinem Vergleichspartner sieht, möchte er auch erreichen. Das ist der Zugeffekt. Dann aber beginnt die eigentliche harte Arbeit. Der Berater muss seinen Klienten methodisch zwingen, die Ergebnisse zu reflektieren und die Erkenntnisse konsequent in Handlungen umzusetzen. Das sind die Prügel oder der Druck.

Für den Berater ist Benchmarking ein starkes Mittel, seinen Klienten zu motivieren und handlungsbereit zu machen. Für den Klienten selbst ist es der Motivationsschub schlechthin. Meistens beginnt er nach dem Besuch, das gesamte Beratungsprojekt zu mögen. Vor dem Besuch muss der Berater den Klienten fast immer beknien, damit er sich mit der Aktion einverstanden erklärt. Die Angst, die gute Leistung des Besten zu sehen und sich dem Handlungsbedarf stellen zu müssen, ist zuerst einmal riesengroß. Beim Besuch bricht aber meistens helle Begeisterung aus, wenn er sieht, mit welchen Methoden die Bestleistung erreicht wird. Gleichzeitig bahnt sich eine große Frustration an, wenn sich abzeichnet, dass der Bubka seiner Branche nicht 9 Zentimeter, sondern 9 Meter höher springt als er selber. Aus diesem tiefen Loch müssen Berater ihren Klienten wieder herausholen, beispielsweise indem sie die Größenunterschiede herunterrechnen. Damit erscheinen die eigentlichen Lücken, die geschlossen werden müssen, nicht mehr so gewaltig. In den Tagen nach dem Besuch schwanken die Klienten zwischen Begeisterung und Entsetzen, Euphorie und Frustration. Die dabei entstehende Dynamik gilt es zu nutzen. Der Klient darf nicht in die Lähmung verfallen. Das Entsetzen bringt den Handlungsbedarf in seinem ganzen Ausmaß ans Licht. Dieser Handlungsbedarf muss dann realistisch reflektiert werden. Häufig holt das den Klienten aus seiner ursprünglichen Überheblichkeit heraus. Nun muss er allerdings schnellstens wieder aufgebaut werden. Die Begeisterung über die Fähigkeiten eines anderen fördert die Motivation, Veränderungen einzuleiten und endlich tätig zu werden. Wenn sich allerdings herausstellt, dass der Abstand so groß wie ein Abgrund ist, ist es manchmal hilfreicher, das Geschäft aufzugeben und einen Neubeginn in einem anderen Geschäftsfeld zu wagen. Ein Langstreckenläufer muss nicht unbedingt gegen einen Stabhochspringer antreten, wenn ihm schon beim Absprung der Stab aus den Händen gleitet, so dass er es nicht einmal schafft, vom Boden abzuheben. Es gibt genug andere Sportarten, in denen er sein Talent, die Ausdauer im Laufen, mit Aussicht auf Erfolg entfalten kann.

Die Büttners kennen nun die Benchmarks aller Komponenten, die sie in ihrem Führungssystem teilweise bereits verankert haben und teilweise noch einbauen müssen. Jetzt, wo sie das erfolgreiche Beispiel der Firma Beck vor Augen haben, können sie sich dem Wissen nicht mehr entziehen, dass der Erfolg des Geschäfts von ihrem Willen abhängt, die Strukturen konsequent anzupassen. Das EFQM-Modell liefert ihnen die Richtschnur. Das Rad muss nicht neu erfunden, sondern nur ins Rollen gebracht werden.

Hans ist nach der ersten Euphorie mit sich und seinem langen Arbeitsleben ins Hadern geraten: „Wenn das alles stimmt, habe ich alles falsch gemacht." Seine Arbeitsenergie und Motivation waren immer auf das Backen ausgerichtet, während er die Führungsarbeit als ungeliebte Nebensache betrachtete, die er notgedrungen, so gut es ging, erledigen musste. Seine negative Selbstbeurteilung ist destruktiv und deckt sich auch nicht mit der Realität. Hans ist und war immer ein ausgezeichneter Bäcker und hat als solcher das Fundament der Bäckerei gegossen und tragfähig gemacht. Als Unternehmer ist er sicher nicht perfekt gewesen, aber er hat die Führungsaufgaben nach bestem Wissen und Gewissen ausgeführt. Und jetzt sind wir an die Stelle gelangt, wo alles noch besser gemacht werden soll.

Sandra hat inzwischen einen Bericht über die Ergebnisse des Benchmarking-Besuches geschrieben. Alle Zahlen, Fakten und Komponenten, die uns von Frau Beck vorgestellt wurden, sind nach Themenpunkten aufgelistet. Wir vergleichen jeden einzelnen Punkt des Gesamtprofils der Firma Beck mit dem der Bäckerei Hegmann-Büttner. Manche Lücken erscheinen aus heutiger Sicht riesig. Aber der Wille, sie zu schließen, ist vorhanden. Die Gegenüberstellung veranschaulicht, dass das Führungssystem da, wo es schon installiert ist, bereits seine Früchte trägt. Das bestätigt den Büttners, dass wir auf dem richtigen Weg sind. Wir kennen nun die Performance-Lücken und können die notwendigen Ziele definieren, die wir solange verfolgen müssen, bis wir den gewünschten Zustand erreicht haben.

Aus Erfahrung weiß ich, dass sich die Nachwirkung des Benchmarkings durch das gesamte Beratungsprojekt ziehen wird. Die Performance-Lücken zur Firma Beck werden uns immer als Wegweiser begleiten. Manche Dinge lassen sich sehr schnell umsetzen, andere brauchen Zeit und Geduld. Sandra war so beeindruckt von den Probierhäppchen, die ihr beim Testeinkauf in der Beck'schen Filiale angeboten wurden, dass sie sie sofort nach ihrer Rückkehr aus dem Urlaub eingeführt hat. Ob Leo als Nachfolger von Hans aber die Filialisierung der Bäckerei in Angriff nehmen wird, wird die Zukunft zeigen. Von heute auf morgen ließe sich dieser Schritt jedenfalls nicht vollziehen.

Weitere Einzelheiten dürfen wir nicht verraten. Schließlich wollen wir Spionen in dieser Lektüre kein Schlupfloch zum Auskundschaften von Firmengeheimnissen bieten. Die vertrauliche Behandlung der Daten ist eine Grundvoraussetzung für jeden Benchmarking-Besuch. Die Informationen, die wir hier über die Firma „Der Beck" preisgegeben haben, finden sich alle auf der firmeneigenen Homepage im Internet oder bedurften keines besonderen Schutzes.

Nach dem Benchmarking-Prozess erntet auch der Berater die besten Früchte seiner Arbeit. Den größten Genuss bereitet ihm der Rollenwechsel, der erfahrungsgemäß nach dem Benchmarking-Besuch eintritt. Davor ist der Berater ein Ziehender und Schiebender, danach wird er selbst gezogen und geschoben. Auf Leo muss ich keinen Druck mehr ausüben. Bevor ich überhaupt dazu komme, ihn nach dem nächsten Workshop-Termin zu fragen, klingelt bei mir das Telefon: „Wann hast du denn endlich mal wieder Zeit für uns?“

Der „Kini vom Blomberg“ oder Benchmarking gibt es überall

Neuerdings muss ich meinen Sohn mit Majestät anreden, Euer Majestät Bodo der Zweite. Das habe ich allein dem Benchmarking zu verdanken. Im Tölzer Fünfkampf hat sich mein Sohn den Titel „Kini vom Blomberg“ erkämpft, und das schon das zweite Jahr in Folge. Bodo II. hat seinen Sieg errungen, weil er sich nicht zu fein war, den Kampf mit seinem Gegner in einem Kuhfladen auszutragen. Es kann nur einen geben, wenn es um die Ermittlung des Besten geht. Und wenn der Weg zum Ziel durch einen Kuhfladen führt, dann muss man durch ihn durch oder abtreten.

Jeden Sommer veranstaltet der TV Bad Tölz sein Sportfest auf dem Blomberg, dem Hausberg der Stadt. Der lange, steile und harte Weg zum „Kini vom Blomberg“ führt über fünf Disziplinen. Im ersten Durchgang des Fünfkampfes absolvieren die Teilnehmer einen Hoch-Weit-Sprung. Wer die Latte reißt, scheidet aus. Die zweite Prüfung ist der Kugelzielwurf. Mit einer 5-Kilo-Kugel muss ein 9 Meter entferntes Ziel so nah wie möglich getroffen werden, denn nur die sechs Besten kommen weiter. Im Pendellauf müssen sie 100 Meter bergab und dieselbe Strecke am steilen Blomberg wieder bergauf laufen. Von ihnen kommen nur noch vier weiter. Und diese müssen sich nun im Tölzer Prügelwurf messen. Die beiden Teilnehmer, die dabei einen Baumstamm von einem Meter Länge am weitesten werfen, dürfen in der fünften und letzten Runde um den Sieg rangeln. Wer seinen Gegner zweimal auf die Schulter legt, hat den Wettkampf gewonnen.

Im letzten Jahr nahm Bodo aus reiner Gaudi teil. Nach seinem überraschenden Sieg trieb ihn der Ehrgeiz, den Titel heuer zu verteidigen. Dabei wusste er drei Tage vor Wettkampfbeginn noch nicht einmal, ob er antreten konnte, denn er hatte sich beim Turntraining das Sprunggelenk geprellt. Aufgeben kam nicht in Frage. Schließlich hatte er sich lange und gründlich auf diesen Wettkampf vorbereitet. Als die Computertomographie zeigte, dass kein Band gerissen war, sondern lediglich ein schmerzender Bluterguss vorlag, trat er mit einer speziellen Schiene an. Und dann bewies Bodo, dass er weiß, wie Benchmarking funktioniert. Bodo kannte die Benchmarks der Teilnehmer in- und auswendig. Vor allem der Pendellauf bereitete ihm Sorgen, denn erstens war Laufen nicht seine Stärke und zweitens war er ja durch die Verletzung behindert. Er wusste haargenau, welche beiden Konkurrenten die schnellsten Läufer waren. Auf sie brauchte er sich nicht zu konzentrieren, weil er sie sowieso nicht schlagen konnte. Er musste nur auf die drei anderen aufpassen, um zumindest den vierten Platz zu erreichen und somit in die nächste Runde zu gelangen. Und seine Rechnung ging auf. Er schaffte es mit Ach und Krach als Vierter über die Ziellinie. Beim Prügelweitwurf – das wusste er von verschiedenen Blomberg-Veteranen – kam es mehr auf Technik als auf Muskelkraft an. Natürlich hatte Bodo einen früheren Sieger gebeten, ihm diese Technik beizubringen. Nicht das weite Werfen des Prügels ist ausschlaggebend. Wichtiger ist es, dass er weit rollt. Und diese Technik trainierte er ehrgeizig. Bodo wusste, welche Mindestleistung erbracht werden musste, um von Disziplin zu Disziplin weiterzukommen. In den ersten drei Durchgängen musste er nicht *der* Beste, sondern *einer* von den Besten sein. Ein gutes Mittelmaß genügt zum Weiterkommen. Das erfüllte er, wobei er bis zum endgültigen Sieg seine Gegner nie unterschätzte. In den beiden letzten Disziplinen dagegen ging es um die Wurst. Er siegte in beiden Durchgängen. Den Tölzer Prügel wuchtete er auf satte 11,60 Meter. Sein Kontrahent Peter Oberbauer brachte es auf 7,67 Meter und sicherte sich damit den zweiten Platz. Als Bodo sich zum Rangeln gegen ihn aufstellte, beging er nicht den Fehler, ihn zu unterschätzen, obwohl sein Gegner kleiner und leichter ist als er selber. Schließlich war Peter Oberbauer schon öfters ins Finale gekommen, und das musste einen Grund haben. Und als die beiden schließlich auf einem Kuhfladen ausrutschten, ließen sie sich nicht beirren, sondern kämpften unter Einsatz aller Kräfte um den Sieg. „Voll in die Sch ... gegriffen", stand am nächsten Tag in der Zeitung, aus der mich mein Sohn als strahlender Sieger anlachte.

Und obwohl ich mir fast die Zunge daran zerbreche, nenne ich ihn inzwischen „Bodo, der Bubka vom Blomberg".

Die Vision – der Anfang und das Ende

„Wenn du ein Schiff bauen willst, so trommle nicht Männer zusammen, um Holz zu beschaffen, Werkzeuge vorzubereiten, Aufgaben zu vergeben und die Arbeit einzuteilen, sondern lehre die Männer die Sehnsucht nach dem weiten endlosen Meer." Was der französische Schriftsteller und Flugpionier Antoine de Saint-Exupéry, der Mystiker des Windes und der Sterne, mit der Kraft der Poesie im Bild aufzeigt, muss der Berater in der realen Umsetzung sorgfältig und gezielt erarbeiten. Denn hier ist von nichts anderem die Rede als von der Entwicklung einer Vision für eine Gruppe von Menschen.

„Vision" ist eines der vielen Wörter, die aus der religiösen in die weltliche Sprache Eingang gefunden und dabei einen Bedeutungswandel erfahren haben. Eine Vision ist ursprünglich nicht Menschenwerk, sondern die prophetische Offenbarung Gottes. Die bekannteste Vision der Bibel, die Offenbarung des Johannes, findet sich am Ende des Neuen Testaments: „Ich sah einen neuen Himmel und eine neue Erde" (Die Bibel, Luther 1545, Offb. 21,1). Sie sagt den Weltuntergang voraus, von dem nur diejenigen Menschen verschont bleiben, die den Weg der Christ- und Menschwerdung gegangen sind.

Einem handfesten Berater schadet es gar nichts, sich von der Bibel inspirieren zu lassen oder von der Dichtung, wenn deren Inhalte und Bilder uns Wahrheiten über uns selbst, unser Leben und unser Wirken lehren können. Die Bilder der Apokalypse, wie die Offenbarung im Griechischen heißt, können als Zeichen der Veränderung interpretiert werden, die der Mensch beim Voranschreiten auf dem eigenen Lebensweg erfährt. Denn nur wo eine Welt zusammenbricht, kann ein Neuanfang beginnen. Neue Vorstellungen, neue Einstellungen, neue Weltsichten und neue Standorte gewinnt man nur, wenn man überholte Sichtweisen über Bord wirft. Zukunft braucht eine Vision. Doch ohne Ziele wird die Vision nicht in die Tat umgesetzt, sondern bleibt bloße Prophezeiung, die sich nie erfüllt. Damit sie den Alltag erreichen kann, müssen kurz- und mittelfristige Ziele definiert und schrittweise erarbeitet werden.

Die Vision ist ein hoch motivierendes Stilmittel und hat einen stark integrierenden Charakter. Die gemeinsame Gestaltung der Zukunft hat eine gewaltige Wirkung auf einzelne und Gruppen. Wer sich selbst hohe Ziele steckt, engagiert sich auch persönlich für ihre erfolgreiche Umsetzung. Bei Geschäftsfusionen ist die Vision ein probates Mittel, heterogene Gruppen von Führungskräften und Belegschaften gemeinsam in ein Boot zu bringen. Als Siemens ein Geschäft dazukaufte, das es für die Herstellung eines bestimmten Produktes brauchte, standen sich Führungsebenen und Mitarbeiter der ehemals getrennten Firmen zunächst misstrauisch gegenüber. Der zugekaufte Schwermaschinen-Betrieb war zuvor als Lieferant tätig gewesen und sollte nun mit den Elektronikern des alteingesessenen Geschäfts zusammenarbeiten. Die Stimmung war nicht gerade harmonisch, denn jeder fürchtete sich vor dem Verlust von Kompetenzen und keiner wusste so recht, welche Änderungen sich für ihn persönlich aus der neuen Geschäftssituation ergeben würden. Der Chef erkannte den Handlungsbedarf und bat Siemens Management Consulting um Unterstützung. Wir erklärten ihm zunächst, dass es grundsätzlich zwei integrierende Faktoren gibt, um den Zusammenhalt und die Zusammenarbeit von Gruppen zu fördern. Der erste gründet sich auf die externe Bedrohung, die alle gleichermaßen betrifft. Eine Nation, die von einer anderen durch Krieg bedroht wird, rückt eng zusammen, weil die einzelnen begreifen, dass sie nur gemeinsam stark genug sind, den Feind abzuwehren. Auch in der Schule erlebt man diesen Effekt: Eine Klasse hält wie Pech und Schwefel zusammen, wenn sie einen Lehrer als gemeinsame Bedrohung erfährt. Der zweite Faktor betrifft das gemeinsame Erarbeiten der Zukunft. Wenn Gruppen ein Zukunftsbild erschaffen und ausformulieren, sind sie viel eher bereit, miteinander an den gemeinsamen Zielen zu arbeiten. In unserem Beispiel setzten wir Maschinenbauer und Elektroniker in mehreren Arbeitsgruppen zusammen und mischten dabei auch rangniedrige und ranghohe Mitglieder. Wir praktizierten also bewusst Basisdemokratie. Nach kürzester Zeit erkannten die Teilnehmer, dass sie zwei Seiten derselben Medaille waren. Man spürte regelrecht ihr Zusammenwachsen. Beim ersten gemeinsamen Abendessen unterhielten sie sich so angeregt, dass sie bereits wie eine geschlossene Einheit wirkten. Durch die Aufforderung, ihre Zukunft gemeinsam zu gestalten, waren aus verfeindeten Gruppen plötzlich Kollegen geworden, und das innerhalb weniger Stunden.

Rivalisierende Gruppen gibt es in jedem Unternehmen. Der Vertrieb hat eine andere Vorstellung als die Produktion und die Entwicklung will andere Wege gehen als der Vertrieb. Mit der Erarbeitung einer gemeinsamen Vision bringen Sie sie dazu, an einem Strang zu ziehen. Es entsteht ein emotionaler Magnetisierungseffekt, unter dem alle in eine Richtung denken und ihre Handlungen dorthin ausrichten. Gemeinsam definierte Ziele sprechen vordergründig den Verstand an, während die Vision die kreative und emotionale Komponente ins Spiel bringt. Reine Zahlenarithmetik reißt bekanntlich keinen vom Hocker. Da der Mensch seine Entscheidungen nun mal zu 80% aus seiner Emotion heraus trifft, muss dieser Umstand im Beratungsansatz immer berücksichtigt werden, wenn eine nachhaltige Wirkung erzielt werden soll.

Fälschlicherweise gehen viele Unternehmer davon aus, dass monetäre Anreize die stärksten Motivatoren für Mitarbeiter darstellen. Sie loben Geld aus, um ihre Mitarbeiter zu motivieren. Tatsächlich ist diese Wirkung äußerst inflationär. Geld ist ein extrinsischer, also äußerlicher Wert und hat als Motivator nur kurz anhaltende Wirkung. Es löst lediglich den Wunsch nach noch mehr Geld aus. Geld kann nicht beseelen oder beflügeln, wie es intrinsische, von innen wirkende Werte und Motivatoren vermögen. Wer das Tennisspiel liebt, wird eifrig trainieren, um seine Bewegungsabläufe zu optimieren, und dann das Spiel noch mehr genießen. Wer jeden Tag wie besessen acht Stunden Klavier übt, tut es nicht, um eines Tages ein Vermögen einzuspielen, sondern weil er die Standing Ovations im Konzertsaal vor sich sieht und sich nach dem Glück sehnt, das der tosende Applaus des Publikums auslöst. Zu den intrinsischen Motivatoren zählen Visionen ebenso wie Anerkennung und Erfolgserlebnisse.

Obwohl die Vision auf die Emotionen wirkt, kann und muss ihre Erarbeitung vom Berater rationell gesteuert werden. Bei Neugründungen oder Neuausrichtungen von Geschäften werden immer erst die mittelfristigen Geschäftsziele erarbeitet, die sich auf den Zeitraum der nächsten fünf Jahre erstrecken. Anschließend wird mit Hilfe der Vision der Zustand beschrieben, der sich ergibt, wenn diese Ziele erreicht sind. Diese Situationsschilderung umfasst die Perspektiven der wichtigsten Personengruppen: Kunden, Mitarbeiter, Lieferanten, Kapitaleigner und die allgemeine Bevölkerung.

In großen Beratungsprojekten ziehen erfahrene Berater ihr Programm nie stur durch, sondern passen es stets dem Projektverlauf an. Letztendlich erhält jedes Unternehmen eine maßgeschneiderte Beratung, die seine individuellen Bedingungen und Bedürfnisse berücksichtigt. Bestimmte Elemente dürfen bei der Installierung eines Führungssystems in ihrem Ablauf aber grundsätzlich nicht verändert werden. So wird z.B. der Geschäftsauftrag immer zu Beginn erarbeitet, da er die Basis für alles weitere Vorgehen darstellt. Dennoch gibt es einen gewissen Spielraum für die Schrittfolge, den der Berater situationsgerecht nutzen kann. Auch in der Bäckerei Hegmann-Büttner sind wir von dem regulären Vorgehen abgewichen und haben die Vision über drei Etappen in verschiedenen Workshops vorbereitet und entwickelt.

In der Erarbeitung des Leitbildes wurde von der gesamten Belegschaft das visionäre Zukunftsbild der Traumbäckerei in ihrem Idealzustand gezeichnet. In der strategischen Planung haben die Senior- und Juniorchefs bereits die Geschäftsziele und aufgrund der spezifischen Situation des Familienbetriebes auch die Ziele für die Erbschaftsregelung und die Alterssicherung formuliert. Dabei wurde auch das Ideal beschrieben, das die Geschäftsinhaber in fünf bis zehn Jahren im Bereich der Finanzen, der Marktposition, der Kunden- und Mitarbeiterzufriedenheit sowie der Beherrschung der Prozesse zu erreichen wünschen. In der dritten Etappe wurde ein Workshop in stark abgewandelter Form abgehalten, der so spezifisch ist, dass ich Ihnen zunächst vorstellen möchte, wie ich im normalen Geschäftsberatungsansatz vorgehe.

Die Entwicklung einer Vision für ein Geschäftsunternehmen

„Was auch immer du tust, beginne es klug und bedenke das Ende!" Diese alte Lebensregel geht bereits auf die Bibel zurück und wurde später auch von den Lateinern aufgegriffen. Von seiner allgemeinen Gültigkeit hat der weise Spruch über die Jahrtausende nichts eingebüßt. („Was du tust, (so) bedenke das Ende." Jes. Sir. 7,40. Hieraus leitet sich auch die lateinische Weisheit im „Gesta Romanorum" ab: Quidquid agis, prudenter agas et respice finem – was du auch tust, beginne es klug und bedenke das Ende.). Wie wichtig es ist, schon am Anfang das Ende im Sinn zu haben, zeigt auch die Anekdote vom Goldschmied-Lehrling und seinem ersten selbstständig angefertigten Schmuckstück. Als er es voller Stolz dem Meister vorlegte, erwiderte dieser: „Was hast du denn da gemacht?" Der Lehrling antwortete: „Was heißt da gemacht? Es ist halt so geworden." Viele Menschen gehen mit dieser Haltung an ihr Leben heran. Wer verhindern möchte, dass sein Leben „halt" so verläuft, wie es gerade will, braucht nicht nur Ziele, sondern muss bei seinen Plänen auch das Ergebnis bedenken, das am Ende seiner Handlungen stehen soll. Was für das Leben im Allgemeinen gilt, hat – wie so häufig – auch im Beruf

Gültigkeit. Wer sein Geschäft nicht passiv im Sande verlaufen lassen, sondern selbst erfolgreich gestalten will, ist gut beraten, für den Weg dorthin eine Vision zu entwickeln.

In gewisser Weise haben erarbeitete Visionen etwas von der selbsterfüllenden Prophezeiung, wie sie Paul Watzlawick, der bekannte Psychotherapeut, Kommunikationswissenschaftler und Bestsellerautor beschreibt. Laut Watzlawick führt die Prophezeiung eines Ereignisses nämlich zu eben diesem Ereignis selber, das die Prophezeiung vor sich gesehen hat: „Eine sich selbst erfüllende Prophezeiung ist eine Annahme oder Voraussage, die rein aus der Tatsache heraus, dass sie gemacht wurde, das angenommene, erwartete oder vorhergesagte Ereignis zur Wirklichkeit werden lässt und so ihre eigene ‚Richtigkeit' bestätigt." Wenn wir also der Meinung sind, dass etwas eintreffen bzw. nicht eintreffen wird, tun wir alles in unserer Macht Stehende, um genau diesen Effekt zu erreichen. Das hässliche Entlein, das immer nur ausgebeulte Kleidung trägt und sich vor dem geistigen Auge auch immer nur in lappigen Lumpen sieht, wird nie ein hübsches Kleid anziehen und somit auch nie erfahren, dass es gar kein hässliches Entlein ist.

Wenn man einem Erstklässler sagt, er sei zu dumm und werde das Schreiben nie lernen, dann wird er es wahrscheinlich wirklich nicht oder nur mit unnötiger Mühsal lernen. Wenn man ihm dagegen prophezeit, er werde das Schreiben im Nu lernen, wird er es im Normalfall tatsächlich schnell und mühelos lernen. Versuche in der Schule haben gezeigt, dass mittelmäßige Schüler, die man als sehr gut eingestuft hatte, nach einiger Zeit tatsächlich sehr gut im Unterricht wurden oder sich zumindest wesentlich verbesserten.

Indem die Prophezeiung die in der Zukunft bereits eingetretenen Tatsachen aufzeigt, können diese – im Negativen wie im Positiven – auf die Gegenwart einwirken und sich somit selbst erfüllen.

Bevor die Vision für ein Geschäft erarbeitet wird, müssen daher im Rahmen der strategischen Planung die mittelfristigen Ziele entwickelt werden – und zwar immer ausgehend von den Kundenerwartungen, denn deren bestmögliche Erfüllung ist die Voraussetzung für jeden Geschäftserfolg. Dann drehen wir an einem imaginären Zeitschalter die Uhr um fünf Jahre vorwärts und stellen uns vor, die Mittelfristziele seien inzwischen erreicht. Wie sollen dann die entscheidenden Personengruppen – die Kunden, die Kapitaleigner, die Mitarbeiter und die Gesellschaft – über das betreffende Geschäft reden? Auf dieser Grundlage wird eine kleine Story formuliert, die die Rede dieser Personen wiedergibt. Was sagen sie über das Geschäft, nachdem es seine Ziele erreicht hat und so erfolgreich war? Ihre inneren Gedanken werden sozusagen auf Lautsprecher gestellt. Die Seminarteilnehmer schlüpfen also in die Rollen dieser Personengruppen, beschreiben aus deren Sicht den Zustand und bewerten ihn. Letztendlich soll eine packende Story erzählt werden, deren Formulierungen mitreißen, damit die Vision auch unter die Haut geht.

In der Regel werden die Teilnehmer des Visions-Workshops, die sich aus Schlüsselpersonen des Unternehmens zusammensetzen, in Arbeitsgruppen unterteilt, in denen sie jeweils eine Visions-Story über eine bestimmte Personengruppe erarbeiten. Am Ende verdichtet ein Redaktionsteam die verschiedenen Stories zu kurzen und prägnanten Visions-Sätzen. Dabei soll ein attraktives, mitreißendes Zukunftsbild des Geschäfts entstehen, das den Orientierungsrahmen für die langfristige Geschäftsentwicklung liefert. Dieses Zukunftsbild fokussiert den Kunden, basiert auf der Kenntnis des Marktes bzw. des eigenen Geschäfts- oder Industrieumfeldes, artikuliert die Werte des Unternehmens und richtet sich an Wettbewerbsvorteilen und -wachstum aus. Denn die Vision, die sich aus den Geschäftszielen ableitet, nimmt Bezug auf zukünftige Märkte, Produkte, Kompetenzen, Werte und die Unternehmenskultur. Dabei wird auch die Frage berücksichtigt, welche Kundenanforderungen in fünf Jahren an die Produkte gestellt werden. So fließt auch automatisch die Wettbewerberstruktur mit ein.

Um die Kundenerwartungen erfüllen zu können, müssen die Erfolgsfaktoren verstärkt werden. Folglich müssen die Kernkompetenzen identifiziert und festgelegt werden, die hierzu benötigt werden. Hier wird deutlich, wie eng die Strategie mit der Vision verknüpft ist. Die Umsetzungsprogramme, die aus ihnen abgeleitet werden, sichern den nachhaltigen Erfolg des Unternehmens. Bei der Umsetzung der Vision stützt sich das Unternehmen auch auf seine Werte und seine Kultur. Verhaltensweisen, die es gegenwärtig hindern, seine Kompetenzen voll auszuschöpfen, oder die sich generell ungünstig auf das Geschäft auswirken, werden identifiziert, um sie gezielt zu beseitigen. Dazu zählen z.B. Obrigkeitsprinzipien, Systemdenken, Inkonsequenz, Egoismus und Phlegmatismus. Dagegen müssen Verhaltensweisen, die sich förderlich auswirken, bewahrt und verstärkt werden – etwa Leistungsbereitschaft, Teamgeist, interne Kommunikation, Flexibilität und Offenheit.

Wenn das Zukunftsszenario gezeichnet ist, in dem die Kundenerwartungen in vollem Umfang erfüllt werden, können die Visions-Stories aus Sicht der verschiedenen Personengruppen entworfen werden. Die zuvor erarbeiteten Aussagen zu Märkten, Produkten, Kompetenzen, Werten und Kultur werden dabei berücksichtigt und fließen in die Story ein.

Die folgenden Beispiele demonstrieren, welche Visions-Stories entstehen können, wenn die vorausgehende Frage lautet:

Welches Image hat das Geschäft in fünf Jahren?

- Visions-Story am Beispiel der Kunden
  Trotz eines Preisunterschiedes von 3% haben wir die Firma X bei unserer Ausschreibung als Gewinner gewählt, denn die Produkte haben einen hohen Reifegrad und bieten Innovationsgarantie. Die Firma ist ein zuverlässiger Geschäftspartner und liefert immer pünktlich.
- Visions-Story am Beispiel der Kapitaleigner
  Die Firma hat sich überdurchschnittlich entwickelt und 50% Marktanteil in China gewonnen. Sie zahlt ihre Investitionen aus dem eigenen Cash-Flow. Sie ist ein stabiler Ergebnislieferant und ihre Produkte werden weltweit gebaut.
- Visions-Story am Beispiel der Mitarbeiter
  Heute ziehen wir alle zusammen an einem Strang. Unsere Kunden sind mit unseren Produkten und Leistungen sehr zufrieden. Deswegen macht uns die Arbeit Spaß, auch wenn es manchmal hektisch wird, weil wir gerade wachsen. Die Bürotür unseres Chefs steht immer offen. Probleme werden offen diskutiert und Leistung wird belohnt. Aber schließlich machen wir auch die höchsten Umsätze in der Branche.

- Visions-Story am Beispiel der Gesellschaft
  Als Stadtrat unterstütze ich die Expansionspläne der Firma X und stimme für die Genehmigung der beantragten Gewerbefläche. Die Firma bietet zahlreiche und sichere Arbeitsplätze. Trotz allgemeiner wirtschaftlicher Flauten in den vergangenen Jahren hat sie sich als stabil erwiesen und auf dem Markt behaupten können. Mit intelligenten Programmen temporärer Arbeitszeitverkürzung konnten Entlassungen vermieden werden. In der Presse sind nie Skandalgeschichten zu lesen, sondern immer nur Erfolgsgeschichten angesichts des wirtschaftlichen Wachstums.

Der endgültige Visions-Satz könnte dann lauten:

Durch Innovation, Teamgeist und Größe sind wir der attraktivste Partner für alle Geschäftskunden unserer Branche – gestern, heute und morgen!

Aufbau und Ablauf des Visions-Workshops sind relativ einfach:

1. Der Geschäftsführer präsentiert die im Rahmen der strategischen Planung erarbeiteten Ziele.
2. Die Teilnehmer schildern die Situation in 5 Jahren. Bis dahin sind die Ziele erreicht.
3. In Gruppenarbeit werden aus Sicht der unterschiedlichen Personengruppen Visions-Stories erarbeitet.
4. Die Stories werden präsentiert und sprachlich zu Visions-Kernsätzen ausgearbeitet.

Mehr ist es im Grunde genommen nicht. „Total KISS", nach der alten Moderationsregel: „Keep it simple and stupid."

Das Endprodukt ist die schriftlich formulierte Vision. Das heißt aber nicht, dass es sich um ein bloßes Schriftstück handelt, das abgeheftet wird und im Laufe der Jahre ungelesen und ungenutzt vergilbt. Es wird zwar schriftlich fixiert, aber genau betrachtet, ist es exakt das, was von nun an sämtliche Mitarbeiter in ihren Köpfen bewegt, sie nachhaltig motiviert und ihr Handeln umfassend beeinflusst. Die Idee des Guten, Wahren und Schönen ist in die Betriebswelt gesetzt worden und nun verschaffen ihnen die Vernunft und das Bewusstsein Realität. Das Gruppenerlebnis und das Gruppenergebnis der Vision sind die dynamischen Antriebsfedern, die ein Perpetuum mobile in Gang setzen, sofern das visionäre Zukunftsbild den Mitarbeitern erfolgreich weitergegeben wird. Ist es einmal in Bewegung gesetzt, braucht es keine weitere Antriebskraft und gerät nie mehr in Stillstand.

23% Gewinn vor Steuern zu haben, ist ein lobenswertes Ziel, aber mit der Vision hat es nichts zu tun. Dennoch tragen eine sorgfältig erarbeitete Vision und ihre konsequente Umsetzung maßgeblich zum Geschäftserfolg bei. Gerhard Zapke-Schauer hat ähnliche Wirkungsmechanismen in einem Artikel beschrieben, obwohl er dabei von einem ganz anderen Ansatz ausgeht. Der Artikel beschäftigt sich mit dem praktischen Nutzen der Kohärenz. Kohärenz bezeichnet hier – unter anderem und verkürzt ausgedrückt – den Sinnzusammenhang, der einem so komplexen Gefüge wie einem Text zugrunde liegt. Dieser Sinnzusammenhang zeichnet aber auch andere komplexe Gefüge aus, z.B. Unternehmen. Auch in einem Betrieb wird die Herstellung eines Sinnzusammenhangs, die Einbindung in einen Unternehmenskontext als Kohärenz bezeichnet. Der Mitarbeiter erfährt sie als sinnstiftend an seinem Arbeitsplatz. Im Gegensatz zur Kohärenz bringt die

Inkohärenz die Differenzen und Abweichungen zum Ausdruck, die vom Mitarbeiter als widersprüchlich und unlogisch erfahren werden und damit zu seiner inneren Distanzierung führen.

Das Management muss dafür sorgen, dass „alle Einzelheiten eines Unternehmens auf ein gemeinsames Bezugssystem abgebildet werden können". Wenn dies nicht gelingt, hat es zwangsläufig negative wirtschaftliche und organisatorische Folgen. Ein intaktes kohärentes Referenzsystem dagegen sorgt in einem Betrieb für Transparenz und bewirkt, dass die eigene Tätigkeit als sinnvolle Einbettung in den Gesamtkontext erfahren wird. Dazu müssen die Vertreter der jeweiligen Führungsebenen und die jeweiligen Teamleiter mit ihren Mitarbeitern ausreichend über das Konzept ihrer Arbeit sprechen. Letztendlich soll jedem sonnenklar werden, was genau das Team, die Abteilung oder das Unternehmen erfolgreich macht. Wenn es der Führungskraft gelungen ist, ein Konzept aufzubauen, das alle als denselben Referenzrahmen benutzen, mit dessen Hilfe überprüft werden kann, ob die aktuelle Tätigkeit sinnvoll und zielführend innerhalb dieses Systems ist, dann befindet sich die Abteilung auf dem Erfolgsweg. Denn letztlich wird dabei geprüft, ob die jeweilige Tätigkeit dazu geeignet ist, die Unternehmensziele zu erreichen oder nicht. Das setzt natürlich die genaue Kenntnis der Ziele für das laufende Geschäftsjahr voraus. Das Konzept eines Einzelteams muss sich dabei logischerweise immer in die Konzeptstruktur der übergeordneten Abteilung einfügen, die sich wiederum in der nächsthöheren Stufe wiederfindet, bis sie schließlich – ohne Brüche oder gravierende Widersprüche – in die oberste Führungsebene zurückfließt, mit deren Konzept sie sich im Wesen schlussendlich deckt. Visionen sind hervorragend geeignet, bei einer solchen komplexen Aufgabe den Referenzrahmen sichtbar und griffig zu machen, denn sie sind von Natur aus sinn- bzw. kohärenzstiftend. Und damit schließen wir den Exkurs für Philosophie-Liebhaber.

Die Vision dient als Leitfaden für künftige strategische Entscheidungen, wie z.B. die Expansion eines Unternehmens, und hilft allen Mitarbeitern, strategisch oder unternehmerisch zu denken und Geschäftsentscheidungen besser verstehen zu können. Als Prüfkriterium gibt sie Aufschluss auf die Frage, was für einen Beitrag ein einzelner Auftrag oder ein einzelnes Geschäft für die Realisierung der Geschäftsziele leistet. Dadurch wird deren Bedeutung für den Gesamtkontext des Unternehmens sichtbar. Und „last but not least" erzeugt die Vision Teamgeist und Enthusiasmus, die zum Erreichen eines gemeinsamen Ziels wichtige Antriebsmotoren darstellen. Damit kann die Vision nachhaltigen Erfolg und erfolgreiche Integration schaffen.

Nach Entwicklung der Vision wird ein Konzept erarbeitet, wie diese Vision an alle Mitarbeiter weitergegeben wird. Erst dann beginnt ihre Umsetzung im Unternehmen.

Dass Visionen keine von Träumern oder Spinnern erdachten Phantasien sind, sondern den nachhaltigen Erfolg eines Geschäftes schaffen und sichern können, zeigt das Beispiel von Xerox. In den 60er Jahren des letzten Jahrhunderts erlebte Xerox, der Liebling der Wallstreet, einen rasanten Aufstieg. Mit seinen hochpreisigen Hochleistungskopierern erntete es die Früchte eines hart erkämpften Monopols auf einem explodierenden Markt. Im Jahr 1964 tätigte Xerox mehr Einstellungen, als es zum Jahresbeginn an Mitarbeitern gezählt hatte. In den 70er Jahren aber dominierten Verschwendung und Orientierungslosigkeit das Unternehmen. Es verstrickte sich in Nebenkriegsschauplätze, verspielte Produktchancen in Milliardenhöhe, vernachlässigte Forschung und Entwicklung und verlor schließlich die Kontrolle über die Prozesse. Auf japanische Herausforderungen reagierte man mit Arroganz, anstatt die Bedrohung durch die Konkurrenz zu erkennen. Schließlich fand Canon einen Weg, die Firma wirkungsvoll anzugreifen, indem es mit kleinen Tischkopierern in den Markt eindrang. Bei Xerox kümmerte man sich nicht um das „kleine Gelumpszeug". Tatsächlich aber verfolgte Canon eine Strategie, die den Konkurrenten Xerox langfristig in seiner Existenz bedrohen sollte. Canon fing bei kleinen und einfachen Geräten an und arbeitete sich dann nach oben. Es hatte die Lücken erkannt und griff über die einfache Technologie die komplizierte Technologie des Branchenbesten an. Am Ende verzeichnete Xerox Milliardenverluste. Als die Geschäftsführung endlich begriff, dass sich das Unternehmen am Abgrund befand, führte man zunächst ein Benchmarking durch, um den Handlungsbedarf aufzudecken. Schließlich half die Entwicklung einer Vision Xerox dabei, in den 80er Jahren wieder erfolgreich zu werden. Sie lautete: „Xerox, The Document Company, ist der Marktführer bei der Dokumentenverarbeitung, weil unsere Lösungen die Produktivität unserer Kunden erhöhen."

Leos Sonderwunsch

Mit Leo eine Vision zu erarbeiten, hätte sich fast erübrigt. Leo ist von Kindesbeinen an von dem Wunsch beseelt, eines Tages die Bäckerei Hegmann-Büttner zu übernehmen um die Backstube und das Geschäft in eigener Regie zu führen. Diese Vision hat sich früh in ihm herausgebildet und ihn nie mehr verlassen. Sie hat ihn motiviert, zu Höchstleistung angetrieben und auch durch schwere Zeiten getragen. Bei vielen Führungskräften, vor allem bei angestellten Geschäftsführern, muss ich diese Motivation gewöhnlich erst aufbauen.

In Leos Fall erarbeitete ich die Vision nicht für das Geschäft, sondern für die Zielrichtung, die die Juniorchefs Leo und Sandra für ihr zukünftiges Leben suchten. Es kommt gelegentlich vor, dass mich Freunde, Bekannte oder Kollegen um Rat fragen, wenn sie in ihrem Leben an einen Scheideweg gelangen, an deren Gabelung sie sich schweren Herzens für den einen oder den anderen Weg entscheiden müssen. Es sind die Momente im Leben, an denen wichtige Weichen gestellt werden. Im Tennis nennt man es die „Big Points", die wichtigen Punkte, die letztendlich über Spielgewinn oder Spielverlust und somit das gesamte Match entscheiden. Um herauszufinden, welche Entscheidung die richtige ist, gibt es eine Methode, die auf Stephen R. Covey zurückgeht, und die in zwei Varianten angewandt werden kann. Eines Tages klopfte eine Kollegin an meine Bürotür. Sie hatte sich seit Tagen das Hirn zermartert und trotzdem keine eindeutige Antwort auf ihre brennende Frage gefunden. Sie musste sich entscheiden, ob sie Dozentin an der Fachhochschule oder Geschäftsführerin einer Unternehmensberatung werden sollte. Sie fragte mich: „Bodo, was soll ich denn machen?" Ich antwortete ihr: „Das sage ich dir nicht, das musst du selbst entscheiden. Ich sage dir nur soviel: Stell dir vor, du bist jetzt 70 und in Rente. Du schaust auf dein Leben zurück. Was willst du dann über dein Berufsleben sagen können und was über deine Familie, falls du eine haben willst? Ich weiß es ja nicht. Überdenke das einmal gründlich. Aber nicht jetzt und nicht hier. Überdenke es in Ruhe zu Hause. Du wirst sicher eine schlaflose Nacht haben. Morgen kommst du wieder und erzählst mir, zu welchem Ergebnis du gekommen bist." Am nächsten Tag kam sie übernächtigt, aber freudestrahlend in mein Büro: „Jetzt weiß ich es. Ich übernehme die Geschäftsführung der Unternehmensberatung."

Das ist die Variante für die Zartbesaiteten. Es gibt auch eine Variante für Hartgesottene. Die schicke ich nicht in die Perspektive des Ruhestandes, um auf ihr Leben zurückzublicken, sondern in die Perspektive der eigenen Beerdigung. Sie sollen sich drei Personen vorstellen, die eine Grabrede halten, in der sie auf das Leben des Verstorbenen zurückblicken. Der springende Punkt dabei ist, dass alle – im Gegensatz zur gewohnten Realität – ohne Zurückhaltung aus Pietätgründen schonungslos die Wahrheit sagen.

Übrigens spricht nichts dagegen, diese Methode öfter anzuwenden. Schließlich ergeben sich in Ihrer persönlichen Situation und der Ihres Geschäfts immer wieder neue Perspektiven. Wenn das wieder einmal der Fall ist, kann es durchaus nützlich sein, den Blick in die Zukunft zu richten und auf Ihr Leben zurückzublicken, indem Sie sich Ihre Grabreden anhören.

An einem nebligen Herbstmorgen saß ich mit Leo zusammen, um die Gestaltung des nächsten Workshops zu besprechen. Und wie in der Zusammenarbeit zwischen Klient und Berater üblich, berichtete Leo zuerst über die Ereignisse im Geschäft. Dabei erzählte er betrübt, dass seine Eltern beim Steuerberater gewesen und mit der Botschaft nach Hause gekommen waren: „Die Geschäftsübergabe ist erst in fünf Jahren. Das ist günstiger." Nachdem wir die Übergabe auf die nahe Zukunft datiert hatten, war dies ein schwerer Schlag für Leo. Er war verunsichert und überlegte, ob er nicht lieber Berufsschullehrer oder Hygieneprüfer im Gewerbeaufsichtsamt werden sollte. Andererseits wollte er nichts überstürzen. Besonders wichtig schien ihm die Gewissheit, dass Sandra zu ihm und seinen Entscheidungen stünde. Die potenzielle Unsicherheit der Selbständigkeit und die volle Verantwortung für ein Geschäft können sehr belastend sein. Leo befürchtete, dass er diesen Stress ohne den uneingeschränkten Beistand seiner Frau gesundheitlich nicht durchstehen würde. Auf meine Frage, ob er denn mit Sandra noch nicht darüber gesprochen habe, erwiderte er folgerichtig: „Im üblichen Geschäfts- und Familienalltag ergibt sich nie eine passende Gelegenheit, so wichtige Inhalte in Ruhe zu besprechen. Kannst du so etwas nicht mit uns machen?" In meinem Kopf überschlugen sich die Gedanken: „Das gehört doch gar nicht zum Projekt ... für mein Buch brauche ich das nicht ... Leo muss enormes Vertrauen zu mir haben, das darf ich nicht enttäuschen. Er braucht Hilfe." Schließlich fragte ich ihn: „Wie soll ich das als gelernter Maschinenbauer denn machen? Da brauchst du einen Psychologen und keinen schlechten." Aber Leo erwiderte ganz trocken: „Das kannst du schon. Wann machen wir es denn?"

Also luden meine Frau, die alle meine Sondertouren mitmacht, und ich das Ehepaar Büttner junior zum Kaffee ein. Natürlich ließ Leo es sich nicht nehmen, als Konditor den Kuchen mitzubringen. In diesem Punkt wollte Ingrid mit ihm nicht konkurrieren und sich nicht blamieren. Nach den üblichen Fragen, wie es den Kindern ginge, brauchten wir noch ein bisschen Gesprächsstoff, bevor wir zum eigentlichen Kern der Zusammenkunft kamen. Deshalb erzählte ich von einer Veranstaltung, zu der ich kürzlich mit meiner Musikgruppe, in der ich zur Entspannung und zum Spaß spiele, eingeladen worden war. Irene spielt die erste Geige, ihr Mann Walter den Kontrabass, Anita oder Uschi spielen zweite Geige, Klarinetten-Walter brilliert in der dritten Stimme und ich fungiere mit meiner Gitarre als Rhythmusgruppe. Bayerische Volkstänze, auf keinen Fall volkstümliche Musik, sind unsere Favoriten. In München wollte nun Bürgermeisterin Dr. Gertraud Burkert 500 ehrenamtliche Betreuer für altersbedingt Entmündigte ehren. Ohne Musik geht das nicht. So baten uns die Veranstalter, die musikalische Untermalung zu übernehmen. Das Fest fand im alten Rathaussaal, einem der schönsten Säle in ganz München statt, und als Redner war der Kabarettist Dieter Hildebrand angekündigt. Die Gelegenheit, mit ihm zusammen auf einer Bühne zu stehen, wollten wir auf keinen Fall vorbeiziehen lassen. Deswegen sagten wir hocherfreut zu. Wahrscheinlich interessiert Sie das aber nicht besonders, also komme ich jetzt notgedrungen zur Sache.

Als Gastredner war Dr. med. Jörg Loose, Oberarzt für Geronto-Psychiatrie am Bezirkskrankenhaus Haar, angekündigt, der einen Vortrag über das Älterwerden halten sollte. Er trat in auffallend legerer Kleidung an das Rednerpult und entschuldigte sich als erstes, dass er weder situationsgerecht gekleidet noch beim Friseur gewesen war. Das alles hatte er freilich vorgehabt. Auch auf den Vortrag hatte er sich eigentlich vorbereiten wollen und dazu am Abend zuvor extra zwei Stunden eingeplant. Aber erst hatte die ältere Tochter Probleme mit der Lateinhausaufgabe angemeldet und dann war auch noch die jüngere mit dem Mathematikheft dahergekommen. Als Vater will man seinen Kindern ja beweisen, dass Papa der Beste ist und alles kann. So waren die reservierten Stunden dahingeflossen, ohne dass der Inhalt der Rede auch nur gestreift worden wäre. Danach hatte Dr. Loose keine Lust mehr gehabt und es für wertvoller gehalten, mit seiner Frau noch ein Glas Rotwein zu trinken. Deswegen trat er nun also angeblich völlig unvorbereitet vor sein Publikum. Als Ersatz für einen ausgefeilten Vortrag hatte er ein kleines Kästchen mitgebracht, eine Zeitmaschine. Er bat alle Anwesenden darüber nachzudenken, zu wie vielen Menschen sie heute Kontakt gehabt hätten. Zum Zählen dürften sie ruhig die Finger zu Hilfe nehmen. Er selbst berichtete:

„Heute morgen habe ich mit meiner Familie gefrühstückt. Das sind meine Frau und die beiden Töchter, also drei. Dann bin ich ins Krankenhaus gefahren. Dort hatte ich eine Besprechung mit 8 Kollegen. Die Patienten bescherten mir danach noch 20 Kontakte. Die 500 Personen hier im Saal sind eine Ausnahme. Die zähle ich nicht mit. Also heute hatte ich ca. 30 Kontakte mit meinen Mitmenschen. Wie ist das bei Ihnen?"

Dann drückte er auf den Knopf der Zeitmaschine und erklärte: „Jetzt sind 10 Jahre vergangen. Wie alt sind Sie jetzt? Ich bin nun 45 Jahre und Chefarzt der Psychiatrie. Vor vier Jahren hat mir meine Sekretärin, die 20 Jahre jünger ist als ich, so gut gefallen, dass wir zusammengezogen sind. Meiner Frau hat das gar nicht behagt. Sie hat sich scheiden lassen. Meine Töchter sind stinksauer auf ihren Vater und wollen nichts mehr von mir wissen. Was haben Sie in den letzten 10 Jahren erlebt? Wie viele Kontakte haben Sie jetzt jeden Tag? Ich als Chefarzt und Dozent an der Hochschule habe es täglich bestimmt mit 50 verschiedenen Menschen zu tun. Aber drücken wir doch noch einmal auf den Knopf."

„Ich bin jetzt 55. Wie alt sind Sie heute? Meine Karriere hat sich in den letzten 10 Jahren fortgesetzt. Als medizinischer Direktor des Bezirkskrankenhauses bin ich ein geachteter Mann mit gutem Einkommen. Meine Villa in Berg am Starnberger See ist Mittelpunkt gesellschaftlicher Ereignisse. Den zugegebenermaßen spärlichen Urlaub verbringe ich meist in meinem Haus auf Mallorca. Schau ich auf meine Hände, stelle ich fest, dass 10 Finger zum Zählen der täglichen Kontakte bei weitem nicht ausreichen. Um bei Direktor Doktor Loose einen Termin zu bekommen, muss man bei der Chefsekretärin schon klingende Namen und wichtige Anliegen vorbringen. Andererseits meine ich, dass ich genug gearbeitet habe in meinem Leben. Deshalb ist der Vertrag für die Altersteilzeit schon unterschrieben. In zweieinhalb Jahren ist Schluss. Dann mache ich nur noch, was mir Spaß macht. Also drücken wir ganz schnell auf die Zeitmaschine."

„Ich bin jetzt 65 Jahre alt und in Rente. Wo stehen Sie? Also, ich muss schon sagen, die Stadt München hat sich nicht lumpen lassen und mir einen ehrenvollen Abschied bereitet. Nur das übliche Abschiedsgeschenk ist mir doch ein bisschen komisch vorgekommen, ein Zinnteller mit der Gravur „Herrn Direktor Dr. Jörg Loose für besondere Verdienste um die Stadt München". Der ist in meinen Gesellschaftskreisen kaum präsentabel. Ich habe ihn in meinem Haus in Mallorca aufgehängt, ein bisschen versteckt, zugegeben, im Gästeklo. Meine Freundin hat kurz nach meiner Pensionierung gemeint, sie wolle noch eine richtige Familie und hat sich von mir getrennt. Das schmerzt schon. Durch einen Autounfall ist meine Exfrau vor einigen Jahren umgekommen. Dennoch wollen meine Töchter immer noch nichts von mir wissen, die Enkel auch nicht. Es ist ruhiger geworden von den Kontakten her. Aber in Berg werde ich von den Nachbarn immer noch mit Hochachtung gegrüßt und auf Mallorca habe ich einen umfangreichen Bekanntenkreis. Die Parties machen aber irgendwie nicht mehr so viel Spaß. Die Frauen sind alle schon so alt. Den Zinnteller habe ich in Berg in die Diele gehängt. Schließlich bin ich immer noch der Direktor, wenn auch a. D. Genug der Wehmut. Wie alt sind Sie jetzt? Wie viele Kontakte haben Sie noch? Was sagen Sie? Mit 98 Jahren leben Sie nicht mehr? Na ja. Ich drück´ trotzdem noch einmal auf das Knöpfchen."

„Das war wohl ein bisschen zu heftig. Jetzt sind 15 Jahre vorbei und ich bin 80. Die Gesundheit ist nicht mehr so toll. Besonders die Beine machen Probleme. Inzwischen habe ich das Haus auf Mallorca verkauft. So alleine macht das dort keinen Spaß. Das Haus in Berg hat übrigens auch neue Besitzer. Ich habe mich im besten Seniorenheim in München eingekauft. Da kenne ich mich aus, noch von meinem Beruf her. Als Direktor ist man sich das schuldig. Der Teller hängt jetzt an einem Ehrenplatz mitten im Wohnzimmer, umrahmt von all meinen Diplomen. An der Tür hängt ein schönes Messingschild: Direktor Dr. Jörg Loose. Manchmal poliere ich es. Aber das Pflegepersonal scheint nicht besonders beeindruckt. Töchter und Enkel melden sich auch nicht. Aber, Sie, das muss ich erzählen. Vor ein paar Wochen kam eine junge Frau zu mir. Nicht sehr gepflegt. Sie hat sich als Sozialarbeiterin vorgestellt und mich zum Senioren-Mittagstisch eingeladen. Der ist jeden Mittwoch. Und wenn ich wollte, könnte sie mich zweimal in der Woche besuchen, zum Plaudern oder so. Ja, bin ich denn ein Sozialfall, oder was? Als ich sie rauswarf, hat sie ihre Karte dagelassen. Nach drei Wochen habe ich bei ihr angerufen. Es ist schon schön, wenn man außer dem Putz- und Pflegepersonal mal ein anderes Gesicht sieht. Jemanden, der sich ein bisschen Zeit nimmt."

Hier unterbrach mich Sandra, leicht aufgeregt: „Da muss man ja heute schon aufpassen, was man macht, damit es einem später nicht dreckig geht." Damit waren wir mitten im Thema, das unter dem Motto stand: „Was du auch tust, beginne es klug und bedenke das Ende." Ich ging also mit Leo und Sandra in den sonnigen Raum neben unserer Terrasse und gab ihnen einen Block und einen Stift. Dann setzte ich sie an getrennte Seiten des Tisches, so dass keiner sehen konnte, was der andere schrieb. Schließlich schilderte ich diese Szene:

„Es ist ein wunderschöner Nachmittag im Frühherbst. Die Sonne scheint und das Laub ist bunt verfärbt. Ihr seid in einem schönen Park und eine Menge Leute sind da. Aber warum sind sie schwarz gekleidet? Der Blickwinkel ist auch seltsam – von unten nach oben. Oh – ihr seid gestorben und liegt im Sarg. Das ist eure Beerdigung. Überlegt euch bitte, wer bei eurer Beerdigung teilnehmen soll. Drei Personen dürfen an eurem Grab sprechen. Wer soll das sein? Sie lügen ausnahmsweise einmal nicht bei der Beschreibung des Dahingeschiedenen. Sie sagen die Wahrheit. Was sollen sie über dich sagen?

Bitte überlegt euch das. Schreibt es auf. Lasst euch Zeit. Faltet danach das Blatt zusammen. Hebt es gut auf, versteckt es oder verbrennt es. Ihr sollt es weder mir noch eurem Ehepartner zeigen. Ich gehe jetzt hinauf. Gebt mir bitte Bescheid, wenn ihr fertig seid."

Als Leo mich nach einer Stunde holte, vollführte ich mit den beiden den „visionären Rösselsprung". Wir gingen nach dem weiten Sprung in die ferne Zukunft in die etwas näher gelegene Zukunft zurück. Ich fragte die beiden: „Wie soll euer Leben in fünf Jahren aussehen?" Damit die Schilderung nicht zu chaotisch geriet, sollten sie zuerst zusammenstellen, was ihnen im Leben besonders wichtig scheint. Zur Orientierungshilfe gab ich ihnen anhand von zwei Folien einen Ordnungsrahmen vor, der die Personen und Faktoren aufzeigt, die in unserem Leben wichtige Dimensionen einnehmen (Bilder 53 und 54).

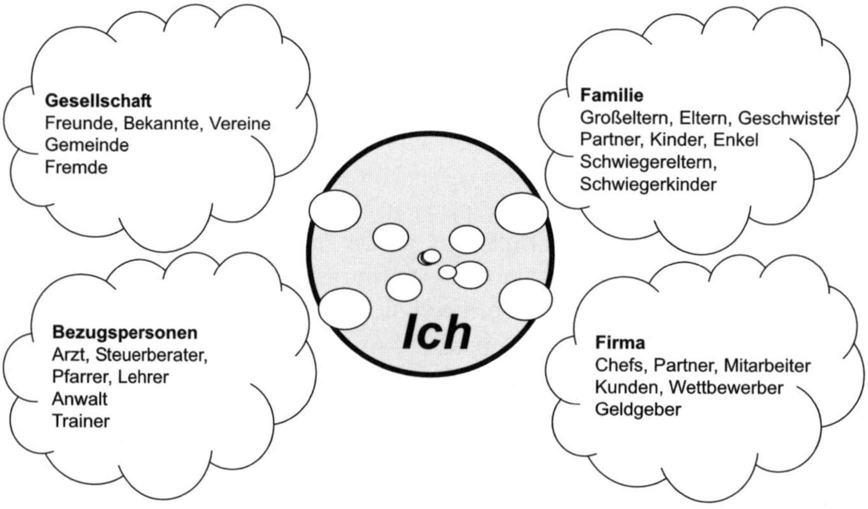

Bild 53 Die Personen in unserem persönlichen Umfeld

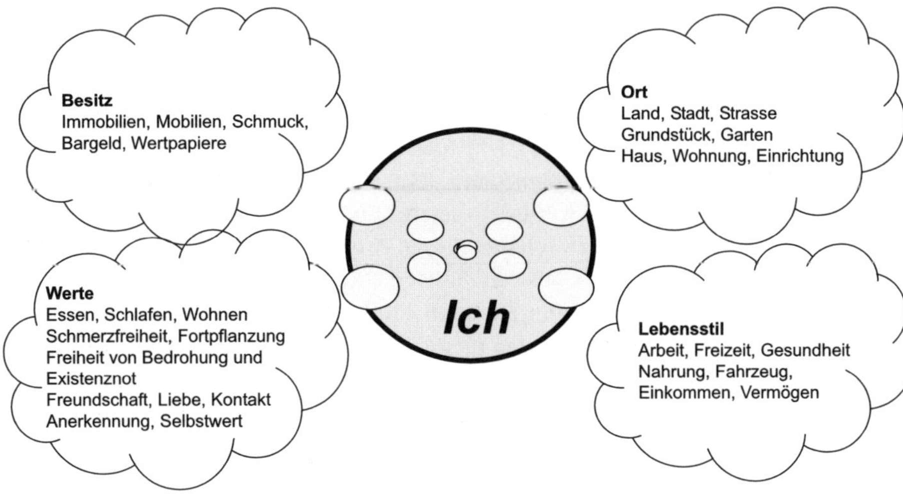

Bild 54 Was uns im Leben wichtig ist

In dieser Struktur schilderten beide abwechselnd ihre Situation und hatten dabei überraschend viele übereinstimmende Vorstellungen. Beiden waren die Kinder die wichtigsten Bezugspersonen. Die Schilderung der Wohnung war nahezu deckungsgleich. Beruf und Rollen harmonierten. Alles in allem ergab sich ein sehr einheitliches Bild.

Schließlich stellte ich die letzte Frage. „Was müsst ihr unbedingt unternehmen, damit in fünf Jahren alles so verläuft, wie ihr euch das wünscht, und vor allem auch eure Beerdigung später so ausfällt, wie ihr es euch heute ausgemalt habt?" Im Ergebnis kam die Überlegung heraus, wie Leo es erreichen kann, das Geschäft zu übernehmen. Wichtig ist, dass die Eltern ihnen zutrauen, das Geschäft erfolgreich weiterzuführen. Dazu kann besonders Sandra beitragen, indem sie Maria in Teilen ihrer Arbeit entlastet. Gerade die Buchhaltung ist ein Bereich, den sie gut und erfolgreich übernehmen kann. Sie wird Maria bitten, ihr die Buchhaltung zu übertragen. Mit dieser Bitte verbunden ist der Wunsch, ihr zu zeigen, wie sie bisher gemacht wurde, und die Arbeit in der ersten Zeit zu kontrollieren.

Nach diesem „Grufti"-Nachmittag gingen beide, zuversichtlich wegen der großen Übereinstimmungen, nach Hause. Und ich war überzeugt, dass ein Maschinenbauer auch mit menschlichen Getrieben zurechtkommen kann.

Visionen und ihre Folgen – auf die Ernüchterung folgt hoffentlich die Offenbarung

Berater brauchen in ihrem Berufsalltag ein dickes Fell. Wenn sie die Beratungsarbeit beginnen, werden sie von ihren Klienten immer erst misstrauisch betrachtet. Wenn das Vertrauen dann einmal gewonnen ist, ist aber erst der erste Meilenstein erreicht. Die mühsame Arbeit geht weiter, denn der Klient muss auf dem langen Weg stets motiviert werden, die Ergebnisse der Beratung anzunehmen und in Handlungen umzusetzen. Die

Vision ist ein sehr geeignetes Mittel, den Klienten nachhaltig zu motivieren. Gelingt es diesem dann noch, die Vision erfolgreich an die Mitarbeiter weiterzugeben, erntet auch die Führungskraft die Früchte ihrer Anstrengungen. Wenn die Mannschaft von der Sehnsucht nach dem großen weiten Meer ergriffen wird, die die Vision aufbaut, muss weniger Druck ausgeübt und weniger kontrolliert werden, weil jeder an dem großen Schiff mitbauen will und seinen Anteil klarer sieht, den er dabei leisten kann und muss. Manchmal treibt es Mitarbeiter von der inneren Kündigung zum begeisterten Aktivismus, weil sie endlich Gelegenheit erhalten, ihren Arbeitsanteil selbstverantwortlich zu gestalten. Aus Saulus wird Paulus, aus verfeindeten Gruppen werden plötzlich Kollegen. Insgesamt wird mit Hilfe der Vision auch ein Klima erzeugt, in dem alle Beteiligten Lösungen suchen, anstatt Begründungen für die Nicht-Machbarkeit. Der deutsche Intellekt ist ja ein sehr negierender. Je gescheiter jemand ist, desto destruktiver gebärdet er sich manchmal. Man beweist seine Intelligenz, indem man nachweist, warum etwas nicht geht. Durch die Vision wird der negierende Intellekt in einen konstruktiven Intellekt umgeleitet. Dadurch werden gewaltige Energieströme freigesetzt und gebündelt in eine gemeinsame Richtung gelenkt. „Wer immer nur überlegt, warum etwas nicht gehen kann, der soll für den Platz machen, der es wenigstens versucht," sagt mein ehemaliger Chef Masaaki Imai vom Kaizen-Institut. Die Vision regelt das Problem in vielen Fällen von alleine, indem sie jedem einzelnen dabei hilft, seine Rolle in dem Gesamtspiel des Unternehmens zu begreifen. Jeder kennt jetzt das große Gesamtbild – in der Beratersprache „Big Picture" genannt – und weiß, was er beitragen muss, damit das Geschäft erfolgreich ist und es auch bleibt.

Visionen sind sowohl für den Berater als auch für den Klienten die „Oberschmankerl" in der Beratungsarbeit. Am Anfang entsteht meistens ein regelrechter Euphorie-Schub im Betrieb. Später, wenn alles in mühsamen Einzelschritten umgesetzt werden muss, tut es den Betroffenen manchmal nahezu Leid, zu welchen hohen Zielen und Ansprüchen sie sich haben hinreißen lassen. Diese Phase geht aber vorüber und am Ende lockt der Erfolg der Unternehmung. Wenn dagegen schlechte Ziele definiert wurden oder das Geschäft an sich nichts taugt, muss eine neue Zielgerade gefunden werden. Auch die Ernüchterung kann helfen, einen neuen Durchbruch zu schaffen. Sie kennen den „einstürzenden Turm" aus dem Tarot, dem Kartenspiel, das für Wahrsagekünste verwandt wird? Tarot kann als symbolische Veranschaulichung des Universums verstanden werden. Der „einstürzende Turm" steht für den entscheidenden Durchbruch, den Umbruch oder den Ausbruch aus zu engen Verhältnissen oder falschen, verkrusteten Vorstellungen oder Verhaltensweisen.

Nun, meine Frau ist auf Visionen derzeit nicht so gut zu sprechen. Als Berater, der in- und auswendig weiß, wie man sie entwickelt, mache ich mir diese Methode natürlich auch im Privatleben zunutze. Als wir in unserem Heim Umbaumaßnahmen planten, sah ich sofort das vielversprechende Endergebnis vor meinem geistigen Auge. Natürlich war mir auch klar, dass der Weg zu diesem Ziel – wie immer im Leben und im Beruf – mit Steinen gepflastert ist. Diese aus dem Weg zu räumen, ist in manchen Phasen mit enormen Unannehmlichkeiten verbunden. Ich weiß ja nicht, wie Ihre Frau es fände, wenn Sie in Ihrem Zuhause mit Ihrem Sohn, Ihrer Tochter und einem Tross gut gelaunter junger Leute von oben bis unten Wände abklopfen, Decken herunter- und Türstöcke herausreißen würden. Ganz zu schweigen von den Fußböden, die herausgebrochen werden müssen, um die alten elektrischen Leitungen und Wasserrohre zu entfernen. All das geschieht unter dem Kommando meines Sohnes, der als Bauingenieur für diese Rolle geradezu prädestiniert ist. Gerade die jungen Frauen schlagen mit Begeisterung und schweren Hilti-Hämmern den Putz von den Wänden, dass es eine wahre Freude ist. Man könnte fast meinen, sie betrachten das Umbau-Projekt als gebührenfreies Training im Fitness-Studio. Getreu dem Motto „wo eine neue Welt erstehen soll, muss die alte Welt eingerissen werden", ist meine Vision längst auf die Truppe übergesprungen. Sie sehen das weite Meer und wollen das Schiff bauen, mitten in unserem Wohnzimmer. Ingrid aber hasst mittlerweile abgrundtief den Staub, und zwar in jeder beliebigen Erscheinungsform. Denn Staub gibt es bei unserem „Schiffsbau" wie Sand am Meer. Ich kann auch nicht gerade behaupten, Staub zu lieben. Aber ich sehe in erster Linie den fertigen Zustand, der nach dem Umbau auf uns wartet. „Typisch Mann," höre ich die eine oder andere Leserin kopfschüttelnd murmeln, „der wischt ja auch nicht Staub und wäscht auch nicht die eingestaubte Wäsche."

Visionen sind wundervoll, wenn sie die Wirklichkeit erst einmal erreicht haben. Der Weg zu ihnen hin erfordert allerdings höchste Einsatzbereitschaft und größtes Durchhaltevermögen. Aber das Ende ist verheißungsvoll und verspricht Glück und Erfolg. Und eines ist gewiss. Am Ende werden wir nicht dastehen und sagen müssen: „Mei, so ist es halt geworden."

Schiffe sind im Hafen sicher. Dafür wurden sie aber nicht gebaut. Ich sehe schon, wie Ingrid und ich in staubfreier Umgebung an erholsamen Sonntagnachmittagen auf dem Wohnzimmersofa durch unsere wohlverdiente Freizeit segeln, während sich draußen eine frische Brise erhebt, die von der Terrasse den Duft von blauem Flieder und Pfingstrosen hereinweht – denn in meiner Vision herrscht ewiger Frühling und grenzenlose Aufbruchsstimmung.

Das Geschäftsprozessmodell – der hohe Rang der Ordnung

„Zeige mir dein Prozessmodell und ich weiß, wie dein Geschäft funktioniert!" Das klingt simpel, doch genauso ist die Realität. Viele Führungskräfte haben kein Systembild von ihrem Geschäft. Sie sehen die einzelnen Elemente und Funktionen, aber nicht ihre Zusammenhänge. Damit befinden sie sich in einer ähnlichen Situation wie ein Kind vor einem Puzzle: Vor ihm liegen viele ungeordnete Teile, aber das Gesamtbild ist nicht zu erkennen. Um sich einen Überblick über das eigene Unternehmen zu verschaffen, müssen zuerst die Prozesse im Geschäft identifiziert werden, damit man im nächsten Schritt herausfinden kann, wie sie miteinander verknüpft sind. Mit dem Prozessmodell lässt sich jedes Geschäft lückenlos in einer groben, aber vollständigen Gesamtübersicht abbilden. Das Einzige, was man dazu benötigt, ist Geduld – dieselbe Geduld, die man braucht, wenn man aus den vielen Einzelteilen eines Puzzles das richtige Bild zusammensetzen will.

Geschäfte leiten ihre Existenzberechtigung ausschließlich von ihrem wirtschaftlichen Erfolg ab, denn ohne ihn kann kein Betrieb lange in der freien Marktwirtschaft überleben. Was aber macht ein Geschäft erfolgreicher als die Konkurrenz? Im Wesentlichen sind es zwei Säulen, die ein Unternehmen tragen:

1. Es muss die Kundenanforderungen besser erfüllen als der Wettbewerb, damit die Kunden hier kaufen und nicht woanders.
2. Seine Prozesse müssen effektiver und effizienter gestaltet sein als diejenigen der Konkurrenz, damit die Kosten niedriger sind und das Ergebnis besser ist.

Das Prozessmodell, auch Prozesshaus genannt, ist zunächst die Leitwarte für das Geschäft. Es zeigt in der Scorecard die geplanten Jahresziele. Zum Erreichen der Ziele dienen die Prozesse. Kennzahlen der Prozesse verdeutlichen dem Geschäftsführer, wo die Reise hingeht. An diesen Daten sieht er jederzeit, wie gut die Ziele erreicht werden. Solche Prozesskennzahlen sind also Frühindikatoren oder Steuergrößen für das Geschäftsgeschehen, mit deren Hilfe die oberste Führungsebene das „Schiff" steuern kann. Weiterhin spielt das Prozessmodell für die „Pädagogik" der Geschäftsführung eine wichtige Rolle, denn letztendlich dient es dazu, Verantwortungsbereiche festzulegen, Rollen zu definieren, Verantwortungen zu übertragen und Zielvereinbarungen mit den Mitarbeitern zu treffen. Jedes einzelne Element des Geschäftes muss von einer Person abgedeckt, getragen und verantwortet werden, wobei Überschneidungen der Verantwortungsbereiche strikt zu vermeiden sind. Sonst glaubt jeder, der andere werde es schon machen. Letztlich soll geklärt werden, welchen Platz jeder einzelne innerhalb des

Betriebes einnimmt und welchen Beitrag er leisten muss, damit das Geschäft läuft. Vereinfacht ausgedrückt, liefert das Prozessmodell am Ende den Rahmen zur Beantwortung der drei W-Fragen: *W*er macht *w*as *w*ozu?

Um Verantwortlichkeiten festzulegen und die Beiträge der Verantwortungsbereiche zu den Geschäftszielen zu definieren, müssen zunächst die Kernprozesse bestimmt werden.

Bestimmen der Kernprozesse

Geschäft ist Geschäft: Ob Sie nun große Elektromotoren bauen, Brötchen backen oder Hühner züchten – die Prozessmodelle sehen in jedem Betrieb ähnlich aus, nur ihre Wertschöpfungsketten unterscheiden sich. Daher ist das Modell als solches für jedes Geschäft tauglich. Leider kümmern sich die meisten Führungskräfte in der Praxis ausschließlich um die Wertschöpfungskette des Unternehmens und vernachlässigen damit den Führungs-, Geschäfts-, Verwaltungs- und Personalprozess. Bildlich gesprochen, denken sie nur vom Mehl bis zum verkauften Brot. Das Prozessmodell hilft dabei, alle Elemente des Geschäfts sichtbar zu machen und ihr Zusammenspiel ins Bewusstsein zu rücken.

Zur Erfassung der Kernprozesse dient wieder einmal das EFQM-Modell als Schablone und exemplarisches Vorbild. Da es aufgrund seiner Komplexität aber alle überfordert, die sich nicht gründlich in das System eingearbeitet haben, bevorzuge ich als Arbeitsgrundlage das Consultant-Guided Business Assessment (CBA), das ich als eigenen Beratungsansatz für solche Zwecke entwickelt habe. Mit Hilfe des CBA-Fragenkatalogs, der auf dem EFQM-Modell basiert, wird in Zusammenarbeit mit den Geschäftsführern im Rahmen der Situationsanalyse ein Quickscan des Unternehmens erstellt, der die Geschäftsergebnisse und Geschäftsprozesse schnell „einliest" und übersichtlich abbildet. Während das EFQM-Modell als Self-Assessment, also als Selbstbewertung konzipiert ist, handelt es sich bei dem CBA-Konzept um ein von einem Berater geleitetes Verfah-

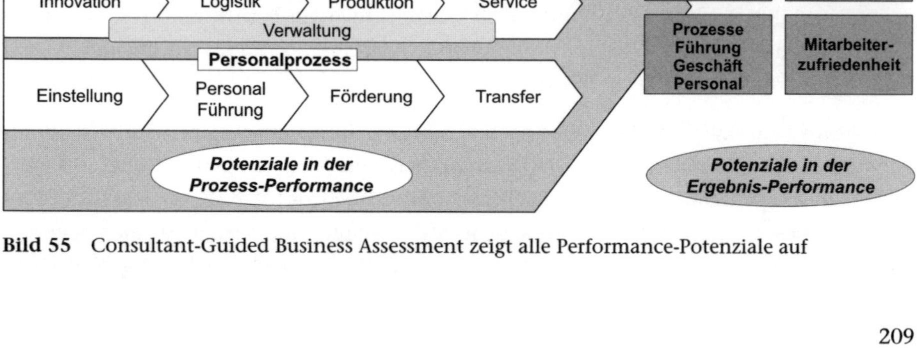

Bild 55 Consultant-Guided Business Assessment zeigt alle Performance-Potenziale auf

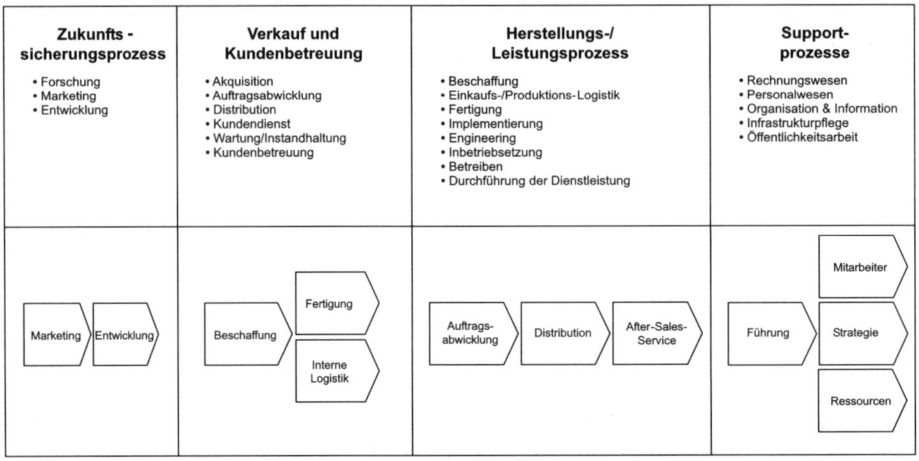

Bild 56 Die Prozessmatrix zeigt die spezifischen Geschäftsprozesse im Produktgeschäft

ren, das dem Klienten den Einstieg erheblich erleichtert. Es zeigt und gewichtet alle Potenziale, die in einem Geschäftssystem ruhen (Bild 55).

Die Güte und Effizienz der Führungs-, Geschäfts- und Personalprozesse entscheiden letztendlich über den Erfolg eines Unternehmens. Denn Prozesse stehen im EFQM-Modell auf der Seite der *Befähiger*; sie bilden alle Voraussetzungen für die *Ergebnisse*. Sie beeinflussen die Marktposition und Wettbewerbsstellung ebenso wie die Umsätze und den Gewinn. Nicht zuletzt wirken sie sich auch auf die Kunden- und Mitarbeiterzufriedenheit aus, ohne die kein Geschäft dauerhaft erfolgreich sein kann.

Die Matrix, die uns hilft, das Prozessmodell der Bäckerei Hegmann-Büttner wie ein Puzzle zusammenzusetzen, zeigt die spezifischen Geschäftsprozesse im Produktgeschäft (Bild 56). Sie umfassen die Zukunftssicherung (Marketing und Entwicklung), den Verkauf und die Kundenberatung (Akquisition, Distribution, Kundendienst), den Herstellungs- und Leistungsprozess (Beschaffung, Logistik, Fertigung) sowie die Supportprozesse (Rechnungs- und Personalwesen, Organisation, PR-Arbeit).

Da die Bäckerei Hegmann-Büttner in nicht allzu ferner Zukunft in die nächste Generation überführt werden soll, erfüllt das Prozessmodell in dieser spezifischen Situation eine zusätzliche Funktion: Mit der Beschreibung der Prozesse und der Verantwortungsbereiche können das Wissen und die Fähigkeiten der Senioren Hans und Maria dauerhaft gesichert werden. Denn die Abläufe und Prozesse ihres Geschäfts kennen sie aus dem FF und ihre Arbeit verrichten sie nach jahrzehntelanger Berufspraxis wie im Schlaf. Heute wollen wir dieses Wissen an die Oberfläche holen, ordnen und festhalten. Wir wollen ihre Wissens-Quelle anzapfen.

Von der psychologischen Anforderung her zählt die Bestimmung der Kernprozesse zu den einfacheren Aufgaben im Beratergeschäft, denn die Klienten gehen locker und entspannt in diese Sitzung. Sie fühlen sich nicht latent bedroht wie in der Situationsanalyse, wo Lücken und Defizite aufgedeckt werden. Außerdem werden sie auch nicht so emotional bewegt wie im Visions-Workshop. Das Prozessmodell ist wie ein großer Frühjahrsputz. Es geht um bloßes Aufräumen, ohne Attacken oder Animositäten. Während die Führungskräfte über ihren beruflichen Alltag plaudern, ordnet der Moderator ihre Aussagen in verdichteter Form in die Kästchen des Prozessmodells. In gewisser Weise ähnelt es dem Beamten-Dreikampf aus den Tagen, in denen die Staatsmitarbeiter noch deutlich weniger Arbeitsdruck hatten: Falten, Lochen, Heften. So gesehen, ist der Workshop für alle Beteiligten eine Entspannungsübung.

Wir haben uns am späten Nachmittag getroffen. Maximilian und Franziska haben sich tagsüber bereits ausgetobt. Nun sitzen sie still und friedlich in ihr Spiel vertieft in einer Ecke der Küche. Von den Erwachsenen und ihren langweiligen Blättern, auf denen noch nicht einmal Bilder zu sehen sind, nehmen sie keinerlei Notiz. Das verschafft uns den Vorteil störungsfreier Arbeit.

In der Bäckerei gibt es neben den beiden Prozess-Blöcken „Planung/Steuerung" und „Zukunftssicherung" zwei weitere Hauptbereiche, denen wir uns heute widmen wollen. Dabei handelt es sich um den Produktions-Prozess, der sich in der Backstube abspielt, und den Verkaufs- und Lieferungs-Prozess, der über den Laden abgewickelt wird.

Im Prozessmodell arbeite ich mit der sokratischen Hebammen-Methode, die so heißt, weil mit ihrer speziellen Fragetechnik das Wissen der Gesprächspartner ans Tageslicht gefördert werden kann. Antworten sollen also nicht vom Moderator geliefert, sondern von den Klienten gefunden werden.

Was sind die wichtigsten Abläufe, damit ihr gute Umsätze und Ergebnisse erwirtschaften könnt?

Hans: Qualität.

Bodo: Qualität ist das Ergebnis guter Arbeit. Was musst du tun, damit du Produkte mit guter Qualität an den Laden liefern kannst?

Leo: Qualitativ gute Rohstoffe einkaufen.

Bodo: Das wäre das „Beschaffen".

Der erste Kernprozess kann in das Puzzle eingetragen werden: Der Produktions-Prozess beginnt mit dem *Beschaffen*. Seit 30 Jahren wird diese Aufgabe von Hans erledigt. Jeden Freitag macht er routinemäßig eine Bestandsaufnahme, um die Mengen an Rohstoffen zu bestimmen, die bestellt werden müssen. Günstige Sonderangebote, die an die Abnahme größerer Mengen gebunden sind, nutzt er selten, denn wenn große Mengen zu lange lagern, können sie verderben. Außerdem binden sie für die Lagerzeit das Kapital, ohne Zinsen zu bringen. Hans zählt zu der Generation, die die Nachkriegszeit und ihre bitteren Entbehrungen am eigenen Leib erlebt hat. Seine Achtung vor Lebensmitteln ist ihm in Fleisch und Blut übergegangen. Außerdem setzt er Qualität grundsätzlich vor Quantität. Auch Leo legt größten Wert auf gute Qualität, aber er würde trotzdem gerne häufiger Angebote nutzen, sofern sie sich betriebswirtschaftlich rechnen.

Bodo: Was macht ihr nun mit den Rohstoffen?

Hans: Verarbeiten.

Maria: Rezepte umsetzen.

Bodo: Was sind die wichtigsten Schritte bei der Herstellung?

Hans: Die Teigzubereitung und die Aufarbeitung.

Maria: Zutaten abwiegen.

Leo: Ja, das ist ein wichtiger Schritt. Denn wenn die Zutaten im falschen Verhältnis abgewogen werden, kommt kein gutes Ergebnis heraus.

Teig bereiten, Zutaten abwiegen und *Aufarbeiten* bilden die nächsten Puzzle-Stücke für unser Prozessmodell. Obwohl die Bäcker einen Computer für das Abwiegen der Zutaten benutzen, ist die Teigbereitung ein sehr schwieriger und fehleranfälliger Prozess, bei dem viele Bedingungen berücksichtigt werden müssen. Hans ist davon überzeugt, dass ein guter Teig letztlich vom Fingerspitzengefühl des Bäckers abhängt. Mehl ist in seinen Augen ein lebender Rohstoff. Er fühlt mit der Hand, ob der Teig zu fest oder zu flüssig ist. Je nach Witterung, Temperatur und Luftfeuchtigkeit muss mehr Mehl oder weniger Flüssigkeit zugesetzt werden, damit er die optimale Konsistenz erhält. Vom Backen versteht niemand soviel wie Hans. Backen scheint ihm kein Beruf, sondern eine Berufung zu sein. In jüngeren Jahren hatte er oft schon einen ganzen Ofen voller Backwaren fertig, wenn der erste Angestellte zur Arbeit kam. Sein umfangreiches Fachwissen werden wir später in der Prozessschrittbeschreibung detailliert festhalten.

Wenn der Tafelmann den Teig portioniert und geformt hat, was in der Fachsprache als Aufmachen oder Aufarbeiten des Teiges bezeichnet wird, müssen die Teigstücke gehen. Diesen Vorgang nennt der Bäcker die *Stückgare*. In der Backstube laufen viele Prozesse in zeitlicher Überschneidung ab. Während der Stückgare muss darauf geachtet werden, dass der Ofen auf hohe Temperatur aufheizt. Denn wenn die Teigstücke in einen kalten Ofen geschossen werden, trocknen sie aus. Das *Einschießen* des Ofens stellt ebenso wie die Teigzubereitung eine hochkritische Phase im Prozessablauf dar. Hier können viele Fehler passieren, die alle Waren verderben. Deswegen betrachtet Hans den Teigmischer und den Ofenmann als Eckpfeiler im Betrieb, deren Arbeit über gute Backwaren oder hohen Ausschuss entscheidet. Sein Lieblingsspruch lautet: „Wie der Teig, so die Ware." Wenn der Teig maschinell gemischt wird, läuft die Knetmaschine 6 Minuten langsam und 2 Minuten schnell. Falls mehr Wasser oder Mehl nötig ist, muss es innerhalb einer Zeitspanne von 2 Minuten beigegeben werden. Es erfordert höchste Aufmerksamkeit des Bäckers, diesen Zeitpunkt nicht ungenutzt verstreichen zu lassen. Sonst ist der Teig ruiniert. Der Ofenmann wiederum muss sämtliche Abläufe der Backstube in ihrer zeitlichen Reihenfolge überblicken, damit er den Ofen rechtzeitig vorbereiten und Herde freihalten kann, um die fertigen Teigstücke zum *Backen* einzuschießen.

Brot- und Semmelteige werden stets frisch bereitet, während der Teig für Brezen, Plunder und Blätterteig vorgearbeitet und eingefroren werden kann. Zwischen der Zubereitung der einzelnen Teige müssen immer wieder die Maschinen gereinigt werden. *Sauber machen* ist also ein weiterer Kernprozess in unserem Modell. Sobald die fertigen Backwaren aus dem Ofen kommen, werden sie an den Laden geliefert. Beim *Zuliefern* werden die Stellwägen von der Backstube über den Flur nach vorne geschoben.

Aus Sicht des Ladens ist die Lieferung ein anderer Prozess als aus Sicht der Backstube. Das Zuliefern der Backstube endet vor dem Laden. Dort erfolgen anschließend der Verkauf und die *Lieferung*, d.h. die Weitergabe der Backwaren an die Kunden.

Wenn die Backwaren im Flur landen, haben die Verkäuferinnen alle Hände voll zu tun. Schon in aller Herrgottsfrühe müssen sie flink und tatkräftig zupacken. Ihr Tag beginnt mit dem *Einräumen* der Backwaren. Dabei müssen sie sehr sorgfältig vorgehen, damit Brote und Semmeln, Brezen und Gebäck in den Regalen und Verkaufstheken appetitlich und verführerisch aussehen. Gleichzeitig kümmert sich eine Verkäuferin um die *Zubereitung* von Snacks und Butterbrezen. Wenn die ersten Kunden im Laden erscheinen, beginnt das *Verkaufen und Einpacken*. Das *Übergeben* der Ware an den Kunden und das anschließende *Kassieren* erfassen wir ebenfalls als eigenen Prozess.

Kurz vor und nach Ladenschluss gibt es immer noch reichlich zu tun. Die Abrechnung muss gemacht und die Bestelllisten für den folgenden Tag müssen geschrieben werden. Der Arbeitstag im Laden endet mit dem *Retouren erfassen*, dem *Aufräumen* nicht verkaufter Backwaren und dem gründlichen *Reinigen*.

Die Arbeit im Laden zeichnet sich durch Stoß- und Leerzeiten aus. Das erschwert die Personalplanung, die insgesamt einen kritischen Punkt darstellt. Maria bezeichnet sie ironisch als ihre Lieblingsaufgabe.

Maria: Ich sage dir, man bekommt einen Vogel dabei, weil die Verkäuferinnen so unterschiedlich arbeiten: die eine 25, die andere 30 und die dritte 40 Stunden.

Sandra: Und jede hat unterschiedliche Wünsche, wann und mit wem sie arbeiten will.

Bodo: Der Kundenandrang im Laden ist doch sicher nicht immer gleich hoch.

Maria: Ich kann ja nicht mittendrin eine nach Hause schicken.

Bodo: Aber du kannst doch z.B. den Andrang am Samstagmorgen einschätzen, wo du sicher mehr Verkäuferinnen brauchst als zu anderen Zeiten. Oder hast du ständig die gleiche Anzahl von Verkäuferinnen im Laden?

Maria: Eigentlich schon. Zwei Verkäuferinnen fangen immer um 6:00 Uhr an. Und das Lehrmädchen unterstützt sie. Wenn es brennt, gehe ich als Springer mit zur Hand. Am Nachmittag sind nur eine Verkäuferin und das Lehrmädchen da. Es gibt auch Leerzeiten, in denen wenig zu tun ist.

Bodo: Da müsste man sinnvolle Tätigkeiten finden, denn schließlich muss das Personal in dieser Zeit auch bezahlt werden und kostet pro Minute 50 Cent.

Neben der schwierigen Koordinierung des Personaleinsatzes aufgrund von Teilzeitarbeit und unterschiedlicher Arbeitszeiten muss in der Personalplanung auch die Vertretung in Krankheitsfällen und Urlaubszeiten berücksichtigt werden. Bei Personalwechsel und Neueinstellungen entsteht in der Einarbeitungszeit ein höherer Personalbedarf, weil das Stammpersonal die Arbeit kompensieren muss, bis die neue Mitarbeiterin die Abläufe routiniert beherrscht. Maria versteht sich in solchen Zeiten als Feuerwehr. Sobald Engpässe entstehen, greift sie ein und unterstützt den Verkauf im Laden. Statt dieser stressigen Flickarbeit könnte der Einsatz einer Ersten Verkäuferin, wie sie „Der Beck“ – unser Benchmarking-Partner – in allen Filialen personalpolitisch einsetzt, die Lage langfristig entschärfen.

Mit den Antworten und Beiträgen meiner Klienten hat sich der Geschäftsprozess nach und nach gefüllt. Wie in jedem Geschäft reichen die Kernprozesse der Bäckerei Hegmann-Büttner vom Planen bis zum Abrechnen (Bild 57).

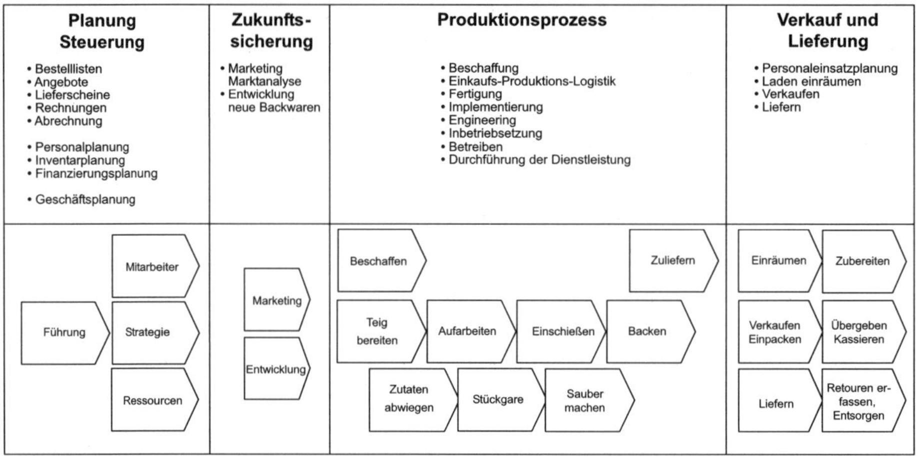

Bild 57 Die Kernprozesse reichen vom Planen bis zum Abrechnen

In einem kleinen überschaubaren Betrieb wie der Bäckerei weiß jeder Mitarbeiter, was der andere tut. In größeren Betrieben mit viel Personal dagegen wissen die meisten nicht, wer für welche Bereiche zuständig ist oder als Ansprechpartner dient. Um allen Betriebsangehörigen das organisatorische Wissen über das Unternehmen zu vermitteln, wird das Prozessmodell daher auch den Mitarbeitern vorgestellt. Als Berater erlebe ich hierbei häufig genug erhebliche Wissensdefizite, die manchmal ein erschreckendes Ausmaß annehmen können. Einmal fragte ich einen Vertreter des Bestellmanagements: „Wer ist denn hier für den Versand der Großmaschinen verantwortlich?" Er sah mich hilflos an und wusste keine Antwort. Das kann nur passieren, wenn das Prozessmodell fehlt. Denn auf seiner Grundlage werden im weiteren Verlauf Tätigkeiten genauer beschrieben und Verantwortlichkeiten personell zugeordnet.

Auch das komplizierteste und komplexeste Geschäft wird transparent, wenn es in ein Prozessmodell gegossen wird. Seine systematische Darstellung ist zudem bestens geeignet, fehlende Elemente oder entstandene Lücken im Betrieb kenntlich zu machen. Wenn ein Mitarbeiter ausscheidet, zeigt es auf, wer in welcher Funktion ersetzt werden muss und wessen Zusammenarbeit davon betroffen ist. Der Handlungsbedarf, z.B. für eine Einarbeitung oder Einstellung einer vorübergehenden Vertretung, springt sofort ins Auge.

Letzten Endes ist das Prozessmodell das Instrument, mit dem sich ein Geschäft steuern lässt. Wie ein Armaturenbrett enthält es alle Angaben und Anzeigen, mit denen die Richtung und das Ziel abgelesen und eingegeben werden können. Das eigentliche Geheimnis, wie Geschäfte effizient geführt werden können, liegt im Grunde in der Steuerung über Ziele. Symbolisch betrachtet, ist das Prozessmodell eine Fingerübung für diese spätere Aufgabe. Denn nach Festlegung der Verantwortlichkeiten werden Zielvereinbarungen mit den Mitarbeitern getroffen, die für das Erreichen der Geschäftsziele notwendig sind. Alle Veränderungen und Neugestaltungen im Unternehmen werden durch das Prozessmodell unterstützt, weil es das Zusammenwirken sämtlicher Prozesse und aller beteiligten Personen jederzeit transparent macht. In der Phase der Planung ist es bei Umgestaltungen deswegen ebenso nützlich wie in der Phase ihrer Umsetzung.

Bei der Erarbeitung des Prozessmodells lernt der Berater alle Fachbegriffe kennen, die das Geschäft und seine Welt charakterisieren. Lassen Sie es mich am Beispiel eines alten Kinder- und Fingerreims erläutern: „Das ist der Daumen / der schüttelt die Pflaumen / der sammelt sie ein / der trägt sie heim / der isst sie ganz allein." Heute habe ich seine Übersetzung in die Bäckersprache kennen gelernt: „Der rührt den Teig an / das ist der Tafelmann / der heizt den Ofen an / der packt die Semmeln ein / und der Kunde isst sie ganz allein."

Ich habe heute aber auch noch mehr gelernt. Hätten Sie z.B. gedacht, dass man für 75 Krapfen 4,5 Kilo Eier benötigt? Und stellen Sie sich vor, eines davon ist faul. Wenn Sie im Supermarkt ein faules Ei erwischen, werfen sie es leicht verärgert in den Abfall. In der Bäckerei kann ein einziges faules Ei beträchtliche Personal- und Materialkosten verursachen, ohne dass ein einziger Cent als Einnahme in die Kasse zurückfließt. Auch andere Zahlenbeispiele haben mich überrascht, z.B. dass ein Kunde im Durchschnitt für 2,50 Euro einkauft, der Verkaufsvorgang 1,5 Minuten dauert und damit 0,75 Euro kostet.

Manchmal lernt der Berater durch seine Arbeit das Geschäft so gut kennen, dass er es zunächst – vor allem auch mit Hilfe des Prozessmodells – besser überblickt als der Geschäftsinhaber, der Kaufmann, der Projekt- oder der Werkleiter.

Neben der Bestimmung der Kernprozesse und ihrer Abläufe haben wir heute schon Verantwortlichkeiten und besonders auffällige Problem- und Konfliktstellen am Rande angesprochen. In den nächsten Workshops werden wir sie mit der Rollendefinition und der Prozessoptimierung vertiefen.

Das Puzzle vom Prozessmodell – ein Kinderspiel

Kinder werden in unserer Gesellschaft maßlos unterschätzt. Ihre Intelligenz und Kreativität, ihre Reaktionsfähigkeit und ihr blitzschnelles Kombinieren, ihre Aufmerksamkeit und Merkfähigkeit – nehmen Sie, was Sie wollen, Kinder sind darin Erwachsenen meilenweit und haushoch überlegen. Denn Kinder sind Profis im Lernen und Behalten.

Sehen Sie der Niederlage gelassen ins Auge, wenn ein Kind Sie zum Wettkampf herausfordert. Ein Bekannter von mir kann gegen seine 7-jährige Tochter in keinem Spiel mehr gewinnen. Wenn ich sage „in keinem", meine ich auch „in keinem". Im „Memory" verliert er schon seit Jahren, sozusagen routinemäßig. Mittlerweile hält sie aber auch im „Mensch-ärgere-dich-nicht" unschlagbar den Siegerrekord. Wenn sie nun ebenso konzentriert wie spielerisch jedes Mühlespiel gewinnt, kann ihr Vater es gerade noch verkraften. Dass sie ihn neuerdings aber auch im Spiel der Könige vernichtend schlägt, bringt ihn an den Rand der Verzweiflung. Während die 7-jährige seelenruhig die Beine vom Sofa baumeln lässt und genüsslich ihre Limonade schlürft, um schließlich beherzt und selbstsicher eine Figur zu ziehen und ihrem Gegner ein gnadenloses „Schach!" entgegenzuschmettern, macht er sich schon auf die nächste Niederlage gefasst. Denn meistens dauert es dann nicht mehr lange, bis sie mit „Schachmatt!" die Partie majestätisch beendet, um anschließend in einen wahren Freudentaumel auszubrechen und mit ohrenbetäubendem Siegergeheul auf dem neuen Polstermöbel herumzuhopsen.

Auch Maximilian, der Nachwuchs und halbe Stolz von Sandra und Leo – denn die andere Hälfte ihres ganzen Stolzes ist seine Schwester Franziska – kombiniert wie ein Weltmeister. Leo hat ihm ein Puzzle geschenkt. Keines aus dem Spielzeug-Laden, sondern ein handgefertigtes Unikat. Das Würfel-Puzzle mit den Märchenmotiven, aus dem er längst herausgewachsen ist, hat er großzügig Franziska überlassen, die nun mit Hingabe und Entzücken das pralle Kopfkissen von Frau Holle und das wallende Kleid von Schneewittchen zusammenlegt. Das neue Puzzle von Maximilian ist ein Geduldsspiel für Große und zeigt seinen Lieblings-Spielplatz, die Bäckerei. Ob unten in der Wärme zwischen Stellwägen und Ofenblechen oder oben im gleißenden Licht der Spiegel – er spielt nirgendwo lieber als in dieser abenteuerlichen Welt.

Die geschwungenen Teile seines Puzzles wollen sich nur ineinander fügen, wenn sie haargenau in die richtige Lage gebracht werden. Die Ecken, Kanten und Linien müssen stimmen, sonst wird nichts daraus. Das geöffnete Schaufenster sitzt bereits an der richtigen Stelle, die Theke ist auch schon fertig, der Laden ist gefüllt und Oma Maria wirft gerade das Geld für die Brezen und Semmeln in die Kasse. Was jetzt noch fehlt, sind die wolkenweiche Mütze des Bäckers auf der Preistafel und die Namen von Opa Hans und Oma Maria an der Ladenfront. Lesen kann Maximilian zwar noch nicht, aber dass ihre Namen dick und fett über dem Geschäft stehen, das weiß er schon lange. Sogar der Name von Uropa Leo Hegmann steht noch dort.

Die letzten Puzzlestücke dreht Maximilian hin und her. Einmal, das ist gewiss, werden Papa Leo und Mama Sandra in großen Buchstaben über der Bäckerei stehen. Und dann, wenn er noch größer ist, soll dort einmal Maximilian Büttner zu lesen sein. Den Namen seiner Frau kann er heute natürlich noch nicht wissen. Aber sie soll so hübsch, so lieb und so schlau sein wie seine Mama. „Opa, schenkst du mir die Backstube und den Laden, wenn ich groß bin?“ „Das wirst du noch erwarten können, Maximilian, jetzt bin ich erst einmal an der Reihe!“, meldet sich Leo amüsiert aus dem Flur. „Schaun mer mal,“ schmunzelt Hans mit den oft zitierten Worten von Kaiser Franz, „wenn du brav und fleißig lernst, wer weiß, vielleicht schufte ich hier noch, bis ich umfalle, und dann übergebe ich gleich an den jüngsten Nachwuchs und überspringe einfach eine Generation.“ Nun, wenn Leo sich nicht sputet, ist Maximilian schneller an der Reihe, als er glaubt. Denn Maximilian hat schon die Vision, die Bäckerei zu übernehmen, und ihr „Prozessmodell“ legt er längst im Puzzle blitzschnell und motorisch sicher zusammen. Und wie man Brezen und Semmeln backt, das schaut er sich gerade von den Bäckern ab. Trotz all der Mühe – das frühe Aufstehen, das Kneten und Rühren, das Hin- und Herrennen, das Schieben und Ausformen, das Aus- und Einräumen – will er eines Tages einmal bei allem dabei sein.

Entschlossen legt Maximilian die schneeweiße Mütze des Bäckers von der Preistafel in das Puzzle, das nun perfekt zusammengesetzt auf dem Küchenfußboden liegt. Und das mit den Namen an der Ladenfront, das regelt die Zeit ganz von alleine.

Rollendefinition – wie man eine Backnacht inszeniert und für eine Idealbesetzung sorgt

Muss das sein? Muss man sich mit dem Mitarbeiter, seiner Persönlichkeit, seinen Interessen und seinen Neigungen wirklich eingehend befassen? Und wozu die ganze Liebesmüh? Als ob es nicht genug zu tun gäbe im langen, nie enden wollenden Arbeitstag von Führungskräften. Genügt es nicht, eine genaue Aufgaben- oder Arbeitsplatzbeschreibung zu erstellen und seine Leute von Zeit zu Zeit zu kontrollieren? Schließlich geht es doch um solide Geschäftserfolge des Unternehmens und nicht um Selbstverwirklichung des einzelnen am Arbeitsplatz. Oder am Ende etwa doch? Wir alle träumen von einer Tätigkeit, in der sich Beruf und Privatleben miteinander in Einklang bringen lassen. Wer das volle Potenzial seiner Mitarbeiter ausschöpfen will, kommt nicht umhin, das wirkungsvollste Instrument einzusetzen, das es in der Mitarbeiterführung gibt: das Führen über Rollen. Und genau das setzt das Interesse am Mitarbeiter als Mensch und Persönlichkeit voraus.

Allzu viel müssen Führungskräfte nicht tun, um die wertvollste Ressource des Unternehmens – seine Mitarbeiter – zum Wohle des Geschäfts zu „erschließen". Das zeigt das Beispiel des Spitzenmanagers José Ignacio Lopez – ehemaliger Einkaufs-Chef von VW, der seinerzeit beschuldigt wurde, beim Wechsel von General Motors zum größten deutschen Automobilkonzern Betriebsgeheimnisse an den neuen Arbeitgeber verraten zu haben. Man mag zu „Super-Lopez" stehen, wie man will – eines ist und bleibt unumstritten: Er verstand es meisterhaft, Mitarbeiter zu motivieren und zu führen. Als er zu VW wechselte, ging er schnurstracks in die Produktionsstätten, denn er wusste nur zu gut, dass der beste Weg, ein Unternehmen kennen zu lernen, über die Menschen führt, die in ihm arbeiten. In der Vorfertigung sprach er einen Dreher an: „Was machen Sie denn so?" „Meinen Sie beruflich oder privat?" „Dass Sie hier an einer Drehmaschine arbeiten, sieht man ja. Was machen Sie privat?" Der Dreher berichtete begeistert von seinem Posten als Vorsitzender in einem kleinen Motorsport-Club. In seiner Freizeit brachte er Jugendlichen bei, wie man Motorräder wartet und wie man sie im Gelände fährt. Er hatte bereits zahlreiche Rennen organisiert und war in seiner Vereinstätigkeit sehr erfolgreich. Seine Schützlinge hatten etliche Preise gewonnen und manchen Sieg errungen. Lopez kam aus dem Staunen nicht mehr heraus.

Nach dem Gespräch ging er sofort in die Führungsetage und sagte zum Chef des Drehers: „Da unten steht ein Mann, der tausendmal mehr kann als drehen. Er hat eine unglaubliche Palette an Fähigkeiten: Er kann trainieren, er kann organisieren, er kann motivieren und er kann Inhalte vermitteln. Warum gebt ihr ihm nicht die Möglichkeit, dasselbe für den Betrieb zu tun? Ihr verschenkt sein Potenzial und nutzt nur einen Bruchteil seines Könnens, wenn ihr ihn nur drehen lasst." Dann erklärte er dem Chef, wie man eine Rolle definiert und mit ihrer Hilfe alle Fähigkeiten von Mitarbeitern nutzt. Letztendlich profitieren dabei alle gleichermaßen: das Unternehmen, die Führungskraft und der Mitarbeiter.

Lopez stand nicht umsonst in dem Ruf, ein gnadenloser Kostenkiller und Produktivitätssteigerer zu sein. Selbstverständlich wusste er, dass bei der Führung über Rollen stets die richtigen Ziele verfolgt werden müssen. Die in der strategischen Planung definierten

Geschäftsziele müssen auf die Aufgaben und Personen heruntergebrochen werden, indem Verantwortungsbereiche gebildet und Verantwortungen übertragen werden. Hier wird die Bedeutung des Geschäftsprozessmodells eigentlich erst sichtbar. Neben der übersichtlichen Abbildung der Kernprozesse und ihres Zusammenspiels enthält es nämlich auch die geplanten Jahresziele, die in der Balanced Scorecard festgehalten sind und dort jederzeit abgelesen werden können. Alle Elemente des Prozessmodells, das die Gesamtstruktur des Unternehmens widerspiegelt, müssen vollständig und überschneidungsfrei von Personen getragen werden, die für ihren Bereich die Verantwortung übernehmen. Darin liegt letztendlich die Existenzberechtigung eines jeden Prozessmodells: allen Komponenten des Unternehmens verantwortliche Personen zuzuordnen, die – anhand von Zielvereinbarungen – auf das Erreichen der Geschäftsziele zuarbeiten. Wer kein Prozessmodell hat, weiß dagegen überhaupt nicht, welche Bereiche abgedeckt werden müssen. Dadurch entstehen automatisch Lücken, Überschneidungen oder personelle Doppelbesetzungen, die zu unnötigen Kosten im Betrieb, überflüssigen Irritationen in den Abläufen und sinnlosen Reibereien im Kollegium führen.

In der Arbeitswelt liefert das Prozessmodell das Instrument, mit dem ein Team optimal eingesetzt werden kann. Damit ist es das wichtigste Mittel zur Steuerung des gesamten Geschäfts, denn jeder Handgriff, jeder Prozess und jede geistige Leistung geht schließlich und endlich auf einen Menschen zurück – aller Automatisierung und Digitalisierung in unserer modernen Industrie- und Informationsgesellschaft zum Trotz. Das Führen über Rollen ermöglicht es Mitarbeitern, im Sinne der Geschäftsziele eigenverantwortlich zu arbeiten. Wer welche Rolle übernimmt, hängt im Wesentlichen von vier Faktoren ab: den Fähigkeiten, dem Wissen, dem Wollen und dem Verhalten. Deswegen muss bei Stellenbesetzungen auch immer das Persönlichkeitsprofil des Mitarbeiters – seine Fähigkeiten, seine Eigenschaften, seine Interessen und sein Potenzial – ermittelt und berücksichtigt werden. Wie in Film und Theater müssen die Rollen bestmöglich besetzt werden. Wer Kino- und Theatersäle füllen und hohe Einschaltquoten im Fernsehen sichern will, muss bei der Regie vor allem auf eines achten: auf die richtige Rollenbesetzung. Auch in der Arbeitswelt bilden die richtige Rollendefinition und -besetzung die Voraussetzung für wirtschaftlichen Erfolg.

Wie aber setzt man das gesamte Potenzial von Mitarbeitern frei und nutzt es konkret für das Geschäft? Eines steht fest: Ohne die Beteiligung des Mitarbeiters geht es nicht. Führen von Mitarbeitern heißt nie, sie „über ihren Kopf" hinweg zu führen. Wer über Rollen führen will, muss erst einmal herausfinden, was der Mitarbeiter will, und dann in seine Person investieren. Diese Investition kostet kein Geld, dafür aber umso mehr Selbstüberwindung. Es handelt sich um nichts Geringeres als Vertrauen.

Hand aufs Herz! Fällt es Ihnen leicht, Ihren Mitarbeitern zu vertrauen? Am Ende tragen doch immer Sie selbst die Verantwortung und müssen für das Ergebnis geradestehen. „Vertrauen ist gut, Kontrolle ist besser" – wenn Sie diesen Spruch von Lenin dogmatisch und ohne Einschränkung befolgen, können Sie in der Mitarbeiterführung keinen Blumentopf gewinnen. Denn wenn Sie nicht genug Vertrauen in Ihre Mitarbeiter investieren, erhalten Sie von ihnen auch keine Bestleistung, weil Sie ihnen die Tür zu eigenverantwortlichem Handeln und damit auch zur Selbstverwirklichung verschließen.

Welche Leistungen möglich werden, wenn man andere durch Vertrauen ermutigt, zeigt sich nicht nur in der Berufswelt, sondern in allen Bereichen des Lebens. Als meine Tochter sich schon mit sechs Jahren in den Kopf setzte, Kunstturnen zu trainieren, dachte ich sofort an die Gefahren, die ihrer Gesundheit drohten. Schließlich konnte sie sich dabei jeden einzelnen ihrer zarten Knochen brechen. Akrobatische Sprünge auf dem harten Boden, Rückwärtssalti auf dem Schwebebalken, Abgänge mit Doppelsalti und Mehrfachschrauben vom Stufenbarren – allein die Vorstellung machte mir weiche Knie. Brigitte blieb aber so eisern bei ihrem Wunsch, dass sich sogar die Trainerin erweichen ließ und sie in der Leistungsgruppe behielt, obwohl sie sie zuerst nicht für die Begabteste hielt. Am Anfang konnte ich nicht hinsehen, wenn sie auf dem Stufenbarren einen Kippenaufgang machte, eine Welle über den Holmen schlug und mit dem Bauch auf den Stangen abfederte, bis sie schließlich mit spektakulären Saltoabgängen wieder auf dem Boden landete. Was da alles passieren konnte! Wenn sie mit der Hand abrutschte, müsste ich sie ins Krankenhaus fahren. Und tatsächlich, einmal griff sie daneben. Ihr drahtiger zierlicher Körper schnellte am Holm vorbei und flog durch die Luft, während mir das Herz stehen blieb. In letzter Sekunde erwischte sie aber gerade noch den anderen Holm und beendete den Auftritt sogar mit einer exzellenten Übung. Durch das Training war sie so geschickt und reaktionsschnell, dass meine väterliche Sorge größer war als die tatsächliche Gefahr. Ich begriff damals, dass Brigitte sich selbst eine Rolle gewählt hatte, die sie auf Biegen und Brechen ausfüllen wollte. Wenn ich nicht wollte, dass sie sich verletzte, durfte ich sie einerseits nicht verunsichern. Andererseits musste ich Vertrauen in sie setzen, damit sie ihre eigenen hochgesteckten Ziele auch erreichen konnte. Das war ich ihr als Vater schuldig. Genau das gehörte sogar zu meiner Rolle als Vater. Wenn ich es nicht aushielt, ihr zuzuschauen, konnte ich ihr auch keine Anerkennung schenken, die der stärkste Antriebsmotor überhaupt ist. Also ließ ich sie meine Sorge nie mehr spüren, sondern gab ihr stattdessen kritische Rückmeldung und zeigte ihr, wie stolz ich auf sie war. Die Investition in meine Tochter – Vertrauen und Anerkennung – hat sich am Ende für sie ausgezahlt. Sie wurde bayerische Vizemeisterin im Mehrkampf.

Das Übertragen von Verantwortung löst in aller Regel verantwortliches Handeln und den ehrgeizigen Willen zur Bestleistung aus. Dazu muss man dem Mitarbeiter nicht nur Vertrauen entgegenbringen, sondern ihm auch die Gelegenheit zu selbständigem Arbeiten, Anerkennung und Selbstverwirklichung im Job geben. Das gelingt am besten über Rollendefinitionen, die – im Einklang mit den Fähigkeiten und Interessen des Mitarbeiters – Verantwortungsbereiche und Entscheidungsbefugnisse klar regeln und abgrenzen. Wer das Führen über Rollen im Betrieb erfolgreich umgesetzt hat, muss nie mehr Himmel und Hölle in Bewegung setzen, wenn umfassende Aufgaben termingerecht erledigt werden müssen. Wenn bei Siemens der Chef einer bestimmten Sparte feststellt, dass es wieder einmal Zeit wäre für eine Überprüfung und Anpassung der strategischen Planung, dann genügt die bloße Bemerkung in der Mitarbeiterbesprechung. Den zuständigen Mitarbeiter muss er nicht einmal persönlich ansprechen, denn dieser weiß von alleine, was nun zu tun ist, weil nur er und niemand sonst dafür verantwortlich ist. Das ist Luxus für jede Führungskraft.

Was müssen Sie tun, um in diesen Genuss zu kommen, der Ihnen die Führungsarbeit im Alltag dermaßen erleichtern kann? Im Wesentlichen sind es drei Schritte, die Sie dorthin führen: das Erstellen eines Prozessmodells, die Eintragung von Verantwortungen in dessen Komponenten und die Beschreibung der zugehörigen Rollen.

In der Bäckerei Hegmann-Büttner haben wir die Zuordnung von Verantwortlichkeiten und die Rollenbeschreibungen in folgenden Etappen durchgeführt:

1. „Inszenierung“ einer exemplarischen Backnacht
2. Erstellung eines Netzplans
3. Eintragung der Verantwortlichkeiten in das Prozessmodell
4. Beispielhafte Formulierung einer Rolle

„Inszenierung“ einer exemplarischen Backnacht

Nacht für Nacht läuft in Hans derselbe Film ab. In einer perfekten Inszenierung arbeiten alle Bäcker Hand in Hand. Es gibt keine Engpässe, keine Pannen, keine Fehler, keinen unnötigen Handgriff, keine Missgeschicke, keine Materialverschwendung und keine verbrannten Brezen. Deswegen gehen ihm manchmal auch die Nerven durch. Denn er kann beim besten Willen nicht verstehen, warum nicht alle so arbeiten, wie es ihm die Kameraeinstellung seiner Einbildungskraft in aller Schärfe vorspiegelt. Hans wäre ein perfekter Regisseur für die Inszenierung perfekter Backnächte, wenn er sich bewusst wäre, dass er mit den Mitarbeitern die Rollen für das Stück absprechen muss, das Nacht für Nacht zur Aufführung kommt.

Wie kann Hans seinem Film zur Realität verhelfen? Im Grunde ist die Lösung ganz einfach: Er muss ein Drehbuch schreiben, aus dem alle Akteure ihre Rollen und die entsprechenden Regieanweisungen entnehmen können. Woher sollen sie sonst wissen, was er von ihnen erwartet?

Die Backnacht dient dazu herauszufinden, wer momentan für welche Bereiche die Verantwortung in der Backstube trägt. Sogar in einem Betrieb wie der Bäckerei Hegmann-Büttner mit einer relativ geringen Mitarbeiterzahl von durchschnittlich 15 Personen kommt es immer wieder zu Missverständnissen, wer für was zuständig ist. Gerade wenn der Stress am größten ist, häufen sich dann zwangsweise auch die Fehler. Deswegen wollen wir heute eine Aufnahme der Abläufe machen, wie sie sich Nacht für Nacht abspielen, um auf dieser realen Grundlage die Verantwortlichkeiten zu ermitteln und gegebenenfalls in eine bessere Ordnung zu bringen. Leo hat seine Leute vorbereitet und ihnen erklärt, wozu wir in der Backstube zusammenkommen. Alle haben sich gerne bereit erklärt, an dem Workshop teilzunehmen, denn sie wissen, welchen Nutzen sie davon haben, wenn die Abläufe endlich einmal im Gesamtzusammenhang betrachtet und alle Verantwortlichkeiten klar geregelt werden. Denn nur wer genau weiß, was von ihm erwartet wird, kann ruhig arbeiten.

Heute wollen wir also festhalten, wer was in welcher Reihenfolge macht. Die Backnächte in der Bäckerei Hegmann-Büttner sind nicht jeden Tag gleich, denn es werden immer verschiedene Teige bzw. Backwaren hergestellt. Es gibt einen Rhythmus, der sich wöchentlich wiederholt. Am Ende muss es für jede Nacht einen Regieablauf geben, der von der Herstellung der Teige bis zum Ausbacken der fertigen Backwaren reicht.

Wer hat letzte Nacht also was gemacht? Die Beschreibung der Tätigkeiten soll in Zeitabschnitten von 15 Minuten festgehalten werden. Denn wir brauchen nur eine Grobstruktur, aus der die Verantwortungen abgeleitet und die gegenseitigen Abhängigkeiten abgelesen werden können.

Bodo: Heute nehmen wir uns die Nacht von Dienstag auf Mittwoch vor. Auf dieser Basis wollen wir später Ziele vereinbaren. Denn dann weiß jeder, wofür er verantwortlich ist. Und erst dann kann mit jedem einzelnen besprochen werden, welches Ergebnis herauskommen muss. So kann jeder selbst beurteilen, ob er seine Arbeit gut oder schlecht verrichtet hat.
Fangen wir also an. Wie lang hat die letzte Nacht gedauert?

Leo: Von 1:30 Uhr bis 13:30 Uhr.

Bodo: Also 12 Stunden?

Bäcker: Genau.

Bodo: Dann nehmen wir 3 Wände à 4 Stunden und tragen die Tätigkeiten in diese Zeitblöcke ein. Aber ihr habt gestern Abend ja auch schon etwas gemacht, oder!?

Leo: Vorbereitungen.

Bodo: Das schreiben wir auf der Rückwand dazu. Der erste Zeitabschnitt umfasst also die Stunden zwischen 1:30 Uhr und 5:30 Uhr. Wer hat da was gemacht?

Die Zeitschiene ist die Richtschnur für unsere Aufzeichnung der Backnacht. Wir müssen nicht in die Feinheiten gehen, sondern die Tätigkeiten nur grob beschreiben. Jeder Bäcker trägt seinen Auftritt nach der zeitlichen Reihenfolge ein und notiert dabei seine Handlung und die entsprechende Zeitdauer – wie bei einem Bühnenstück, wo auch jeder Schauspieler wissen muss, wann er seinen Auftritt und seinen Abgang hat und auf welches Stichwort hin er seinen Einsatz bringen muss.

Es dauert nicht lange, bis sich die Pinnwände mit den Notizen füllen. Leo hat den Teig für das Weißbrot und die Schnitzersemmeln zubereitet und nebenbei den Sauer abgewogen. Ein Bäcker hat Früchte für den Plunder aufgetaut, ein anderer die Streusel für den Bürgerkuchen – eine Spezialität des Hauses – zubereitet. Schließlich wurden Erdbeertörtchen belegt und Kokostaschen gefüllt. Das Sonnenblumenbrot wurde aufgemacht, das Mischbrot ausgewogen, Laugensemmeln gelaugt und die Schnitzerbrezen gedreht. Einer kümmerte sich um das Schnitzer- und das 5-Korn-, ein anderer um das Walnuss- und das Bergsteigerbrot. Amerikaner wurden in Schokolade eingetaucht und Plunderstückchen mit Aprikosenmarmelade bestrichen. Dann war es auch schon höchste Zeit für das Backen der Brote. Mohnschnitten wurden ausgebacken, Kartoffelsemmeln aufgearbeitet, Nusshörnchen und Rosinenschnecken gedreht, Salz- und Käsestangen neben Gewürzbrezen auf die Bleche verteilt. Unzählige Sorten von Backwaren, bei deren Namen mir schon das Wasser im Munde zusammenläuft, wurden nach und nach ausgebacken. Das Zubereiten der vielen Teige, das Aufarbeiten und das Ausbacken ziehen sich durch die ganze Nacht bis zum Mittag hin. Auch das Saubermachen ist ein ständig wiederkehrender Vorgang. Immer wieder müssen Bleche gespült werden, damit die neuen Teigstücke verteilt und in den Ofen geschoben werden können. Teigbereitung, Stückgare, Einfrieren und Auftauen von Teiglingen, Aufmachen und Einschießen der Backwaren in den Ofen – jeder Handgriff muss sitzen und rhythmisch abgestimmt sein. Die

Bild 58
Die Heinzelmännchen von Tölz: Leo, Hans und Christian in der Backstube der Bäckerei Hegmann-Büttner

Backnacht hat eine strenge Choreographie und ist in ihrer Schrittfolge und Taktzahl komplizierter als mancher Ballett-Klassiker.

Am Ende liest sich unsere Aufzeichnung wie „Die Heinzelmännchen von Köln“: ... *und ächzten daher / mit den Säcken schwer! / und kneteten tüchtig / und wogen es richtig / und hoben und schoben / und fegten und backten / und klopften und hackten / die Burschen schnarchten noch im Chor: / da rückte schon das Brot, das neue, vor!* Und ganz so abwegig ist der Vergleich tatsächlich nicht. Während die Bäcker (Bild 58) emsig durch die Backstube eilen und Nacht für Nacht die komplexesten Arbeitsabläufe meistern, schlummern die Kunden friedlich in ihren Betten. Und wenn sie aus dem Schlaf erwachen, liegen in aller Herrgottsfrühe duftende Semmeln, knusprige Brote und süßer Plunder im Laden für sie bereit.

Die Aufzeichnung hält auch die Abhängigkeiten fest, die zwischen den einzelnen Handlungssträngen bestehen. Wenn beispielsweise die Früchte nicht rechtzeitig aufgetaut wurden, kann der Plunder nicht belegt werden. Auch der Ofenmann braucht die Brezen zu einem ganz bestimmten Zeitpunkt. Die Temperatur muss stimmen und der Ofen muss frei sein. Jede Unterlassung oder Verzögerung wirft die Kollegen aus ihrem Plan und bringt die Abläufe ins Stocken. Wenn ein Kollege den Einsatz verfehlt, hängt der andere in der Luft – genau wie auf der Bühne, wenn ein Schauspieler den Text vergisst und ein anderer seinen Einsatz nicht bringen kann, weil ihm das Stichwort fehlt.

Die Rollen in einer Bäckerei sind – im Gegensatz zu vielen anderen Betrieben – klar umrissen: Es gibt den Tafelmann, den Mischer, den Ofenmann und den Spüler. Die Bäcker wissen durch ihre Ausbildung haargenau, was in welcher Rolle getan werden muss. Trotzdem ist nicht jeder im gleichen Maße geeignet, eine bestimmte Rolle zu übernehmen. Wer den Ofenmann „spielt“, muss z.B. vorausschauend planen und den Überblick bewahren können. Andererseits gibt es häufig auch gleitende Übergänge in der Rollenbesetzung. So spielt Leo in einer Nacht zuerst den Teigmischer und hilft anschließend als Tafelmann beim Aufarbeiten der Brezen-Teiglinge, die schnell verarbeitet werden müssen, wenn sie aus dem Froster kommen. Sobald sie durch die Wärme zu weich werden, lassen sie sich nämlich nicht mehr laugen und salzen. Hier wird deutlich, dass die Rolle eines Mitarbeiters immer seine Verantwortlichkeiten und

Zuständigkeiten beschreiben muss. Leos Rolle ist nicht *die* Rolle des Teigmischers oder *die* Rolle des Tafelmanns, sondern *seine* Rolle umfasst ein ganzes Aufgabenspektrum, für dessen korrekte Abwicklung er zuständig ist. Gerade Leos Rolle ist äußerst komplex. Sie reicht vom Backen über den Einkauf und die Personalplanung bis hin zur Geschäftsführung.

Trotz der groben Beschreibung sind die Pinnwände inzwischen unter der Sintflut von Klebezetteln versunken, die die Tätigkeiten und Abläufe der Backnacht skizzieren. Dieselbe Grobstruktur müssen wir nun auch für den Laden und die Geschäftsführung erfassen, um anschließend eine klare Übersicht über sämtliche Zuständig- und Abhängigkeiten im Betrieb der Bäckerei Hegmann-Büttner zu erstellen.

Unsere Backnacht hat allen Beteiligten in der Backstube bewusst gemacht, wie schnell das empfindliche Gleichgewicht in der Produktionskette gestört werden kann und wie wichtig es folglich ist, dass jeder seine Rolle kennt und zuverlässig ausfüllt. Die gelungene „Aufführung einer Backnacht" steht im Schwierigkeitsgrad einer Oper in nichts nach. Und in der Länge der Aufführung schlägt sie sogar „Die Meistersinger", mit über fünf Stunden Spieldauer eine der längsten Wagner-Opern.

Erstellung eines Netzplans

Es klingt wie eine Binsenweisheit: Wenn der Teig nicht fertig ist, kann niemand ihn aufmachen, und wenn er nicht aufgemacht ist, kann niemand ihn ausbacken, und wenn nichts ausgebacken wird, kann im Laden nichts verkauft werden. So banal es auch klingt, in der logischen Verkettung zeigt sich schnell, dass bei jeder Panne die Fertigstellung des fehlerfreien Produktes auf dem Spiel steht. Wie aber behält man den Überblick und die Kontrolle über vollständige, reibungslose und fehlerfreie Abläufe? Zum Glück gibt es heutzutage mächtige EDV-Programme, die bei dieser Sisyphusarbeit helfen, aber Fachwissen und handwerkliches Können nicht ersetzen. Was Sie Ihnen nicht ersparen, ist das Füttern mit den entsprechenden Daten.

Ich habe Leo zu einer Sitzung in unserem „naturnah" gepflegten Garten eingeladen. Diese Methode der Gartenkunst ist übrigens ebenso kostensparend wie personalschonend – in unserem Fall schont sie meine eigene Arbeitskraft – und funktioniert nach dem Motto: Was wachsen will, wächst. Wir haben uns im Schatten niedergelassen, um vor der drückenden Augusthitze zu fliehen. Mit dem Laptop ausgerüstet, wollen wir nun ein Planungssystem erstellen, das die Arbeitsschritte samt Verantwortlichkeiten und gegenseitigen Abhängigkeiten festhält. Wir benutzen dazu eine genau für solche Zwecke entwickelte Software. MS-Project ist ein Programm, mit dem sich Produktions- und Planungssysteme komfortabel erstellen lassen. Auch die Produktionskosten lassen sich damit sehr genau kalkulieren. Diese Funktion werden wir aber erst zu einem späteren Zeitpunkt nutzen, denn dazu müssen erst die genauen Zeiten für die einzelnen Prozessschritte gemessen werden.

Derartige Programme sind übrigens äußerst komplex und erfordern daher eine intensive Einarbeitung. Aus umfangreichen Projektarbeiten sind sie heute allerdings nicht mehr wegzudenken, weil man aus ihnen bis ins kleinste Detail alles ablesen kann, was für den

Projektablauf wichtig ist – angefangen von den Kosten über die Entwicklungsfortschritte bis zu Terminabhängigkeiten und zwingenden Abschlussfristen. Kritische Pfade zeigen die empfindlichsten Stellen auf, die das Projekt zum Stillstand zwingen, wenn die erforderlichen Arbeitsschritte, Dienstleistungen oder Lieferungen nicht rechtzeitig erbracht werden. Für jede Verzögerung lassen sich auch sofort die damit verbundenen Mehrkosten ablesen.

Zur Erstellung eines Netzplanes, der uns die Abhängigkeitsstruktur des personellen Einsatzes in der Bäckerei Hegmann-Büttner aufzeigen soll, geben wir nun die Daten ein, die wir in der Backnacht ermittelt haben. Aus unserer Aufzeichnung schreiben wir sozusagen nachträglich ein Drehbuch. Der Produktionsablauf lässt sich nun aus allen Blickwinkeln beleuchten. Welche Requisiten muss der Tafelmann vorfinden, wenn sein Einsatz beginnt? Wann muss der Teigmischer auftreten, damit er ihm rechtzeitig das Material liefern kann? Wenn der Ofenmann kein leeres Bühnenbild vorfinden will, müssen alle Bäcker fleißig vorgearbeitet haben, damit sein Hauptauftritt erfolgen kann. Ob das Stück gut gespielt wurde und wirklich ankommt, entscheiden Morgen für Morgen und Tag für Tag die Kunden. Sie sind gnadenloser als jeder Theaterkritiker. Wenn die Semmel fade schmeckt oder das Brot zu dunkel geraten ist, verreißen sie das Stück und wandern zur Konkurrenz. Zumindest gilt das, wenn es sich um Wiederholungstaten handelt und nicht um gelegentliche Ausrutscher, die in den besten Familien vorkommen können.

Die Komplexität der Arbeitsabläufe in einer Bäckerei wird häufig unterschätzt. Das bisschen Backen, was soll schon dabei sein!? Teig anrühren, formen, ab in den Ofen und schon ist alles fertig. Kaum einer macht sich eine Vorstellung davon, dass in einer Bäckerei wie bei Hegmann-Büttner in einer einzigen Nacht 37 verschiedene Sorten an Backwaren hergestellt werden. Auch nicht von dem hohen Zeitdruck, unter dem gearbeitet werden muss. Und schon gar nicht von der äußerst empfindlichen Kette von personellen Abhängigkeiten. Wenn die Stückgare abgeschlossen ist, muss die Ware sofort in den Ofen. Wenn er dann nicht frei ist, verdirbt sie. Das ist nicht nur Materialverschwendung, sondern verursacht vor allem hohe Personalkosten, denen wegen der unverkäuflichen Ware nicht einmal Einnahmen gegenüberstehen. Abgesehen davon, dass die Kunden es nicht lange tolerieren, wenn die Verkäuferin im Laden ihnen ihre Lieblingssemmeln nicht anbieten kann. Und eines kommt im Falle der Bäckerei Hegmann-Büttner erschwerend hinzu: Zu ihrer Kundschaft zählt so manches bayerische Urgestein. Und ein solches nimmt bekanntlich kein Blatt vor den Mund. Über eine verbrannte Brezen wäre in Nullkommanichts mit freimütigster Offenheit das vernichtendste Urteil gefällt: „Des ko ma net fress'n, des Zeig!"

Um im harten Konkurrenzkampf bestehen zu können, darf es weder zu dramatischen Engpässen noch zu Kapazitätsüberschüssen kommen. Stattdessen sollte der Betrieb idealerweise bis zur Kapazitätsgrenze ausgelastet sein. Ob Sie nun Halbleiter bauen oder Semmeln backen, es scheitert immer an desselben Stellen: an unklaren Abläufen, an unklaren Verantwortlichkeiten, an unklaren Rollen. Ein Netzplan hilft Ihnen dabei, die optimalen Kapazitätsgrenzen zu erkennen und anzufahren. Und weil ein exakter Netzplan ein wirklicher Wettbewerbsvorteil ist, wird der Netzplan der Firma Hegmann-Büttner hier nicht vorgestellt.

Eintragung der Verantwortlichkeiten in das Prozessmodell

„One man, one business" – für jede Aufgabe nur eine Verantwortung. Auf diese knappe Formel lässt sich das Zuordnen verantwortlicher Personen im Prozessmodell bringen. Leo und Sandra haben sich eine halbe Stunde des Nachmittags für diese Aufgabe freigehalten. Länger dauert es tatsächlich nicht, obgleich der Nutzen gewaltig ist.

In jedes Feld des Prozessmodells muss eine verantwortliche Person eingetragen werden. Dabei darf kein Feld der Schablone leer bleiben oder mehrfach beschrieben werden. Wer ein vollständiges Prozessmodell hat und es nach diesen Vorgaben ausfüllt, vermeidet automatisch personelle Überschneidungen, kostspielige Mehrfachbesetzungen oder produktionshemmende Lücken im Betrieb. Wie im Schauspiel können auch in der Arbeitswelt alle Rollen nur einmal vergeben werden, wenn die Aufführung des Stückes gelingen soll. Schließlich muss auch jeder wissen, welche Rolle der andere spielt, damit er die richtigen Ansprechpartner für alle Schnittstellenbelange kennt. Wenn Julia die Bühne betritt und nicht weiß, wer an diesem Abend den Romeo spielt, wird Shakespeares weltberühmte Tragödie über die unsterbliche Liebe schnellstens zur unfreiwilligen Komödie.

Die bereits erarbeiteten Prozesse dienen uns als Basis für die Festlegung von Verantwortungen (Bild 59). Es ist nur eine Fleißarbeit von wenigen Minuten, die Initialen der verantwortlichen Personen in die entsprechenden Felder einzutragen.

Mit dem ausgefüllten Prozessmodell kann in Zukunft jede Veränderung – ob personeller oder inhaltlicher Art – sicher überwacht und gesteuert werden. Wenn der Bäcker, der die Rolle des Tafelmanns innehat, krankheits- oder urlaubsbedingt ausfällt, genügt ein Blick in das Prozessmodell, um die entstandene Lücke zu ermitteln und die passende Vertretung zu organisieren. Auch bei Personalwechsel ist dies für die Planung äußerst hilfreich. Wenn der Ofenmann geht, kann Leo einen neuen Mann für diese Rolle suchen. Bei entsprechender Eignung kann er aber auch dem Tafelmann mit dessen Einverständ-

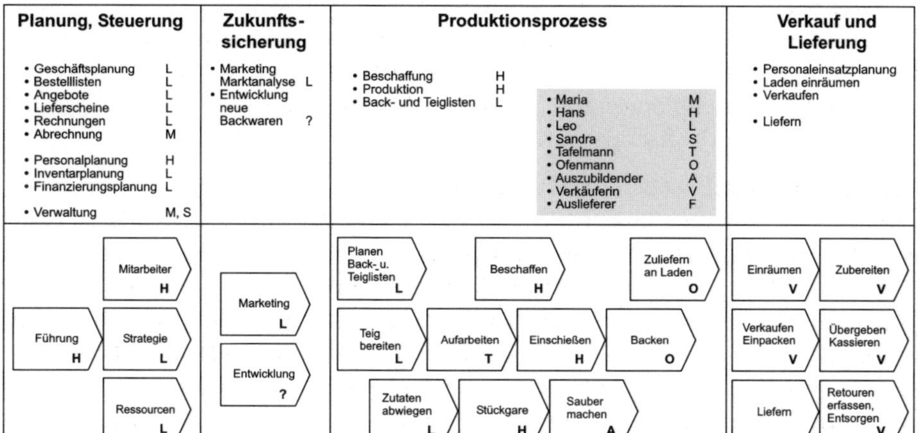

Bild 59 Für jeden Kernprozess gibt es einen Verantwortlichen

nis die Rolle des Ofenmanns übertragen und schließlich für diesen einen geeigneten Ersatz suchen.

Sobald Prozesse entfallen, hinzukommen oder verändert werden, lässt sich in einem aktuellen Prozessmodell wie auf einem Armaturenbrett zuverlässig ablesen, welche Bereiche personell angepasst werden müssen.

Beispielhafte Formulierung einer Rolle

Eine Mutter schenkt ihrem Sohn zwei Hemden zum Geburtstag. Als er eines freudestrahlend anzieht und sich stolz im Spiegel betrachtet, blickt sie traurig zu Boden: „Das andere hat dir wohl nicht gefallen?“ Was der Kommunikationsforscher Paul Watzlawick in diesem Konflikt beschreibt, findet man im übertragenen Sinn auch häufig im Verhältnis zwischen Vorgesetzten und Mitarbeitern. Wenn der Mitarbeiter nicht weiß, was sein Chef von ihm erwartet, ist seine Handlung im Zweifelsfall nämlich immer falsch. Und genau das ist eine häufige Quelle für Unzufriedenheit am Arbeitsplatz: die Unklarheit über die eigene Verantwortung und Entscheidungsbefugnis. Dabei kann es leicht passieren, dass der Chef sich heute beschwert, weil der Mitarbeiter etwas unterlassen hat, das angeblich seine Aufgabe gewesen wäre, und ihn morgen dafür tadelt, weil er genau dieses ausgeführt hat, ohne zuständig gewesen zu sein. Solche Verhaltensweisen gehen im Normalfall nicht auf die Willkür von Vorgesetzten zurück, sondern spiegeln nur die Verwirrung wider, die durch unklare Rollen zwangsweise entsteht. Fatalerweise werden Mitarbeiter dabei automatisch zu übermäßiger Vorsicht bis hin zur Verweigerungshaltung getrieben, statt ihr Engagement durch eigenverantwortliche Arbeit zu fördern und für den Betrieb nutzbar zu machen.

Wie das Beispiel des Drehers zeigt, ist Geld nicht der stärkste Motivator für Leistungsbereitschaft. Obwohl er keinen Cent dafür erhielt, engagierte sich der Dreher mit Hingabe und aller Kraft in seiner Vereinstätigkeit, weil sie ihm die Möglichkeit zur Selbstverwirklichung bot. Zufriedenheit erlangt nur, wer all seine Fähigkeiten bis zu den eigenen Grenzen einbringen kann. Die persönlichen Potenziale von Menschen werden am wirksamsten durch Rollen erschlossen und ausgeschöpft. Eine den Fähigkeiten und Qualifikationen angemessene Entlohnung ist dabei selbstverständlich. Wenn der Dreher sein gesamtes Potenzial einbringen soll, muss er auch besser entlohnt werden, obwohl dies nicht seine eigentliche Antriebskraft ist.

Fähigkeiten, Wissen, Wollen und Verhalten müssen bei jeder Rollenbesetzung berücksichtigt werden. Wissen lässt sich übrigens am leichtesten erlangen, z.B. durch geeignete Schulungsmaßnahmen oder Fortbildungen. Was der Mitarbeiter eigentlich will und welche Ziele er hat, ist dagegen viel entscheidender. Will er etwas bewegen oder will er in Ruhe sinnieren? Ist er ein Macher oder ist er ein Denker? Es macht keinen Sinn, einem Denker den Job eines Organisators zu geben und dem Macher komplizierte Denkaufgaben zum Tüfteln. Dabei werden am Ende weder Chef noch Mitarbeiter glücklich. Fragen Sie den Mitarbeiter einfach, was er erreichen will und welche persönlichen Ziele er hat. Auf diese Weise finden Sie am schnellsten heraus, was er im Inneren anstrebt. Dann können Sie im gemeinsamen Gespräch mit ihm klären, welche Möglichkeiten es zur Umsetzung im Betrieb gibt. Wenn ich gefragt werde, was bei der Stellensuche am wichtigsten ist, gebe ich aus gutem Grund immer diesen Tipp: Such dir nicht den Job, sondern den richtigen Chef. Denn wer die Mitarbeiterführung beherrscht, wird sowieso nur denjenigen einstellen, der die Anforderungen an das Stellenprofil erfüllt – zu dessen und zu seinem eigenen Wohl. Nach der Einstellung des richtigen Kandidaten wird er ihn konsequent darin unterstützen, das Beste aus sich herauszuholen, d.h. seine Ziele zu erkennen und auch zu erreichen.

Zwei Köche verderben bekanntlich den Brei. Deswegen muss auch jeder Verantwortungsbereich überschneidungsfrei definiert werden. Nach seiner Übertragung an eine zuständige Person darf sich niemand mehr in die Rolle einmischen. Auf welche Art und Weise jemand seiner Verantwortung gerecht wird, ist dessen eigene Angelegenheit, solange die vereinbarten Ziele erreicht werden. Wer in die Rolle eines anderen unrechtmäßig eingreift und ihn dabei unnötig gängelt, zerstört sein Selbstbild und Selbstverständnis und damit auch seine eigene Motivation. Jedes Schauspiel lebt von der Illusion einer in sich stimmigen Welt mit autonomen Figuren, eigenen Gesetzen, Regeln und Bedingungen. Wenn Romeo bei laufender Aufführung den Regisseur von der Bühne herab fragen muss, ob er Julia küssen soll oder sie ihn, platzt diese Illusion. Das Publikum nimmt Romeo seine Rolle nicht mehr ab, der sie dann auch nicht mehr glaubhaft verkörpern kann. Auch in der Arbeitswelt können Mitarbeiter ihre Rollen nur dann konsequent und effizient ausfüllen, wenn die vereinbarten Spielregeln eingehalten werden. Bevormundungen sind dabei ebenso kontraproduktiv wie argwöhnisches Misstrauen.

Rollendefinitionen beschreiben in der Regel die Grenzen der Zuständigkeit, den Aktionsspielraum und das grobe Ziel, das die verantwortliche Person mit ihrer Arbeit erreichen soll. Genauere Details werden dagegen in Zielvereinbarungen geregelt. Meine Rolle als Geschäftsführer in der Unternehmensberatung im Kaizen-Institut wurde z.B. folgendermaßen beschrieben:

> **Rolle als Geschäftsführer**
>
> Hr. Bodo Dreisbach ist in der Kaizen Teaching AG, einer Unternehmensberatung, die Firmen in Europa bei der Einführung des japanischen KAIZEN-Systems unterstützt, als Leiter für die deutsche Niederlassung verantwortlich.
>
> Als Niederlassungsleiter obliegt Herrn Dreisbach die verantwortliche Führung und Leitung der deutschen Niederlassung mit 17 Mitarbeitern. Schwerpunkt seiner Aufgabe ist es, die herstellende Industrie in Deutschland in die KAIZEN-Methode einzuführen und entsprechend zu beraten, die schon vorhandenen Kunden zu betreuen, neue Kunden zu werben, Personal einzustellen und auszubilden sowie Methoden von KAIZEN anzuwenden und weiterzuentwickeln.
>
> Hr. Dreisbach untersteht unmittelbar dem Geschäftsführer der Kaizen Teaching AG, Europa. Er hat aufgrund seiner Erfahrung beim Leiten großer Beratungsorganisationen in verantwortlicher Funktion dafür Sorge zu tragen, dass ein Geschäftssystem auf europäischer Basis aufgebaut wird, wobei Standards, Regeln und Abläufe überarbeitet und implementiert sowie Verantwortungsbereiche für Niederlassungsleiter, Projektleiter und Koordinatoren neu definiert werden müssen.

In dieser Beschreibung ist mein Verantwortungsbereich klar umrissen. Sie zeigt, wo meine Weisungsgebundenheit endet und meine Weisungskompetenz beginnt, benennt den Spielort – die deutsche Niederlassung – und die Schwerpunkte der Aufgabenstellung. Aus und Schluss – kein Firlefanz, keine Fisimatenten. Schließlich wusste ich selbst am besten, was zur Umsetzung der gestellten Aufgabe gemacht werden musste. Genau dafür hatte man mich ja eingestellt und genau deswegen hatte ich den Job angenommen.

Rollenbeschreibungen können auch stichwortartig die Zuständigkeiten festhalten, wie das folgende Beispiel aus der Unternehmensberatung von Siemens zeigt:

Rolle als Projektleiter

- Betreuung eines Beratungsprojektes (verantwortlich für Projektsteuerung und Durchführung)
- Auswahl der Berater zusammen mit dem Projektbetreuer
- Wahl des Schwerpunktprogramms gemäß PB-Beratungsansatz mit Vorgehens-, Gestaltungs- und Mobilisierungsmodulen
- Ausarbeiten des Angebotes
- Projektdurchführung entsprechend Zielvereinbarung und Budget
- Einhaltung der PB-Projektstandards
- Bilden und Führen des Teams / Betreuen und Trainieren der Berater
- regelmäßige Information des Auftraggebers
- Betreuung des Klienten-Projektleiters
- Organisation/Koordination von Team-/Lenkungsausschuss-Sitzungen
- Projektabrechnung
- Abschluss und Auswertung des Projektes für PB/BO
- Beurteilung von Beratern und Projektbetreuer

Dem Projektleiter sind mehrere Mitarbeiter unterstellt, an die er Aufgaben delegieren kann, um die komplexen Anforderungen an seine Person erfüllen zu können. Dadurch ergeben sich weitere Rollen, die unterhalb seines Verantwortungsbereiches angesiedelt sind und ebenfalls definiert werden müssen. Das Beispiel für einen Berater könnte so aussehen:

Rolle als Berater

- verantwortlich für definierte Aufgaben in Beratungs- und Themenprojekten
- Unterstützung des Projektleiters, Mitarbeit im Team
- gegebenenfalls Projektleiter für Teilprojekte
- Bearbeiten der Projektaufgaben
- Sicherstellen des Erreichens von Meilensteinen und Zielen
- Vorbereitung von Team- und Lenkungsausschuss-Sitzungen
- Erstellen der Projektdokumentation (z.B. Erfolgs-Stories)
- Beurteilung Projektleiter und Teammitglieder

Um Leos Rolle als Juniorchef zu definieren, genügt ein Blick in das Prozessmodell, aus dem wir seine Verantwortungen ablesen können:

Leos Rolle als Juniorchef

- Planung der Lieferungen
- Angebote
- Rechnungen

- Inventarplanung
- Finanzierungs-, Budgetplanung
- Geschäftsplanung in Abstimmung mit den Seniorchefs
- Marketing
- Back- und Teiglisten
- Teige mit abgewogenen Zutaten
- Vertretung Seniorchef
- Springer bei Bedarf

Wie die Auflistung zeigt, trägt Leo sowohl Haupt- als auch Nebenrollen. Als Springer hat er improvisierte Kurzauftritte, während er bei der Teigzubereitung das Bühnengeschehen dominiert.

Obwohl die Personalverantwortlichkeit offiziell noch in den Händen von Hans ruht, regelt Leo im Alltag bereits personelle Angelegenheiten im Umgang mit den Mitarbeitern. Der schleichende Übergang in die künftige Rolle der Mitarbeiterführung, der von beiden Seiten gewünscht wird, aber auf keiner konkreten Absprache beruht, verursacht häufig Missverständnisse zwischen Junior- und Seniorchef. Hier besteht dringend Handlungs- und Klärungsbedarf, denn die Reibung geht – wie so häufig – letzten Endes auf die ungeklärte Rollensituation zurück. Leo ist aufgeschlossen und lernbegierig. Er sieht, welchen Profit er aus der Unternehmensberatung ziehen kann und brennt darauf, die Inhalte im eigenen Betrieb nutzbringend umzusetzen. Als Hans ohne Abstimmung mit Leo eine Gehaltserhöhung für alle Mitarbeiter beschloss, fiel der Juniorchef aus allen Wolken. Hans fand es einfach an der Zeit, die Gehälter seiner Mitarbeiter wieder einmal anzupassen. Leo aber hatte haargenau begriffen, dass mit einer Gehaltserhöhung gute Leistungen belohnt werden müssen. Wenn sie undifferenziert angewandt wird, belohnt sie auch diejenigen, die ihre Arbeit mehr schlecht als recht verrichten. Leo hätte die Gehaltserhöhung in Zusammenhang mit der Zielvereinbarung gerne als Anreiz eingesetzt.

Auch die Mitarbeiter tun sich im Übrigen schwer, wenn sie nicht wissen, auf wen sie hören müssen. Einmal ist es Hans und einmal ist es Leo. Diese Verantwortungsüberschneidung muss also schnellstens ausgeräumt werden.

Leo kennt nun verschiedene Beispiele, wie man Rollen definiert. Alle weiteren Rollenbeschreibungen kann er jetzt auch ohne meine Hilfe durchführen. Er hat erkannt, dass man als Unternehmer und Führungskraft immer die Rolle des Regisseurs spielt, der mit dem Drehbuch für eine ideale Rollenbesetzung sorgen muss.

Unsere Backnacht war die erste Probe auf der Bühne. Wenn alle Rollen beschrieben und die Verantwortungen lückenlos und überschneidungsfrei an die Mitarbeiter übertragen sind, folgt die Premiere. Das Ziel heißt: tosender Applaus und Standing Ovations der Kunden im Laden. Erreicht ist dieses Ziel, wenn die Brezen dem bayerischen Urgestein ein herzhaftes „Pfenningguat!" entlockt.

„Alles fließt" – das Wort des griechischen Philosophen Heraklit hat bis heute nichts von seiner Aktualiät eingebüßt. Nichts bleibt, wie es ist. Auch Rollen werden nicht für die Ewigkeit vergeben und festgeschrieben, denn ihre Träger verändern sich und entwickeln sich weiter. Das macht im Laufe der Zeit einen Rollenwandel erforderlich. Im Durchschnitt werden Rollen für einen Zeitraum von zwei Jahren festgelegt. Danach sollte in einem Personalgespräch geklärt werden, welche neuen Herausforderungen der Mitarbeiter sucht, welcher Bedarf im Betrieb besteht und welcher Rollenwechsel sich somit anbietet.

Die Rollendefinition ist die Vorstufe zur Zielvereinbarung, denn diese setzt voraus, dass Verantwortung übertragen wird, in deren Rahmen die Zielvereinbarung erfüllt werden kann. Bevor Ziele mit den Mitarbeitern vereinbart werden können, müssen sie quantifiziert werden. Dazu benötigt man Kriterien und Kennzahlen, mit deren Hilfe Zielwerte bestimmt werden können. Erst dann lässt sich die Güte von Arbeitsergebnissen beurteilen. Dieser Aufgabe werden wir uns im nächsten Workshop widmen.

Künstler in ihrem Element

Einen Könner erkennt man sofort an seiner eigenen Ästhetik. Ihm bei der Arbeit zuzusehen, ist ein wahrer Genuss. Alle Bewegungen sind harmonisch und fließen. Wenn ich in unserem Yacht-Club essen gehe, genieße ich die Küche im wahrsten Sinne des Wortes. Die Gaststube gewährt freien Einblick in den Raum, wo der Meisterkoch in Lederhose und weißem Leinenhemd das Küchengeschehen dirigiert. Seine Bewegungen sind schnell, aber nicht hastig. Das Messer fliegt durch die Zwiebeln, die Pfanne wird akkurat in der richtigen Sekunde geschwenkt, die Tomatensuppe mit einem Sahnetupferl gekrönt, bevor sie hinaus zum Kunden wandert. Der Koch ist immer zur rechten Zeit am richtigen Ort. Keine Bewegung ist ungelenk oder überflüssig, jeder Handgriff sitzt präzise und perfekt. Eine Pirouette vom Schneidebrett zur Herdplatte – und das Steak gleitet brutzelnd ins heiße Öl.

Trotz seiner beachtlichen Leibesfülle wirkt jede Bewegung schwerelos. Vom bloßen Zuschauen weiß ich, dass mich ein kulinarischer Leckerbissen erwartet. Denn der Anblick, der mir bei der Zubereitung der Speisen geboten wird, ist ebenso grandios wie das, was am Ende meinen Gaumen erfreut. Der Koch kennt sein Ziel in- und auswendig: Der Gast soll sich alle Finger lecken nach seinen Speisen. Dafür führt er Abend für Abend sein virtuoses Koch-Ballett auf.

Ob Sie es glauben oder nicht, sobald ich als Unternehmensberater durch einen Betrieb gehe, sehe ich sofort, ob das Geschäft in einem guten oder schlechten Zustand ist – bevor ich auch nur eine Frage gestellt, eine Akte geöffnet oder eine einzige Zahl analysiert habe. Man sieht es tatsächlich auf den ersten Blick, ohne es an Daten festmachen zu müssen. Ich laufe einfach durch den Betrieb und schaue den Leuten bei der Arbeit zu. Wenn ich sehe, wie ein guter Monteur eine Maschine zusammenbaut, wie ruhig er sein Werkzeug handhabt, wie geschickt er den Inbusschlüssel mit dem Daumen dreht, wie sicher er die Schraube ansetzt und blitzschnell bombenfest zieht, möchte ich manchmal applaudieren. Die Harmonie ist entweder da – oder sie ist nicht da. Wenn sie fehlt, warten immer Berge von Arbeit auf mich. Virtuose Aufführungen gelingen nur mit einer eigenen Ästhetik, für deren Entwicklung man eine eigene Rolle braucht. Man erkennt sofort, ob jemand nur vor sich hinarbeitet oder eine Rolle hat, die er mit Spaß und Hingabe ausfüllt. Auch Laien sehen und spüren das. Wer seine Rolle dagegen gar nicht kennt, wird – so paradox es klingt – immer aus ihr herausfallen.

Zielvereinbarungen – über Ziele führen

Klar zum Wenden! – Ein letztes Mal blitzen sie am Horizont auf, die weißen Segelboote im Hafen von Cannes, bis das sanfte Band des Mittelmeers die Felsen der Côte d'Azur nach und nach verschluckt. Während die stolze Yacht scheinbar schwerelos hinaus ins azurblaue Meer gleitet, hat die geschundene Crew wieder alle Hände voll zu tun. Segelsetzen, dicht holen, reffen, Kurs ändern. So geht es jetzt schon seit Tagen. Wo soll es überhaupt hingehen? Letzte Woche ist das Schiff von Cannes ausgelaufen und im Grunde nicht von der Stelle gekommen. Auf dem Weg nach Mallorca haben Mannschaft und Boot gegen den tückischen Mistral gekämpft, der das Meer für Segler sekundenschnell in eine Hölle verwandeln kann. Als endlich die Kathedrale von Palma de Mallorca im goldenen Licht der untergehenden Sonne aufleuchtete, erschien zum Schichtwechsel ein zweiter Skipper an Deck und gab ein neues Ziel aus: Kurs auf die spanische Küste nach Barcelona. Doch auch diese Überfahrt endete nicht in der katalanischen Hafenstadt, sondern wurde von dem dritten Skipper jäh unterbrochen, der trotz der Flaute Kurs auf Korsika nehmen ließ. Also alle ran an die Schoten! Auf der Höhe von Cannes schmeißt der erste Skipper nun alles wieder um und gibt erneut den Zielhafen Mallorca aus. Ist dies ein Boot voller Irrer? Was ist das Ziel dieses Segeltörns? Zickzack im Dreieck fahren und sich Blasen an den Händen holen? Die drei Steuermänner haben kein gemeinsames übergeordnetes Ziel, sondern verfolgen nur ihre persönlichen Interessen. Der eine will seine Freundin auf Mallorca besuchen, der andere auf den Ramblas in Barcelona bummeln gehen und der dritte auf Korsika in seinem Lieblings-Restaurant speisen. So erreicht am Ende keiner sein Ziel, aber die Mannschaft steht kurz vor der Meuterei. Wer will schon pausenlos sinnlose Segelmanöver ausführen, hart am Wind segeln und bis auf die Haut nass werden, ohne jemals anzukommen?

„Wer den Hafen nicht kennt, in den er segeln will, für den ist kein Wind günstig." („Ignoranti, quem portum petat, nullus suus ventus est." Lucius Annaeus Seneca d. J., um 4 v. Chr. bis 65 n. Chr.) Wenn ich nicht wüsste, dass dieses Zitat auf den römischen Philosophen und Dichter Seneca zurückgeht, würde ich schwören, der Satz wurde geschaffen, um das Wesen der Zielvereinbarung zu verdeutlichen. Tatsächlich beschreibt die Geschichte des grotesken Segeltörns eine Situation, die man in vielen Unternehmen antrifft. Es gibt kein übergeordnetes Ziel und daher keine gemeinsame Fahrtrichtung. Ebenso fatal ist es, wenn – wie so häufig – überhaupt kein Ziel existiert. Wenn Sie nicht zu denen gehören wollen, die im Mittelmeer ziellos herumschippern und dabei die Crew nutzlos verschleißen, sollten Sie sich die Zeit nehmen, dieses Kapitel gründlich zu lesen. Denn alles, was Sie zuvor in diesem Buch erfahren haben, ist nichts anderes als die Vorarbeit für die Zielvereinbarung. Sie ist der eigentliche und wahre Kern des Führens.

Was Seneca ebenso geistreich wie tiefsinnig ausdrückt, klingt bei dem Wiener Kabarettisten und Schauspieler Helmut Qualtinger zwar bodenständiger, aber inhaltlich geht es um dieselbe Sache. Als er so viel Erfolg hatte, dass er sich eine Harley-Davidson – Kultobjekt aller Motorradfahrer – leisten konnte, beschrieb er das Verhältnis zu seinem Edel-Feuerstuhl ironisch mit den Worten: „I waas zwor net, wohin i fahr, aber i bin eher duurt." Auch hier besteht eine Parallele zur Arbeitswelt. Führungskräfte, die kein klares Ziel vor Augen haben, geben häufig Gas und machen Druck auf ihre Mitarbeiter, um die Leistung zu steigern. Sie wissen nicht, wohin die Fahrt geht, aber sie wollen schneller ankommen, weil sie am Tempo den Erfolg ihrer Führungsleistung messen. Als Führungskraft dürfen Sie auf keinen Fall Qualtinger auf dem Motorrad spielen und ziellos Gummi geben. Wenn die Belegschaft hart und mit Hochdruck ohne erkennbares Ziel arbeiten soll, wird sie mit Recht missmutig, ja sie wird stinksauer, weil sie den Vorgesetzten als Schinderhannes erlebt, der ohne Sinn und Verstand vorgeht. Wer dagegen das Geschäftsziel und seine eigene Rolle kennt, weiß auch, welchen Beitrag er für das Erreichen des Gesamtzieles leisten muss. Mit der Zielvereinbarung werden die Geschäftsziele auf die einzelnen Mitarbeiter heruntergebrochen. Nur mit der Erreichung der vereinbarten Teilziele wird das Gesamtziel des Unternehmens gesichert. Erst wenn die richtigen Ziele formuliert sind, kann der Kurs eingeschlagen werden, der Sie und Ihre Mitarbeiter durch die Untiefen der Marktwirtschaft im sicheren Fahrwasser zum Erfolg führt.

Die erste Aufgabe eines wirksamen Managements ist es also, für Ziele zu sorgen. Genau das empfiehlt wortwörtlich der international renommierte Management-Berater und Bestseller-Autor Fredmund Malik. Gleichzeitig stellt er fest, dass es für jeden Beruf – ob Bäcker, Lehrer oder Kosmonaut – eine professionelle Ausbildung gibt, nur nicht für Führungskräfte und Manager. Dabei beeinflussen gerade sie die Geschicke eines Unternehmens stärker als jeder andere. Fallen Sie nicht vom Stuhl, aber die wahrscheinlich einzige Institution, die bisher das Führen als Ausbildungsfach angeboten hat, ist das Militär. Deswegen greift die deutsche Industrie auch so gerne auf Zeitsoldaten zurück, weil sie das Führen bei der Bundeswehr gelernt haben. Ich selbst habe bei Siemens von meiner Ausbildung zum Offizier stark profitiert.

Es ist also dringend notwendig, die Ausbildungslücke zu schließen, wozu dieses Buch seinen Beitrag leisten will. Wie kann man nun professionell – nicht autodidaktisch und im schlimmsten Fall amateurhaft – richtige Ziele fokussieren und am Ende auch erreichen? Diese Frage steht im Zentrum jeder Zielvereinbarung. Von Malik lernen wir, dass das Aufspüren von Zielen nicht mit Systembürokratie verwechselt werden darf. Viele Führungskräfte vereinbaren Ziele mit ihren Mitarbeitern, weil es von der obersten Führungsebene verlangt wird. Man nimmt ein Formular, das im Gespräch mit dem Mitarbeiter ausgefüllt wird, und damit ist die Sache erledigt. Das ist reine Zeitverschwendung und hat mit der Zielvereinbarung nicht das Geringste zu tun.

Im Idealfall umfasst ein übergeordnetes Ziel sowohl die Geschäftsziele als auch die persönlichen Ziele der Mitarbeiter. Wenige, aber hochgesteckte Ziele sind immer besser als viele kleine Ziele. Falsche Ziele wirken sich grundsätzlich fatal aus, denn sie führen automatisch in die Irre. Um ein großes Ziel zu finden, rät Malik zu folgenden Fragestellungen: *„Ist es wirklich wichtig? Was passiert, wenn wir es nicht machen?* Peter Drucker, weltweit anerkannte Koryphäe in Sachen Management, fasst es so zusammen: „Effective executives do first things first and second things ...?" Die verblüffende Antwort lautet nicht etwa „second", sondern „not at all".

Bei der Zielfindung ist es äußerst wichtig, dass Sie das Ergebnis gedanklich vorwegnehmen. Spielen Sie die Situation einfach im Geiste durch, die mit der Erreichung des Ziels geschaffen wird. So können Sie vorab überprüfen, ob das *formulierte* Ziel tatsächlich zu dem inhaltlich *angestrebten* Ziel führt. Erst wenn alle denkbaren negativen oder unerwünschten Folgen ausgeschaltet sind, ist die schwere Aufgabe gelöst. Dann dürfen Sie zu Recht „Heureka" rufen – ich habe es gefunden – wie der griechische Mathematiker Archimedes (287 – 212 v. Chr., geboren und gestorben in Syrakus auf Sizilien), der vor lauter Freude über die Entdeckung des Gesetzes zum hydrostatischen Auftrieb nackt, wie er war, aus der Badewanne sprang, auf die Straße lief und dabei das berühmte Wort ausrief. Sobald Sie das Ziel gefunden haben, dürfen und müssen Sie es ebenso freudig weiterkommunizieren – aber ohne dabei nackt durch den Betrieb zu laufen.

Die Bedeutung der Zielformulierung

Vorsicht bei der Definition von Zielen! Ihre Wirkung ist gigantisch. Erinnern Sie sich an das Beispiel zur Umstrukturierung der Unternehmensberatung bei Siemens, das bereits in der Situationsanalyse geschildert wurde? Es verdeutlicht am besten, wie sehr die Erreichung des angestrebten Zieles von der richtigen Zielformulierung abhängt. Ich wiederhole mich nur ungern, aber hier macht es Sinn, den Fall noch einmal unter dem Aspekt der Zielformulierung zu beleuchten.

Als bei Siemens die Prozessberatung gegründet wurde, mussten zehn konkurrierende Abteilungen unter einem Dach zusammengefasst werden, die alle zuvor subventioniert worden waren. Der neue Chef erhielt die Auflage, am Ende des Geschäftsjahrs eine schwarze Null zu schreiben. Er sah sofort, dass der einzige Weg zur Erfüllung dieser anspruchsvollen Aufgabe über die Zielvereinbarung führte. Also überlegte er, wie er es schaffen könnte, künftig ohne Subventionen auszukommen. Dazu durften die Ausgaben die Einnahmen nicht überschreiten. Wenn er nun aber als oberstes Ziel vorgab, mindestens soviel Geld zu erwirtschaften, wie ausgegeben wurde, dann würden alle ihr Geld mit Training anstatt mit Beratung verdienen, weil man damit leichter und schneller Gewinne erzielen konnte. Das neue Unternehmen sollte aber beraten, und nicht trainieren.

Niemand zahlt für eine Beratung ohne deutlichen Kundennutzen. Also war die nächste Frage, welchen Kundennutzen man erzeugen musste, um genügend Beratungsaufträge zu erhalten, die gleichzeitig genug Geld einbrachten. Damals standen viele Geschäfte in den roten Zahlen. Somit war die Kostensenkung für die meisten der wichtigste Punkt. Also gab der neue Chef das Ziel aus, im ersten Geschäftsjahr die Kosten der Kunden *nachweislich* um zwei Milliarden zu senken. Mit Training lassen sich Kostensenkungen nicht nachweisen, mit Beratung dagegen schon. Damit war das übergeordnete Gesamtziel für das laufende Jahr gefunden. Anschließend vereinbarte er mit jedem einzelnen Mitarbeiter, dass das Erreichen des Gesamtzieles wichtiger war als das Erreichen des persönlichen Zieles. Wer am Ende des Jahres dazu beigetragen hatte, zuerst das Gesamtziel und dann seine persönliche Ziele zu erreichen, erhielt eine stattliche Prämie. Das war ein genialer Trick, um zu verhindern, dass einer gegen den anderen arbeitete, denn schließlich hatten vorher alle in Konkurrenz zueinander gestanden. So aber dachte keiner mehr daran, dem Kollegen ein lukratives Projekt wegzuschnappen, sondern half ihm sogar, sobald Probleme auftraten. Denn wenn das Gesamtziel nicht erreicht worden wäre, hätte keiner eine Prämie erhalten, selbst wenn er seine persönlichen Ziele im Ergebnis weit übertroffen hätte. Und was wurde am Ende erreicht? Bei den Kunden eine Kostensenkung von 2,5 Milliarden und statt einer schwarzen Null ein Profit von 8%, wie es bei der Situationsanalyse ja schon erwähnt wurde.

Sowohl das übergeordnete Ziel als auch die einzelnen Zielvereinbarungen waren wohl durchdacht. Sie sorgten dafür, dass alle an einem Strang zogen und jeder einzelne bei jeder Entscheidung überlegte, ob diese zum Erreichen der Geschäftsziele und seiner eigenen Ziele geeignet war. Die kluge Zielformulierung beeinflusste und regulierte von Anfang an das Vorgehen der Mitarbeiter. Sie wussten nun immer, welcher Wind günstig für sie war und nutzten seine Kraft. Je nachdem, ob es zum Erreichen des ausgegebenen Jahresziels beitrug, segelten sie mit, quer oder gegen den Wind.

Sinnvolle übergeordnete Ziele zu finden, erfordert eine gewisse Genialität. Das Herunterbrechen auf die einzelnen Mitarbeiter ist dagegen eher Fleißarbeit. Grundsätzlich gilt, dass übergeordnete Geschäftsziele immer Vorrang vor persönlichen Zielen haben. Sie sind der Leitstern, der den Weg in den sicheren Hafen weist.

Die Voraussetzungen für die Zielvereinbarung

Wer im Nebel herumirrt, kann keine Ziele vereinbaren, denn er weiß ja nicht einmal, wo er sich befindet. Alle Elemente des Führungssystems, die bisher in diesem Buch vorgestellt und behandelt wurden, sind unabdingbare Voraussetzungen für die Nutzung und gelungene Umsetzung der Zielvereinbarung. Wer das stärkste Führungsinstrument gebrauchen und erfolgreich einsetzen will, muss vorher umfangreiche Hausaufgaben erledigen, die idealerweise vom Geschäftsauftrag bis zur Rollendefinition reichen. Manch einer steht der Zielvereinbarung skeptisch gegenüber. Das sei zwar schöne Theorie, aber in der Praxis funktioniere sie sowieso nicht. Kaum einer macht sich jedoch klar, dass das Gelingen im Wesentlichen von der Vorarbeit abhängt. Die meisten wissen gar nicht, welche Grundlagen zuvor geschaffen werden müssen. Wer mit der Zielvereinbarung scheitert, hat meistens seine Hausaufgaben nicht gründlich gemacht. Andererseits gibt es auch musterhafte Betriebe – wie etwa „Der Beck" mit seinen zahlreichen Filialen, die so selbstverständlich all diese Aufgaben erledigen, dass sie bestens für die Zielvereinbarung gerüstet sind. Sie bilden aber eher die Ausnahme.

Der Geschäftsauftrag und das Leitbild müssen zu den Zielen passen. Wenn hier Widersprüche entstehen, zerreibt es alle Beteiligten. So dürfen Ziele z.B. nie gegen die Wertvorstellungen des Leitbilds verstoßen. Die Geschäftsziele werden aus der Balanced Scorecard abgeleitet, die die vier Felder „Markt und Kunden", „Mitarbeiter", „Finanzen und Ergebnis" sowie „Prozesse" enthält. Um diese Felder mit adäquaten Inhalten – relevanten Fakten, Zahlen und Daten – zu füllen, müssen zunächst eine Marktanalyse, ein

Benchmarking, eine Mitarbeiterbefragung und eine Situationsanalyse durchgeführt werden. Nur wer den Markt, seine Kunden und die Wettbewerber kennt, kann eine geeignete Geschäftsstrategie entwickeln. Ohne Mitarbeiterzufriedenheit lassen sich langfristig keine zufriedenstellenden Ergebnisse erwirtschaften. Die Vision aktiviert die emotionale Seite, motiviert und integriert alle Beteiligten und sorgt für eine sinnstiftende Einbindung in den Unternehmenskontext. Mit Hilfe des Prozessmodells werden die Kernprozesse des Geschäfts identifiziert und entsprechende Verantwortungsbereiche zugeschnitten, die für die Rollendefinition benötigt werden. Schließlich kann man mit niemandem Ziele vereinbaren, wenn man nicht weiß, wer verantwortlich ist.

All diese Vorarbeiten brauchen ihre Zeit. Im Allgemeinen bestimmt der Klient selbst das Tempo mit der Festlegung der Beratungs- und Workshop-Termine. In der Bäckerei Hegmann-Büttner hat sich der Prozess über drei Jahre erstreckt, wie Sie an den wechselnden Jahreszeiten und dem rasanten Heranwachsen von Maximilian und Franziska unschwer erkennen können. Und aus Frau Röhrich ist inzwischen Frau Rehberg geworden. Obwohl sie hier nie direkt in Erscheinung tritt, ist sie ein unverzichtbares Crew-Mitglied bei der Realisierung dieses Buches. Sie ist mit mir in See gestochen, hat alle Aufzeichnungen – von den Workshops in der Bäckerei bis zu den Interviews mit meiner Koautorin – in elektronische Textversionen verwandelt und dabei ihre sprachlichen Kompetenzen als Übersetzerin des Bayerischen ins Hochdeutsche eingebracht. Wenn die Segel für ein neues Kapitel gesetzt werden, ist sie immer zur Stelle und packt tatkräftig mit an.

Bevor ich mit Leo in die Zielvereinbarung einsteige, bereite ich ihn auf den ganzen Komplex noch einmal vor. Alle bisher behandelten Komponenten des Führungssystems werden dabei anhand komprimierter Informationen und mit Hilfe grafischer Übersichten wiederholt. Leo muss auf alle wesentlichen Datenblöcke einen Blick werfen, sie wie in einem Panorama vor seinem geistigen Auge einfangen und im Kurzeitgedächtnis verankern. Er muss den Geschäftsauftrag, das Leitbild und die Balanced Scorecard mit den Geschäftszielen auswendig kennen und sämtliche Fakten zum Geschäft im Kopf haben. Bevor wir uns zum Zielvereinbarungs-Workshop treffen, muss er sich mit allem noch einmal intensiv beschäftigen. Ohne diese Grundlage können wir keine Ziele auf die Mitarbeiter herunterbrechen.

Der Zielvereinbarungsprozess

Glück ist das Erreichen hochgesteckter Ziele – auch diese Weisheit stammt aus der klassischen Philosophie und hat über Jahrtausende nichts an Wahrheit eingebüßt. Vor einigen Jahren machte eine Gruppe von Philosophen in Wien ein interessantes Experiment, um Erkenntnisse zu gewinnen, wie sich Glück definieren lässt. Ein Proband wurde medikamentös in Tiefschlaf versetzt und sein Gesicht so raffiniert geschminkt, dass er schlicht und ergreifend glücklich aussah. Dann wurden Testpersonen befragt, wie er auf sie wirke. Alle fanden, er sehe glücklich aus. Als man sie aber fragte, ob sie ebenfalls eingeschläfert werden wollten, um dieses Glück zu erfahren – man könne sie mit Medikamenten für 10 Jahre in diesen glücklichen Zustand versetzen, lehnten alle ab. Glück im Schlaf scheint niemanden zu verlocken, denn um es zu genießen, muss es offensichtlich bewusst erlebt werden. Gewöhnlich stellt es sich erst nach der Bewältigung schwierigster Herausforderungen ein. Ohne Überwindung hoher Hürden wird es selten erfahren. Das erklärt auch, warum sich Menschen in aller Regel nach anspruchsvollen Zielen sehnen.

Wenn alle persönlichen Fähigkeiten aktiviert werden, ist die Mitarbeiterzufriedenheit generell am höchsten. Und je besser ein Mitarbeiter seiner Werteordnung entsprechen kann, desto zufriedener ist er mit seiner Arbeit. Für die Zielvereinbarung ist die Mitarbeiterzufriedenheit von fundamentaler Bedeutung, weil ein unzufriedener Mitarbeiter sich schwerlich mit seinem ganzen Können und Engagement einer vereinbarten Aufgabe widmen wird. Eine Grundvoraussetzung ist natürlich auch, dass die Rahmenbedingungen, wie Gehalt und soziale Absicherung, stimmen.

Führen mit Zielen ist nur dann effektiv, wenn die Verantwortung für die Prozesse eindeutig und überschneidungsfrei zugewiesen ist. Die Verantwortlichen für einen Prozess – neudeutsch Process-Owner genannt – werden am stärksten dadurch motiviert, dass sie sich und der Führungskraft professionelle Kompetenz beweisen können. Das wiederum gelingt am besten, wenn sie selbst Vorgehensweisen vorschlagen können, die zur Erreichung der anspruchsvollen Ziele geeignet sind.

Vielen Führungskräften ist gar nicht bewusst, dass sie der laufende Motor für die Motivation ihrer Mitarbeiter sind und damit die Energiequelle für alles, was im Betrieb getan werden muss. Wenn der Motor stottert oder gar absäuft, muss man sich nicht wundern, wenn das Engagement der Mitarbeiter sich nicht voll bzw. überhaupt nicht entfaltet. Reinhard K. Sprenger, der Autor des Bestsellers „Mythos Motivation", vertritt sogar die Ansicht, dass der Motivation immer Demotivation vorausgeht. Alle Menschen verfügten grundsätzlich über kreative Energie, die nach Entfaltung dränge. Sie wollen sich einbringen, sie wollen mitmachen, sie wollen gefordert werden. Wenn man sie vorher nicht demotivieren würde, entstünde gar kein Bedarf zum Motivieren. Motivation ist nach Sprengers Auffassung ein Akt der Verführung, sich wieder zu beteiligen, obwohl einem die Verhältnisse eigentlich schon gegen den Strich gehen. Statt Motivationsmethoden zu ersinnen und anzuwenden, sollten Führungskräfte vielmehr alles unterlassen, was Mitarbeiter demotivieren könnte. Statt zu verführen, sollten sie fordern – nämlich das einfordern, was zuvor freiwillig und zu realistischen Bedingungen vereinbart wurde.

Wenn Ziele vereinbart wurden, muss regelmäßig überprüft werden, ob und inwieweit sie erreicht werden. Dadurch zeigen Vorgesetzte ihr Interesse an den Vorgängen und an der Arbeit ihrer Mitarbeiter. So werden Erfolgserlebnisse auch als solche wahrgenommen. Wenn niemand nachfragt, erscheint der eigene Beitrag als unwichtig. Das hat zur Folge, dass sowohl das Engagement als auch die Leistungsbereitschaft sinken. Wer trotz realistischer Bedingungen sein Ziel nicht erreicht, muss seine Prozesse optimieren.

Wie kann man nun festlegen, welchen Beitrag jeder einzelne zum Erreichen der Geschäftsziele leisten muss? Dazu müssen zunächst die Prozess- und Mitarbeiterziele aus den Geschäftszielen abgeleitet werden. Wer seine Hausaufgaben erledigt hat, braucht jetzt nur noch Disziplin für das Herunterbrechen von Zielen. Der Weg und die Etappen sind in Bild 60 skizziert.

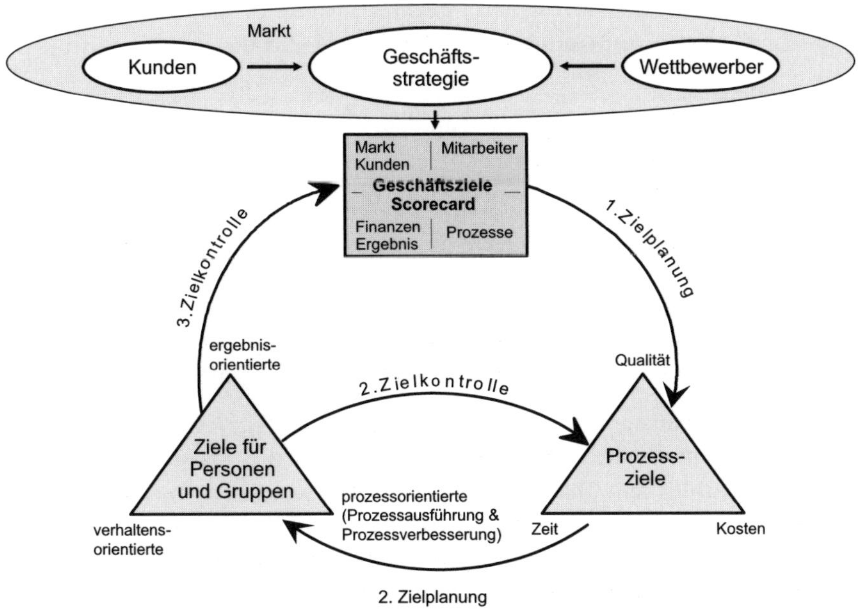

Bild 60 Aus den Geschäftszielen werden Prozess- und Mitarbeiterziele abgeleitet

Aus Markt („Kunden") und Wettbewerb wird die Strategie abgeleitet. Diese wiederum bildet die Grundlage für die Entwicklung von Geschäftszielen, die in der Balanced Scorecard dargestellt werden. Aus ihnen werden Prozessziele heruntergebrochen, die anhand der Messgrößen „Qualität, Kosten und Zeit" quantifiziert werden. Über die vorher definierten Verantwortungsbereiche werden sie den jeweiligen verantwortlichen Personen zugeordnet. Bei der Ausführung müssen Aspekte der Prozess-, Verhaltens- und Ergebnisorientierung berücksichtigt werden. Jeder muss wissen, was am Ende herauskommen soll (ergebnisorientiert). Um sein Ziel zu erreichen, muss man in der Regel den Prozess verbessern (prozessorientiert). Häufig genug steht auch das Verhalten der Zielerreichung entgegen. Dann muss man sich überlegen, wie man sein Verhalten ändern kann (verhaltensorientiert). Schließlich und endlich muss auch kontrolliert werden, ob die Veränderungen und Verbesserungen tatsächlich greifen und die Ziele am Ende auch wirklich erreicht werden.

Das Zielvereinbarungsgespräch

„Bodo, der Chef will ein Zielvereinbarungsgespräch mit mir führen und ich weiß gar nicht, wie das eigentlich geht. Gibt es in meiner Funktion überhaupt Ziele, die man wirklich sauber formulieren kann?" Diese Frage habe ich in meiner Berufspraxis sicher schon tausendmal gehört. Anfangs denken die meisten, auf ihren Aufgabenbereich passe nicht, was ich gerne „in Zielen denken" nenne. Als Albrecht Wild, der Kaufmann von Siemens Management Consulting, damit auf mich zukam, setzte ich mich einfach mit ihm zusammen und besprach seinen individuellen Fall. Es sind immer dieselben Fragen, die das Aufdecken und Auffinden von Zielen ermöglichen.

Wer ist mein Kunde?
Was will er von mir?
In welcher Qualität will er es von mir?
Wann will er es von mir?

Mit diesen Schlüsselfragen lassen sich Teilziele sowohl identifizieren als auch quantifizieren. Das Abstrahieren interner Arbeitsbeziehungen auf ein Kunden- und Lieferantenverhältnis ist dabei das eigentliche Zaubermittel. Aus dieser Perspektive ist jeder Betriebsangehörige – ob Führungskraft oder Mitarbeiter – gleichzeitig persönlicher Kunde und Lieferant eines anderen in einem internen kollegialen Beziehungsnetz.

Mit Hilfe dieses Fragenkataloges traf ich auch im Gespräch mit Albrecht schnell auf den Kern der Sache. Wer nimmt als „Kunde" das in Empfang, was er täglich verrichtet? Zu Albrechts Kunden zählen sein Chef, die Partner und die Projektleiter. Was brauchen sie von ihm? Sein Chef benötigt die strategische Planung, die Budgetplanung und Quartalsberichte über Umsatz und Kosten sämtlicher Projekte. Die Partner brauchen die Zahlen über Umsatz und Kosten der eigenen Projekte und Zielkunden. Die Projektleiter dagegen brauchen einen Überblick über die aufgelaufenen Kosten im Projekt, um zu prüfen, ob diese sich noch im Rahmen des Angebots bewegen oder bereits überlaufen. Welche Qualitätsmerkmale gibt es für Albrechts Aufgaben und wann sind die Qualitätsanforderungen erfüllt? Die Zahlen müssen stimmen, die Ergebnisse verständlich dargestellt werden – am besten in einer Präsentationsgrafik – und schließlich und endlich müssen sie rechtzeitig fertig sein. Zu welchen Terminen muss Albrecht seine Ergebnisse liefern? Die strategische Planung muss im März fertig sein, der Jahresabschluss im September, die Quartalsberichte jeweils zehn Tage nach Quartalsende, die Übersicht über Einnahmen und Ausgaben immer am Monatsletzten, die Aufschlüsselung für die einzelnen Projekte jeweils acht Tage nach Monatsende. Bis dahin gut und schön. Hier stellt sich nun eine weitere, alles beherrschende Frage:

Woran erkenne ich, ob ich meine Ziele erreicht habe?

Wenn die Genauigkeit seiner Zahlen und die Einhaltung aller Terminfristen eine vorher vereinbarte Fehlertoleranz von ±X% nicht überschreitet, kann Albrecht mit Fug und Recht behaupten, dass er seine Arbeit gut verrichtet hat. Diese Methode zur Selbstkontrolle erhöht nicht nur das Selbstbewusstsein von Mitarbeitern, sondern verleiht ihnen auch die Sicherheit objektiver Selbstbeurteilung. Sie wissen nun haargenau, wann ihr Chef mit ihrer Arbeit zufrieden ist.

Wenn Albrecht die projektbezogene Aufschlüsselung statt in acht bereits in fünf Tagen liefern kann, dann ergibt sich bei diesem Teilziel ein höherer Erfüllungsgrad als vereinbart. Diese Übererfüllung kann prozentual erfasst und dargestellt werden. Albrecht ist nicht umsonst ein Zahlenkünstler. Nach unserem Gespräch erstellte er ein detailliertes Zielvereinbarungsblatt, ging damit zu seinem Chef und vereinbarte mit ihm quantifizierte Ziele. Dann legte er sich ein Kontrollblatt an, in dem er die Soll- und Ist-Werte eintrug, um den Erfüllungsgrad seiner Arbeit kontinuierlich zu überwachen. Sein Chef musste nie überprüfen, ob er rechtzeitig fertig war. Er lieferte *immer* rechtzeitig oder sogar früher und seine zusammengestellten Zahlen überschritten nie die vereinbarte Fehlertoleranz. Am Ende des Jahres ging Albrecht zu ihm und legte das Blatt vor. Er hatte sein Ziel zu 115% erreicht und dafür gab es laut Vereinbarung eine Prämie. Sein Chef kratzte sich leicht verwundert am Kopf und beglückwünschte ihn dann überrascht und voller Anerkennung zu seiner guten Leistung.

Führungskräfte müssen mit den oben aufgeführten Schlüsselfragen auf ihre Mitarbeiter zugehen, die ihre Antworten jedoch stets selbständig generieren sollen. Dabei müssen sowohl qualitative als auch quantitative Kriterien bedacht und am Ende auch erfüllt werden. Alle über die Belegschaft verteilten quantifizierten Ziele müssen in ihrer Summe zur Erreichung des übergeordneten Gesamtziels führen. Wenn die Ziele stimmig formuliert wurden und jeder am Ende sein Jahresziel erreicht, ist automatisch auch das Gesamtziel erfüllt. Bei professioneller Handhabung läuft die Zielvereinbarung auf die einfache Grundrechenart der Addition hinaus. Die Summe aller erfüllten Teilziele ergibt das erreichte Gesamtziel.

Die SMART-Regeln

Nur so genannte SMARTe Ziele kommen voll zur Wirkung. Was ist unter dieser Bezeichnung zu verstehen? Dahinter verbirgt sich ein Fragenkatalog, der in der Phase der Zielplanung wie ein fiktiver Wegweiser dient, um vorab die Machbarkeit zu prüfen.

S	selbst beeinflussbar	*Habe ich alle Ressourcen?*
M	messbar	*Woran erkenne ich, ob ich mein Ziel erreicht habe?*
A	attraktiv	*Lohnt es sich, mich für das Ziel einzusetzen?*
R	realistisch	*Was könnte mich behindern?*
T	timing	*Sind die Termine festgelegt?*

Erst wenn alle Fragen zufriedenstellend beantwortet, alle sich abzeichnenden Probleme bedacht und entsprechende Maßnahmen ergriffen wurden, lohnt es sich, aufzubrechen. Auf diese Weise lassen sich Irrwege vorausschauend vermeiden. Wenn die SMART-Regeln angewandt wurden, ist die Gefahr zu scheitern minimiert.

Vereinbarte Ziele sind nicht in Stein gehauen. Wenn sich herausstellt, dass sie aufgrund unrealistischer Bedingungen gar nicht erfüllt werden können, muss alles noch einmal überdacht werden. Dies zeigt der Fall eines Geschäftsführers, der gerade in einem Betrieb neu eingesetzt worden war. Als Ziel war eine 30%ige Kostensenkung mit ihm vereinbart worden. Dann stellte sich heraus, dass ein hoher Prozentsatz der Kosten durch Zulieferer entstand, die er persönlich gar nicht beeinflussen konnte. Die logische Konsequenz war, dass er bei der obersten Führungsebene die Unmachbarkeit beanstandete und auf der Vereinbarung von reellen Zielen bestand.

Das Mehr-Ebenen-Gespräch

In einem großen Betrieb erlebte ich es einmal, wie die älteren Führungskräfte den Zielvereinbarungsprozess nach besten Kräften blockierten. Soeben war ein neuer Chef angetreten, der für sehr aggressive Ziele warb. Es herrschten Verhältnisse, die gerne mit dem Begriff der „Lähmschicht“ umschrieben werden. Das mittlere Management wird ja auch als Lehmschicht bezeichnet, weil es die Ebene zwischen der Unternehmensbasis und dem Top Management bildet. Wenn sich die Vertreter der mittleren Führungsschicht sträuben, die Ziele der obersten Führungsebene auf die nächste Stufe hinunterzutragen, entsteht automatisch eine Lähmung. Das Drei-Ebenen-Gespräch ist geeignet, solche Blockaden zu lösen, weil es Transparenz schafft und die Kommunikationskanäle offen hält.

In dem genannten Fall wollten sich die Meister der zweiten Ebene auf Biegen und Brechen nicht auf die neuen Wege und Ziele einlassen. Sie hatten schlicht und ergreifend Angst, dass ihre Mitarbeiter sie nicht mittragen würden. Also lehnten sie die Maßnahmen strikt ab. Als schließlich ein Drei-Ebenen-Gespräch einberufen wurde, trat jedoch das genaue Gegenteil ein. Die Meister wollten ihre Mitarbeiter schützen und behaupteten, das Ziel sei zu hochgesteckt und könne nicht erreicht werden. Das sahen diese selbst aber ganz anders und erwiesen sich als vollkommen offen. Sie waren durchaus bereit, bis an ihre Grenzen zu gehen, und fanden es auch realistisch, die Anforderungen zu erfüllen. Oft ist die mittlere Ebene gar nicht in der Lage, die situativen Bedingungen so realistisch zu beurteilen wie die Betroffenen selber. Mehr-Ebenen-Gespräche sind also bestens geeignet, Lähmschichten außer Kraft zu setzen und Umsetzungsprozesse dort auf ihre Machbarkeit zu überprüfen, wo sie auch stattfinden sollen. Leider werden sie in der Praxis seltener angewandt. Die meisten Führungskräfte ziehen das Vier-Augen-Gespräch vor – auch weil sie sich vor dieser nach allen Seiten offenen Gesprächsform fürchten. Diese Furcht besteht im Übrigen auf allen drei Ebenen. Psychologisch betrachtet ist das Mehr-Ebenen-Gespräch ein schlaues Mittel, weil es Verweigerer und Blockierer ausbremst. Beim ersten Mal sollte ein Mehr-Ebenen-Gespräch unbedingt von einem unabhängigen Berater moderiert werden. Wenn die Beteiligten erst einmal dessen Vorteile und Nützlichkeit erkannt haben, wollen sie in der Regel nicht mehr darauf verzichten.

Bild 61 verdeutlicht die Wirkung des Mehr-Ebenen-Gesprächs.

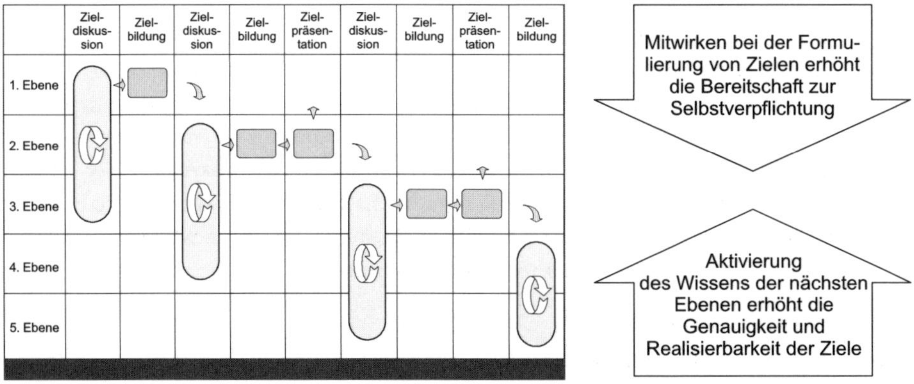

Bild 61 Mehr-Ebenen-Gespräche erhöhen die Genauigkeit und Akzeptanz von Geschäftszielen (Quelle: Kaizen-Institut)

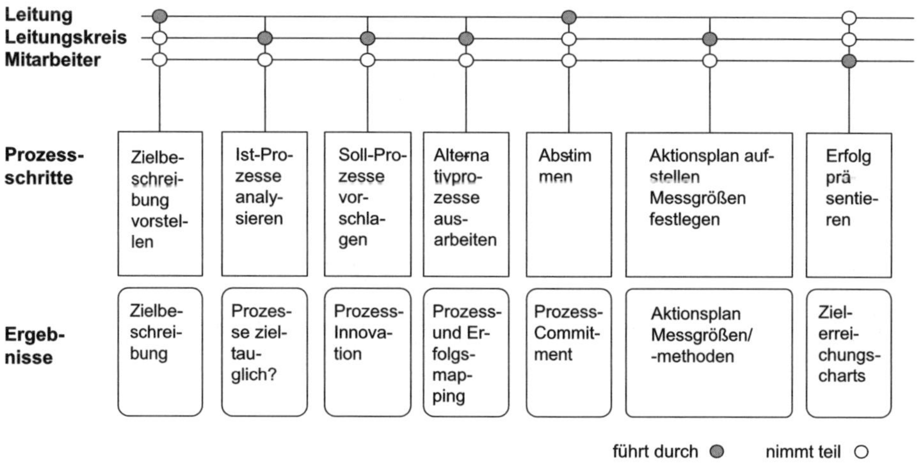

Bild 62 Ablauf der Ziel- und Prozessvereinbarung

Welche konkreten Schritte bei der Ziel- und Prozessvereinbarung zwischen den beteiligten Ebenen durchlaufen werden, ist in Bild 62 skizziert.

Exemplarische Zielvereinbarungen in der Bäckerei Hegmann-Büttner

Leo brennt darauf, die Anker zu lichten, das Großsegel zu setzen und endlich unter eigenem Kommando auf der „Hegmann-Büttner" in See zu stechen. Er kennt die Koordinaten seiner Zielhäfen, denn sie sind im Logbuch der Balanced Scorecard mit den Geschäftszielen genau beschrieben. Leo ist in vieler Hinsicht ein vorbildlicher Klient. Er hält die Nase immer in den Wind und würde gerne lieber heute als morgen alles umsetzen, was er in dem Beratungsprojekt gelernt hat. Und er weiß nun auch, welchen Kurs er einschlagen muss. Eine Weile wird er sich aber noch begnügen und im Zickzack-Kurs auf seine Ziele zusteuern müssen, denn Hans und Maria brauchen Zeit für die Geschäftsübergabe. Die Segel zu streichen und endgültig zu bergen, fällt ihnen – wie im Übrigen fast allen Menschen – ziemlich schwer. Hans und Maria haben in ihrem Berufsleben manchen Sturm überstanden und die Bäckerei durch gefährliche Untiefen manövriert. Die Selbständigkeit ist ein hartes Brot, das Tag für Tag mit zäher Ausdauer und unerschöpflichem Fleiß verdient sein will.

Solange die Eltern das Kommando an Bord führen, stößt Leo immer auf dasselbe Grundsatzproblem. Er gerät an die Grenzen der Umsetzbarkeit dessen, was er in den Workshops lernt. Über vieles kann Leo noch nicht selbständig bestimmen. Da er als Juniorchef noch nicht die uneingeschränkte Personalverantwortung für den Betrieb trägt, können wir zum gegenwärtigen Zeitpunkt nur bedingt Ziele auf die Mitarbeiter herunterbrechen. Im Grunde können wir nur exemplarisch üben, was später in die Praxis umgesetzt werden soll. Deswegen wollen wir heute Ziele für zwei Aufgabenbereiche innerhalb seiner eigenen Rolle vereinbaren. So lernt Leo die Methodik kennen und kann sie später für die Mitarbeiter eigenständig anwenden.

Markt: Marktanteil 16% **Kunden:** Neue Ladeneinrichtung **Wettbewerber:** **Markt und Kunden**	**Umsatz:** 500. T€ **Gewinn:** 50. T€ **Tilgung:** 8. T€ **Investitionen:** 17. T€ **Finanzen**
Prozesse: **Führung:** Geschäftsübergabe klären **Geschäft:** Kernprozesse beschreiben **Personal:** - Mitarbeiterstruktur: festlegen - Fluktuation: auf x% verringern **Prozesse**	**Mitarbeiterzufriedenheit:** - Bessere Information über geschäftliche Entscheidungen - Kritik verträglicher vermitteln - Mehr Anerkennung guter Leistungen **Mitarbeiter**

Bild 63 In der Scorecard sind die Geschäftsziele beschrieben

Die Geschäftsziele der Bäckerei Hegmann-Büttner wurden in der strategischen Planung formuliert und in der Balanced Scorecard festgehalten (Bild 63). Sie sind der Kompass für alle weiteren Teilziele.

Welche Beiträge leistet Leo in seiner Rolle zum Erreichen der Geschäftsziele? Seine Aufgaben- und Verantwortungsbereiche wurden bereits in der Rollendefintion erarbeitet und zusammengestellt (Bild 64).

Ohne vorherige Rollendefinition enden Zielvereinbarungsgespräche bestenfalls als strukturiertes Geschwätz. Die Inhalte werden zwangsläufig verwaschen. „Wir könnten mal dieses andenken und jenes ins Auge fassen ..." Die Umsetzung scheitert schon daran, dass sich am Ende niemand zuständig, verantwortlich oder tatsächlich beauftragt fühlt.

Leo

- **Geschäftsplanung** in Abstimmung mit den Seniorchefs
  - Finanzierungs-, Budgetplanung
  - Investitionsplanung
- **Vertretung Seniorchef**
- **Vertrieb**
  - Marketing
  - Angebote
  - Planung der Lieferungen
  - Rechnungen
- **Back- und Teiglisten**
- **„Mischer" Teige mit abgewogenen Zutaten**
- **Springer bei Bedarf**

Bild 64 Leos Rolle und Verantwortung als Juniorchef

Um die Methodik der Zielvereinbarung zu üben, greifen wir uns eine einfachere Aufgabe aus Leos Verantwortungsbereich heraus: die Erstellung der Back- und Teig-Liste.

Bodo: *Wer ist bei der Back- und Teigliste dein Kunde?*

Leo: Die Backstube. Sie braucht sie, um gezielt arbeiten zu können.

Bodo: *Woran erkennst du, ob die Liste gut ist?*

Leo: Ich gebe ein, was bestellt wurde und der Computer wirft mir das Ergebnis aus.

Bodo: Wenn die Verkäuferinnen berichten, dass die Semmeln zu früh ausgegangen oder am Abend zu viele Brote unverkauft im Regal liegen geblieben sind, war die Abweichung von deiner Planung zu groß. Dann war auch deine Liste nicht gut.

Leo: Da gibt es viele Unwägbarkeiten.

Bodo: Sicher, aber die Abweichung sollte ein bestimmtes Maß nicht überschreiten. Die Qualität der Liste ist dann gut, wenn das Sortiment und die Mengen im Wesentlichen stimmen. Das sind die eigentlichen Messgrößen. Hast du ein Gefühl, welche Fehlertoleranz akzeptabel ist? Wie groß dürfen die Toleranzgrößen sein? 5 oder 10% von der Gesamtmenge?

Leo: Die Retouren sollten 10% nicht übersteigen.

Bodo: Zu früh sollen die Backwaren auch nicht ausgehen. Für dich als Planer wäre es natürlich nützlich, wenn dir die Verkäuferinnen ein Feedback geben, um wie viel Uhr welche Backwaren ausgegangen sind.

Leo: Inzwischen weiß ich ganz gut, was verkauft wird und was nicht. Mir ist es immer lieber, ein paar Retouren mehr zu haben, als dass die Kunden im leer geräumten Laden stehen.

Bodo: In Retouren stecken immer schon deine Kosten. Hier stellt sich die Frage, wo das Optimum liegt: etwas weniger Umsatz und dafür weniger Geldverschwendung oder mehr Umsatz und gleichzeitig mehr Verluste? Das ist eine Gratwanderung. Sagen wir einfach mal: Das Sortiment muss stimmen und du hast für alles eine bestimmte Menge festgelegt. Die Toleranzgrößen liegen bei ±10%. Wie kannst du nun feststellen, ob du deine Zielvorgaben erreichst? Bei den Retouren kannst du es selbst erkennen, weil sie wieder in der Backstube landen. Ob die Backware ausgeht, wissen nur die Verkäuferinnen. Also musst du sie bitten, darauf zu achten und dir mitzuteilen, wann welche Waren ausgehen.

Leo: Es gibt ja auch Digital-Kassen, mit denen man das erfassen kann.

Bodo: *Gibt es einen Termin, wann die Liste fertig sein muss?*

Leo: Bei Arbeitsbeginn.

Bodo: *Wer macht die Liste, wenn du in Urlaub bist?*

Leo: Der Vater sucht die Listen der letzten Wochentage heraus und übernimmt sie für die Zeit der Urlaubsvertretung.

Bodo: Fassen wir es einmal zusammen:
Kunde ist die Backstube.
Qualität bedeutet: Das Sortiment und die Menge müssen stimmen.
Termingerecht ist die Liste, wenn sie jeden Tag zu Arbeitsbeginn vorliegt.
Die Toleranz-Grenze liegt bei ±10%.
Für Urlaubsvertretung ist ordnungsgemäß gesorgt.
Wie würdest du daraus nun das Ziel formulieren?

Leo: Für die Back- und Teigliste?

Bodo: Ja. Wann ist bei der Back- und Teigliste eine 100%ige Zielerfüllung erreicht?

Leo: Wenn sie pünktlich zum Arbeitsbeginn in der Backstube ist und die Mitarbeiter sie lesen können.

Mit Hilfe des quantifizierten Zieles kann Leo nun täglich selbst kontrollieren, ob und in welchem Maß er seine Vorgaben erreicht. Zur besseren Übersicht wird das Ergebnis unseres Frage-Antwort-Spiels in einer Grafik abgebildet (Bild 65).

Wesentlich komplexer als die Erstellung der Back- und Teigliste ist die Geschäftsplanung, für die Leo – in Abstimmung mit den Seniorchefs – ebenfalls zuständig ist. Mit derselben Fragestruktur gehen wir auch hier der Sache auf den Grund. Die Geschäftsplanung betrifft nicht nur alle vier Felder der Balanced Scorecard, sondern den gesamten Weg, der zur ihr führt. Einmal im Jahr muss sich Leo mit dem ganzen Komplex auseinandersetzen. Wenn starke Veränderungen eintreten, genügt dieser Zeittakt allerdings nicht mehr. Angenommen, ein Konkurrent macht in direkter Nachbarschaft einen großen Bäckerladen auf. Dann muss Leo sofort reagieren und seine Geschäftsplanung anpassen. Da das Geschäftsjahr von Januar bis Dezember reicht, muss sie für das kommende Jahr üblicherweise im November fertig sein. Die Qualität ist dann erfüllt, wenn Leo sich um alle vier Elemente der Balanced Scorecard ausreichend gekümmert hat. Seine Kunden sind der Markt. Weiß er, was auf dem Markt geschieht und kennt er seine Wettbewerber? Gibt er im Wettbewerb die Richtung vor oder geben seine Konkurrenten den Ton an? Hat er seine Finanzplanung im Griff? Sind die Ziele für Umsatz und Gewinn festgelegt? Was geschieht mit dem Gewinn? Soll er in die Tilgung oder in Investitionen fließen? Wie müssen die Prozesse gestaltet werden, um die Ergebnisse zu erreichen? Und wie sieht es mit der Mitarbeiterzufriedenheit aus?

Wie Ziele quantifiziert werden, hat Leo gerade gelernt. Wie kann er aber prüfen, ob er sie am Ende des Jahres auch wirklich erreicht hat? Dazu ist keine höhere Mathematik erforderlich. Es reichen die vier Grundrechenarten. Die Geschäftsplanung erstreckt sich über 12 Monate. Wenn Leo einen Jahresumsatz von XXX T€ plant, muss er diese Summe nur durch 12 teilen, um zu berechnen, wie viel er jeden Monat minimal umsetzen muss,

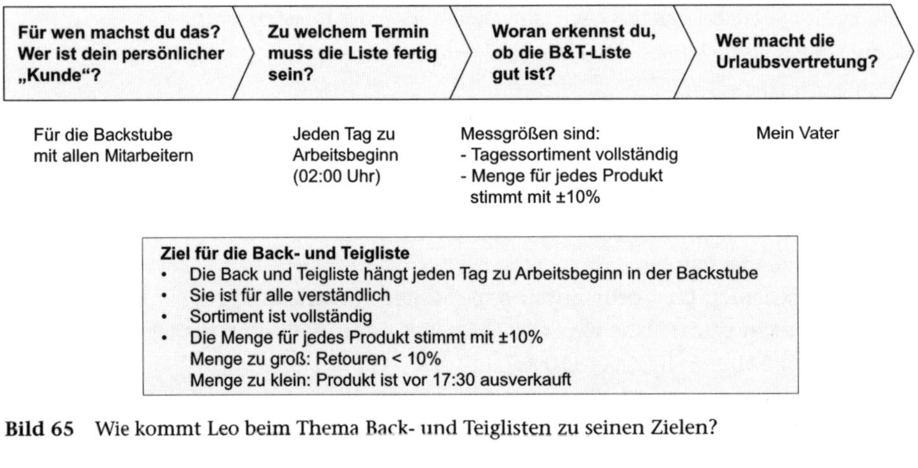

Bild 65 Wie kommt Leo beim Thema Back- und Teiglisten zu seinen Zielen?

Name																						
110%						X	X	X														
100%		X			X				X													
90%	X		X																			
80%				X																		
70%										X												
60%																						
50%																						
40%																						
30%																						
20%																						
10%																						
0%																						
Tag	1	2	3	4	5	6	7	8	9	10	11	12	13	14	15	16	17	18	19	20	21	
Agenda									Soll													
-10%		je 15 Min nach Arbeitsbeginn							Ist	X												
-10%		je falsches Produkt																				
-10%		je Retoure > 10%																				
-10%		je Ausverkauf vor 17:30																				
10%		je Retoure < 5%																				

Bild 66 Die „Zielscheibe" für das Erstellen der Back- und Teigliste

damit er das Ziel am Jahresende erreicht. Dazu muss er auf dem Kalender alle Arbeits- bzw. Umsatztage abzüglich der Feiertage ermitteln. So lassen sich innerhalb der Monate sogar die Mindestumsatzwerte jedes einzelnen Verkaufstages errechnen. Diese Zielwerte werden dann regelmäßig mit den realen Ist-Werten abgeglichen. Zur besseren Kontrolle werden sie in einer grafischen Abbildung, dem so genannten Zielchart, dargestellt.

Das Zielchart für die Back- und Teigliste umfasst 21 Tage (Bild 66). Das entspricht der durchschnittlichen Anzahl von Arbeitstagen pro Monat. Leo kann damit täglich die Abweichung, Erfüllung oder Übererfüllung seiner Zielvorgaben ermitteln und festhalten. Wenn er die Zielvorgaben kontinuierlich verfehlt, muss er dringend seinen Prozess optimieren.

Für die Geschäftsplanung muss das Kontrollblatt anders gestaltet werden. Die vier Felder der Balanced Scorecard müssen einzeln überwacht und die entsprechenden Zielbeiträge eingetragen werden. In einem Maßnahmenkatalog wird festgehalten, was zur Erreichung der Ziele getan werden muss. Hier empfiehlt sich in der Regel eine monatliche Überwachung. Bild 67 zeigt ein solches Kontrollblatt mit Monatseinteilung.

Leo hat die wichtigste Lektion meiner Unternehmensberatung begriffen: Führen endet nie. Alle Elemente des Führungssystems, die er inzwischen kennen gelernt hat, müssen wie in einer Spirale turnusmäßig durchlaufen werden. Der erste komplette Durchlauf ist immer besonders zeitaufwändig. In der zweiten Runde kann man sich bereits vieles ersparen, weil die vorher geleistete Arbeit es bereits abdeckt. Man muss nicht mehr so tief schürfen, wenn die Mine bereits freigelegt ist. Trotzdem müssen alle wichtigen Eckpunkte stets überprüft und überwacht werden. Nur so kann man Veränderungen rechtzeitig erkennen und ihnen wirksam begegnen. Die Aktion ist im Geschäftsleben grundsätzlich wichtiger als die Reaktion. Je öfter man die Führungsspirale mit all ihren Ele-

Name		Scorecard Feld		Zielbeitrag								
108%												
100%												100%
92%											92%	
83%										83%		
75%									75%			
67%								67%				
58%							58%					
50%						50%						
42%					42%							
33%				33%								
25%			25%									
17%		17%										
8%	8%											
0%												
	Jan	Feb	Mrz	Apr	Mai	Jun	Jul	Aug	Sep	Okt	Nov	Dez
Maßnahmen												
1												
2												
3												
4												
5												
6												
7												
8												
9												
10												

Bild 67 Das Zielchart zeigt jederzeit, wie gut ein Ziel erreicht wird

menten durchläuft, desto leichter fallen die Aufgaben. Geübte Führungskräfte erledigen sie im Laufe der Zeit so sicher und gekonnt wie alltägliche Routineaufgaben.

Da die Organisationsstruktur in der Bäckerei Hegmann-Büttner relativ flach ist, sind Mehr-Ebenen-Gespräche nicht zwingend erforderlich. Schließlich arbeiten alle in der Backstube Seite an Seite und Hand in Hand. Jeder weiß, was der andere tut, und kennt die unterschiedlichen Arbeitsbereiche auch aus eigener Erfahrung.

Leo hat heute methodisch gelernt, wie man Ziele mit Mitarbeitern vereinbart. Am liebsten würde er sofort mit der gesamten Belegschaft Zielvereinbarungen treffen. Dieses wertvolle Wissen im Laufe der Zeit wieder zu verlieren, ist seine größte Sorge. Mit seiner abschließenden Frage macht er mir das größte Kompliment, das man als Berater erhalten kann: „Kannst du das, was ich vergesse, mit mir wiederholen und auffrischen, wenn ich mal am Ruder bin?“ Sein waches Interesse, seine tiefe Überzeugung und sein ungebremstes Engagement bestätigen mich und meine intensive Beratungsarbeit. Leo hat längst die Fracht des Führungswissens an Bord genommen. Die harte Arbeit, die ich in das Beratungsprojekt gesteckt habe, hat sich gelohnt. Der Juniorchef will das Führen in der Bäckerei Hegmann-Büttner nicht nur installieren, sondern es auch im Arbeitsalltag professionell und kontinuierlich betreiben.

Damit Leo die erlernte Methodik schon einmal praktisch anwenden kann, wird er mit einem besonders engagierten Bäcker eine Zielvereinbarung über den Reinigungsprozess treffen. Das Mehr-Ebenen-Gespräch kann er mit einem Gesellen und einem Lehrling üben. Als Juniorchef vertritt er dabei die oberste Führungsebene, der Geselle die mittlere und der Lehrling die darunter liegende Ebene. Der Geselle soll eine Patenrolle für den Lehrling übernehmen und ihm dabei helfen, einen guten Abschluss zu erreichen. Das quantifizierte Ziel ist eine Abschlussnote von 2,5. In seiner Eigenschaft als Pate soll der

Geselle dafür sorgen, dass der Lehrling alle Backabläufe und Prozesse so gut beherrschen lernt, dass er am Ende das Ziel erreicht. Wenn er mit 2,3 abschließt, wäre sein Ziel nach Adam Riese um mehr als 10% übererfüllt.

Grundsätzlich sollte man nie Aufgaben verteilen, ohne gleichzeitig Ziele zu vereinbaren. Mit Zielvereinbarungen werden die persönlichen Weichen für mindestens ein Jahr gestellt. Mitarbeiter können nun ihre Professionalität und Kompetenz am Arbeitsplatz beweisen. Das verleiht ihnen mehr Selbstbewusstsein und größere Zufriedenheit. Gleichzeitig entstehen aber auch Ängste. Wird man am Ende des Jahres als Held oder Versager dastehen? Wenn anspruchsvolle Ziele vereinbart werden, müssen konsequenterweise die Prozesse optimiert werden, damit man sie überhaupt erreichen kann. Die dümmste Entscheidung, die ein Process-Owner zur Erreichung anspruchsvoller Ziele treffen kann, ist der Vorsatz, länger und härter zu arbeiten. Viel klüger und effizienter ist die gründliche Überdenkung des gesamten Prozesses. Wie muss er verändert werden, damit das Ziel erreicht werden kann? Bis zur Erschöpfung zu rackern ist weder Erfolg versprechend, noch das eigentliche Ziel der Zielvereinbarung. Nur über die Prozessoptimierung kann ein hochgestecktes Ziel erreicht werden.

Die Überwachung des Zielerreichungsgrades ist Bestandteil jeder Zielvereinbarung und gehört zum Aufgabenbereich jeder Führungskraft. Methoden des „Visuellen Managements“ unterstützen sie bei dieser Aufgabe.

Ziele suchen, finden, vereinbaren und erreichen

Es gibt Märkte, die wachsen, und es gibt Märkte, die schrumpfen. Für Faxgeräte wird es bald keinen Markt mehr geben. Also darf das Ziel hier nicht Wachstum heißen. Stattdessen könnte es lauten: Gewinn mitnehmen und schrumpfen, und zwar schneller als der Markt. Wenn der Markt schließlich und endlich kaputtgeht, ist der eigene Geschäftszweig dann schon geschlossen, während das Gesamtgeschäft rechtzeitig verlagert wurde.

In einem stagnierenden Markt ist der Erwerb eines größeren Marktanteils bei gleichzeitiger Gewinnsteigerung dagegen ein durchaus sinnvolles Ziel.

Ein wachsender Markt kann später einmal gigantische Gewinne abwerfen. Also macht es hier Sinn, schneller zu wachsen als der Markt, um sich beizeiten große Anteile zu sichern. Es kann auch vorkommen, dass ein neuer Markt zunächst überhaupt keinen Gewinn abwirft, wie im Falle der UMTS-Lizenzen. Dann muss erst einmal ordentlich investiert werden. Sobald der Markt aber lukrativ wird, muss das Geschäft groß genug sein, um am Ende mit eigenen hohen Marktanteilen satte Gewinne einzustreichen.

Die übergeordneten Ziele leiten sich immer aus der strategischen Planung ab. Es gibt kein Patentrezept für gute oder schlechte, für richtige oder falsche Ziele. Gewinnmaximierung als Jahresziel muss nicht per se sinnvoll sein. Es hängt immer davon ab, ob man mittel- oder langfristig wachsen, schrumpfen oder stagnieren will. Als Faustregel gilt allerdings, dass, über die gesamte „Lebensdauer“ eines Geschäfts oder Unternehmens betrachtet, möglichst viel Gewinn kumuliert werden soll.

Der Weg zur Zielerreichung führt immer über die Prozesse. Wenn das übergeordnete Ziel gefunden ist, muss es mit Hilfe von einzelnen Zielvereinbarungen auf die entsprechenden Prozessverantwortlichen heruntergebrochen werden. Anspruchsvolle Ziele können nur über die Optimierung der Ist-Prozesse erreicht werden. Dazu müssen den Process-Ownern alle erforderlichen Ressourcen zur Verfügung gestellt werden, so dass sie ihre Beiträge zu den Geschäftszielen leisten können. Ein kluges Ressourcen-Management beeinflusst dabei wesentlich die Kostenstrukturen.

Die Zielvereinbarung als mathematische Rechenformel

Im Kaizen-Institut habe ich das mächtige Potenzial von Zielvereinbarungen selbst genutzt, um das Geschäft und die Mitarbeiter sicher in den Hafen des vereinbarten Jahreszieles zu führen. Als eigentliche Rechengröße dienten mir die bezahlten Beratertage. Mein Ziel war die Erreichung eines bestimmten Umsatz- und Ergebnisvolumens am Ende des Geschäftsjahres. Ein Beratertag kostete den Kunden 2.250 €. Um mein Jahresziel zu erreichen, musste jeder meiner Mitarbeiter 150 bezahlte Beratertage pro Jahr arbeiten. Die restliche Arbeitszeit war der Weiterbildung und der Entwicklung neuer Module vorbehalten.

Mit dieser einfachen Zahlenarithmetik konnte ich nicht nur souverän die Umsatz- und Kostenentwicklung steuern, sondern auch immer erkennen, wie nah oder fern wir unserer Zielerreichung waren. Ich musste mich auch nicht mit meinen Mitarbeitern streiten, wenn sie weniger Beratertage leisten wollten. Weniger Beratertage hieß weniger Gehalt. Wenn ein Mitarbeiter zu mir kam, um die Hälfte der Beratertage zu vereinbaren, hatte er bereits die bewusste Entscheidung getroffen, für weniger Geld weniger zu arbeiten. Darüber musste ich mit ihm nicht debattieren. Ich stellte einfach einen weiteren Berater ein, der den zeitlichen Ausfall ausglich. Das Führen wurde so zur blanken Mathematik. An den Zahlen konnte ich immer ablesen, ob wir uns auf der Zielgeraden befanden oder nicht. Den Mitarbeitern gab es die Freiheit, ihre Arbeitszeit und ihr Gehalt selbst zu beeinflussen. Ob einer 175 oder 140 Beratertage mit mir vereinbaren wollte, war dessen eigene Entscheidung, solange es die Erreichung des Gesamtzieles nicht gefährdete.

Addieren, subtrahieren, multiplizieren und dividieren – was meine Frau Ingrid vielen Jahrgängen in der Grundschule beigebracht hat, ist die halbe Miete für das erfolgreiche Führen mit Zielvereinbarungen. Wer seine Ziele quantifiziert, also messbar macht, hat sein Klassenziel schon fast erreicht.

Die verborgene Pointe der Zielvereinbarung

Segeln ist das Reisen entlang der Grenzfläche zweier Strömungsfelder – Wind und Wasser. Der Rumpf des Bootes bewegt sich an der einen und das Segel an der anderen Fläche. Um die Kraft der beiden Elemente gezielt zu nutzen und das Boot steuerbar zu machen, müssen zahlreiche Bauteile miteinander verbunden werden: Segel, Decksaufbauten, Wanten, Taue, Beschläge und vieles mehr. Ein wichtiges seemännisches Gerät zur Verbindung zweier Teile ist der so genannte Schäkel – ein Eisen- oder Messingbügel, der durch einen Schraub- oder Steckbolzen geschlossen wird.

Nun ist es nicht so, dass ich Sie auf einen Segelschein vorbereiten möchte. Tatsächlich aber hat das Führen manches mit dem Segeln gemein. Führungssysteme sind komplexe Gebilde, die aus zwei wesentlichen Komponenten bestehen: Betriebswirtschaft und Mitarbeiterführung. Autoren, die über das erfolgreiche Führen von Unternehmen schreiben, erörtern in der Regel entweder die betriebswirtschaftliche oder die psychologische Seite. Die einen erläutern, wie das Geschäft aus betriebswirtschaftlicher Sicht zu organisieren ist, während die anderen erklären, wie man Mitarbeiter führen soll.

In Wirklichkeit bedingen sich beide Komponenten gegenseitig. Deswegen behandelt dieses Buch auch beide Teile. Und der Zielvereinbarungsprozess bewegt sich genau an der Grenzfläche zwischen Betriebswirtschaft und Personalführung. Nur entlang dieser Fläche können Sie als Führungskraft das Boot mit seiner Fracht sicher in den Zielhafen steuern, sofern Sie mit Ihrer Mannschaft alle nötigen Rollen und Teilziele vereinbart haben. Der Schäkel ist die Zielvereinbarung, die beide Elemente des Boots – Geschäftsziele und Mitarbeiter – sicher zusammenhält.

In der Hoffnung, dass auch Sie das mächtigste Führungsinstrument in Zukunft einsetzen werden: Godewind und Mast- und Schotbruch!

Prozessoptimierung – der kontinuierliche Verbesserungsprozess und sein offenes Ende

Manche kommen wegen der Moorlandschaft mit ihrer seltenen Flora und Fauna, andere wegen der malerischen Wanderwege durch Wiesen und Felder. Mich selbst führen drei Gründe regelmäßig in die ländliche Abgeschiedenheit von Hechenberg: das gute Essen beim Moarwirt, sein legendärer Apfelschnaps und das Seminar zur Prozessoptimierung, für das dieser Ort mittlerweile zur festen Tradition geworden ist. Eine Handvoll Bauernhöfe, eine stillgelegte Schule, eine Kirche ohne Pfarrer, ein bescheidenes Schloss auf den Grundrissen der Burg, die vor über einem Jahrtausend Hechenberg den Namen verlieh – fast könnte man meinen, das ganze Dorf läge im Dornröschenschlaf. Wäre da nicht das intakte und weithin beliebte Wirtshaus, das mit seiner Gourmet-Küche zahlreiche Gäste von nah und fern in diese Oase der Ruhe und Erholung im bayerischen Oberland lockt.

Keine besonderen Vorkommnisse am ersten Seminartag der Formularfabrik. Ein Dutzend Leute stürmt durch die Stüberl beim Moarwirt, die ich mitsamt der Seminartechnik für zwei Tage angemietet habe. Ein älterer Herr rast zum Kopierer, ein sportlicher junger Mann schleppt Berge von Papier heran, eine Dame in blumiger Bluse redet fuchtelnd auf einen reserviert blickenden Herrn im bayerischen Janker ein. Alles läuft, oder besser gesagt, alles rennt. Wenn der Arbeitssturm losbricht in der Formularfabrik, kann sich der Seminarleiter endlich seine wohlverdiente Pause gönnen.

Es ist später Nachmittag, die ersten Schatten legen sich auf die Berge im Tölzer Voralpenland. Weil die Sicht heute grandios ist und der Blick bis zur Zugspitze reicht, beschließe ich, meinen Kaffee im Biergarten mit einem Apfelschnaps zu krönen. Aissatou Dramé, schweizerische Vollblutbayerin mit senegalesischen Wurzeln, stellt die Tasse behutsam auf den Tisch. Die Wirtin sieht fesch aus im bodenlangen Dirndlkleid mit schneeweißer Spitzenbluse, ein bisschen exotisch, aber die Trachtenmode steht ihr gut. „Was treiben Sie hier eigentlich immer, wenn ich das mal fragen darf? Sie bestellen zwei Stüberl, wir besorgen Ihnen zwei Kopierer, stellen eine Leinwand für Sie auf und dann liefern sich 12 Leute jeder Altersklasse zwei Tage lang einen Wettlauf mit der Zeit. Ist das ein Fitness-Training für Führungskräfte, das Sie hier alle paar Wochen veranstalten?" Ich genieße den Moment, wenn der Cox Orange mit der gläsernen Kelle aus der Tiefe des Ballons geschöpft wird, eine Sekunde kristallklar in luftiger Höhe schwebt und schließlich in hohem Bogen in das Schnapsglas geschwenkt wird. Was ich hier treibe? Nun, ich bringe Leuten aus den verschiedensten Branchen und Positionen bei, wie man über sieben Verbesserungsschritte eine Produktivitätssteigerung um den Faktor 300 erreicht. Die ländliche Idylle hilft mir, sie aus der festgefahrenen Routine herauszuholen und ihre voreingenommene Abwehrhaltung aufzuweichen. Im Seminar „Formularfabrik" lernen sie am Beispiel eines gewöhnlichen Büroprozesses spielerisch die Methodik der Prozessoptimierung kennen. Auch die Büttners und einige ihrer Mitarbeiter haben es besucht.

Es ist immer dasselbe. Am Anfang leistet jeder Widerstand. „Wieso Prozesse optimieren? An den Prozessen in meinem Betrieb gibt es nichts auszusetzen." Das ist nur allzu menschlich. Die Angst sitzt tief, dass Fehler und Schwächen der Vergangenheit aufgedeckt werden, die man als Führungskraft zu verantworten hat. Deswegen lasse ich die Methodik zunächst an einem neutralen Prozess unbefangen üben. Wenn ich meine Klienten erst einmal dazu gebracht habe, sie praktisch anzuwenden, ist es schon die halbe Miete. Denn dann ist es nur noch ein Katzensprung bis zur Bereitschaft, die erlernten Methoden auf den eigenen Betrieb zu übertragen. Wer die Formularfabrik durchlaufen hat, ist in aller Regel nicht mehr zu bremsen, die Prozessoptimierung auf alles und jeden in naher und ferner Umgebung anzuwenden. Die Steigerung der Produktivität, die Effizienz und die eklatanten Verbesserungsraten, die damit erreicht werden können, lassen niemanden kalt. Ob es sich um einen Firmenchef, eine Managerin, eine Hausfrau, einen Handwerker oder eine Büroangestellte handelt – wer aus der Formularfabrik kommt, betrachtet alles aus einem anderen Blickwinkel und sieht in allem und jedem einen Prozess, der optimiert werden muss.

In gewisser Weise unterliegen auch Geschäfte den Gesetzen der Evolution. Wer seine Prozesse am besten beherrscht, überlebt. Der andere ist vom Aussterben bedroht und geht irgendwann unter. So betrachtet wird Prozessoptimierung zur Überlebensgrundlage im Geschäftsleben. In meiner Beratungsarbeit ist sie die Ernte der gesamten Vorarbeit, vom Geschäftsauftrag bis zur Zielvereinbarung. Mit der Prozessoptimierung kommt der große Tag der Umsetzung dessen, was in zahlreichen Workshops minuziös erarbeitet wurde. Denn das Grundprinzip wirtschaftlichen Erfolgs lautet:

1. Produkte zu erzeugen oder Dienstleistungen zu erbringen, die die Kundenanforderungen besser erfüllen als die der Konkurrenz und
2. Prozesse zu entwickeln, die bei geringeren Kosten produktiver sind als die des Wettbewerbs.

Das – nicht mehr und nicht weniger – ist das ganze Geheimnis jedes erfolgreichen Geschäfts.

In der Formularfabrik steigern die Seminarteilnehmer mit der Optimierung eines Büroprozesses die Produktivität um das 60-fache und senken die Kosten auf 1,6% der Ausgangskosten. Wohl bemerkt, es ist hier nicht von 60% die Rede, sondern vom Faktor 60 und somit also von 6000 Prozent. Teilweise erreicht der Verbesserungsgrad sogar den Faktor 300. Während die Gruppe am Anfang 600 Sekunden braucht, um ein einziges Gutteil zu produzieren, sind es am Ende nur noch 2 Sekunden. Der Prozess wird also um das 300-fache schneller oder produktiver. Solche Fakten und Zahlen überzeugen jeden. Wer Prozessoptimierung konsequent anwendet, kann die Produktivität in jedem Ablauf über alle Erwartungen steigern. Und wer schneller produziert, gewinnt nicht nur kreativen Spielraum und Zeit für andere Tätigkeiten, sondern erzielt auch automatisch mehr Gewinn. So lässt sich auch der gefährlichste Konkurrent aus dem Feld schlagen.

Worum geht es in der Formularfabrik? Das Training „Prozessoptimierung" basiert auf einer interessanten Geschäftsidee. Seitdem die Vermarktung von Produkten und Leistungen per Internet Mode geworden ist, besteht die Notwendigkeit, die Kunden gegen Hacker zu schützen. Deshalb möchten Firmen, dass die Namen ihrer Kunden nur noch verschlüsselt verwendet werden. Das Kodieren von Namen ist also eine wichtige und gefragte Leistung. So wurden für das Training fiktiv zwei Firmen gegründet, deren Geschäftsauftrag es ist, Namen zu kodieren. Damit ein bisschen Konkurrenz herrscht, kämpfen im Seminar die Firmen „Rot" und „Blau" mit je fünf Mitarbeitern um die Marktanteile. Der Markt besteht aus 4 Kunden. Diese geben die verschiedensten Vor- und Nachnamen zur Verschlüsselung ein. Das sind die Aufträge. Beide Firmen kodieren die Namen durch Zahlen- und Buchstabenoperationen. Damit diese Arbeit nachvollziehbar ist, erfolgt sie auf Formularen. Für jeden verschlüsselten Namen bekommen die Kunden ein ausgefülltes Formular, so dass sie aus dem Kode die Namen wieder rekonstruieren können.

Leider verfällt, ganz wie im richtigen Leben der Technologiebranchen, während der Seminarzeit von zwei Tagen der Marktpreis dramatisch von 30,00 Euro pro Formular in der ersten Schicht auf 0,25 Euro in der siebten Schicht. So sind die beiden Firmen gezwungen, ihren Bearbeitungsprozess drastisch zu optimieren, wenn sie in der Gewinnzone bleiben wollen.

Kodiert wird immer in Schichten, die 10 Minuten dauern. Das Ergebnis der Schicht wird auf ein Jahr hochgerechnet, so dass die Firmenleitungen Ergebnisrechnungen durchführen und Gewinne oder Verluste ausweisen können. Nach jeder Schicht erfolgt eine Schichtauswertung, mit der die Abteilungsleiter beider Firmen dem Aufsichtsrat relevante Prozesskennzahlen bezüglich Zeit, Kosten und Qualität präsentieren. Die tabellarische Aufstellung gibt detailliert Auskunft über gelieferte Gutteile, fehlerhafte Stücke, Takt- und Durchlaufzeit, Produktivität, Kosten pro Stück und Marktpreis, anhand derer der Gewinn pro Stück und mittels hochgerechneter Zahlen schließlich auch Gewinn oder Verlust pro Jahr ermittelt werden können. Auch der Kunde macht eine Schichtauswertung, in der er festhält, inwieweit seine Kundenerwartungen erfüllt werden.

Nach jeder „Prozessanalyse" stelle ich den Teilnehmern eine Methode zur Prozessverbesserung vor. Das dauert ungefähr 15 Minuten. Danach wenden beide Firmen diese Methode in der Formularfabrik an. Anschließend führen sie den neuen Prozess in der nächsten Schicht durch, werten die Ergebnisse aus und erfassen die Prozessdaten.

Das Seminar vermittelt in einem Planspiel 7 Methoden der Prozessoptimierung (Bild 68):

1. Prozessbeschreibung mit Prozessanalyse (Zykluszeit)
2. Harmonisierung
3. Prozessschrittanalyse (Standardisierung)
4. Analyse der Kunden-Anforderungen (Quality Function Deployment, Poka Yoke, Andon, First Pass Yield)
5. Layoutoptimierung (Spagettichart)
6. Problemlösung (Verschwendungssuche, PTCA)
7. Rüstzeitoptimierung

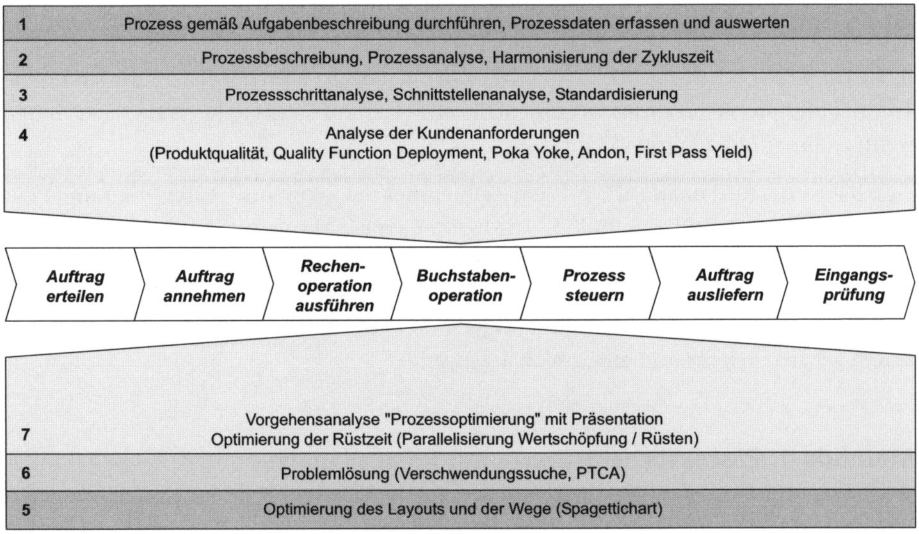

Bild 68 Ein Büroprozess wird in sieben Schritten methodisch optimiert

Trotz des dramatischen Verfalls des Marktpreises, der jeden Unternehmer abhalten würde, in dieses Geschäft einzusteigen, ist es bisher jeder Teilnehmergruppe gelungen, den Prozess zur Erstellung der Formulare so zu optimieren, dass sie insgesamt gute Gewinne erwirtschaften konnten.

In der ersten Schicht lasse ich die Gruppe das Formular nach strengen Arbeitsanweisungen anfertigen. Beide Firmen erleben eine herbe Enttäuschung, denn trotz intensivster Bemühung gelingt es keinem der Teams, auch nur einen einzigen Auftrag fehlerfrei und zur Zufriedenheit des Kunden auszuführen. In Kennzahlen gesprochen: Output = 0, Taktzeit > 600 Sekunden. Nur mit Mühe können sie in der Mitgliederversammlung dem Aufsichtsrat erklären – dessen Vorsitzenden der Moderator selbst spielt, mit welchen Investitionen und geplanten Prozessverbesserungen sie auf dem Markt zu überleben gedenken. Hände ringend versuchen die Abteilungsleiter mit schwammigen Erklärungen das katastrophale Ergebnis des ersten Geschäftsjahrs zu rechtfertigen, aber der Aufsichtsratvorsitzende unterbricht sie – auch hier ganz wie im richtigen Leben – gnadenlos in sachlich nüchternem Ton: „Warum haben wir unseren wichtigsten Kunden verloren? Beantworten Sie einfach nur meine Frage!“

In der Formularfabrik wende ich bei der Moderation die ZIMZEM-Regel an, die ich selbst erfunden habe. Ich nenne zuerst das *Zi*el des Workshops, erkläre die *M*ethodik, die zum Einsatz kommt, erläutere den *Ze*itplan, den ich mit konsequentem Zeitmanagement peinlich genau einhalte, und *m*otiviere immer wieder sämtliche Teilnehmer auf dem Weg zum Ziel. Bei der Prozessoptimierung kommt es darauf an, dass die Beteiligten die Methoden anwenden, ohne sich in endlosen Diskussionen über das Für und Wider zu verlieren. Wer den Regeln folgt, erkennt bald, wie wirkungsvoll sie sind. Es ist dasselbe Prinzip wie im Zen-Buddhismus, wenn der Meister seinem Novizen am ersten Tag erklärt: „Frage nie, warum du etwas tun sollst. Tue es einfach und du wirst erkennen, warum du es getan hast." Auch ein Skikurs funktioniert nach diesem Grundsatz, um ein Beispiel aus der westlichen Lebensrealität zu nennen. Da diskutieren die Schüler auch nicht vor jedem Schwung, ob sie stemmen oder geradeaus fahren sollen. Sie erlernen die Technik und probieren sie an Ort und Stelle aus. Am Ende weiß jeder, was er zu tun hat, wenn er einen Abhang hinab fährt.

„Ich habe eine Reklamation!", ruft ein Teilnehmer des Seminars. „Chef, der Kunde hat schon wieder eine Reklamation!" Es wird Zeit, dass ich zu meiner Truppe zurückkehre. Beschwingt vom Cox Orange betrete ich das Schloss-Stüberl genau in der Sekunde, als der Wecker den schrillen Ton einer Fabriksirene andeutet, die das Ende der Schicht einläutet. Die Seminarteilnehmer haben bis jetzt drei Methoden zur Verbesserung von Prozessen kennen gelernt und erfolgreich angewandt.

Methode 1: Prozessbeschreibung mit Prozessanalyse

Fast jeder kennt es aus eigener Erfahrung, hat es als Kunde oder in der eigenen Arbeitsumgebung schon häufig erlebt: Die eine Hand weiß nicht, was die andere tut. Der eine Kollege hat nicht die geringste Ahnung, was einen Schreibtisch weiter beim anderen geschieht. Und die eine Abteilung scheint Galaxien von der anderen entfernt, wenn es darum geht, Bearbeitungsschritte an verschiedenen Arbeitsstationen zu überblicken. Solche Verhältnisse schreien geradezu danach, endlich einmal systematisch erfasst zu werden. Denn nur wer einen Überblick über den gesamten Prozess hat, kann über seine Verbesserung nachdenken.

Nach dem Fiasko der ersten Schicht fordern auch die Teilnehmer mehr Überblick. Im ersten Durchlauf mussten sie streng nach Anweisung arbeiten. Nicht ein einziges Gutteil – so nennt man ein einwandfrei gefertigtes Teil – konnte auf diese Weise erbracht werden. Um die Ursachen zu ermitteln, muss jeder genau wissen, was an welcher Stelle geschieht. Der Ist-Zustand eines Ablaufes wird mit Hilfe der Prozessbeschreibung erfasst, um allen Prozessbeteiligten einen Überblick über den Gesamtablauf zu geben. Man nennt dies auch Process Mapping. Mit der Beschreibung der Ist-Situation, der Grundlage für die späteren Optimierungsschritte, entsteht eine visuelle Dokumentation von tatsächlichen Prozessen bzw. Abläufen.

Die Prozessbeschreibung geht von der simplen Frage aus: Wer macht was? Zunächst werden alle Prozessbeteiligten namentlich aufgelistet. Dann wird der Prozess in maximal 15 Schritten anhand einzelner Tätigkeiten beschrieben, die den jeweiligen Personen zugeordnet werden (Bild 69). Dabei wird auch die genaue Reihenfolge der Tätigkeiten festgehalten. Jeder Prozess wird grundsätzlich an einem realen Beispiel beschrieben.

Schließlich wird noch unterschieden, wer für den Prozessschritt verantwortlich und wer lediglich beteiligt ist. Wenn ein Sachbearbeiter einen Auftrag von einem Kunden annimmt, ist er z.B. selbst verantwortlich, während der Kunde an dem Vorgang beteiligt ist.

Bei dieser Methode geht es tatsächlich nur um eine grobe Darstellung. Alle Details werden später mit der Prozessschrittanalyse genauer erfasst. Wer hier Abläufe wie in der

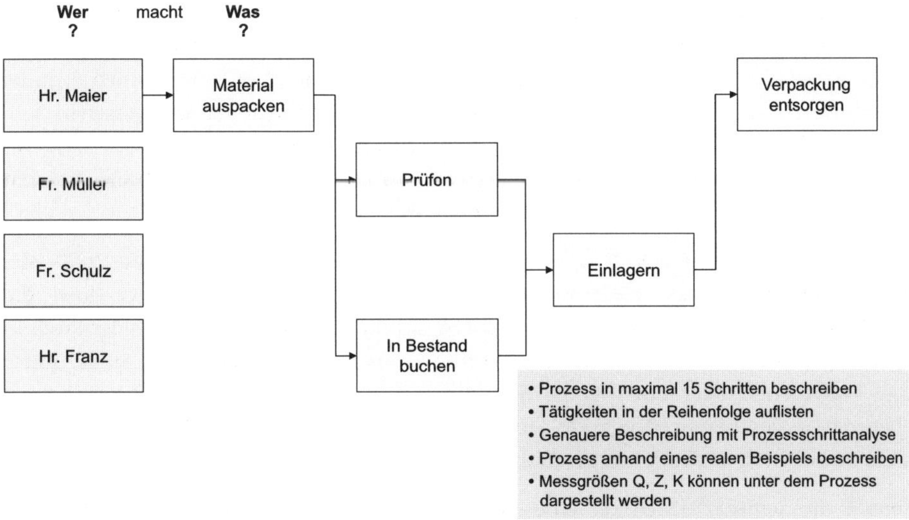

Bild 69 So wird der Ist-Zustand eines Ablaufs mit der Prozessbeschreibung erfasst

Heeresdienstvorschrift der Bundeswehr penibel beschreibt, hat die Aufgabe verfehlt. Wer „gedient" hat, wird sich noch lebhaft daran erinnern, wie dort der Vorgang des Schießens beschrieben wird: Der Soldat umfasst das Griffstück des Gewehrs mit der rechten Hand, und zwar mit dem Daumen von links und vier Fingern von rechts. Nun interessiert es aber nicht, ob Frau X den linken oder den rechten Mittelfinger benutzt, um die Zahl 5 auf der Rechenmaschine zu tippen. Stattdessen wird festgehalten, dass sie auf ihrer Arbeitsstation eine Rechenoperation durchführt.

Wenn der Prozess erst einmal grob beschrieben ist, werden in der Übersicht auch die Messgrößen Q (Qualität), Z (Zeit) und K (Kosten) dargestellt, mit denen die Prozessdaten erst erfasst und anschließend genauer analysiert werden können.

Methode 2: Harmonisierung

Der eine dreht gelangweilt Däumchen, während dem anderen vor lauter Hetze die Zunge heraushängt. Stress durch Monotonie ist ebenso schädlich wie Stress durch Überlastung, nicht nur für die Mitarbeiter selber, sondern auch für das angestrebte Arbeitsergebnis. Harmonisierung bedeutet nichts anderes als das Erreichen gleicher Arbeitsbelastung für jeden Arbeitsplatz. Mit dieser Harmonisierung werden Engpässe vermieden und Überproduktionen verhindert. Für die richtige methodische Anwendung müssen zunächst die Zeiten für jeden einzelnen Prozessschritt gemessen werden: Bearbeitungszeit, Wartezeit, Zykluszeit (= gemessene Zeit für den an einer Arbeitsstation durchgeführten Auftrag) und Durchlaufzeit (= Dauer vom Auftragseingang bis zur erfolgten Lieferung, Summe der Zykluszeiten aller Stationen plus Liegezeiten). Wenn die Prozesszeiten erst einmal erfasst und grafisch übersichtlich dargestellt sind, sieht man auf einen Blick, wo hohe Wartezeiten unnötige Personalkosten verursachen oder aber die Arbeit aufgrund von Überbelastung nicht mehr bewältigt werden kann. Dann müssen die Arbeitsinhalte zum einen so verschoben werden, dass die Belastung gleichmäßig auf alle Arbeitsstationen verteilt ist. Zum anderen müssen Hilfsmittel erdacht werden, um die Belastung zu verringern. Wer zehn Formulare mit einer Drittelfaltung versehen soll, braucht schätzungsweise drei Minuten für die Durchführung, sofern er jedes Blatt einzeln faltet. Wenn er alle Blätter aufeinander legt und sie in einem Rutsch bearbeitet, hat er dieselbe Aufgabe in 20 Sekunden erledigt.

Bei der Harmonisierung von Zykluszeiten wird immer auch die Losgröße ins Visier genommen. Heute setzt die Arbeitstheorie auf den Grundsatz des „One-Piece-Flow", die empfiehlt, die Lose möglichst klein zu halten, um den reibungslosen Fluss der Produktion zu garantieren. Ein Stück, das immer fließt, nirgendwo Engpässe oder Staus, unnötige Wartezeiten oder überflüssige Bestände verursacht, vermeidet unnötige Kosten ebenso wie geschäftsschädigende Lieferschwierigkeiten. In der Bäckerwelt kann das kleinste Los beispielsweise ein Blech mit 40 Semmeln sein.

Sobald die Seminarteilnehmer eine Methode erlernt haben, gebe ich ihnen in der nächsten Schicht die Gelegenheit, sie in der Praxis anzuwenden. Da halte ich mich ganz an die Erfahrungen der Physik, wo bei einem Versuchsaufbau auch immer nur ein Parameter geändert wird. Würde man mehrere Parameter gleichzeitig ändern, wüsste man am Ende nicht, welcher wie gewirkt hat.

Da die Teilnehmer auch nach der zweiten Schicht wegen mangelhafter Prozessbeherrschung die Aufträge des Kunden weder quantitativ noch qualitativ zu seiner Zufriedenheit erfüllen konnten und angesichts des fallenden Marktpreises tief in die roten Zahlen gerutscht sind, treffe ich als Aufsichtsratsvorsitzender eine schmerzliche, aber unvermeidliche Entscheidung: Die Abteilungsleiter werden degradiert und nach einer Jobrotation in der Produktion eingesetzt. Schließlich haben sie die Firma platt gemacht. Mit einem neuen Chef suchen die Teams nun neues Glück im heiß umkämpften Markt. Immerhin beherrschen sie die Prozesse inzwischen etwas besser als zu Beginn der Firmengeschichte.

Methode 3: Prozessschritt- bzw. Schnittstellenanalyse

In Korea habe ich einmal einen Betrieb besucht, in dem das Geld buchstäblich zum Fenster herausgeschmissen wurde. Bei der Herstellung von Leiterplatten kam es seit geraumer Zeit zu auffällig hohem Ausschuss. Wenn die Leiterplatten dorthin gelangten, wo sie mit Bauelementen bestückt werden sollten, waren sie häufig verwölbt und damit unbrauchbar für jede Weiterverarbeitung. Schließlich stellten wir fest, dass ein Arbeiter, der sie beförderte, einfach die Innenlagen der hochempfindlichen, sündhaft teuren Leiterplatten unter den Arm klemmte, um sie so an die nächste Station zu liefern. Natürlich kamen sie dort alle grausam verbogen an. Erreichten sie endlich die Station zur Bestückung, konnte man sie nur noch verschrotten. Jedes Los der Innenlagen war damals soviel wert wie ein Mercedes. Also wurde durch jeden unsachgemäßen Transport im übertragenen Sinn ein Mercedes vernichtet.

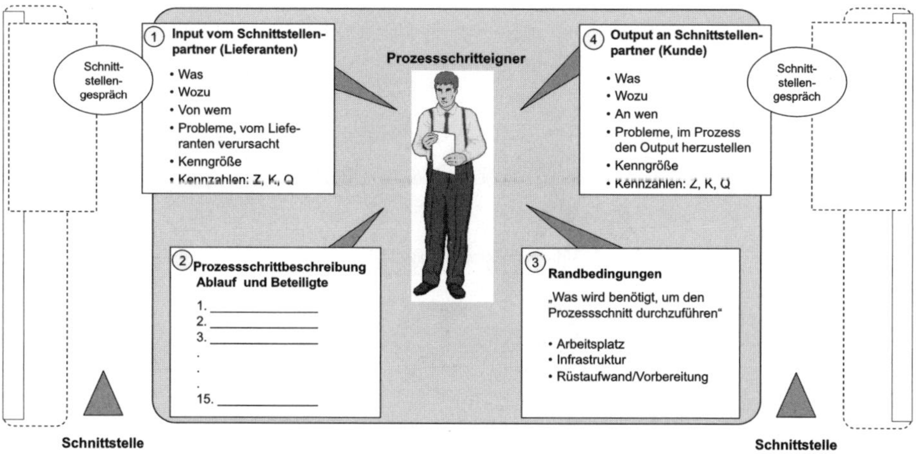

Bild 70 Mit Hilfe der Prozessschrittanalyse werden Probleme identifizierbar

Mit der Prozessschrittanalyse können solche Fehler schnell aufgedeckt werden. In so genannten Schnittstellengesprächen werden alle Probleme, Schwachstellen und Fehlleistungen identifiziert und analysiert. Sind sie erst einmal erkannt, können Lösungsansätze erarbeitet und geeignete Maßnahmen zu ihrer Beseitigung ergriffen werden.

Bei der Schnittstellenanalyse wird alles aus der Perspektive eines internen Kunden-Lieferanten-Verhältnisses betrachtet. Jeder in der Prozesskette ist einmal Kunde gegenüber dem, der vor ihm kommt, und einmal Lieferant gegenüber dem, der nach ihm kommt. Denn schließlich nimmt jeder etwas von einem Kollegen entgegen, das er nach der Weiterbearbeitung an den nächsten weiterreicht. Er ist also nicht nur gleichzeitig Kunde und Lieferant, sondern *hat* auch gleichzeitig einen Kunden und einen Lieferanten, denen er an den Schnittstellen des jeweiligen Prozessschrittes begegnet. Während in der Prozessbeschreibung die Tätigkeiten nur grob umrissen werden, um einen Überblick über den Gesamtprozess zu gewinnen, werden nun die einzelnen Prozessschritte detailliert und minuziös beschrieben, so dass auch ein anderer erfolgreich nach diesen Angaben arbeiten könnte (Bild 70).

Auch die Randbedingungen (Werkzeuge, Art des Arbeitsplatzes usw.) werden festgehalten, die zur erfolgreichen Durchführung des Prozessschrittes erforderlich sind. Geeignete Kenngrößen (Material, Kapital-, Lohnkosten usw.) erlauben zudem eine genaue Überprüfung, ob die Lieferung in fehlerfreiem Zustand erfolgt, während mit Kennzahlen für Qualität (Q), Zeit (Z) und Kosten (K) das erwartete Ergebnis quantifiziert bzw. qualifiziert wird.

Wenn im Schnittstellengespräch geklärt wurde, welchen Input der so genannte Prozessschritteigner, d.h. der für den Prozessschritt Verantwortliche, von seinem Lieferanten braucht und welchen Output er seinem eigenen Kunden liefern muss, wird das Ergebnis in einem Standard festgehalten. Das Einführen von Standards ist eine Grundvoraussetzung für die Prozessbeherrschung. Bei dieser Aufgabe leistet das Deming-Rad unverzichtbare Hilfe, das auf den US-amerikanischen Professor W.E. Deming zurückgeht. Mit

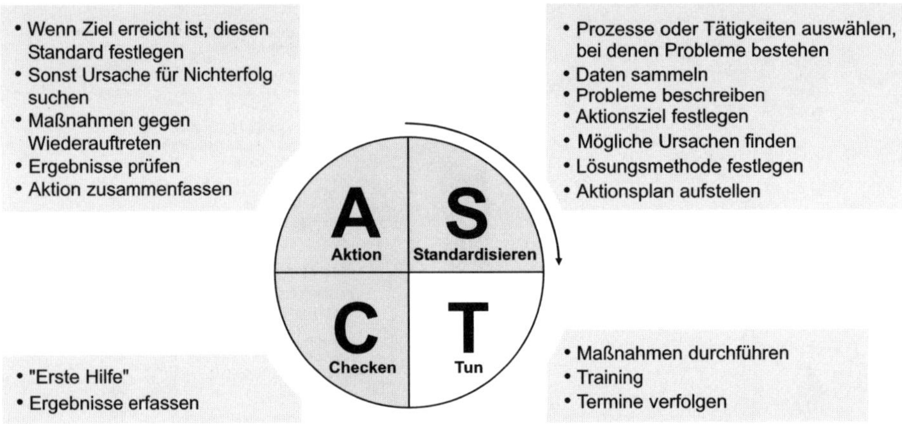

Bild 71 Das Einführen von Standards ist eine Grundvoraussetzung für die Prozessbeherrschung

diesem Modell, das er in den 50er Jahren in Japan einführte, schuf er eines der wichtigsten Instrumente zur ständigen Verbesserung. In vier Phasen werden dabei die Schritte „Standardisieren – Tun – Checken – Aktion" durchlaufen (Bild 71).

Ein Prozessschritt wird erst standardisiert, dann probeweise ausgeführt, anschließend auf seine Tauglichkeit gecheckt und erst nach bewährtem Test als gültige Aktion vorgeschrieben. So kann mithilfe des STCA-Kreises ermittelt werden, ob der beschriebene Standard auch tatsächlich funktioniert und das erwartete Ergebnis liefert.

Nach der Einführung eines Standards und der Anwendung des STCA-Zyklus wird dieser Vorgang später in einem weiteren Optimierungsschritt durch den PTCA-Zyklus (PTCA = Planen, Tun, Checken, Agieren, engl. PDCA = Plan, Do, Check, Act) ergänzt bzw. unterstützt. Dabei wird der Schritt „Standardisieren" durch den Schritt „Planen" ersetzt. Die vier Phasen folgen dann dem Schema:

Phase 1: Entwirf einen Plan, der darlegt, was erreicht werden soll (plan).

Phase 2: Führe den Plan aus (do).

Phase 3: Prüfe das Ergebnis (check).

Phase 4: Arbeite entsprechend dem verbesserten Prozess (act).

Dieses vierstufige Prinzip „Planen – Ausführen – Prüfen – Handeln" ist die Basis für die ständige Verbesserung von Standards.

Bei einer sorgfältig ausgeführten Prozessschrittanalyse werden alle Probleme an die Oberfläche gespült. In einem Beratungsprojekt habe ich einmal ausschließlich diese Methode eingesetzt. Inhaltlich war das Projekt alles andere als trivial, es ging um die elektronische Ausrüstung von Handelsschiffen. Mit Hilfe der Schnittstellenanalyse gelang es, 180 Maßnahmen zu definieren, dank derer die Prozesskosten um 30% reduziert werden konnten.

Die Betrachtung aus Sicht des Kunden-Lieferanten-Verhältnisses trägt im Übrigen entscheidend dazu bei, Kostenbewusstsein und betriebswirtschaftliches Denken bei den

Verbesserungen					
Abteilung :		Prozess:	Name :		Datum :
Nr.	Verbesserungspunkt	Erforderliche Maßnahmen	Verantwortlich	Termin	Fortschritt

Bild 72 Das Maßnahmenblatt zur Prozessverbesserung (Quelle: Siemens Management Consulting)

Mitarbeitern zu wecken. In einem Beratungsprojekt in einem zahntechnischen Labor erlebte ich einmal, wie ein Gebissabdruck ruiniert wurde, in dem bereits stattliche Kosten steckten. Mit Hilfe der Prozessschrittanalyse wurde den Mitarbeitern erst bewusst, dass in dem Abdruck in dieser Arbeitsphase schon Kosten von 200 Euro aufgelaufen waren. Mit diesem Wissen gingen sie in Zukunft wesentlich sorgfältiger mit dem Material um.

Am besten werden geplante Maßnahmen mit Hilfe eines Maßnahmenblattes umgesetzt und überwacht (Bild 72).

In der Formularfabrik erlebe ich es immer wieder, dass die Teilnehmer den Schritt der Prüfung bei der Anwendung des STCA-Kreises auslassen, weil sie ihn für zeitraubend und überflüssig halten. Wenn eine Gruppe aus Zeitnot beschließt, die Testphase zu überspringen, geht in der nächsten Schicht unter Garantie alles schief und es wird hoher Ausschuss produziert. Auch wenn der Test lästig ist, spart er letzten Endes jede Menge Zeit und Ärger. Erst wenn geprüft ist, ob die Arbeitsmethode tatsächlich funktioniert, darf sie als gültige Aktion für alle vorgeschrieben werden. Das gilt nicht nur im Planspiel.

Die nächste Schichtauswertung wird zeigen, ob sich die Teilnehmer diesmal an die Regeln der Prozessschrittanalyse gehalten haben und welche Verbesserungen sie damit erreichen konnten.

Aufsichtsratsvorsitzender: Die letzte Firma musste Konkurs anmelden. Nun haben wir eine neue Firma unter völlig neuer Leitung gegründet. Ich bin außerordentlich gespannt, wie sich dieser Wechsel niedergeschlagen hat. Wie immer, wollen wir zuerst den Kunden zu Wort kommen lassen.

Kunde: Ich habe 19 Aufträge abgegeben, 18 sind termingerecht zurückgekommen, fehlerhaft war keiner. Mit der Kundenfreundlichkeit war ich sehr zufrieden.

Aufsichtsratsvorsitzender: Endlich einmal ein gutes Ergebnis. Das ist sehr erfreulich. Wie sehen die Geschäftszahlen aus?

Abteilungsleiter: Es freut mich sehr, die Ergebnisse dieser aufstrebenden Firma präsentieren zu dürfen. An den Kennzahlen werden Sie sehen, dass es sich lohnt, mit uns zusammenzuarbeiten. Wir haben von unserem verehrten Kunden 19 Aufträge bekommen, von denen wir 18 gut bearbeiten konnten. Wir hatten kein einziges fehlerhaftes Teil, demzufolge keine Reklamation. Die gesamte Durchlaufzeit betrug 33,33 Sekunden, die längste Zykluszeit 31,6 Sekunden. Die Wartezeit, in der Mitarbeiter nichts zu tun hatten und somit unproduktiv waren, betrug 400 Sekunden. Wir haben in einer Teambesprechung beschlossen, dass wir dies noch verbessern müssen. Auch unsere Kosten konnten wir senken. Der Stückpreis ist allerdings immer noch etwas zu hoch. Wir werden auch hier an weiteren Verbesserungen arbeiten.

Aufsichtsratsvorsitzender: Ich darf Ihnen gratulieren. Machen Sie weiter so.

Beide Firmen haben nach Anwendung der bisher erlernten Methoden in dieser Schicht ein ordentliches Ergebnis erzielt. Da der Marktpreis fällt und die Konkurrenz nicht schläft, werden sie ihre Prozesse allerdings noch effizienter gestalten müssen. Denn inzwischen haben sich einige Wettbewerber auf dem Markt breit gemacht, so dass ihnen in Zukunft ein härterer Wind entgegenbläst. Nur wer weiß, was der Kunde will, seine Anforderungen erfüllen und sich mit guter Prozessbeherrschung im Markt stabil positionieren kann, wird dauerhaft überleben.

Die Seminarteilnehmer haben den ganzen Tag hochkonzentriert gearbeitet. Dem einen und anderen knurrt inzwischen laut und vernehmlich der Magen. Bevor sie sich beim Abendessen erholen dürfen, müssen sie sich aber auf die letzte Methode konzentrieren, die ich ihnen heute noch beibringen will.

Methode 4: Analyse der Kundenanforderungen

Vor Jahren wurde ein neuer Rolls Royce in München vorgestellt. Viele Leute kamen zum Eröffnungsspektakel, das in der Presse werbewirksam angekündigt worden war. Der Vorstellungsraum platzte geradezu aus allen Nähten. Alles drängte nach vorne, um das Prachtstück aus der Nähe zu betrachten. Der Verkäufer lobte das Auto in höchsten Tönen und pries voller Stolz dessen Vorzüge: der Innenraum mit Wurzelholz und Leder ausgekleidet, komfortable Automatikschaltung, auf dem Rücksitz eine Bar mit eingebautem Kühlschrank, dazu ein Fernseher, ein PC, ein Telefon, unbegrenzte Beinfreiheit durch großzügig bemessenen Raum – mit einem Wort, das Feinste vom Feinsten wurde hier geboten. Die Besucher waren begeistert. „Was für ein phantastisches Auto!" – „Schau dir diese edle Verarbeitung an." – „Ein einziger Traum, dieser Wagen." Überall tuschelte man und lobte nahezu ehrführchtig das Ausstellungsstück, bis schließlich jemand aus der Menge fragte: „Was kostet es?" Als der Verkäufer den Wagen auf

175.000 € bezifferte, änderte sich die Stimmung schlagartig. Plötzlich schwirrten ganz andere Reden durch die Luft. „Eigentlich sitze ich ja selbst am Steuer. Wozu brauche ich dann hinten einen Kühlschrank?" – „Einen PC habe ich zu Hause, im Auto brauche ich den nicht." – „Leder, Wurzelholz, gut und schön. Aber find mal einen Parkplatz für das riesige Gefährt in der Münchener Innenstadt." – „Automatik muss nicht sein. Schalten kann ich nämlich selber." Kaum war der Preis bekannt, der den Wagen für die Mehrheit der Anwesenden unerschwinglich machte, wurden die Ansprüche auf die Ausstattung eines Mittelklasse-Wagens heruntergeschraubt.

Was will der Kunde wirklich? Und wofür ist er bereit zu zahlen? Diese Fragen klingen banal, aber die Antwort ist gar nicht so einfach. Viele Produkte zeichnen sich durch Over-Engineering aus. Sie liefern etwas, das der Kunde weder wünscht, noch braucht, noch zu zahlen bereit ist.

Einer der häufigsten Fehler ist die ungeprüfte Annahme, man wisse schon, was der Kunde braucht. Seine wahren Anforderungen erfährt man aber tatsächlich nur, wenn man ihn direkt befragt. Nur so erkennt man, welches Merkmal dem Kunden so wichtig ist, dass er es bezahlen würde. Früher, als ich Montagesysteme „baute", fragte ich gelegentlich meine Kunden: „Wollen Sie dies oder das oder vielleicht auch noch jenes?" Die Antwort fiel immer gleich aus: „Will ich, will ich, will ich alles." Wenn ich aber sagte: „Wir könnten die Verkleidung aus Rauchglas machen, das sieht wirklich edel aus. Allerdings kostet es so und so viel mehr." Dann wollten sie plötzlich nur noch die nackte Maschine ohne jeglichen Zusatz.

Bei der schwierigen Frage der wahren Kundenanforderungen, letzten Endes eine Aufgabe des Marketings, hilft das so genannte „Quality Function Deployment" (QFD). QFD ist eine formalisierte Methode, um in fachübergreifender Teamarbeit Kundenanforderungen und -erwartungen zielorientiert in Produkte umzusetzen. Das hört sich komplizierter an als es in der Praxis ist. Dabei werden die Kundenanforderungen aufgelistet, die verschiedenen Lösungsmöglichkeiten diskutiert und gewichtet, um am Ende diejenige auszuwählen, die die Kundenanforderungen am besten erfüllt. Alle Einflussfaktoren und Zusammenhänge werden dazu systematisch ermittelt und im „House of Quality" übersichtlich dargestellt und bewertet. Der optimale Pfad zur Erfüllung der Kundenanforderungen bei geringstem Aufwand ergibt sich aus folgenden Arbeitsschritten:

1. Genaues Ermitteln der Kundenanforderungen
2. Bewerten der Kundenanforderung und des Grades der Wichtigkeit der Anforderung aus Kundensicht
3. Wettbewerbsvergleich (Wie gut macht es die Konkurrenz?) und Positionierung strategischer Ziele
4. Beschreiben der technischen Lösungsmerkmale
5. Klären der Wechselbeziehungen zwischen den technischen Merkmalen
6. Herstellen der Beziehung der Kundenanforderungen zu den technischen Merkmalen
7. Bewerten, welche Bedeutung die technischen Merkmale aus kundenorientierter Sicht haben

Neben Informationen aus dem Marketing und repräsentativen Kundenumfragen sind Gespräche mit ausgewählten Schlüsselkunden besonders aufschlussreich für die Entscheidungsfindung. Geeignet sind z.B. Kunden, die hohe Stückzahlen abnehmen.

Die Frage, wofür der Kunde zu zahlen bereit ist, wirft auch automatisch die Frage auf, welche Tätigkeiten zur Wertschöpfung beitragen und welche nicht. Jeder Prüfaufwand verursacht Kosten, ohne zur Wertschöpfung beizutragen. In der japanischen Unternehmensphilosophie gibt es einen Begriff zur Bezeichnung von todsicheren Arbeitsabläufen: Poka Yoke. Wörtlich übersetzt heißt er so viel wie „idiotensicher" oder, wie man bei uns sagt, „narrensicher". Ein Prozess wird so sicher gestaltet, dass praktisch keine Fehler mehr auftreten können. Damit lassen sich viele Tätigkeiten vermeiden, die nicht wertschöpfend sind.

Vieles funktioniert heute bereits nach dem Prinzip des Poka Yoke, ohne dass wir uns dessen bewusst wären. Ein Beispiel dafür ist die Herstellung eines Zylinderkopfs für einen Verbrennungsmotor. Wenn die Dichtung am Zylinderkopf nicht bombenfest sitzt, schädigt sie in kürzester Zeit den Motor. Deshalb müssen alle Schrauben mit demselben Drehmoment angezogen werden, um eine gleichmäßige Belastungsverteilung zu garantieren. Früher traten dabei häufig Fehler auf. Entweder wurden die Schrauben ungleichmäßig angezogen oder sie griffen nicht richtig oder es fehlte sogar die eine oder andere Schraube. Dank ausgetüftelter Technik ist der Herstellungsprozess heute „narrensicher". Um z.B. 12 Schrauben am Zylinderkopf automatisch anzuziehen, benutzt man eine Maschine mit 12 Schraubspindeln. In jeder Spindel befindet sich ein Drehmomentmelder, der sich automatisch abschaltet, sobald das Drehmoment erreicht ist. Fehlt eine Schraube, reagiert die Maschine sofort und hält an. Auf diese Weise werden Fehler gleich erkannt und können sich nie fortsetzen.

Ein anderes Beispiel für todsichere Abläufe findet man im Internet. Wer heute eine elektronische Bestellung ausführt, stößt automatisch auf Plausibilitäts-Checks, die fehlerhafte Eintragungen von Kunden verhindern. Werden z.B. Textzeichen anstatt der vorgeschriebenen Ziffern eingegeben, erscheint eine Fehlermeldung. Bei der Angabe einer E-Mail-Adresse wird automatisch geprüft, ob das obligatorische @-Zeichen enthalten ist. Auch Kreditkartennummern können problemlos auf ihre Richtigkeit gecheckt werden. Und nur wenn alle Pflichtfelder korrekt ausgefüllt wurden, wird die Bestellung angenommen.

Der Aufwand zur Gestaltung von todsicheren Prozessen lohnt sich im Allgemeinen nur, wenn sie kurzzyklisch sind und sich häufig wiederholen. Allerdings trifft das auf die meisten Prozesse zu. Im Anlagenbau sind z.B. 80% aller Abläufe relativ kurzzyklisch und nur 20% eher langzyklisch.

Eine bessere Beherrschung der Prozesse senkt nicht nur die Fehlleistungs- oder Mehrkosten, sondern verkürzt auch die Durchlaufzeit und steigert die Produktivität. Als Messgröße der Prozessqualität dient der First Pass Yield (FPY). Darunter versteht man den Prozentsatz an Ergebnissen, die bereits nach dem ersten Prozessdurchlauf fehlerfrei sind und keine Nachbearbeitung erfordern. Wenn in der Formularfabrik in einer Schicht 8 von 10 Formularen fehlerfrei bearbeitet werden, dann beträgt der FPY dieser Messperiode 8 : 10 x 100% = 80%. Das wäre im realen Geschäftsleben allerdings eine miserable Ausbeute und würde jedes Geschäft schnell ruinieren.

Die Fehlerrate wird in „Defects per Million" (DPM) gemessen, das heißt „Anzahl der Fehler pro 1 Million Stück/Aktionen". Zum Beispiel akzeptiert der Kunde bei der Herstellung von Relais oder Steuerelementen nur 50 DPM. Wer eine noch niedrigere Fehlerquote anstrebt, muss seine Prozesse strengsten Qualitätsprogrammen unterwerfen. Motorola etwa arbeitet mit einer Qualitätsphilosopie, die 50 Methoden der Prozessoptimierung kennt. Mit der so genannten Six-Sigma-Methode werden minimale Abweichungen von Normalverteilungskurven registriert und peinlich genau ausgewertet. Damit lassen sich zwar phantastisch niedrige Fehlerquoten wie 3,5 DPM erreichen, aber bei den meisten Produkten genügen die sieben hier beschriebenen Methoden vollkommen, um die Produktivität mit angemessenem Aufwand deutlich und nachhaltig zu erhöhen. Mit ihnen kann man 90% der Konkurrenz schlagen. Wer mehr will, muss in die Six-Sigma-Methode einsteigen.

Eine Erhöhung des FPY führt gleichzeitig zu niedrigeren Fehlleistungskosten und zu höherer Kundenzufriedenheit. Durch Beachtung von drei qualitätsphilosophischen Grundsätzen kann die Fehlerrate generell niedrig gehalten werden: Fehler bei der Annahme nie akzeptieren, Fehler im besten Fall gar nicht oder zumindest kein zweites Mal begehen, prinzipiell keine Fehler weitergeben. Wer Fehler vermeiden oder ausschalten will, muss sie aber erst einmal erkennen. Beim Aufspüren von Fehlerquellen hilft eine weitere Methode aus Japan, die dort zum Betriebsalltag gehört: das so genannte Andon.

Nichts ist unmöglich – Toyota hat nicht nur mit einem genialen Werbeslogan Kunden auf der ganzen Welt begeistert. Weltweit schwärmt man auch von der hohen Zuverlässigkeit des Unternehmens. Ein Autoproduzent in Deutschland wollte das Erfolgsgeheimnis genauer ergründen und schickte eine Crew von Ingenieuren nach Japan, um das Werk vor Ort zu besichtigen. Nach einem Rundgang durch das Montagewerk tauschten sie ihre Eindrücke aus: „Das ist ungefähr dieselbe Technik wie bei uns. Okay, alles etwas enger und die Lagerbestände ein bisschen kleiner. Die Arbeit läuft auch etwas flotter, aber sonst gibt es keinen großen Unterschied zu unserem Betrieb." Dann stellte einer die entscheidende Frage: „Wo ist euer Nachbesserungswerk?" Hierzulande gilt ja der heilige Grundsatz, ein Fließband auf Teufel komm raus laufen zu lassen. Das Band anzuhalten gilt als Todsünde, selbst wenn ein Schraubenschlüssel in den Motor fällt. Schließlich gibt es ja das Nachbesserungswerk, um alle Fehler zu korrigieren. Werden bei der Endkontrolle Fehler entdeckt, wird der Wagen dort demontiert, nachgebessert und dann erst ausgeliefert. Das ist es, was man hier unter Qualitätsstandard versteht.

„Nachbesserungswerk?", fragten die Japaner. „Das Wort kennen wir nicht." Es musste wohl ein Übersetzungsfehler vorliegen. Man bedrängte den Dolmetscher, der das Wort schließlich zum besseren Verständnis umschrieb: „Ein Werk, in dem die Fehler nach dem Prüfen beseitigt werden." Das hielten die Japaner zuerst für einen Witz und kicherten vergnügt. Als die deutschen Ingenieure aber konsterniert versicherten, dass ein solches Werk tatsächlich zum Produktionsbetrieb gehörte, erklärten sie höflich: „Fehler werden bei uns immer sofort beseitigt. Am Ende des Montagebandes gibt es zwei Stellplätze. Wenn bei der Endkontrolle ein Fehler festgestellt wird, wird das Auto dort zur Untersuchung abgestellt. Steht auf beiden Plätzen ein Auto, geht beim Präsidenten ein rotes Licht an." Die Besucher waren fassungslos. Wie schafften es die Japaner bloß, dass bei der Endkontrolle kaum mehr Fehler auftraten? Das sei doch einfach, erwiderten die Kollegen. „Wir haben doch unser Andon." Jetzt haperte es bei den Deutschen mit dem Verständnis. Andon? Was ist ein Andon? Nun, ein Andon ist eine rote Reißleine, die an jedem Arbeitsplatz an der Decke hängt. Sobald jemand einen Fehler bemerkt, zieht er daran und das Band bleibt stehen. Dann eilen Meister, Einrichter und Vorarbeiter herbei, um nach der Ursache zu forschen. Jedem Fehler wird also sofort nachgespürt. Wenn ein neues Produkt hochfährt, läuft das Band anfangs nur ein kurzes Stück und kommt bald wieder zum Stehen. So geht es eine ganze Weile: Es fährt, wird angehalten, fährt, bleibt wieder stehen. Mit der Zeit werden die Standzeiten dann immer kürzer, bis schließlich der Punkt erreicht ist, an dem das Band ohne Unterbrechung läuft. Bei Toyota ist jeder verpflichtet, das Band sofort anzuhalten, sobald er auch nur den geringsten Fehler entdeckt. Das schafft den Anreiz, Fehlerursachen umgehend auszumerzen. Dagegen verführt die Vorschrift, das Band in jedem Fall laufen zu lassen, zur Nichtbeachtung von Fehlern. Warum sollte man sich auch darum kümmern, wo es doch Prüfer und Nachbesserungswerke gibt?

Nachdem meine Seminarteilnehmer die Kundenanforderungen analysiert haben, wollen sie allerdings nur noch eine Reißleine ziehen, und zwar diejenige, die ihren Seminarleiter zum Stillstand bringt. Momentan interessiert sie bloß mehr eine Frage, die aber brennend. Sollen sie sich zum Abendessen für Saibling in der Salzkruste, für Chateâubriand oder die Hechenberger Schlosszipfel entscheiden? Und passt dazu eher ein Gewürztraminer, ein Beaujolais oder ein Rosso di Montalcino? Da ich meine Pappenheimer kenne und weiß, wann ihre Konzentration unwiederbringlich verbraucht ist, überlasse ich sie nun gerne dem Moarwirt Florian Lechner.

Methode 5: Layoutoptimierung

Der General a.D. blickt misstrauisch zu der jungen Mitarbeiterin von Siemens Management Consulting. Frisch geduscht sitzt sie im Jogging-Anzug an der Frühstückstafel, schneidet eine Semmel nach der anderen auf und bestreicht sie gut gelaunt mit Butter und Honig. Zum Frühschoppen leistet er sich ein frisches Helles, denn schließlich ist er ja schon lange im Ruhestand. Die Frau ist ehrgeizig, das hat er gleich gemerkt. Wahrscheinlich ist sie direkt nach dem Aufstehen in aller Herrgottsfrühe auf den modrigen Wegen durch das benachbarte Wäldchen gelaufen, vorbei an sumpfigen Moor-Inseln und tauverhangenen Wiesen. Gestern hat sie sofort die Führung der Firma Blau an sich gerissen. Ihr Ehrgeiz macht sie zu seiner Feindin, denn schließlich will er, dass seine eigene Truppe gewinnt. Wenn sie auch heute Himmel und Hölle in Bewegung setzt, um ihre Leute in Führung zu bringen und damit seinen eigenen Sieg gefährdet, muss er sich etwas einfallen lassen. Widerstandslos hat er noch keine Schlacht verloren gegeben. Etwas befremdlich wirkt der General in der Lodenjoppe mit den Hirschhornknöpfen, denn der Hamburger Akzent verrät seine hanseatische Herkunft. Irgendwas müsste sich doch machen lassen. Vielleicht den Kopierer blockieren, an dem sie gestern ihren ganzen Ehrgeiz ausgetobt hat, um in Windeseile unzählige Formulare zu vervielfältigen. Ein bisschen Sabotage wird wohl erlaubt sein, wenn der Feind sich nicht freiwillig ergibt.

Prozessoptimierung macht vor nichts und niemandem Halt, wie das Teilnehmerprofil in der Formularfabrik immer wieder bestätigt. Diesmal habe ich eine bunte Mischung jüngerer, reiferer und älterer Menschen nach Hechenberg geladen. Ich rekrutiere die Teilnehmer aus dem Nachwuchs von Siemens ebenso wie aus meinem privaten und öffentlichen Umfeld, denn der Nutzen der Prozessoptimierung ist allgemeingültiger Art und nicht auf die freie Wirtschaft begrenzt. Einmal war der Pförtner einer Kurklinik dabei, ein anderes Mal die Sekretärin eines Architektur-Büros. Und natürlich hat auch meine Frau schon teilgenommen, obwohl sie die Prozessoptimierung eh schon bestens beherrscht. Ihren zyklischen Prozess der Unterrichtsverbesserung habe ich ja schon beschrieben – ein Prozess, der sich rentiert.

In der Formularfabrik verteile ich die Arbeitsstationen anfangs ganz bewusst in räumlich ungünstiger Anordnung, so dass die Mitarbeiter bei den Bearbeitungsschritten lange Gehstrecken im Zickzack-Kurs zurücklegen und auch die Kunden weit laufen müssen, wenn sie Aufträge abgeben oder Reklamationen anmelden. Wege kosten Zeit und damit auch Geld. Durch unnötige Wege entstehen erhebliche Personal- und Infrastrukturkosten, für die der Kunde letztlich nie zahlt. Wenn man die Wege in einer Skizze einzeichnet, sieht man vor lauter Schleifen, Überlappungen und Überschneidungen bald nur noch ein einziges Fadengewirr. Deswegen nennt man diese Darstellung auch Spaghetti-Chart.

Layoutoptimierung beruht auf dem Verständnis von Material- und Informationsflüssen. Um Wege und Bewegungen in Prozessen zu optimieren, muss man sie verkürzen oder dafür sorgen, dass sie gänzlich entfallen. Durch Vermeidung von Wegen und Transport werden Kosten und Durchlaufzeiten erheblich gesenkt.

Das Prinzip der Layoutoptimierung ist schnell vermittelt und eignet sich daher gut als Einstiegsthema für den zweiten Seminartag. Nach Überprüfung und Optimierung der Arbeitswege erreichen die Seminarteilnehmer in aller Regel eine deutlich günstigere Kostenstruktur.

Aufsichtsratsvorsitzender: Zur diesjährigen Hauptversammlung darf Sie ich alle recht herzlich begrüßen. Natürlich möchten wir als erstes wissen, ob und inwieweit die Erwartungen unserer Kunden erfüllt wurden.

Kunde 1: Ich habe an Firma Blau 110 Aufträge vergeben. Über fehlerhafte Stücke musste ich mich diesmal nicht ärgern, denn mir wurden 110 Gutteile geliefert. Die Kundenbetreuung war erstklassig. Man hat mir einen Arbeitsplatz in der Firma eingerichtet – rechts flankiert von einer jungen schönen Frau, links flankiert von einer jungen schönen Frau. Meinem Wunsch nach sofortiger Qualitätskontrolle wurde perfekt entsprochen.

Kunde 2: Als Kunde der Firma Rot bin ich im Wesentlichen zufrieden. Ich habe exakt 100 Aufträge vergeben und 100 zurückerhalten. Auch mir wurde ein Arbeitsplatz im Büro eingeräumt und auch ich hatte eine sehr attraktive Dame zu meiner Linken, allerdings nicht zu meiner Rechten. Damit sind für mich sämtliche Wege entfallen, was sehr angenehm war. Ein paar Abstriche muss ich jedoch noch machen. Für die

Überprüfung der Qualität musste ich unnötige Zeit investieren. Und schließlich erhielt ich auch 10 fehlerhafte Teile.

Aufsichtsratsvorsitzender: Wie sieht es mit der Kostenstruktur aus? Haben sich die Infrastrukturkosten verändert?

Abteilungsleiter Firma Blau: In der Tat. Die Infrastrukturkosten gingen von 20 auf 0,5 Cent zurück. Wir haben es nämlich geschafft, die Wege zu minimieren. Genau genommen, gibt es gar keine Wege mehr. Der Kunde kann sich direkt bei uns aufhalten und alle Mitarbeiter können an ihrem Arbeitsplatz bleiben. Dieses Jahr hatten wir einen Auftragseingang von 110 Stück im Vergleich zu 74 Stück im letzten Jahr. Wir konnten 110 Gutteile liefern und hatten folglich keine Reklamation. Wir haben fehlerfrei gearbeitet, denn unsere Prozesse sind Poka Yoke.

Abteilungsleiter Firma Rot: Durch Baumaßnahmen konnten wir die benutzte Fläche erheblich verkleinern. Auch den Prüfaufwand für den Kunden konnten wir drastisch reduzieren. Die Kosten pro Stück betrugen nur noch 25 Cent.

Aufsichtsratsvorsitzender: Meine Damen und Herren, ich bin mit dem Umsatzwachstum, der Produktivität und der Kostenentwicklung beider Firmen zufrieden. Allerdings muss Firma Rot die Qualität noch deutlich verbessern: Eine Fehlerquote von 10% ist für keinen Kunden auf Dauer akzeptabel.

Der General hat alles gründlich durchdacht. Firma Blau beherrscht ihre Prozesse ganz offensichtlich besser als Firma Rot. Angesichts dieser prekären Lage gibt es nur noch einen Ausweg. Er wird zur Spionage greifen müssen.

Methode 6: Problemlösung

Jeden Tag schreiten wir zigmal durch Türen, öffnen sie, schließen sie, und bewegen dabei jedes Mal die Türangel. Wenn man der Frage nachgeht, was bei der Herstellung der vielen tausend Gegenstände, mit denen wir täglich umgehen, als wertschöpfend gilt, kommt man aus dem Staunen nicht mehr heraus. Um eine Türangel anzufertigen, benötigt man zunächst ein Stück Stahl. Das muss zur Bohrmaschine transportiert werden. Bevor es eingespannt wird, muss der richtige Bohrer ausgewählt und die richtige Drehzahl eingestellt werden. Dann wird die Maschine angestellt und der Bohrer wird vorsichtig auf das Stahlstück gesenkt. Rauch steigt auf und Metallspäne fliegen nach allen Seiten. Wenn alles korrekt gebohrt ist, wird die Bohrmaschine ausgeschaltet. Arbeitsplatz und Maschine müssen nun gereinigt, Späne und Bohrwasser beseitigt werden. Welcher Vorgang in dieser langen Prozesskette ist wertschöpfend? Tatsächlich nur das Bohren selbst – in diesem Fall also der Vorgang mit der kürzesten Dauer. Es ist die einzige wertschöpfende Leistung, für die der Kunde zahlt. Alle anderen Leistungen interessieren ihn nicht.

Nur Aktivitäten, für die der Kunde zu zahlen bereit ist, sind wertschöpfend. Jede Aktion, die nicht direkt dazu dient, die Anforderungen des Kunden zu erfüllen, ist somit eine Fehlleistung. Im Japanischen werden Fehlleistungen unter dem Begriff „Muda" zusammengefasst, was in wörtlicher Übersetzung „Verschwendung" heißt. Als wesentliche Verschwendungsarten gelten: Abweichung vom Soll-Prozess, Fehler, Nacharbeit, Ineffektivität, Überproduktion, Bestände, Transport, Bewegungen, Wartezeit, Überlastung, Unterauslastung und Nutzungsausfall.

Die Unterschiede zwischen westlichen und östlichen Unternehmensphilosophien sind in mancher Hinsicht verblüffend. In der westlichen Industrie arbeitete man hart daran, Bohrvorgänge so kurz wie möglich zu halten. Vom Stahlbohrer wechselte man über Hartmetall und Diamant-Bohrer bis zum Laser. Tatsächlich wurde der Bohrvorgang dadurch immer kürzer. Die unwirtschaftlichen Fehlleistungen aber blieben unverändert hoch. Ganz anders ging man in Japan zu Werk. Das Bohren stellt ja zeitlich nur einen Bruchteil des gesamten Herstellungsprozesses dar. Darum muss man sich nicht vorrangig kümmern. Viel sinnvoller ist es dagegen, alles zu eliminieren, was keinen Wert schafft. Bei Toyota wollte man es ganz genau wissen. Welche ihrer Tätigkeiten waren wertschöpfend und welche nicht? Um das herauszufinden, zerhackte man sämtliche Tätigkeiten in Minutenscheiben und versah sie mit dem Stempel „wertschöpfend" oder „nicht wertschöpfend". Dabei wurden alle Aktivitäten und Leistungen penibel erfasst – vom Pförtner bis zum Präsidenten. Nachdem alle wertschöpfenden und nicht wertschöpfenden Minuten gezählt waren, ergab sich ein haarsträubendes Verhältnis von 1:10.000. Da liegt die Einsicht nahe, dass man bei den 10.000 nicht wertschöpfenden Tätigkeiten etwas ändern muss, anstatt sich auf die eine wertschöpfende Aktivität zu konzentrieren. Sollten die im Westen doch ihre Bohrer perfektionieren. Die konnte man gut und gerne von ihnen einkaufen. Bei Toyota machte man sich stattdessen sofort auf die Jagd nach Verschwendungen, denn nur dabei gab es wirklich was zu holen. Im Laufe der Zeit entwickelte sich „Muda Hunting" (Jagd nach Verschwendung) regelrecht zur beliebten Sportart, die alle Mitarbeiter mit Eifer betrieben.

Zu den Verschwendungsarten, die am meisten Geld verschlingen, zählen

- Wartezeiten und Wege,
- Fehler und Prüfung von Fehlern,
- Überproduktionen und
- Rüstaufwand.

Sie alle verursachen vermeidbare Personal- und Materialkosten oder kostenintensive Bestände.

Im Büro ergeben sich die längsten Wartezeiten durch das Warten auf Unterschriften. Dabei entstehen auch häufig die weitesten Wege. Denn wer leistet eine Unterschrift? Der Boss in der obersten Etage. Und wer braucht sie? Der Verwaltungsangestellte in der untersten Etage. Wenn man diese Wege in Arbeitszeit umrechnet, erkennt man schnell, wie viel Geld hier verschwendet wird. Fehler im Büro? Lesen Sie mal einen Satz von Grafiken Korrektur. Es wird nur so wimmeln von Fehlern. Papierloses Büro im multimedialen Informationszeitalter? Es gab noch nie soviel Papier wie im papierlosen Büro. Deswegen brauchen wir auch immer schnellere Drucker und Kopierer. Endlose Fluten von Papier verursachen hohe Bestände in der Verwaltung. Kopien, die niemand braucht. Aktenordner, in die niemand reinschaut. Einer meiner Kollegen hatte einen genialen Trick, um Bestände im Büro zu verhindern. Sein Aktenschrank quoll nie über. Denn er klebte auf das Eingriffloch jedes Ordners einen weißen Streifen und setzte das Datum darauf. Alle Ordner mit unbeschädigtem Streifen, die älter als ein Jahr waren, wurden radikal entrümpelt. Sein Motto lautete: „Was ich ein Jahr nicht angerührt habe, kann ebenso gut weg." Um sein aufgeräumtes Büro wurde er weit und breit beneidet. Rechnungen und Steuerunterlagen bilden natürlich eine strenge Ausnahme und müssen so lange aufbewahrt werden, wie es die gesetzlichen Bestimmungen verlangen.

Wenn ich in einen Betrieb komme und meine Klienten – meistens Vertreter der Firmenleitung – zur Verschwendungsjagd auffordere, höre ich immer wieder denselben Spruch: „Das ist vertane Zeit, bei uns gibt es keine Verschwendungen." Unbeeindruckt von der längst bekannten Abwehrhaltung bilde ich aus Mitarbeitern der Klienten drei Teams und schicke sie mit einem Notizblock bewaffnet in die Produktion, in den Versand und in die Verwaltung. Ihre Aufgabe lautet, alle Verschwendungen in vorgedruckten Formblättern festzuhalten, die ihnen beim Rundgang auffallen. Meistens dauert es nicht länger als 10 Minuten, bis die ersten zurückkommen und mehr Vordrucke verlangen. Nach einer halben Stunde fordern sie einstimmig mehr Zeit, um die unzähligen Verschwendungen zu erfassen, die sie auf einmal in jedem Winkel und jeder Ecke wahrnehmen. Nach einer Stunde breche ich die Übung gewöhnlich ab. Dann hat jedes Team 100 bis 120 Verschwendungen ausfindig gemacht und alle brennen darauf, die Verschwendungsjagd fortzusetzen und in ihren Arbeitsalltag zu integrieren.

Auch Überlastung ist eine Verschwendungsart, die man unter die Lupe nehmen muss. Wenn eine Maschine längere Zeit überlastet wird und z.B. mit 7.000 anstatt der empfohlenen 6.000 Umdrehungen läuft, geht sie schneller kaputt als bei normaler Belastung. Dasselbe gilt für Menschen. Wer täglich 17 Stunden arbeiten muss, wird irgendwann krank. Wem das im Prinzip egal ist, der sollte wenigstens rational begreifen, dass dieses Vorgehen am Ende höchst unproduktiv ist. Kaputte Maschinen und kranke Menschen führen nämlich zu kostenintensivem Nutzungsausfall. Solche Verschwendung kann sich kein Unternehmen auf Dauer leisten.

Am wirksamsten ist die Verschwendungsjagd, wenn man den Gesamtprozess abschreitet und dabei jedem einzelnen Prozessschritt folgt. Für alle Verschwendungen, die dabei entdeckt werden, notiert man am besten auch gleich das geschätzte Verschwendungspotenzial. Dann wird eine Maßnahmenliste zu ihrer Beseitigung erstellt. Hier begegnen wir wieder dem Deming-Rad. Mithilfe des PTCA-Kreises können Fehlleistungen planmäßig eliminiert werden. Denn wer Veränderungen einleiten will, muss sie vorher planen. Wer ohne Planung Abläufe standardisiert, macht meistens eine Bauchlandung.

Methode 7: Rüstzeitoptimierung

Es gibt nichts, was es nicht gibt – und kaum etwas, was langjährige Berater in ihrem Berufsleben noch nicht gesehen hätten. Einmal führte ich ein Beratungsprojekt in einer Schmiede durch. Das Herzstück der Werkstätte bildete die 40.000-Kilo-Newton-Presse. Das Umrüsten zum Fertigen eines anderen Gelenkkopfs dauerte an dieser wuchtigen Maschine 4,5 Stunden. Wenn ein Los fertig gestellt war, wurde die Maschine ausgeschaltet. Alle Materialien wurden ausgeräumt, das Werkzeug ausgebaut und ins Werkzeuglager gefahren. Dann holte man das Werkzeug für das neue Los aus dem Lager und stellte das neue Material zusammen. Schrauben, Schraubenzieher, Messgeräte – alles, was zum

Einbau nötig war, wurde zurechtgelegt. Nach dem Einbau musste die Maschine noch vorgeheizt werden. Schließlich mussten auch noch Probestücke geschmiedet werden, die genau vermessen wurden. Der gesamte Prozess dauerte insgesamt 4,5 Stunden.

Vorher hatte ich bereits im Benchmarking den weltbesten Konkurrenten ermittelt. In Japan gab es eine Firma, die denselben Prozess in einer Rüstzeit von 1,5 schaffte – nicht Stunden, sondern Minuten. Da die wertschöpfende Leistung im Schmieden der Gelenkköpfe besteht, bringt die schnelle Umrüstung des Arbeitsplatzes entscheidende Wettbewerbsvorteile. 4,5 Stunden Rüstzeit verursachen beträchtliche Kosten, die der Kunde nicht zahlt und die sich der Wettbewerber obendrein spart, wenn er für denselben Prozess lediglich 1,5 Minuten braucht.

Eine Schmiede ist dazu da, Geräte und Werkzeuge zu schmieden, und nicht stundenlang Maschinen umzurüsten. Dasselbe gilt für eine Bäckerei. Es muss gebacken und nicht zeitraubend von einer Brotsorte auf die andere umgerüstet werden. Wenn die Kunden am Morgen den Laden stürmen, wollen sie ihre Lieblingssemmeln, ihr bevorzugtes Brot oder die gewohnte Butterbreze haben. Ob Leo in der Nacht eine Viertelstunde zum Umrüsten vom 5-Korn-Schnitzer auf das Walnussbrot gebraucht hat, interessiert sie nicht im Mindesten. Und zahlen wollen sie dafür schon gar nicht.

Durch Parallelisieren und Optimieren der Rüstzeiten wird die Durchlaufzeit gewaltig verkürzt, was automatisch zu höherer Produktivität führt. Wer dabei Kosten spart, kann sein Produkt logischerweise günstiger anbieten.

Mittlerweile beherrschen die Seminarteilnehmer alle 7 Methoden zur Prozessoptimierung. Was hat es ihnen gebracht? Ein Blick auf das Säulendiagramm liefert die Antwort. Nachdem alle Prozesse genau analysiert und konsequent optimiert wurden, hat die Produktivität – d.h. die Zahl der Gutteile pro Mitarbeiter in einer Schicht – einen wahren Höhenflug erlebt (Bild 73).

Im Wettlauf um Zeit, Kosten und Qualität hat sich am Ende doch noch Firma Rot durchgesetzt und ist als stolze Siegerin ins Zielband gelaufen. Nach den Anstrengungen

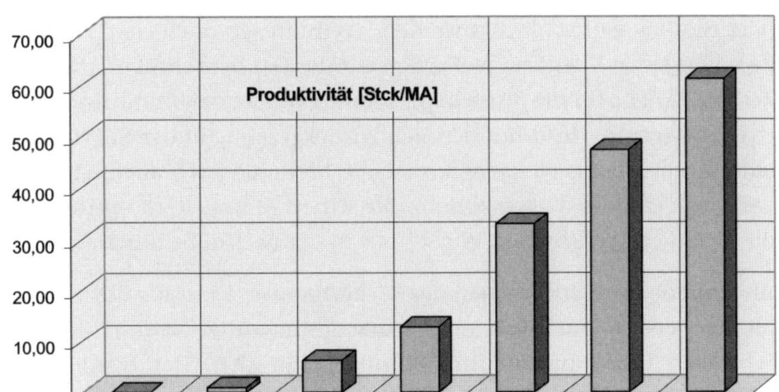

Nach Methode	1	2	3	4	5	6	7
Produktivität [Stck/MA]	0,00	1,00	6,25	13,00	33,00	47,50	61,25

Bild 73 Steigerung der Produktivität im Spielverlauf der Formularfabrik

der beiden Tage, die auch mir jedesmal höchste Konzentration abfordern, wünsche ich mir nur noch eines. Der General möge nicht auf die heillose Idee verfallen, vor lauter Siegesfreude zu jodeln, nur weil er hier in Bayern ist.

Prozessoptimierung in der Bäckerei Hegmann-Büttner

Ziele erreichen sich nicht von alleine. Wer sich anspruchsvolle Ziele setzt, muss im nächsten Schritt über den Weg nachdenken, der zu ihnen führt. Das erfordert den Mut, alte eingetretene Wege zu verlassen. Letztlich führt der Weg immer über die Prozesse, die verändert und angepasst werden müssen. Prozessoptimierung zielt allerdings nicht darauf, dass Mitarbeiter schneller oder härter, sondern dass sie effektiver und effizienter arbeiten, um mit dem geringsten Aufwand den größten Erfolg zu erreichen.

Bessere Voraussetzungen als in der Bäckerei Hegmann-Büttner gibt es kaum, denn ich kann mit sieben zertifizierten Prozessoptimierern rechnen. Neben den Junior- und Seniorchefs beherrschen auch zwei Bäcker und eine Verkäuferin die Methodik, weil sie alle an der Formularfabrik teilgenommen haben. Sandra hat mit ihrem Team sogar den bis dahin bestehenden Rekord gebrochen und eine Weile den Benchmark gehalten. Leos Frau hat sich in Hechenberg als besonders führungsstark erwiesen. Sogar der General hätte seine Freude an ihr gehabt – vorausgesetzt, sie wäre bei Firma Rot gewesen und hätte ihm damit die Werkspionage erspart. Die Zukunft der Bäckerei steht auf solidem Fundament. Sowohl Leo als auch Sandra haben das Talent und das Potenzial, ihre Führungsrollen bestens auszufüllen.

Bei der Prozessoptimierung können wir zwei Fliegen mit einer Klappe schlagen. Neben der Produktivitätssteigerung ist sie eine günstige Gelegenheit, den reichen Erfahrungsschatz von Hans und Maria dauerhaft festzuhalten. Auch wenn Marias Ausstieg noch etwas länger dauern wird, rückt der Ruhestand der Seniorchefs immer näher.

In einem Geschäft gibt es nicht nur Prozesse in der Produktion, sondern auch zahlreiche Verwaltungs- und Planungsprozesse. Sie müssen mit derselben Sorgfalt behandelt werden wie alle Herstellungsprozesse, obwohl sie in der Praxis leider häufig übersehen oder sträflich vernachlässigt werden. „Wir müssen doch Geld verdienen," höre ich häufig von meinen Klienten, „wo sollen wir die Zeit hernehmen?" Wer sich nur eine Stunde Zeit pro Woche für die Prozessoptimierung leistet, bekommt sie allein durch die Produktivitätssteigerung bald hundertfach zurückgezahlt. In der Regel begleite ich meine Klienten in der Praxis so lange, bis sie die Methode auch alleine beherrschen. Damit Leo lernt, wie er Prozesse gemeinsam mit seinen Mitarbeitern optimieren kann, führen wir die ersten exemplarischen Workshops in der Backstube durch.

Als Symbol und Zunftzeichen des Bäckerhandwerks ist die Breze ein idealer Gegenstand für den ersten Durchlauf der Prozessoptimierung. Sowohl die Bayern als auch die Schwaben beanspruchen ihre Erfindung für sich. Der historische Ursprung des so genannten Gebildebrotes wird allerdings bereits im römischen Ringbrot vermutet, das einst als Abendmahlbrot diente. Als „heiligem Gebäck" wurde der Breze besondere Segens- und Heilkraft zugeschrieben. Es heißt, jeder Bayer habe seinen Bäcker, wo ihm die Brezen am besten schmecken. Unter diesem Aspekt lohnt es sich, den Herstellungs-

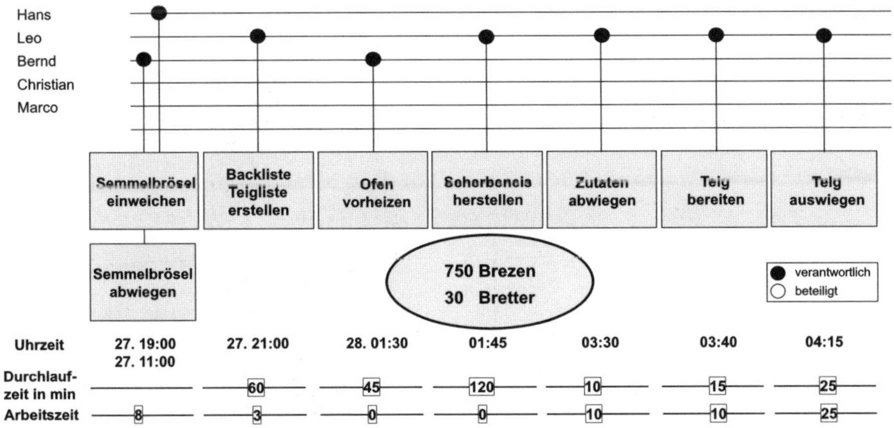

Bild 74 Der Brezen-Prozess (Teil 1)

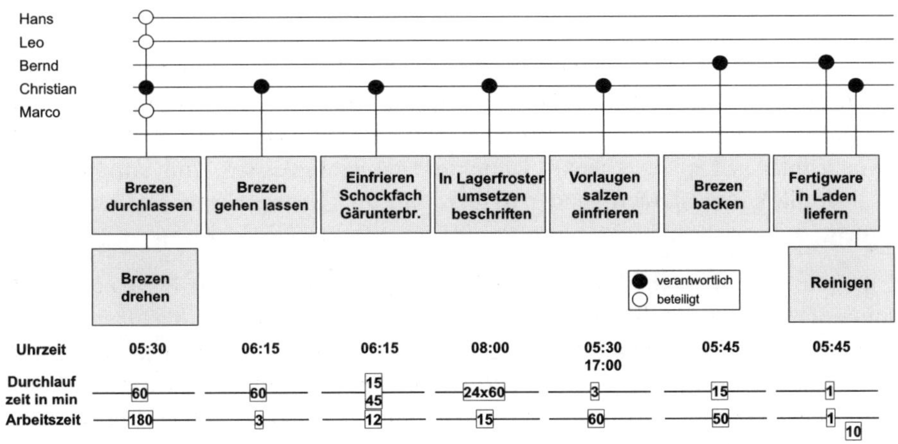

Bild 75 Der Brezen-Prozess (Teil 2)

prozess einmal genauer unter die Lupe zu nehmen, obwohl oder gerade weil die „Büttner-Breze" in Tölz zu den besten und beliebtesten zählt.

Wer macht *was* in welcher Reihenfolge beim Brezen-Backprozess? Bei der groben Beschreibung des Gesamtprozesses halten wir uns an den realen Ablauf der letzten Backnacht, denn das ist der sicherste Weg, damit nichts vergessen oder übersehen wird. Alle Arbeits- und Durchlaufzeiten werden geschätzt. Später wird Leo sie mit der Stoppuhr präzisieren. Der Brezen-Prozess beginnt mit dem Einweichen der Semmelbrösel und endet mit der Reinigung des Arbeitsplatzes. In der so genannten Processmap wird festgehalten, wer für den jeweiligen Prozessschritt verantwortlich und wer daran beteiligt ist (Bilder 74 und 75).

Nach dem Erfassen der Prozesskennzahlen für die Zeit, die uns später als Grundlage zur Harmonisierung der Arbeitszeiten dienen wird, tragen wir auch die Kosten ein, die sich

Kostenstruktur
Arbeitskosten
Materialkosten
Kapitalkosten (Abschreibung Maschinen)
Energiekosten (Frosten, Backen)
Raumkosten (Miete warm)
Reinigung

	kg	€/kg	€/750 Brezen
Weizenmehl	30,00	0,25	7,35
Semmelbrösel	7,00	0,10	0,70
Eis	5,50	0,01	0,06
Wasser	5,00	0,01	0,03
Roggenmehl	2,20	0,24	0,53
Hefe	0,85	1,20	1,02
stark. Malzmehl	0,55	3,15	1,73
Fett	0,55	2,45	1,35
Salz	0,45	0,24	0,11
einf. Malzmehl	0,28	2,85	0,80
			13,66
Materialkosten / Breze			0,0182

Arbeitskosten sind Arbeitszeit in Minuten mal 0,5 €
Für 750 Brezen: 193 €

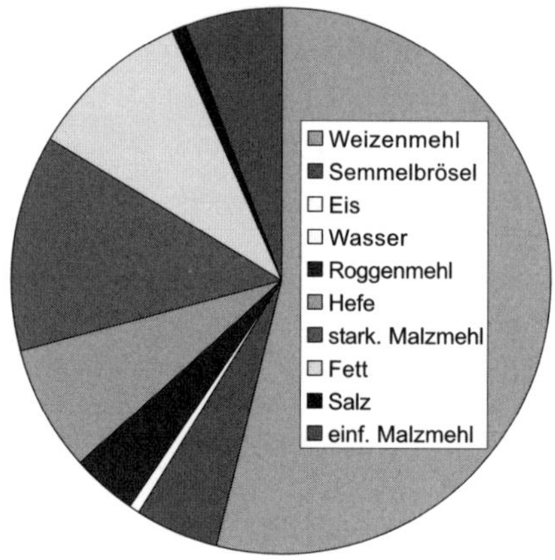

Bild 76 Anhand der Prozessdarstellung lassen sich die Kosten gut berechnen

anhand der Prozessdarstellung gut berechnen lassen (Bild 76). Wie immer bei derartigen Prozessen haben die Personalkosten den größten Anteil. Für 750 Brezen, die in einer Nacht hergestellt werden, entstehen aber auch stattliche Materialkosten. Hinzu kommen anteilige Kapital-, Energie-, Raum- und Reinigungskosten. Und natürlich müssen auch die Verkaufskosten addiert werden, um die Gewinnspanne exakt herauszurechnen.

Die hohen Herstellkosten bei relativ niedrigem Gewinn machen die Breze aus Unternehmersicht zu einer Art bayerischem Kaviar. In Süddeutschland gilt die Breze als Prestigeobjekt einer jeden Bäckerei. Gleichzeitig betrachtet der Kunde die Breze als Grundnahrungsmittel, die nicht viel kosten darf. Wenn die Brezenpreise steigen, entlädt sich der Unmut der Kunden schneller als bei jeder anderen Preiserhöhung. Der Gewinnspanne sind damit bescheidene Grenzen gesetzt.

Welche Probleme und Schwachstellen treten beim Brezen-Backprozess auf? Dieser Frage gehen wir mit Hilfe der Prozessschrittanalyse genau auf den Grund. Fast alle Daten, die wir dazu benötigen, haben wir inzwischen mit den Prozesskennzahlen für Zeit (Z) und Kosten (K) vorliegen. Es fehlen nur noch die Kenngrößen und Kennzahlen für die Qualität (Q). Kritische Prozessschritte sind aus Sicht der Bäcker das Zubereiten des Teiges sowie das Einfrieren und das Backen der Brezen. Wie im Schnittstellengespräch üblich, betrachten wir die Vorgänge aus der Perspektive des jeweiligen Prozessschritteigners und klären dabei die Fragen, *was* er *von wem wozu* erhält (Input) und *was* er *wozu an wen* weitergibt (Output). Dabei kommen automatisch auch alle Probleme und Fehlerquellen zur Sprache.

Es ist gar nicht lange her, dass Hans sich gründlich über einen Mitarbeiter geärgert hat, weil er die Brezen nicht richtig eingefroren hatte. Im sachlichen Gespräch zeigt sich nun, dass dieser sich dafür gar nicht verantwortlich fühlte. Allein die ungeklärte Situation über Verantwortung und Zuständigkeit führt in der Arbeitswelt häufig zu unnötigen Konflikten und Reibungen – ganz abgesehen von der Fehleranfälligkeit, die dadurch entsteht. Bei der Verarbeitung der Brezen-Teiglinge ist das Einfrieren ein heikler Schritt. Wenn die Brezen gedreht sind, müssen sie eine Weile ruhen, damit sie gehen können. Danach werden sie eingefroren. Ohne Frosten der Teiglinge könnte man sie später beim Laugen nicht anfassen. 60 bis 70% der Gesamtmenge werden sofort verarbeitet, während der Rest in den Lagerfroster wandert, wo er bis zu seiner Weiterverarbeitung am folgenden Tag verbleibt.

Zum Einfrieren benötigt der Prozessschritteigner vorgegarte Brezen-Teiglinge, die er als „Kunde" von seinem Kollegen bzw. von seinem Lieferanten erhält. Dabei muss darauf geachtet werden, dass zuerst alle Teiglinge vom Vortag verbraucht werden. Als Qualitätskenngröße dient die Gare. Die richtige Qualität liegt bei einer 3/4-Gare, die man am 1,5-fachen Teigvolumen erkennt. Das gilt aber nur für das Schockfach. Kommt die Ware in den Gärunterbrecher, darf nur eine 2/3-Gare erreicht sein. Neben der Garkontrolle müssen auch die Kapazitäten des Schockfrosters und des Gärunterbrechers kontrolliert werden, denn wenn der Platz fehlt oder die Temperatur zu niedrig ist, verdirbt die Ware. Um das Frieren im Gärunterbrecher zu beschleunigen, sollten die Bretter mit den Teiglingen im Wagen stets weit auseinander gesetzt werden. Alle Teiglinge, die in der Nacht nicht verarbeitet werden, müssen in den Lagerfroster umgesetzt werden. Am Ende reicht der Prozesschritteigner die Ware als Lieferant an seinen Kollegen bzw. seinen Kunden zum Laugen und Salzen weiter, der nur vollständig durchgefrorene Teiglinge zur Weiterverarbeitung gebrauchen kann und daher nie fehlerhafte Ware akzeptieren sollte. Fehler zu ignorieren oder zu decken, ist keine Frage von Kollegialität, sondern eine Frage von Professionalität. Jeder Mitarbeiter muss dazu beitragen, die Abläufe fehlerfrei zu gestalten. Denn nur so können hochgesteckte Geschäftsziele erreicht und damit auch die Arbeitsplätze gesichert werden.

Welche Fehler treten beim Einfrieren auf und welche Lösungen bieten sich zu ihrer Beseitigung an? Wird die Breze zu früh eingefroren, geht sie nicht auf und wird trocken. Wird sie zu spät eingefroren, bekommt sie kein Volumen und wird zäh. Dann kann es auch passieren, dass sie abhautet, weil sie an der Oberfläche zu stark abtrocknet. Auch beim Umsetzen in den Lagerfroster kann die Ware leicht verderben. Wird sie zu früh umgesetzt, kommt es zum Enzymabbau. Dadurch kann die Breze später nicht mehr gehen und bräunt zu schnell im Ofen. Zu langes Schocken mindert die Qualität der Teiglinge und erhöht außerdem den Energieverbrauch.

Bei Einhaltung bestimmter Randbedingungen lassen sich einige Fehler vermeiden. Das Schockfach muss leer geräumt und der Gärunterbrecher auf Frosten vorgeschaltet sein. Um das Austrocknen der Teiglinge zu verhindern, sollte der Wagen immer mit einer Plastikhaube abgedeckt werden. Nur wenn alle Zuständigkeiten für sämtliche Prozessschritte eindeutig übertragen sind, werden vermeintliche Kleinigkeiten in der Hektik der Backnacht nicht übersehen.

Der Prozessschritt des Einfrierens zeigt, dass die Herstellung der Brezen ebenso arbeitsintensiv wie zeitaufwändig ist. Beim Ausbacken ist die Frage nach der richtigen Temperatur besonders schwer zu beantworten, weil sie letzten Endes von vielen Bedingungen abhängt.

Bodo: Muss der Ofenmann vorher schon etwas tun, damit er die Brezen einschießen kann?

Bäcker: Der Ofen muss die richtige Temperatur haben. Wenn er zu kalt ist, braucht er sie gar nicht reinschieben.

Bodo: Wieviel Grad muss er haben?

Bäcker: 210 bis 220 Grad. Sonst werden sie trocken und hart.

Hans: Ich backe sie bis 240 Grad heraus.

Bäcker: Da muss man höllisch aufpassen, damit nichts verbrennt.

Bodo: Also, der Ofen muss 210 bis 240 Grad haben. Stellt der Ofenmann eine Uhr ein, wenn er die Brezen einschießt?

Bäcker: Das ist das Beste. Bei 220 Grad sind es 15 Minuten, bei 200 Grad ein bisschen länger, bei 240 Grad kürzer.

Leo: Wenn man bei 220 Grad nur ein Blech reintut, dann sind sie schwarz.

Hans: Ein Blech oder zwei Bleche würde ich mit 200 Grad schießen.

Bodo: Dann erfassen wir die Bedingungen für alle verschiedenen Fälle.

Auch beim Ausbacken kann es zu zahlreichen Fehlern kommen, die sich vermeiden lassen, wenn man den Prozessschritt genau beleuchtet und über entsprechende Lösungen nachdenkt. Ein genaues Zeitmanagement hat beim Ausbacken besonders hohe Priorität. Versäumt der Ofenmann, den Dampfabzug im richtigen Moment zu öffnen, ist die Ware nicht nur in den Ofen, sondern gleich in den Wind geschossen. Kann die Feuchtigkeit nicht rechtzeitig entweichen, kommen keine Laugen-, sondern bestenfalls lasche Gummibrezen aus dem Herd. Die Kunden würden sich bedanken und sofort zur Konkurrenz wechseln, wenn solche Brezen in den Laden kämen.

Die Dokumentation des Brezen-Backprozesses dient als Mustervorlage für alle weiteren Prozessbeschreibungen und Prozessschrittanalysen. Leo kann sich damit viel Zeit sparen, denn eigentlich müssen jetzt nur noch die Unterschiede zu den anderen Backprozessen herausgearbeitet werden, um nach und nach alle Herstellungsprozesse zu optimieren. Später wird er sich mit Hans, Maria und Sandra auch die Verkaufs-, Verwaltungs- und Planungsprozesse vornehmen.

In der Backstube haben nun alle den gleichen Wissensstand über die Herstellung der Brezen, so dass sie ihre Arbeit aufeinander abstimmen können. Jeder weiß auch, was von ihm erwartet wird und wann seine Arbeit gut ist. Hans hat erkannt, dass Mitarbeiter nicht aus Desinteresse oder Unachtsamkeit fehlerhaft arbeiten, sondern sich der Fehler meistens gar nicht bewusst sind. Es wurde ja auch nie geklärt, wann etwas richtig oder falsch ist. Durch die Visualisierung der Abläufe lassen sich alle Probleme klar identifizieren, während Fehler mit Hilfe von Schnittstellengesprächen überhaupt erst als solche erkannt werden.

Auch wenn die Methodik im Planspiel erlernt wird, ist die Prozessoptimierung kein Spiel, sondern eine mühsame Angelegenheit. Letzten Endes dient sie aber dazu, die Arbeit aller Prozessbeteiligten zu erleichtern. Wenn Sie mich fragen, ist Faulheit die eigentliche Triebfeder für jede Verbesserung. Als Gymnasiast musste ich einmal einen Aufsatz schreiben, dessen Thema frei gewählt werden durfte. Ich entschied mich für folgende Überschrift: „Ich bin ein überzeugter Anhänger der konsequent gelebten Faulheit." Mein Lehrer fand dieses Bekenntnis empörend, und so kostete es ihn wahrscheinlich einige Überwindung, es mit „sehr gut" zu bewerten. Aber meine Argumentation war so schlüssig und lückenlos, dass ihm keine andere Wahl blieb. Mein Fazit lautete: Wer bequemer leben will, muss überlegen, wie er es geschickter anstellen kann. Wenn ich damals den Begriff schon gekannt hätte, hätte ich vermutlich einen anderen Titel gewählt: „Prozessoptimierung als Lobgesang auf die Faulheit".

Prozessoptimierung endet nie. Da darf man sich keinen falschen Illusionen hingeben. An der ständigen Verbesserung zu arbeiten ist aber ein höchst kreativer Akt, der jede Arbeit im Grunde erst interessant macht. Wer in eigener Verantwortung statt nach sturer Anweisung arbeiten darf, hat viel mehr Spaß daran, weil er seine ganze Kreativität und alle Talente einbringen kann, um die Arbeit besser zu verrichten. Dadurch wird der Begriff der Arbeit eigentlich neu definiert und die Einstellung zu ihr positiv verändert. Nicht selten führt die Prozessoptimierung dazu, dass sich verbitterte Chefs und frustrierte Mitarbeiter auf einmal auf einer Wellenlänge treffen und Formen der Zusammenarbeit finden, die alle zufriedener machen. Während die Spannungen verschwinden, steigt die Motivation. Während die Kosten sinken, nimmt die Qualität zu. Und siehe da: Der Chef muss keine Klimmzüge machen und keine Unsummen ausgeben, um das zu erreichen, sondern einfach nur methodisch richtig vorgehen. Dann verbessert sich nicht nur das Betriebsklima, sondern auch das Geschäftsergebnis um ein Vielfaches.

Die Prozessoptimierung ist der Kernpunkt des gesamten Beratungsprojektes zum Aufbau und zur Pflege eines effizienten Führungssystems. Sie ist der eigentliche Schöpfungsakt und die Quintessenz aller Vorarbeiten, die letztlich nur der Umsetzung der Prozessoptimierung dienen. Alle Prozesse werden schneller, billiger und besser. Bei höherer Qualität, niedrigeren Kosten und geringerem Zeitaufwand sind sie stärker auf die Kundenanforderungen ausgerichtet und machen damit das Geschäft lukrativer und wettbewerbsfähiger. Denn die Verbesserung der Struktur- und Prozessqualität erhöht die Ergebnisqualität und steigert damit die Fähigkeit zur Erfüllung von Kundenanforderungen, von der die Existenz jedes Geschäfts abhängt.

Wenn der Klient die Prozessoptimierung konsequent umsetzt, erntet auch der Berater seinen größten Erfolg. Was sich bisher auf Papier und Folien abgespielt hat, entwickelt nun dynamisches Eigenleben. Mit höherer Produktivität, besserer Qualität, weniger Arbeit und niedrigeren Kosten verdient der Klient mehr Geld und kann so seine Marktstellung behaupten oder sogar ausbauen.

Erfolgsmeldungen vom Isarwinkel bis zur Neuen Welt

Der Kreis schließt sich. Leos Lebenstraum, den er schon von Kindesbeinen an träumt – eines Tages die Bäckerei zu führen, wird Wirklichkeit. Die Eltern haben sich nun zur Geschäftsübergabe entschlossen. Bald wird Leos Name neben dem seines Großvaters an der Ladenfront stehen. Leo Hegmann und Leo Büttner – Wiege und Zukunft der Bäckerei im Herzen der Tölzer Altstadt.

Die Bäckerei hat den höchsten Umsatz und Gewinn aller Zeiten erwirtschaftet und an diesem Verdienst hat Leo großen Anteil. Am Ende folgen Hans und Maria nun doch der

Entscheidung, die sie in der strategischen Planung getroffen haben. Der Schritt ist ihnen nicht leicht gefallen. In einem langen und harten Arbeitsleben haben sie verinnerlicht, dass nur sie selbst die Geschicke des Geschäfts sicher lenken können. Das Ruder aus der Hand zu geben erfordert viel Vertrauen in den Nachfolger. Nun haben sie schwarz auf weiß gesehen, wie erfolgreich Leo die Bäckerei führen kann. Denn für viele Prozesse übernimmt er ja bereits die volle Verantwortung, auch wenn sie ihm rechtlich noch nicht offiziell übertragen wurde. Leo hat die Zeichen der Zeit erkannt und das Beratungsprojekt optimal genutzt. Sobald er Geschäftsinhaber ist, möchte er die wichtigsten Teile wiederholen, weil er dann alles noch freier umsetzen kann.

Prozessoptimierung ist hochgradig ansteckend. Wer einmal mit ihr Kontakt hat, kommt nicht mehr los. Die Rückmeldungen zur Formularfabrik sind genauso bunt und vielfältig wie ihre Teilnehmer. Vor kurzem schrieb mir eine ehemalige Kollegin aus der berühmtesten Eliteschule Amerikas:

„Ich habe es schon immer geahnt, und kaum bin ich hier an der Harvard Business School, hat es sich bestätigt: Die Prozessoptimierung war das wichtigste Training, das ich während meiner Zeit bei Siemens Management Consulting besucht habe. Wir haben hier einen Kurs, der sich exakt mit den gleichen Problemstellungen beschäftigt. Er heißt TOM – Technology and Operations Management. Könntest du mir für meine TOM-Fallstudien bitte die Unterlagen der Formularfabrik schicken? Wieso das Rad noch mal erfinden?"

Eine andere Teilnehmerin nutzte die Osterferien im Anschluss an die Formularfabrik, um die Prozesse einer Hochzeitsvorbereitung in ihrem Freundeskreis zu optimieren. Unter dem Motto „der Kunde zahlt nicht dafür" machte sie sich anschließend auf die Jagd nach Verschwendungen in ihrem Schokoladengeschäft. Nun spielt sie mit dem Gedanken, die gesamte Verwandtschaft einer gründlichen Prozessoptimierung zu unterziehen.

Neulich sprach mich Aissatou Dramé auf der Sonnenterrasse des Moarwirts an: „Wissen Sie was? Ich habe vor kurzem ein Intensiv-Training in Taekwondo absolviert, der Kampfkunst waffenloser Selbstverteidigung, Aber gegen Ihre Veranstaltung scheint mir das gar keine Herausforderung. Kann ich mal mitmachen in der Formularfabrik?" Auch auf die Gefahr hin, dass mich die Wirtin in Zukunft als Kunde optimiert, lade ich sie gerne zur nächsten Runde ein. Dann muss ich mir halt den Cox Orange von ihrem Lebensgefährten Florian Lechner bringen lassen, was mir vielleicht nicht mehr ganz so gefällt wie bei ihr, weil sie als Frau für mich einfach attraktiver ist. Und da hilft auch keine Prozessoptimierung. Manche Dinge stoßen nun mal an die Grenze von Naturgesetzen.

Konsequenz und Förderung – Perpetuum mobile in der Mitarbeiterführung

„Unsere Wünsche sind die Vorboten der Fähigkeiten, die in uns liegen, Vorboten desjenigen, was wir zu leisten imstande sein werden.“ Diesen Satz hat uns vor zweihundert Jahren Johann Wolfgang von Goethe mit auf den Weg gegeben. Aber wer, bitte schön, fragt uns nach unseren Wünschen, unseren Interessen und unseren Neigungen? Wer unterstützt uns dabei, das zu tun, wessen wir fähig sind? Im Regelfall ist es doch so, dass sich buchstäblich niemand dafür interessiert, wie wir unsere ureigensten Fähigkeiten entdecken, entwickeln und einbringen können.

Konsequente Förderung von Mitarbeitern gelingt am besten, wenn die komplette Persönlichkeit einbezogen und berücksichtigt wird. Wer Personal einstellt, prüft logischerweise zuerst die fachliche Eignung. Täte er es nicht, könnte er sein Geschäft bald schließen. Und doch wird das potenzielle Leistungsvermögen damit nur im Ansatz erschlossen. Wer das Beste eines Mitarbeiters abrufen und ihn zu Höchstleistung motivieren will, darf nicht bei seiner Fachkompetenz stehen bleiben, sondern muss alle Talente, Stärken, Begabungen, persönlichen Neigungen und Interessen beachten. Nur so bietet der Arbeitsplatz – als Ort der Selbstverwirklichung – die Chance zur Entwicklung der eigenen Persönlichkeit. Als Führungskraft liegt es in Ihrer Hand, wie viel Sie vom Leistungsspektrum Ihrer Mitarbeiter nutzen. Es macht für beide Seiten durchaus Sinn, gemeinsam Aufgaben zu suchen, die den Mitarbeiter bis zur Grenze aller Fähigkeiten fordern.

Wer maßgeschneiderte Anzüge oder Kostüme bestellt, muss persönlich beim Schneider erscheinen. Der Körper wird präzise vermessen, um die ideale Passform zu garantieren. Von Zeit zu Zeit müssen die Kleidungsstücke freilich angepasst oder durch neue ersetzt werden, weil ihre Träger zu- oder abgenommen haben. Wenn Sie Ihren Mitarbeitern adäquate Aufgaben auf den Leib schneidern wollen, die sie weder über-, noch unterfordern, kommen Sie nicht umhin, sich genau mit deren ganzer Persönlichkeit zu beschäftigen. Erfüllt der Mitarbeiter die Aufgaben mit einem hohen Grad der Zielerreichung, braucht er am Ende des Jahres bei der nächsten Zielvereinbarung eine größere Herausforderung, um mit ihr zu wachsen. Bewältigt er sie dagegen mehr schlecht als recht, muss er nach genauer Prüfung der Ursachen durch weniger anspruchsvolle Aufgaben entlastet werden.

Konsequenz und Förderung bilden die letzte Stufe der Führungsspirale, die sich stets weiter dreht, denn der Prozess des Führens endet nie. Dass der Führungsprozess zyklisch ist und niemals ad acta gelegt werden kann, darüber ist sich Leo längst im Klaren. Er hat die Spirale vom Geschäftsauftrag bis zu dieser letzten Stufe durchlaufen und weiß, wie wichtig jedes einzelne Element ist. Führen von Mitarbeitern, auch das hat Leo verinnerlicht, setzt die methodische Beherrschung der Betriebswirtschaft voraus. Beide Komponenten bedingen sich gegenseitig und werden durch das wirksamste Instrument der Mitarbeiterführung, die Zielvereinbarung, verbunden und zusammengehalten.

Aufgehoben ist nicht aufgeschoben. Hans und Maria haben gründlich nachgedacht, bevor sie sich zur Übergabe des Familienbetriebs an Leo entschlossen haben. Ein Leben lang haben sie sich ihre Brötchen im rauen Wind der Selbständigkeit sauer verdient. Sie wissen, dass man als freie Unternehmer nichts geschenkt bekommt, sondern sich alles hart erarbeiten muss. Deswegen konnten sie den Schritt auch nicht rein familiär entscheiden, sondern mussten ihn ebenso gewissenhaft aus unternehmerischer Sicht abwägen. Leo hat nun objektiv bewiesen, dass es keinen besseren Nachfolger als ihn geben kann. Nach einem langen und harten Arbeitsleben können sich die Eltern endlich entspannt auf ihren Ruhestand vorbereiten, weil der Junior das Geschäft bestens beherrscht.

Dem Beratungsprojekt haben auch Hans und Maria viel abgewonnen. Aber die Begeisterung, mit der Leo das Wissen aufgesaugt, umgesetzt und zum Nutzen des Geschäfts angewandt hat, bringen sie nicht mehr auf. Das ist auch nur natürlich. Sie haben jahrzehntelang ihren ganzen Elan in das Geschäft gesteckt. Jetzt wird es Zeit, dass ein anderer seine Kraft und Energie investiert, um den Fortbestand für nachkommende Generationen zu sichern. Was Hans besonders erfreut, ist die Tatsache, dass das ganze kluge Gerede über Geschäfts- und Führungssysteme sich offensichtlich nicht in theoretischen Diskussionen erschöpft, sondern zu ganz praktischen Erfolgen führt. Auch in diesem Jahr hat die Bäckerei Hegmann-Büttner bei der alljährlichen Brotprüfung wieder zahlreiche Qualitätspreise eingestrichen, und zwar die meisten im Umkreis von Benediktbeuern bis Tölz. 16 ihrer Brotsorten erhielten das Prädikat „sehr gut" und sechs davon wurden sogar mit Goldmedaillen gekrönt, die nur vergeben werden, wenn ein Produkt in drei aufeinander folgenden Jahren die Bestnote erreicht. Das ist und bleibt für Hans nun mal das Wichtigste: Nacht für Nacht Backwaren von bester Qualität zu produzieren, um sie am frühen Morgen den Kunden frisch und knusprig im Laden, am Marktstand oder zum Weiterverkauf in Backshops anzubieten. Denn wozu sollte eine Bäckerei auch sonst gut sein? Dass er damit die wesentlichen Inhalte des Geschäftsauftrags beschreibt, schert ihn wenig. Aber er weiß auch, dass Leo künftig das Geschäft nicht nur mit dem Selbstverständnis des Bäckers führen kann. Es ist ein Glücksfall, dass der Junior die Zeichen der Zeit erkennt und sich auch ganz wesentlich als Unternehmer begreift.

Während Hans und Maria den allmählichen Rückzug aus dem Geschäft planen, denkt Leo über den damit verbundenen Handlungsbedarf nach. Wenn der Vater aussteigt, fehlt nicht nur ein exzellenter Bäcker im Betrieb, sondern auch der Partner in der Geschäftsführung. Bis jetzt war Leo selbst sein Stellvertreter, im Urlaub oder im Krankheitsfall. Sobald er die Hauptrolle übernimmt, braucht dann er einen Stellvertreter, auf den er sich fachlich ebenso gut verlassen kann wie menschlich.

Man muss das Eisen schmieden, so lange es heiß ist. Wer ein gediegenes Handwerk ausübt, begreift sprichwörtliche Lebensweisheiten vielleicht besser als jeder andere. In vorausschauender Planung hat Leo personell bereits Vorsorge getroffen, denn er kann sich ja nicht unvorbereitet von den Änderungen überrollen lassen. Die schmerzhafte Lücke, die Hans demnächst im Betrieb hinterlassen wird, muss ein ebenso guter Profi ausfüllen, wenn das Geschäft weiterhin auf sicherem Fundament stehen soll. Und diesen Profi hat er bereits eingestellt und eingearbeitet. Leo wäre nicht Leo, wenn er bei der Gelegenheit sein Führungswissen nicht an den Mann gebracht hätte, das er in den letzten Jahren im Beratungsprojekt erworben hat. Mit Toni, dem neuen Meister in der Bäckerei Hegmann-Büttner, hat er bereits dessen Verantwortungsbereich und Rolle definiert und auf dieser Basis auch schon eine Zielvereinbarung mit ihm getroffen. Bis hierhin hat Leo alles im Griff. Was aber ist zu tun, wenn Toni am Ende des ersten Jahres seine Ziele erreicht hat? Wie kann er ihn – zu dessen eigenem Wohl und zum Wohl des Geschäfts – angemessen fördern?

Mittlerweile kommt mir Leo fast immer zuvor, wenn es um die Terminvereinbarung des nächsten Workshops geht. Bevor ich zum Hörer greife, klingelt meistens schon das Telefon.

Leo: Wann passt es dir? Ich habe einen neuen Meister. Kannst du mir erklären, wie das mit der Konsequenz und Förderung funktioniert? Das muss ich wissen, denn als meinen Stellvertreter möchte ich Toni langfristig an mich binden.

Bodo: Hast du mit ihm schon eine Zielvereinbarung gemacht?

Leo: Natürlich. Wie das geht, weiß ich doch.

Bodo: Ich muss den Workshop vorbereiten. Sagen wir mal, in ein bis zwei Wochen können wir uns treffen. Am besten zu dritt: Toni, du und ich. Kommt zu mir nach Hause. Für dieses Mitarbeitergespräch ist eine arbeitsfremde Umgebung nämlich durchaus günstig. Bei der Förderung geht es ja nicht nur um fachliche Fragen, sondern um die ganze Person, mit allen Fassetten und Interessen. Es soll ein gleichberechtigtes Gespräch werden.

Leo: Muss ich dazu etwas vorbereiten?

Bodo: Am besten wäre es, wenn du Toni das gesamte Geschäfts- und Führungssystem erklärst, das du inzwischen aufgebaut hast. Schließlich soll er dich ja auch vertreten. Dann muss er wissen, was bei dir läuft und wie das alles funktioniert. Wir sollten also vorher noch eine Sitzung machen, in der du ihm alles erläuterst, vom Geschäftsauftrag bis zur Prozessoptimierung. Schau dir alle wesentlichen Zahlen, Fakten und Daten auf den Grafiken und Übersichten an. Du solltest das selbst präsentieren. Ich werde mich im Hintergrund halten und nur eingreifen, wenn du etwas vergisst.

In der Beratung muss man mit allem rechnen. Manchmal gerät alles ins Stocken, nichts bewegt sich und keiner kommt mehr vom Fleck. Im nächsten Moment überstürzen sich die Ereignisse, dass einem die Luft weg bleibt. Für den letzten Workshop hätte ich mir gerne noch etwas Zeit gelassen. Stattdessen habe ich nun zwei Sitzungen gleichzeitig am Hals. Und allmählich macht auch der Verleger Druck. Das Buch soll ja endlich mal raus. Nun ist mit Toni plötzlich noch eine neue Person auf dem Spielfeld erschienen, die ich bei meinem weiteren Vorgehen einplanen muss. Und zu guter Letzt hat mir gestern auch noch meine Koautorin gemailt, dass sie für das letzte Interview in nächster Zeit nur einen Termin frei hat, und zwar am kommenden Wochenende. Wie soll ich das zeitlich auf die Reihe bringen?

Dann wollen wir erstmal alles in Ruhe sortieren. Mitarbeiter- oder Konsequenzgespräche sind vertraulich. Zu Tonis persönlichem Schutz könnte ich seine Aussagen hier sowieso nicht veröffentlichen. Die Präsentation der Inhalte aller bisher durchgeführten Workshops ist nichts anderes als die Wiederholung und Zusammenfassung dessen, was von der ersten bis zu dieser Seite beschrieben wurde. Als Leser sind Sie längst Insider. Sie könnten die Rolle von Leo inzwischen fast selbst spielen. Ich meine, nicht Brötchen backen, es sei denn, Sie wären selbst Bäcker. Nein, ich meine die thematische Einführung und inhaltliche Zusammenfassung für Toni geben und dabei das Geschäft vorstellen, damit er sieht, wie das Führungssystem aufgebaut ist und welche Ergebnisse es bisher gebracht hat. Kann ich also mit Ihnen rechnen? Spielen Sie mit? Sie bräuchten doch nur die Bilder mit den Geschäftsdaten und Ergebnissen zu erläutern, die in den vorigen Kapiteln erarbeitet und abgebildet wurden. Es ist gar nicht so schwer, in die Rolle eines anderen zu schlüpfen. In meinem Beruf versetze ich mich ständig in die Situation meiner Klienten. Womit würden Sie also beginnen in der Rolle als „Leo alias Leser"?

Management Summary

- Mit der *Führungsspirale* geht es los. Dabei gilt: Führen endet nie. Der Prozess muss jährlich wiederholt werden (Bild 2, Seite 14).
- Alles nimmt seinen Anfang beim *Geschäftsauftrag*. In ihm haben wir als Geschäftsführer festgelegt, womit wir unser Geld verdienen wollen (Bild 5, Seite 25).

  Der Geschäftsauftrag ist die erste Station in der Führungsspirale. Wenn er einmal formuliert ist, bleibt er in den meisten Fällen längere Zeit gültig. Von Zeit zu Zeit muss er allerdings überprüft und angepasst werden. Wenn wir z.B. anbauen würden, um neben der Bäckerei ein großes Café zu betreiben, müssten wir den Geschäftsauftrag überarbeiten und ergänzen.
- Bei dieser Gelegenheit haben wir auch unser *Produktsortiment und das Spektrum unserer Leistungen* aufgelistet und anteilig gewichtet.
- Auf der Basis dieser Zahlen konnten wir die *Umsätze nach Produktgruppen in den verschiedenen Verkaufsbereichen* ordnen. Daraus ergab sich ein genaues Bild über die Produkte und Leistungen, mit denen wir unser Geld verdienen, und zwar im Verhältnis zu ihrer prozentualen Umsatzverteilung (Bild 4, Seite 23).
- Auch das *Leitbild* überdauert meistens ein paar Jahre, bevor eine Überarbeitung notwendig wird (Bild 13, Seite 57). In ihm legen Mitarbeiter und Chefs ihre Werteordnung nieder und definieren damit die Werte, die das Unternehmen vertritt. Wir haben es in einem Workshop zusammen mit unseren Bäckern und Verkäuferinnen erarbeitet, und zwar ausgehend von der zentralen Frage: „Wie sieht unsere Traumbäckerei aus?" Darin haben wir beschrieben, was erforderlich ist, damit unser Arbeitsplatz unserer Vorstellung von einer idealen Bäckerei möglichst genau entspricht, so dass wir alle in einer gemeinsamen Wertvorstellung leben und arbeiten können.
- In der *Situationsanalyse* haben wir die wirtschaftlichen Daten (Umsatz, Kostenstruktur, Gewinn usw.) zusammengestellt, aber auch Kundenzufriedenheit, Mitarbeiterzufriedenheit und Image der Bäckerei in der Stadt untersucht (Bild 14, Seite 61). Das gesamte Geschäft kann damit systematisch abgebildet und betrachtet werden. Die

Situationsanalyse ist die notwendige Vorstufe zur strategischen Planung. Bevor man Ziele ins Auge fassen kann, muss man wissen, wo man steht und welcher Handlungsbedarf sich daraus ableitet. Dazu zählt natürlich auch die Kenntnis über die eigene Lage und die Lage der Wettbewerber.

Die Situationsanalyse muss mindestens jährlich wiederholt werden. Allerdings ist der Zeitaufwand nach dem ersten Durchlauf wesentlich geringer und mit der Übung wird sie bald zur reinen Routine.

- Hierbei haben wir auch die *Entwicklung von Umsatz und Ergebnis* über die letzten Geschäftsjahre untersucht, die Kostenstruktur und ihre Entwicklung erfasst und schließlich auch die Wettbewerbssituation in Tölz analysiert (Bild 19, Seite 71).
- An der Kostenstruktur konnten wir ablesen, welche Potenziale in den Kosten verborgen sind (Bild 20, Seite 72).
- Die Erfüllung hoher Kundenanforderungen gelingt nur auf der Basis einer guten Mitarbeiterzufriedenheit. Wer am Arbeitsplatz immerzu unzufrieden ist, tut sich schwer, engagiert zu arbeiten oder einen Kunden freundlich zu bedienen. Um die Mitarbeiterzufriedenheit in unserer Bäckerei zu ergründen, haben wir zuerst eine *Mitarbeiterbefragung* durchgeführt und aus den Ergebnissen den Handlungsbedarf für die Verbesserung unseres Führungsverhaltens ermittelt. Dabei haben wir ein Beurteilungssystem benutzt, in dem jeder jeden beurteilt: die Mitarbeiter die Chefs, die Chefs die Mitarbeiter und die Kollegen sich gegenseitig.

  Auf der Grundlage des Leitbildes wurde ein Fragebogen entworfen, der die wichtigsten Bereiche von der Zusammenarbeit bis zum persönlichen Verhalten beleuchtet. Anhand von hypothesegestützten Sätzen konnten wir mit dieser Fragestruktur herausfinden, inwieweit wir unser Leitbild in der Praxis bereits erfüllten und wo noch *Verbesserungspotenziale* für die Führung lagen. Ein Beispiel für gute Führung zeigt Bild 77.
- Als nächstes haben wir die Zufriedenheit der Mitarbeiter bei der *Aufgabenorientierung* analysiert (siehe Bild 36, Seite 121).

Zusammenarbeit	Ziele und Aufgaben	Kommunikation	Einsatz und Entwicklung	Persönliches Verhalten
Mein Chef • sorgt für ein Betriebsklima, das mich motiviert und in dem ich mit Freude Leistung erbringe • fördert die kollegiale Zusammenarbeit • fördert die kollegiale Zusammenarbeit zwischen Produktion und Verkauf • gibt mir die Möglichkeit selbständig zu arbeiten • behandelt mich fair und gerecht	• Die Ziele unserer Bäckerei sind mir bekannt • Mein persönlicher Beitrag zum Gesamtziel der Bäckerei ist mit mir vereinbart • Meine Aufgaben und Ziele sind eine positive Herausforderung • Über die Ergebnisse meiner Arbeit erhalte ich von meinem Chef ausreichend Rückmeldung	Mein Chef • sucht das direkte, persönliche Gespräch • spricht mit mir über anstehende geschäftliche Entscheidungen • Notwendige Informationen zur Erledigung meiner Arbeit sind verfügbar • Bei Themen, die mich persönlich betreffen, informiert mich mein Chef direkt	• Ich bin in der Lage die Anforderungen meines Chefs zu erbringen Mein Chef • unterstützt meine Aktivitäten zur beruflichen Weiterbildung • geht auf neue Ideen offen ein • gibt mir die Möglichkeit, Ideen umzusetzen • Die Ausstattung meines Arbeitsplatzes finde ich gut • Mein Lohn entspricht meiner Leistung • Für gute Leistung bekomme ich die richtige Anerkennung	Mein Chef • nimmt sich Zeit für mich, wenn ich sie brauche • kritisiert mich gerade richtig • verträgt Kritik / ist für Kritik empfänglich • hält sich selbst an seine Regeln und Maßstäbe • fördert das Betriebsklima durch gemeinsame Veranstaltungen

Bild 77 Elemente guter Führung in einer Bäckerei

- Dabei ließ sich auch erkennen, dass sich unsere Mitarbeiter höhere Ziele und größere Herausforderungen wünschten.
- Zur Wettbewerbssituation in Tölz konnten wir zwar eine gute Schätzung der Marktanteile vornehmen, aber wir wollten die Schätzwerte durch eine *Marktanalyse* überprüfen und vertiefen. Wir wissen nun ganz genau, welche Kundenanforderungen in Tölz gestellt werden und wie gut jede einzelne Bäckerei die verschiedenen Kriterien erfüllt. Vor allem konnten wir daraus unseren eigenen *Handlungsbedarf* punktgenau ableiten (Bild 45, Seite 148). Im Wettbewerbsvergleich schneiden wir insgesamt sehr gut ab. Und dort, wo wir noch Nachholbedarf hatten, haben wir inzwischen aufgeholt. Als Ergebnis der Marktanalyse haben wir z.B. den Laden erneuert und ein Angebot von Snacks aufgenommen, weil die Kunden es so wünschten. Das hat unseren Umsatz inzwischen deutlich gesteigert.
- Bei der Marktanalyse ist uns bewusst geworden, worauf es in einem Geschäft eigentlich ankommt: zu wissen, was der Kunde will und wie man es ihm besser liefern kann als der Wettbewerber. Deswegen haben wir anschließend ein *Benchmarking* durchgeführt, um aus dem Stärken-Schwächen-Profil unserer Bäckerei die Konsequenzen zu ziehen und nach und nach möglichst alle Leistungs-, Kosten- und Ergebnislücken zum Besten in der Branche zu schließen. Dazu haben wir einen Benchmarking-Besuch bei der erfolgreichen Großbäckerei „Der Beck" in Erlangen gemacht.
- Nach der Situationsanalyse waren wir bestens für die strategische Planung gerüstet, um unsere *Geschäftsziele* zu definieren. Um ein Geschäft dauerhaft erfolgreich zu machen, muss man Ziele in den vier Feldern „Finanzen", „Markt und Kunden", „Prozesse" und „Mitarbeiterstruktur" verfolgen, die in der Balanced Scorecard visualisiert werden (Bild 50, Seite 170).

  Anschließend haben wir die Wege definiert, die zu den Geschäftszielen führen (Bild 78).

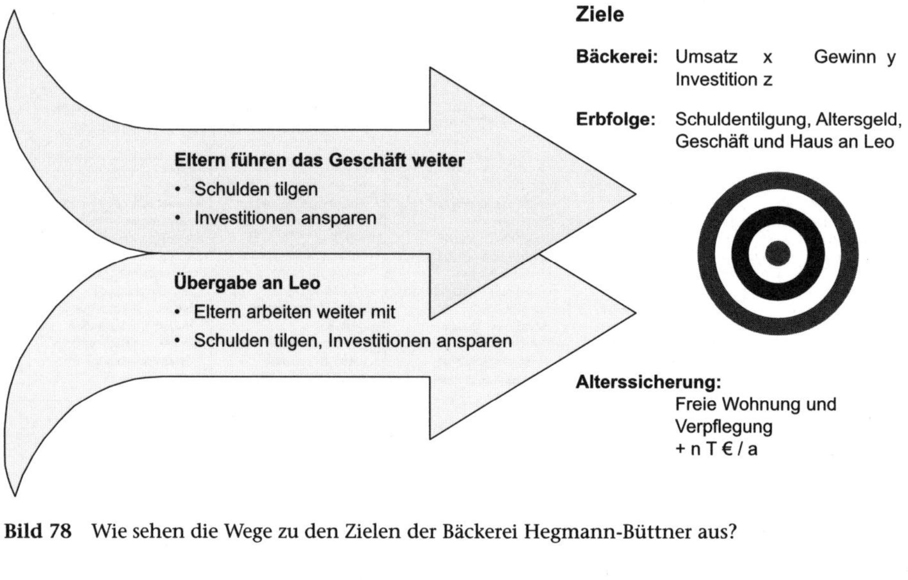

Bild 78 Wie sehen die Wege zu den Zielen der Bäckerei Hegmann-Büttner aus?

Wegen der anstehenden Geschäftsübergabe mussten in unserem Fall alle Fragen rund um die Erbregelung bedacht und geklärt werden. Strategische Planung und Geschäftsziele müssen wie die Situationsanalyse jährlich überprüft und angepasst werden.

- Nach Festlegung der kurz- und mittelfristigen Ziele wird eine *Vision* für das Geschäft erarbeitet. Dabei wird ein Zukunftsszenario entworfen, das den Zustand in fünf oder zehn Jahren beschreibt, wenn alle Geschäftsziele erreicht sind. Bei der Vision tut man einfach so, als sei die Situation bereits eingetreten. Die Perspektiven aller wichtigen Personengruppen – Kunden, Mitarbeiter, Lieferanten, Kapitaleigner und Bevölkerung – fließen in diese Situationsschilderung ein. Eine stimmige Vision motiviert Mitarbeiter, an einem Strang zu ziehen, so dass alle in eine gemeinsame Richtung denken und handeln. Sie spricht sehr stark die Gefühle der Beteiligten an und unterstützt sie dabei, den richtigen Kurs auf dem Weg zur Umsetzung der Ziele einzuhalten. Als Leitfaden für zukünftige Entscheidungen hilft sie allen Mitarbeitern, strategisch zu denken und Geschäftsentscheidungen besser zu verstehen. Die Vision ist langzyklisch und wird nur alle paar Jahre erneuert.

  Aufgrund der besonderen Situation angesichts der bevorstehenden Geschäftsübergabe haben wir einen auf unseren Fall zugeschnittenen Workshop durchgeführt, um zu klären, welche Vision wir als Juniorchefs von der Zukunft unseres Geschäftes haben und ob wir diesen Weg in unserem Leben auch wirklich einschlagen wollen. Die partnerschaftliche Übereinstimmung unserer Vorstellungen der privaten und beruflichen Zukunft haben uns in der Entscheidung zur Geschäftsübernahme bestärkt.

- Mit dem *Prozessmodell* wird das gesamte Geschäft in einer groben, aber vollständigen Übersicht abgebildet. Alle Kernprozesse und Verantwortungsbereiche werden darin eingetragen. Die systematische Darstellung erleichtert es, Verantwortungsbereiche für die Mitarbeiter zu formulieren und Teilziele zu finden, die in der Summe den Geschäftszielen entsprechen müssen. Das Prozessmodell spiegelt die Gesamtstruktur des Unternehmens wider, denn es ordnet allen Komponenten verantwortliche Personen eindeutig und überschneidungsfrei zu. Damit wird es zum effizientesten Mittel zur Steuerung des gesamten Geschäfts. Bei uns reichen die Kernprozesse vom Planen bis zum Abrechnen (Bild 59, Seite 225).

- Auf der Grundlage des Prozessmodells lassen sich *Rollendefinitionen* entwickeln, die ich als künftiger Chef für alle Mitarbeiter erarbeiten will. Rollendefinitionen beschreiben grob den Bereich der *Verantwortung* mit den entsprechenden Aufgaben und *Teilzielen*. Meine eigene Rollenbeschreibung ist eine gute Vorlage, um die Aufgaben und Anforderungen zu erläutern, die mein Stellvertreter erfüllen soll (Bild 64, Seite 242).

  Meistens werden Rollen für den Zeitraum von zwei Jahren festgelegt. Dann muss geklärt werden, ob und in welcher Form der Verantwortungsbereich zu verändern ist. Meine eigene Rolle wird sich mit der Geschäftsübernahme nun bald erheblich erweitern.

- Rollendefinitionen sind die notwendige Vorstufe für die *Zielvereinbarung*. In ihr wird festgelegt, welchen Beitrag jeder einzelne zum Erreichen der Geschäftsziele leisten muss, die dann wiederum in Form von Teilzielen auf die Prozessverantwortlichen heruntergebrochen werden. Die Zielvereinbarung wird im Zielvereinbarungsgespräch mit jedem einzelnen Mitarbeiter getroffen. Der Zielerreichungsgrad wird am Jahresende bilanziert. Dann wird unter Berücksichtigung des Ergebnisses eine neue Zielvereinbarung getroffen.

- Die Überwachung der Zielerreichung geschieht über den *Erfolgsnachweis* bzw. das *Monitoring*. Mit Hilfe von Zielcharts werden Teilziele, die in der Zielvereinbarung beschlossen wurden, kontinuierlich überwacht. Monitoring macht Fehlentwicklungen ebenso rasch sichtbar wie zeitliche Verzögerungen oder sonstige Problemursachen. Auf der langen Wegstrecke zum Ziel zeigt es so den Handlungsbedarf auf, der nötig ist, um Ziele erfolgreich umzusetzen. Für die Überwachung des Umsatzes im laufenden Geschäftsjahr benutze ich bei der Geschäftsplanung das Kontrollblatt zum Monitoring des Umsatzes (Bild 79). So kann ich auf Abweichungen schnell reagieren und werde am Ende des Jahres nicht von unkontrollierten Katastrophen überrollt, die z.B. aus unbeachteten Umsatzflauten für das Geschäft entstehen können.
- Der Weg zur Zielerreichung führt immer über die Prozesse. Sie müssen so entwickelt werden, dass sie bei geringeren Kosten produktiver sind als die des Wettbewerbs. Das erreicht man mit den sieben Methoden der *Prozessoptimierung*, die wir und einige unserer Mitarbeiter in einem professionellen Seminar am Beispiel eines Büroprozesses erlernt und anschließend auf unsere Bäckerei übertragen haben (Bild 68, Seite 253).

  Prozessoptimierung zielt darauf, mit dem geringsten Aufwand den größten Erfolg zu erreichen. Alle Prozesse müssen bei höherer Qualität, niedrigeren Kosten und geringerem Zeitaufwand optimal auf die Kundenanforderungen ausgerichtet werden, so dass das Geschäft lukrativer und wettbewerbsfähiger wird. An der kontinuierlichen Verbesserung zu arbeiten, ist ein nie endender Prozess.

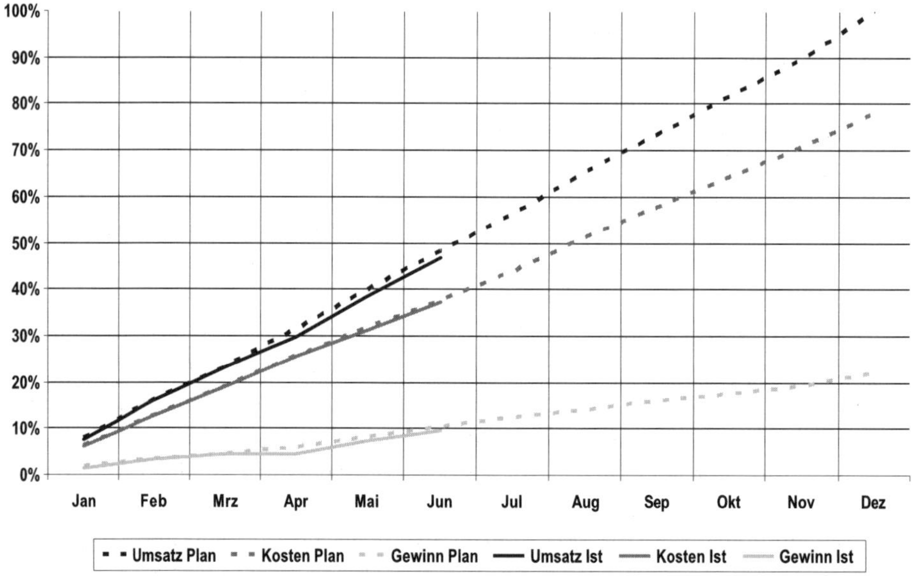

Bild 79 Umsatzmonitoring

- Die letzte Stufe in der Führungsspirale bildet die *Mitarbeiterförderung* bzw. *Konsequenz*. Mitarbeiter werden nach einer bestimmten Zeitspanne, häufig am Ende des Jahres, danach beurteilt, wie gut sie ihre Ziele erreichen. Dann werden sie ihren Ergebnissen und Fähigkeiten entsprechend gefördert und entlohnt.

Das wären sie also, die Stationen zur Installation und Pflege des hier beschriebenen Führungssystems – ein vollständiges Management Summary, wie die Kurzfassung aller Elemente eines Führungssystems im Fachjargon heißt. Haben Sie schon das eine oder andere Element in Ihrem eigenen Geschäft und Führungsbereich ausprobiert? Ist vielleicht sogar jemand unter Ihnen, der bereits alles von vorne bis hinten tatkräftig umgesetzt hat? Ich wüsste liebend gern, in welchem Wirkungsfeld Sie stehen und wie Sie mit dem neuen Wissen umgehen werden. Schicken Sie mir doch einfach eine Mail an bodosdreisbach@aol.de!

Im Interesse des Geschäfts sollte Leo seinen Mitarbeitern übrigens zweimal im Jahr einen ähnlichen Statusbericht über den Betrieb geben, in dem er sie über die wichtigsten Dinge informiert.

Mit dem einmaligen Durchlauf der Führungsspirale ist das Ende der Fahnenstange noch lange nicht erreicht. Im Führungsgeschäft kann man sich nie zurücklehnen. Zwar haben einige Komponenten – wie der Geschäftsauftrag, das Leitbild, die Vision und das Prozessmodell – eine längere Gültigkeit. Aber andere müssen in regelmäßigen Abständen überprüft, überarbeitet und erneuert werden – wie die Situationsanalyse, die strategische Planung mit den Geschäftszielen, die Rollendefinitionen mit den Verantwortungsbereichen und Teilzielen, die Zielvereinbarungen, die Erfolgsnachweise, die Prozessoptimierung und schließlich und endlich auch die Mitarbeiterförderung.

Wie aber funktioniert sie denn nun, die konsequente Förderung von Mitarbeitern, die letzte Station in der Führungsspirale?

Sie erfahren es gleich. Schauen Sie mir einfach über die Schultern, wenn ich mich auf das Interview mit meiner Koautorin vorbereite. Sie machen sich ja keine Vorstellung, wie neugierig sie ist. Sie will nicht nur alles wissen, sie will es auch haarklein wissen. „Wo werden Sie das Gespräch mit Leo und Toni führen? Erzählen mir etwas über die Lokalität. Ich brauche Details für das Lokalkolorit."

Konsequente Förderung von Mitarbeitern

Wie viele Gespräche mag er wohl schon mitgehört haben, der Bauerntisch mit seiner geräumigen Brotschublade? Nach seinen Schrammen zu urteilen, hat er vielleicht schon Jahrhunderte auf dem Buckel. Mit Sicherheit könnte er so manche Geschichte erzählen. Aber er ist ebenso schweigsam wie diskret. Ingrids Großvater brachte ihn in jungen Jahren ins Haus. Als Schornsteinfegermeister kehrte er unzählige Kamine im oberbayerischen Land und zog mit dem Handwagen von Dorf zu Dorf. Weil der Heimweg oft mühsam war und kaum lohnte, schlief er unterwegs in Heuschobern oder unter freiem Himmel. Dabei fand er manche nützliche Dinge. Kaum zu fassen, was die Leute alles wegschmissen, obwohl es doch noch in gutem und brauchbarem Zustand war. So kreuzte eines Tages auch der Bauerntisch – Opfer herzloser Entrümpelung – seinen Weg und fand seinen Alterssitz in unserem Haus.

Keine Frage, für das Konsequenzgespräch mit Leo und Toni gibt es keinen besseren Platz. Sogar die Leinwand zur Präsentation der Folien und die Pinnwände für die didaktische Arbeit stehen griffbereit hinter dem Vorhang neben der breiten Fensterfront, die direkt in den Garten führt. Ingrid nervt das „Gerümpel" zwar schon lange, aber aus prozessoptimierter Sicht ist der Standort einfach praktisch. Ein Griff, ein paar Schritte zur Garage und schon sind meine Workshop-Utensilien im Wagen verstaut.

Wenn Ziele mit Mitarbeitern vereinbart wurden, muss am Ende des Jahres der Grad der Zielerreichung geprüft werden, aus dem sich dann die Konsequenzen ableiten. Wer zum Erfolg des Geschäfts beigetragen hat, verdient Förderung. Wer mit seinen Aufgaben überfordert war, muss seinen Fähigkeiten entsprechend entlastet werden.

Im Fördergespräch darf man keine hierarchische Überlegenheit signalisieren. Deswegen sollte man sich nicht hinter dem Thron des eigenen Schreibtischs verschanzen, sondern lieber an einem neutralen Tisch zusammenkommen. Als Führungskraft zeigt man damit nicht nur Offenheit, sondern auch Verletzlichkeit, was dem Gespräch den Charakter der Gleichberechtigung verleiht. Schließlich geht es ja im beiderseitigen Interesse um die persönlichen Entwicklungsmöglichkeiten des Mitarbeiters am Arbeitsplatz.

Im Zentrum steht das Qualifikationsprofil, das man im Ganzen kennen muss. Zur genauen Ermittlung der Qualifikationen empfiehlt sich die Verwendung einer Schablone, mit der berufliche Kenntnisse, persönliche Kompetenzen und fachliches Know-how – abgestuft nach dem jeweiligen Erfüllungsgrad – erfasst werden können. Bei der

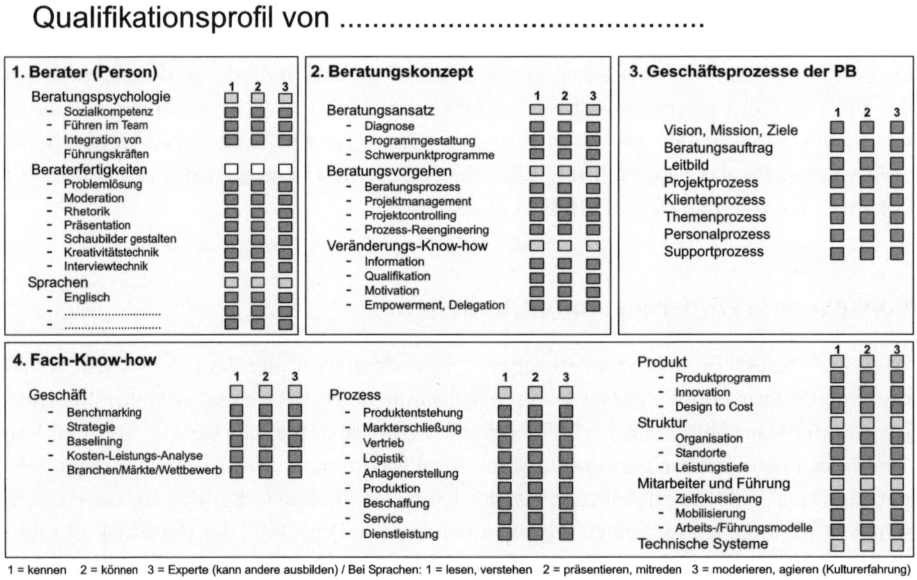

Bild 80 Qualifikationsprofil von ...

Kenntnisse	Erfahrungen	Fähigkeiten
☒ **Techniken** – Technologien – Methoden – Fachkenntnisse ☒ **Geschäftsprozesse** – Produktentstehung – Angebots- und Auftragsabwicklung – Kundenbetreuung ☒ **Märkte** – Absatzmarkt – Beschaffungsmarkt – Produkte (Verkaufsobjekte)	☒ Berufs-erfahrung ☒ Projekt erfahrung ☒ Führungs-erfahrung ☒ Interkulturelle Erfahrung	☒ **soziale** – Einfühlungs-vermögen – Durchsetzungs-fähigkeit – Teamfähigkeit – Networking Skills – Kommunikations-fähigkeit ☒ **methodische** – Lernfähigkeit – Analysefähigkeit – Entscheidungs-fähigkeit – Planungs- und Organisationsgeschick – Veränderungsfähigkeit – Initiative ☒ **unternehmerische** – Kreativität – Motivationsfähigkeit – Ergebnisorientierung – Kundenorientierung – Coaching und Mentoring – Strategisches Denken

Bild 81 Das Kompetenzmodell: Strukturierung der Anforderungsprofile und des erforderlichen Kompetenzaufbaus

Prozessberatung wurde zu diesem Zweck für Berater, deren Anforderungsprofil sehr komplex ist, die in Bild 80 gezeigte Vorlage benutzt.

Für das Anforderungsprofil – also das Profil dessen, was der jeweilige Mitarbeiter für seine Aufgaben an Know-how und Fähigkeiten braucht – wird ein Kompetenzmodell erstellt, das im Abgleich mit dem Qualifikationsprofil deutlich macht, welche Kenntnisse zusätzlich erworben und welche Fähigkeiten gefördert werden müssen, damit er dem Posten gerecht werden kann. Bild 81 zeigt das entsprechende Beispiel.

Die meisten Menschen fühlen sich am wohlsten, wenn sie alle Fähigkeiten bis an ihre Grenzen nutzen können. Vorgesetzte können daher umso besser führen, je genauer sie die Fähigkeiten ihrer Mitarbeiter kennen. Verantwortungsbereiche und Ziele so zu gestalten, dass sie der einzelnen Person gerecht werden – darin liegt die eigentliche Kunst jeder Mitarbeiterführung. Dazu muss man sich allerdings mit der gesamten Persönlichkeit auseinandersetzen. Das erklärt im Übrigen auch, warum die so genannte „Führungsspanne" nicht zu groß sein darf. Eine gängige Meinung ist, dass sie das Verhältnis 1:7 nicht übersteigen sollte. Ich finde aber, dass das vertretbare Maximum bei 1:15 liegt. Wer sich als Vorgesetzter um mehr Personen kümmern muss, kann sich nicht mehr ausreichend mit dem einzelnen befassen. Natürlich hängt die richtige Spannweite immer auch von den Aufgabengebieten und der Komplexität der Aufgaben der Mitarbeiter ab.

Als Führungskraft nimmt man nicht selten ein überhebliches, manchmal sogar arrogantes Verhalten gegenüber Mitarbeitern ein. Auch ich habe mich früher häufig fehlerhaft verhalten. Erfolgreich wurde meine Führung erst, als ich begann, mich für den ganzen Menschen zu interessieren. So wurde ich für manche der fördernde Vorgesetzte, bei dem sie auch noch persönlichen Rat suchten, als ich nicht mehr ihr Vorgesetzter war. In diesen Fällen ist es mir tatsächlich gelungen, den ganzen Menschen zu erreichen und dauerhaftes Vertrauen aufzubauen. Eigentlich sind es sehr einfache Gedankengänge und Fragen, die dabei behilflich sind. Welche Fähigkeiten ruhen in dem Mitarbeiter? Was interessiert ihn wirklich? Was nutzt ihm? Was strebt er überhaupt an? Mit einem Wort – mit welcher Persönlichkeit habe ich es zu tun?

Das Persönlichkeitsbild ermittelt man am besten in einem vertraulichen Dialog. Interessen und Neigungen sind Indikatoren – oder Vorboten, im Sprachgebrauch Goethes – für unsere Fähigkeiten und zeigen, in welche Richtung sie entwickelt werden sollten. Eine systematische Zusammenstellung aller Bereiche, die für Menschen von Bedeutung sein können (siehe Bild 53, Seite 204), hilft bei der lückenlosen Erörterung wesentlicher Interessen.

Ebenso wichtig wie die Frage nach den persönlichen Interessen ist die Frage nach den Faktoren, die dem Mitarbeiter beruflich und privat wichtig sind (siehe Bild 54, Seite 205).

Auf den ersten Blick mag es verwundern, dass Bereiche wie Gesellschaft, Familie, Bezugspersonen, Besitz, Wohnen, Werte und Lebensstil von Belang sein sollen. Erst bei genauerem Hinsehen versteht man den Hintergrund. Wenn jemand ein Haus hat, schließt er bei der Karriereplanung vielleicht Versetzungen aus, die mit einem Ortswechsel verbunden wären. Vielleicht möchte er als Förderung lieber finanzielle Unterstützung beim Abtrag einer Hypothek. Spielt die Familie eine große Rolle, legt er möglicherweise großen Wert darauf, dass seine Wochenenden unangetastet bleiben. Je mehr die Wünsche des Mitarbeiters beachtet werden, desto konsequenter kann er seine Rolle leben, anstatt sie nur zu spielen.

Will man dem ganzen Menschen gerecht werden, sind neben den Fachkompetenzen auch alle anderen Fähigkeiten zu berücksichtigen. Fast immer ist das Spektrum viel größer, als im Berufsalltag sichtbar wird. Nicht selten tritt ein erstaunliches Gesamtbild zu Tage, das keiner hinter dem Mitarbeiter vermutet hätte, wenn man es einmal genauer unter die Lupe nimmt – wie bei einem Prisma, das in tausend Farben funkelt, sobald sich das Licht in ihm bricht. Zum Ermitteln sämtlicher Fähigkeiten kann diese Liste herangezogen werden, die die wichtigsten Kategorien umfasst, aber keinen Anspruch auf Vollständigkeit erhebt:

- soziale Fähigkeiten
- organisatorische Fähigkeiten
- pädagogische Fähigkeiten
- analytische Fähigkeiten
- kreative Fähigkeiten
- musische Fähigkeiten
- sportliche Fähigkeiten
- unterhaltende Fähigkeiten
- handwerkliche Fähigkeiten

Ein gutes Förderkonzept setzt immer voraus, dass man das Persönlichkeitsprofil des Mitarbeiters sehr gut kennt. Eigenartigerweise verstehen die meisten Führungskräfte unter Förderung bloß eine Gehaltserhöhung. Natürlich muss jede Leistung grundsätzlich angemessen entlohnt werden. Aber Geld ist nicht das einzige, und vor allem auch gar nicht das wirksamste Fördermittel. Es gibt insgesamt vier Bereiche für die konsequente Förderung: Verantwortung, Beteiligung, Gehalt und Ausbildung. Sie können auch untereinander kombiniert werden. Hier sind der Phantasie keinerlei Grenzen gesetzt. Wenn Sie wissen, dass der Mitarbeiter mit Leib und Seele an seinem Vereinssport hängt, können Sie ihn bei guter Leistung z.B. auch mit freien Tagen für besonders wichtige Turniere oder Wettkämpfe belohnen. Auch Toleranz und Akzeptanz bei Sportunfällen, die zu verletzungsbedingtem Ausfall im Betrieb führen, wären als Form der Anerkennung guter Leistungen denkbar.

Konsequente Förderung reicht im Grunde bis zur letzten Stufe vor der Inkompetenz, das heißt bis zu der anspruchsvollsten Stufe einer Tätigkeit, deren Anforderungen der Mitarbeiter noch gerecht werden kann. Wenn sie erreicht ist, kann sich der Verantwortungsbereich nicht mehr erweitern. Andererseits kann auch der Mitarbeiter an Grenzen des Unternehmens stoßen, über die es ihn nicht weiter fördern kann. Dann könnte ein letzter und entscheidender Schritt der Förderung sogar darin bestehen, ihn bei der beruflichen Weiterentwicklung mit dem Ziel zu unterstützen, einen Job in einem anderen Unternehmen zu finden, das seine Fähigkeiten und Qualifikationen im vollen Umfang nutzen kann. Mit solcher Offenheit gelingt es häufig, den Mitarbeiter so stark an den Betrieb zu binden, dass er gar keinen Wechsel anstrebt. Darin bewahrheitet sich der Lieblingsspruch meiner Tochter: „Wenn du etwas wirklich liebst, lass' es frei. Kommt es zurück, gehört es dir. Kommt es nicht zurück, hat es dir nie gehört."

Zum Thema der konsequenten Förderung gehört auch der Aspekt der Überforderung. Werden Menschen in ihrer Arbeit überfordert, geht es ihnen in den meisten Fällen ziemlich schlecht. Wer seinen Job nicht beherrscht, steckt voller Ängste. Was wird der nächste Tag bringen? Was mache ich, wenn ich die Aufgabe wieder nicht bewältige? Wird es jemand merken? Wird man mich kritisieren? Oder schmeißt man mich am Ende gar raus? Auch wenn es unpopulär ist und man sich als Vorgesetzter zunächst dabei unbeliebt macht, muss man solche Mitarbeiter konsequent entlasten. Dass mit der Verkleinerung des Verantwortungsbereichs auch das Gehalt sinkt, verärgert am Anfang fast jeden. Nach der ersten, häufig beleidigten Reaktion sind die meisten aber erleichtert, dass der psychische Stress endlich vorbei ist, den die Überforderung mit sich bringt. Viele Menschen können es sich nicht eingestehen, einer Aufgabe nicht gewachsen zu sein. Am Ende sind sie aber froh, wenn sie von der Last befreit werden. Dabei muss man als Führungskraft allerdings absolut integer vorgehen. Wenn Mitarbeiter merken, dass sie gar keine Chance hatten, ihr Bestes einzubringen, oder der ausgebliebene Erfolg nicht ursächlich auf sie zurückgeht, werden sie die Maßnahme als bloße Strafaktion werten und in die innere Kündigung fliehen. Der Mitarbeiter muss nachvollziehen können, dass die Führungskraft zu beider Nutzen handelt.

Grenzen der eigenen Fähigkeiten zu erkennen und zu akzeptieren, fällt dem einen leichter und dem anderen schwerer. Manchmal hilft hier nur der Weg der Selbsterkenntnis. Eine meiner Mitarbeiterinnen wollte unbedingt Beraterin werden, obwohl sie von ihren Fähigkeiten dazu gar nicht geeignet war. Sie wollte es mir aber partout nicht glauben. Also bot ich ihr an, beim nächsten Beratungsprojekt einzusteigen. Nach 14 Tagen kam sie völlig erledigt zu mir und sagte: „Nimm es weg. Es macht mich kaputt." Das ist die härtere Gangart. Ich bin froh, wenn es auch ohne sie geht. Beschneidung der Kompetenz heißt in manchen Fällen nichts anderes als Befreiung von Inkompetenz.

Wer sich aufrichtig bemüht, dem ganzen Menschen gerecht zu werden, schafft eine völlig neue Qualität des Umgangs. Ideologien lösen sich auf, Spannungen bauen sich ab, Ängste verschwinden. Größeres Vertrauen und mehr Offenheit stellen das Arbeitsleben auf eine ganz andere Grundlage. Nicht selten wird aus einer reinen Zweckbeziehung, die nur mit Geld abgegolten wurde, eine sehr viel tiefere und mehrschichtige Beziehung. Es entsteht ein positives Arbeitsklima, in dem sich der einzelne nicht nur gut behandelt, sondern auch gut aufgehoben weiß. Wer das empfängt, kann es auch an den Nächsten weitergeben. So wird ein Perpetuum mobile in Gang gesetzt, dessen positive Energien sich stetig fortsetzen. Selbst wenn es nur innerhalb der eigenen Gruppe, der eigenen Führungsspanne funktioniert, weil in anderen Abteilungen andere „Gesetze" herrschen, erzielt man damit in diesem Mikrokosmos beachtliche Erfolge. In mancher Hinsicht hängt man ja am Tropf der Hierarchie, weil man von Strukturen und Bedingungen abhängig ist, die höhere Ebenen vorgeben. Beim Führungsstil ist es anders. Es ist wie bei Asterix und Obelix. Eine Abteilung kann sich wie das kleine Dorf in Gallien gegen alle anderen stemmen und ihrem eigenen Führungsstil treu bleiben.

Welche Ziele Leo mit Toni vereinbart hat, wollen und dürfen wir hier nicht publik machen. Trotzdem können wir spekulieren, in welchem Rahmen Förderungen denkbar und sinnvoll wären. Das Qualifikations- und Anforderungsprofil, das Toni als sein Stellvertreter erfüllen muss, hat Leo bei der Einstellung selbstverständlich überprüft. Wenn er die Voraussetzungen nicht erfüllen würde, hätte er sich nicht für ihn entschieden. Mit seinen Qualifikationen passt Toni also ausgezeichnet auf die Stelle. Was hat er am Ende des Jahres zu erwarten, wenn er seine Arbeit gut erledigt und seinen Anteil zum Geschäftserfolg beigetragen hat?

Wenn Leo das Konsequenz- und Fördergespräch mit ihm führt, müssen erst folgende Fragen beantwortet werden:

- Welchen Verantwortungsbereich hat Toni getragen?
- Welche Ziele wurden mit ihm vereinbart?
- In welchem Grad hat er diese Ziele erreicht?

Aus den Ergebnissen leiten sich die Fragestellungen für die Konsequenzen ab:

- Muss der Verantwortungsbereich erweitert oder verkleinert werden?
- Wie kann das Ergebnis im Verhältnis zum Zielerreichungsgrad honoriert werden?
- Welche Fördermöglichkeiten bieten sich an?

Im Idealfall sollte das Fördergespräch am Ende eine ähnliche Bilanz wie diese aufweisen:

- Toni hat die richtige Rolle.
- Er hat ein qualifiziertes Feedback zu seinen Leistungen erhalten.
- Die Konsequenzen, die aus ihnen abgeleitet wurden, sind nachvollziehbar und münden in eine angemessene Förderung.
- Auf der Basis des Gesprächsergebnisses wurde die Zielvereinbarung für das kommende Jahr getroffen.

Der Grad der Zielerreichung entscheidet über die Förderung und ihre konkrete Ausgestaltung. Die Möglichkeiten der Förderung sind vielfältig, zumal alle Felder – also Verantwortung, Beteiligung, Gehalt und Ausbildung – miteinander kombiniert werden können (Bild 82). Der Mitarbeiter kann und soll selbst die Richtung mitbestimmen, in die er eine Förderung anstrebt.

Die Erweiterung des Verantwortungsbereichs ist die logische Folge eines hohen Zielerreichungsgrades und bestens dazu geeignet, die Identifizierung mit der eigenen Rolle zu verfestigen. Mit der Übertragung anspruchsvollerer Aufgaben bei höherer Verantwortung können Mitarbeiter ihre Fähigkeiten im eigenen Interesse und zum Nutzen des Betriebs weiterentwickeln.

Bei der Beteiligung bieten sich etwa Gewinnbeteiligungen an oder Aktien. Generell ist hier darauf zu achten, dass das Fördermittel flexibel gehandhabt werden kann. So lässt sich z.B. vereinbaren, Gewinnanteile nur auszuschütten, wenn das Geschäft gut läuft und deutliche Gewinne erwirtschaftet werden. Ein weiteres attraktives Fördermittel stellt die Beteiligung am Geschäft dar, bei der sich Mitarbeiter mit einem Kapitalanteil in das Geschäft einkaufen und so zu Mitbesitzern werden. Sie sind dann an Gewinnen ebenso beteiligt wie an unternehmerischen Risiken. Statt Kapitaleinlagen kann auch die Umwandlung von Gehaltsanteilen vereinbart werden.

Beim Gehalt empfiehlt sich die Vereinbarung erfolgsabhängiger Gehaltsbestandteile. Es erleichtert zum einen die Rücknahme, wenn die Leistung abfällt und vermeidet zum anderen die juristisch komplizierte und unflexible Änderungskündigung, die nötig wäre, wenn zuvor eine reine Gehaltserhöhung vereinbart wurde. Wegen ihrer Flexibilität ist die Sonderzahlung besonders vorteilhaft. Bei Prämien ist Vorsicht geboten, weil dabei ein dauerhafter Anspruch entstehen kann, der später gar nicht oder nur unter großen Komplikationen zurückgenommen werden kann. Auf abfallende Leistungen lässt sich dann nicht mehr angemessen reagieren. Bewegliche Anteile, wie z.B. die Nutzung eines Dienstwagens, bieten dagegen den Vorteil, dass sie bei nachlassender Leistung auch wieder leicht verändert werden können. Gerade ältere Mitarbeiter können davon

Konsequenzen	Ziele erreicht	Ziele nicht erreicht
Verantwortung	Erweiterung der Verantwortung	Beschneidung der Verantwortung Entlassung
Beteiligung	Erweiterung der Beteiligung	Verringerung der Beteiligung
Gehalt	Gehaltsbestandteile erhöhen	Gehaltsbestandteile verringern
Ausbildung	Ausbildung ermöglichen / finanzieren	Förderung einschränken

Bild 82 Der Grad der Zielerreichung muss Konsequenzen haben

profitieren. Kann die Leistung nicht mehr erbracht werden, obwohl das Gehalt mit zunehmendem Alter inzwischen ein hohes Niveau erreicht hat, steigt das Risiko der Entlassung. Wenn bewegliche Anteile, die ein festgeschriebenes Gehalt in Zeiten hoher Leistungsfähigkeit ergänzen, je nach Leistungsgefälle vergeben und widerrufen werden können, lassen sich Kündigungen leichter vermeiden.

Besonders interessant dürfte für viele der Bereich der Ausbildung sein. Persönliche Talente und Interessen können dabei am wirksamsten gefördert werden. Nebenausbildungen in Betriebswirtschaft sind ebenso denkbar wie Spezialisierungen im Computerbereich. Aber auch Ausbildungen im Sport, beispielsweise zum Übungsleiter, können dem Mitarbeiter und dem Unternehmen nutzen. Wer seine Fähigkeiten und Kompetenzen weiterentwickeln kann, kann sie auch im Unternehmen nutzbringend einsetzen, wie das Beispiel des Drehers zeigt, der als Vorsitzender eines Motorsportvereins exzellente organisatorische Fähigkeiten hatte, von denen auch der Betrieb hätte profitieren können, wenn er sie denn beachtet hätte. Das Thema der Ausbildung ist ein Gelände ohne Grenzen. Wenn man den Mitarbeiter nach seinen Wünschen fragt, wird man schnell auf viele reizvolle Fördermöglichkeiten stoßen.

Persönlich bin ich übrigens fest davon überzeugt, dass Verantwortung und Ausbildung die wirkungsvollste Förderung auf dem Weg zur Selbstverwirklichung bieten. Denn ich glaube an das Prinzip, das John Ruskin (englischer Schriftsteller, Kunsthistoriker, Kulturphilosoph und Sozialreformer, 1819 – 1900) einmal so ausgedrückt hat: „Der höchste Lohn für unsere Bemühungen ist nicht das, was wir dafür bekommen, sondern das, was wir dadurch werden."

Wenn Toni im ersten Jahr die Rolle des Ofenmanns übernimmt, könnte sein Verantwortungsbereich bei guter Leistung auf die Zuständigkeit für den Teig erweitert werden. Zusätzlich könnte er Leos Vertretung und die Betreuung eines Lehrlings übernehmen. Leo könnte ihm auch die Beteiligung als Gesellschafter anbieten, falls er das Geschäft in eine GmbH umwandeln wollte. Als bewegliche Gehaltsbestandteile bieten sich eine Erfolgsbeteiligung, Sonderzahlung, Prämie oder Lebensversicherung zur Altersvorsorge an. Im Ausbildungsbereich könnte er Toni – je nach dessen Interessen – einen Computerkurs oder eine Übungsleiterausbildung finanzieren (Bild 83).

Wie auch immer das Ergebnis ihrer Vereinbarungen ausfällt, am Ende des Fördergesprächs muss es schriftlich festgehalten werden und jede Partei erhält eine Ausfertigung des Geprächsprotokolls.

Je stärker wir uns mit unseren Aufgaben identifizieren können, desto engagierter setzen wir uns mit all unseren Fähigkeiten für sie ein. Konsequente Förderung macht die Zusammenarbeit konstruktiver. Führungskräfte und Mitarbeiter treten nicht mehr als Gegner auf, sondern als Partner, die an einem gemeinsamem Ziel innerhalb eines gemeinsamen Werkes arbeiten. Aus Konfrontation wird Kooperation. Führen wird leicht, wenn alle in dieselbe Richtung wollen. Der Stress nimmt ab und die Erfolge nehmen zu.

Sogar durch und durch führungsresistente Personen können mit dieser Methode gewonnen werden, sofern es gelingt, einen Verantwortungsbereich für sie zu „schneidern", der ihrem Persönlichkeitsprofil entspricht. Als Führungskraft war ich einmal für

Felder der Förderung		
Verantwortung	Erweiterung der Verantwortung	Ofenmann auch verantwortlich für Teig Betreuung eines Lehrlings Vertretung des Meisters
Beteiligung	Erweiterung der Beteiligung	wird Gesellschafter in der GmbH Aktienpaket
Gehalt	Gehaltsbestandteile	Lohn Erfolgsbeteiligung Sonderzahlung Prämie Lebensversicherung auf Rentenbasis
Ausbildung	Ausbildung ermöglichen / finanzieren	Meisterschule Computerkurs Übungsleiterausbildung

Bild 83 Welche Möglichkeiten der Förderung gibt es?

eine Frau zuständig, von der alle behaupteten, sie sei nicht führbar. Keine ihrer Kolleginnen kam mit ihr zurecht. Sie gehörte zu der Gruppe von Frauen aus dem Backoffice, die schon alle in die innere Kündigung gedriftet waren, als ich die Führung über sie übernahm. Mein Ziel war es, aus ihnen wieder ein motiviertes Team zu machen. Ich habe ja bereits beschrieben, wie ich mit ihnen den Aufbau eines Serviceparks simulierte, in dem alle Leistungen auf der Basis der Selbständigkeit erbracht werden sollten. Es dauerte nicht lange, bis sie erkannten, wie hart die Bedingungen im freien Unternehmertum sind. Das relativierte auch ihre Erwartungshaltungen an den Arbeitsplatz. Vor allem aber lernten sie dabei unternehmerisches Denken. Einige von ihnen machten sich später tatsächlich selbständig, die anderen blieben in ihrem Job. Im Gegensatz zu früher waren sie nun aber zufrieden.

Alle – bis auf eine – fanden einen neuen und positiven Zugang zu ihrer Tätigkeit. Diese eine war wirklich ein harter Brocken. Sie war nicht nur für den Betrieb untragbar, sondern auch für ihre Kolleginnen, die mich regelrecht bedrängten, sie endlich rauszuschmeißen. Wenn die Belegschaft so weit geht, spricht das Bände. Im Regelfall decken sich Kollegen eher gegenseitig. Keiner kam an sie heran. Stocksteif blieb sie bei einmal gefassten Meinungen und weigerte sich strikt, auch nur einen Millimeter von ihren Standpunkten abzuweichen. Man konnte sich noch so viel Mühe geben, bei ihr durchzudringen, sie ließ es einfach nicht zu. Voller Misstrauen lehnte sie alles ab, bevor man es überhaupt ausgesprochen hatte.

Als ich sie zum Mitarbeitergespräch bat, stand mir der Schweiß auf der Stirn. Wie konnte ich sie dazu bewegen, wenigstens anzuhören, was ich ihr vorschlagen wollte? Ich entschied mich für das Mittel, mit dem ich immer am besten gefahren bin – Offenheit. „Glauben Sie ja nicht, dass ich mich auf das Gespräch gefreut habe. Vor dem Zoff, den wir beide miteinander kriegen könnten, fürchte ich mich genauso wie Sie. Hören Sie jetzt einfach mal eine Viertelstunde zu. Wenn Sie nicht den Eindruck gewinnen, meine Vorschläge könnten Ihnen nutzen, dann lassen wir es bleiben." Und siehe da, das Wunder geschah – sie ließ sich auf eine Diskussion mit mir ein. Daraus ergab sich ein klares Bild über ihre Fähigkeiten, Interessen und Wünsche. Am Ende schuf ich ein Aufgabenfeld für sie, das zu ihrer Persönlichkeitsstruktur passte.

Über den Erfolg waren alle verblüfft. Sie erledigte fortan alle Aufgaben zuverlässig und in der Zusammenarbeit mit ihr gab es rein sachlich nichts mehr auszusetzen. Ihre Kolleginnen waren trotzdem nicht zufrieden, weil sie es ungerecht fanden, dass ich ein Schonrevier für sie errichtet hatte. Der Umgang mit ihr sei ja nur deshalb erträglich geworden, kritisierten sie, weil ich sie aus dem System herausgenommen hätte. Tatsächlich hatte ich besondere Bedingungen für sie geschaffen. Ohne sie wäre die Kündigung unabwendbar gewesen. Im Prinzip hatte ich aber nur die Methodik der konsequenten Förderung angewandt, bei der die Persönlichkeitsstruktur in der Aufgabengestaltung berücksichtigt wird. Allerdings hatte ich den Rahmen in ihrem Fall sehr weit gesteckt. Natürlich war ich mir im Klaren, dass sie einen Grenzfall darstellte. Als die höhere Führungsebene wechselte, konnte ich sie nicht mehr halten. Der neue Leiter machte ihr keinerlei Zugeständnisse und akzeptierte keine Schonumgebung. In diesem Umfeld konnte ich nichts mehr für sie tun. Sie begriff es selbst und suchte sich bald einen neuen Job.

All unsere Talente sind anvertraute Gaben, die wir entwickeln und gewinnbringend verwalten müssen, wie uns das Gleichnis von den Talenten in der Bibel lehrt. Ein Mann zog in ein fernes Land und rief seine Knechte zusammen. Einem gab er fünf Talente, dem anderen zwei und dem dritten eines – jedem nach seinen Fähigkeiten. Die beiden ersten handelten mit diesen Goldbatzen und gewannen bald weitere Talente hinzu. Der dritte aber nahm das eine Talent und verbarg es in einer Grube – aus Angst, es könne abhanden kommen. Als ihr Herr zurückkehrte, belohnte er die Knechte, die sein Geld vermehrt hatten, und bestrafte den, der es hatte vermodern lassen. Niemand hat das Recht, seine Fähigkeiten ungenutzt zu vergeuden, lautet die Botschaft der Bibel. Allerdings hat der Mann einen Managementfehler begangen: Er hat keine Zielvereinbarung mit den Knechten abgeschlossen.

Wenn die Methoden konsequenter Förderung richtig eingesetzt werden, führen sie zu dem, was man gewöhnlich eine Win-Win-Situation nennt. Mitarbeiter werden auf dem Weg der Selbstverwirklichung unterstützt, indem sie all ihre Fähigkeiten und Begabungen entwickeln und einbringen können, während das Unternehmen gleichzeitig von ihnen profitiert, indem es sie optimal für das Geschäft nutzt.

Das Schöne an der Zukunft ist doch, dass sie offen ist. Wer weiß, wo Leo sich noch hinentwickeln wird. Er hat zwar keinen Chef mehr über oder neben sich, der ihn dabei unterstützen könnte. Aber er weiß, wie die Methode funktioniert und kann sie jederzeit auf sich selbst anwenden. Und seine Talente weiß er schon lange zu nutzen. Vielleicht übernimmt er eines Tages den Job des Innungsober- oder Prüfungsmeisters, weil ihn die didaktische Herausforderung reizt. Oder nutzt er womöglich den Freiraum, den er durch Tonis Vertretung gewinnt, um eine Filiale zu eröffnen? Am Ende sogar mehrere? Die Zeit wird es zeigen.

Die unendliche Spirale

„Der eine wartet, dass die Zeit sich wandelt, der andere packt sie kräftig an und handelt." Ich wusste, dass meine Koautorin zum Schluss noch einmal die Klassiker bemühen würde. Der Spruch von Dante Alighieri, Italiens größtem Dichter, hat in siebenhundert Jahren nichts von seiner Wahrheit und Gültigkeit eingebüßt. In manchem Bücherregal mag sein Werk unter Zentimeter hohem Staub ersticken, aber diese Aussage ist frisch wie und je. Als Unternehmer oder Führungskraft werden Sie wissen, ob sie sich eher zum ersten oder zweiten Typ aus diesem unvergessenen Vers rechnen.

Obwohl ich Ihnen nie persönlich begegnet bin, sind Sie mir doch inzwischen sehr ans Herz gewachsen. Ich kenne weder Ihr Gesicht, noch Ihr Geschäft. Ich mache mir Gedanken, über Ihre Person, über Ihr Geschäft, über die Wirkung, die ich mit diesem Buch bei Ihnen erziele. Was werden Sie annehmen, wann werden Sie beginnen, wie werden Sie es auf Ihr eigenes Geschäft oder Ihren Führungsbereich übertragen? Vielleicht haben Sie Fragen und möchten Ihren individuellen Fall konkret mit mir besprechen. Tun Sie es, frei nach Dante Alighieri. Sie wissen ja, wo Sie mich finden können. Ich kaufe meine Semmeln in der Bäckerei Hegmann-Büttner, auf der Kuppe der historischen Marktstraße, direkt neben dem Winzerer-Denkmal, dem Wahrzeichen von Tölz.

Oder glauben Sie mir etwa nicht? Denken Sie, ich hätte die Bäckerei nur erfunden? Sind am Ende Sie diejenigen, mit denen das Bäckerspiel – Seite für Seite, Kapitel für Kapitel – gespielt wurde? Im Grunde ist doch alles eine Frage von Schein und Sein. Wer wüsste schon immer, was wirklich wahr ist? Vielleicht liegen Modell und Wirklichkeit auch gar nicht so weit auseinander. Wer weiß, vielleicht bedingen und durchdringen sie sich sogar gegenseitig. Gibt es sie, die Büttner-Breze? Ja oder Nein? Wenn Sie Zweifel hegen, schauen Sie doch einfach mal vorbei. Und wenn nicht, dann halten Sie es ebenso. Von manchen Dingen muss man sich einfach selbst überzeugen. Vielleicht treffen Sie ja sogar den Bullen von Tölz.

Bevor Sie sich nun wieder von mir entfernen, verabschiede ich mich mit den Worten meines Landsmannes Carl Orff, der neben den „Carmina Burana" auch sehr ergötzliche bayerische Komödien geschrieben hat. Schließlich braucht das Buch trotz seines offenen Endes – denn Sie wissen ja, Führen ist eine unendliche Spirale, sie endet nie – ein angemessenes Schlusswort:

Aus is's,
und gar is's,
und schad is's,
dass's wahr is'.

Literatur

1. Banzhaf, Hajo; Hemmerlein, Elisa: Tarot als Wegbegleiter. 2. Auflage. Hugendubel: München 1999.
2. Covey, Stephen R.: The Seven Habits of Highly Effective People. B&T; Fireside 1990
3. Dreisbach, Bodo: Consultant-Guided Business Assessment, Beratungsunterlage
4. Große-Oetringhaus, Wigand F.: Broschüre Geschäftsplanung, interne Veröffentlichung
5. Große-Oetringhaus, Wigand F.: Strategie-Training Siemens, interne Veröffentlichung
6. Hornstein, Elisabeth von; Rosenstiel, Lutz von: Ziele vereinbaren – Leistung bewerten. Langen Müller Herbig: München 2000
7. Imai, Masaaki: KAIZEN: Der Schlüssel der Japaner im Wettbewerb. Econ 2001
8. Johnson, Spencer: Die Mäusestrategie für Manager. Veränderungen erfolgreich begegnen. 5. Auflage. Hugendubel: Kreuzlingen/München 2001
9. Kleinfeld, Klaus: Konzeptbinder Benchmarking. Siemens Management Consulting, internes Papier
10. Saint-Exupéry, Antoine de: Die Stadt in der Wüste. Rauch: Neuausgabe 2002
11. Soyener, Johannes K.; Mondfeld, Wolfram zu: Der Meister des siebten Siegels. 5. Auflage. Gustav Lübbe: Bergisch Gladbach 1997
12. Sprenger, Reinhard K.: Mythos Motivation. Campus 2002
13. Watzlawick, Paul: Anleitung zum Unglücklichsein. Piper 2003
14. Watzlawick, Paul: Selbsterfüllende Prophezeiungen. In Watzlawick, Paul (Hrsg.): Die erfundene Wirklichkeit. München 1981, 13. Aufl. 2001.
15. Zapke-Schauer, Gerhard: Der praktische Nutzen der „Kohärenz". In: Newsletter Leadership meets.... Edition 05/03. März 2003
16. Zapke-Schauer, Gerhard: Führung gelingt besser durch treffsichere Rollenverständnisse. In: Newsletter Leadership meets.... Edition 04/03. Februar 2003.

Stichwortverzeichnis

A

Andon 263-264
Anerkennung 19, 82, 104
Anlagevermögen 72

B

Balanced Scorecard 16, 169, 242
Bedürfnisse 15, 96
Befähiger 62
Benchmarking 63, 174-175, 178, 183
Best in Class 63
Best of Best 63, 177
Beurteilung 77, 99, 117-118, 281
Bewertung 62, 85, 162
Brainwriting 21-22, 161-162
Briefing 97, 116-119, 180

C

Case 38
Chefbefragung 106
Coaching 29
Consultant-Guided Business Assessment 177, 209

D

Deming-Rad 257, 268

E

Effektivität 86
EFQM 41, 61
Erfolgsnachweis 19, 29
Erfüllungsgrad 137-138, 149
Ergebnisse 16, 60, 63, 209
Erwartungshaltung 114

F

Feedback 29, 99, 118, 130
Feedbackregel 82-83
Finanzanalyse 69, 149
First Pass Yield 252, 262
Förderung 19, 277
Formularfabrik 250-251, 269
Fragebogen 97-98, 102, 105-106, 138
Führen 14, 28, 89, 95, 186, 217, 231, 245
Führungskraft 96
Führungsprozess 85, 277
Führungsspanne 287
Führungsstil 105, 290
Führungssystem 89, 97, 182-183, 280

G

Geschäft 18, 95, 132, 208
Geschäftsauftrag 13, 20, 25
Geschäftsplanung 284
Geschäftsprozesse 90, 209-210
Geschäftsprozessmodell 18, 59, 208, 214, 218
Geschäftsverständnis 37
Glück 235

H

Handlungsbedarf 124, 146-148, 175
Harmonisierung 252, 255
Hebammen-Methode 211
Hypothese 100-101, 135

I

Image 16, 76-77, 84, 197

J

Johari-Fenster 94-95, 99

K

Kernprozess 18, 133, 209, 214
Kitting 87
Kollegenbeurteilung 106
Kompetenzmodell 287
Konsequenz 182, 277, 290-291
Kontrollblatt 238, 245, 284
Kostenfaktor 71
Kostenstruktur 68-69, 71-72, 103
Kritik 105, 113
Kundenanforderungen 146, 167, 208, 260
Kundenanforderungs-analyse 78
Kundenbefragung 140-141
Kundenzufriedenheit 16, 60, 187

L

Layoutoptimierung 252, 264
Leistungsmessung 91
Leitbild 13, 33, 47, 50-51, 57, 187, 280
Lob 82, 104-105
Lücke 174-175

M

Markt 15, 64, 74, 132, 169
Marktanalyse 132-133, 149, 282
Marktanteil 64, 74-75
Marktsegment 64, 166-167
Maßnahmenblatt 259
Mehr-Ebenen-Gespräch 239-240
Messgrößen 28, 69, 237, 255
Mitarbeiterbefragung 94, 102, 130, 281
Mitarbeiterzufriedenheit 16, 60, 236
Mitarbeiterzufriedenheits-analyse 95, 156
Moderation 161, 198, 253

Monitoring 182, 284
Motivation 29, 80, 105, 236
Motivatoren 29, 82, 194
Muda Hunting 267

N

Netzplan 223-224

P

Performance-Lücken 176, 190
Persönlichkeitsprofil 218, 288
Poka Yoke 262
Portfolio 142, 147
Potenziale 209-210, 226
Präsentation 119, 143
Problemlösung 90, 252, 266
Process-Owner 236
Produktivität 251, 269
Prozess mapping 254
Prozessanalyse 252, 254
Prozessbeschreibung 252, 254-255
Prozessdatenerfassung 62
Prozesse 61, 85, 90, 169, 208, 225, 251
Prozessmatrix 210
Prozessmodell, Geschäftsprozessmodell 18, 59, 208, 214, 218
Prozessoptimierung 250, 252, 263, 269-270, 274-275
Prozessschrittanalyse 252, 257-258
Prozessschrittbeschreibung 62, 212
PTCA 252, 258

Q

Qualifikationsprofil 286
Qualitätsmanagement 59, 85
Quality Function Deployment 252, 261

R

Rolle 217, 226-228, 242
Rollendefinition 230, 242
Rüstzeitoptimierung 252, 268

S

Sandwich-Methode 126
Schnittstellen 91, 256-257
Situationsanalyse 58-59, 209, 280
Six Sigma 263
SMART-Regeln 239
Spaghetti-Chart 265
Stammkunden 78, 80, 136
Statistik 115, 143
STCA 258
Steuergrößen 16, 208
Strategie 155
Strategie-Workshop 156-158
strategische Planung 15, 152, 166

T

Template 41

U

Umlaufvermögen 72
Unternehmer 65, 188

V

Verantwortlichkeiten 18, 209, 225
Verantwortung 218, 225-226, 228, 242
Verhalten 171
virtuelles Outsourcing 117
Vision 17, 193, 195, 199, 205

W

Werteordnung 13, 33, 280
wertschöpfend 61
Wettbewerber 64, 167
Wettbewerbsstellung 168
Wettbewerbsvorteile 133, 166
Wunschrunde 171

Z

Ziele 28, 89, 163, 169-170, 188, 231-232, 247, 281-282
Zielvereinbarung 18, 89, 92, 231, 241, 248
ZIMZEM-Regel 253
Zufriedenheit 84, 110, 121-122, 281
Zutrittsbarrieren 166

Rolf Rehbehn, Zafer Bülent Yurdakul

Mit Six Sigma zu Business Excellence

Strategien, Methoden, Praxisbeispiele

2003, 267 Seiten, 215 Abbildungen,
12 Tabellen, 14 cm x 22,5 cm, gebunden
ISBN 3-89578-185-1
€ 42,90 [D] / sFr 64,00

Dieses Buch richtet sich an Führungskräfte und Mitarbeiter aus produzierendem Gewerbe und Dienstleistungsbereich, an Geschäftsführer, Berater und Trainer. Sie profitieren von den dargestellten Erfahrungen namhafter Firmen. Sie erfahren, welche Schritte und Methoden zum Erfolg führen, wie man geeignete Geschäftsbereiche auswählt, Produktivitätsziele definiert, relevante Prozesse definiert und die Umsetzung steuert und überwacht.

Georg Berner

Management in 20XX

Worauf es in Zukunft ankommt –
ein ganzheitlicher Blick

2004, 224 Seiten, 141 farbige Abbildungen,
17,3 cm x 25 cm, gebunden
ISBN 3-89578-230-0
€ 37,90 [D] / sFr 57,00

Das Buch bietet Ihnen eine Fülle verblüffender Zukunftsszenarien und kühner Visionen und es zeigt die Änderungen auf, die sich im Unternehmen vollziehen müssen, um diesen Zukunftstrends gerecht zu werden. Auch die neue Rolle des Menschen kommt dabei ausführlich zu Sprache. Lesen Sie dieses Buch,

- wenn Sie wissen wollen, wie sich Ihr Umfeld verändert.
- wenn Sie wissen wollen, ob Sie für die Zukunft gerüstet sind.
- wenn Sie Visionen für die Zukunft brauchen.
- wenn Sie das Ziel haben, Traum und Wirklichkeit zu verknüpfen.
- wenn Sie die Zukunft aktiv (mit-)gestalten möchten.

www.publicis-erlangen.de/books